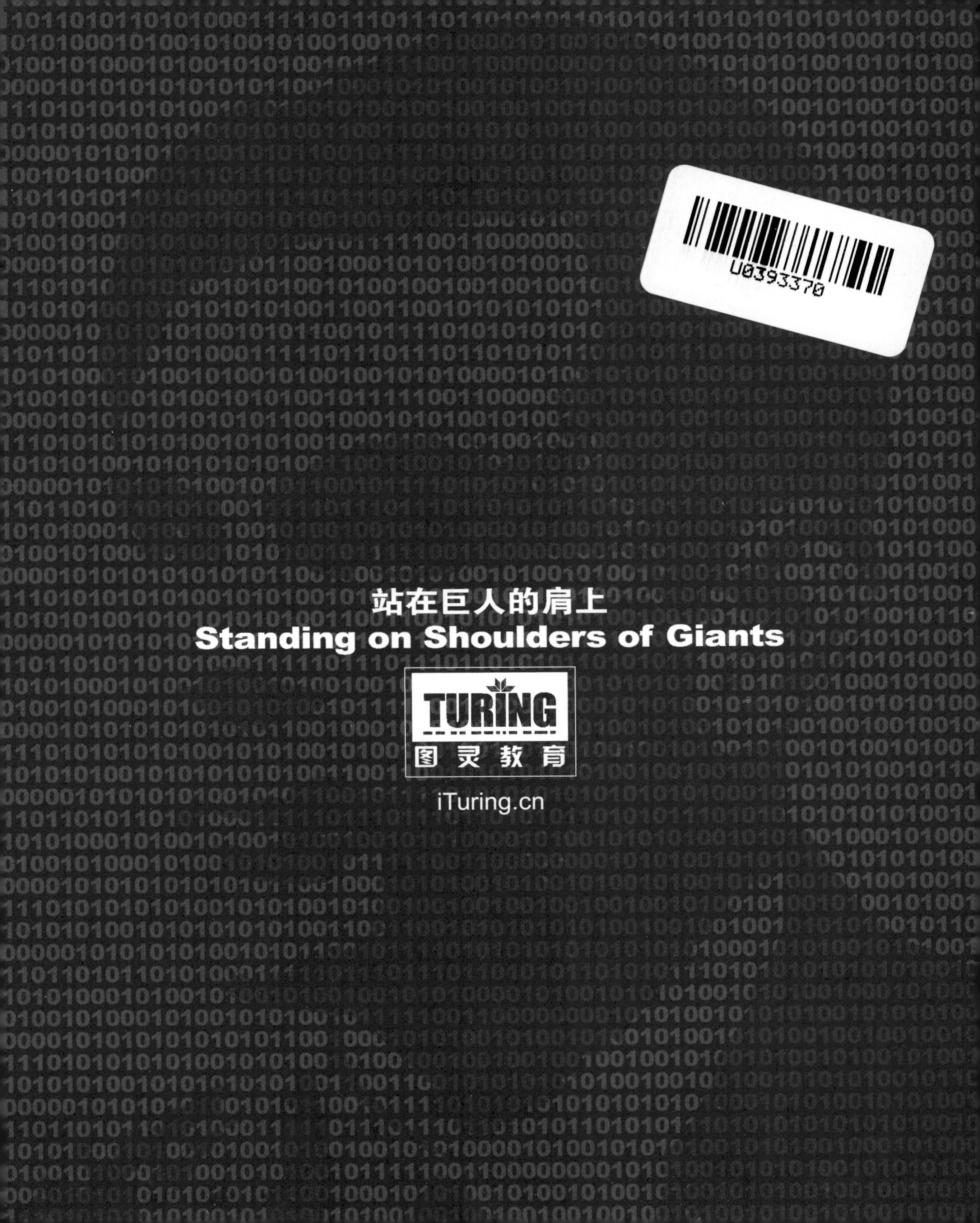
U0393370
站在巨人的肩上
Standing on Shoulders of Giants
TURING
图灵教育
iTuring.cn

站在巨人的肩上

Standing on Shoulders of Giants

TURING

图灵教育

iTuring.cn

第一行代码
Android

郭 霖◎著

人民邮电出版社
北 京

图书在版编目（CIP）数据

第一行代码——Android / 郭霖著. -- 北京 : 人民
邮电出版社，2014.8(2016.10重印)
（图灵原创）
ISBN 978-7-115-36286-5

Ⅰ. ①第… Ⅱ. ①郭… Ⅲ. ①移动终端－应用程序－
程序设计 Ⅳ. ①TN929.53

中国版本图书馆CIP数据核字(2014)第142758号

内容提要

本书是 Android 初学者的最佳入门书。全书由浅入深、系统全面地讲解了 Android 软件开发的方方面面。

第 1 章带领你搭建 Android 开发环境，完成你的第一个 Android 程序。

第 2 章至第 13 章完整地讲解了 Android 开发中的各种基本知识和关键技术，包括四大组件、UI、碎片、广播机制、数据存储、服务、多媒体、网络、定位服务、传感器，以及分布式版本控制系统 Git 的使用等等。在部分章节会穿插相关技术的高级使用技巧。

第 14 章和第 15 章则将带领你编写一个完整的项目，教会你如何打包、上架、嵌入广告并获得盈利。

本书内容通俗易懂，既适合初学者循序渐进地阅读，也可作为一本参考手册，随时查阅。

◆ 著　　　　郭　霖
策划编辑　陈　冰
责任编辑　武卫东
责任印制　焦志炜

◆ 人民邮电出版社出版发行　　北京市丰台区成寿寺路11号
邮编　100164　　电子邮件　315@ptpress.com.cn
网址　http://www.ptpress.com.cn
北京鑫正大印刷有限公司印刷

◆ 开本：800×1000　1/16
印张：35.5
字数：773千字　　　　2014年 8 月第 1 版
印数：76 001－81 000册　　　　2016年10月北京第 14 次印刷

定价：79.00元

读者服务热线：(010)51095186转600　印装质量热线：(010)81055316

反盗版热线：(010)81055315

广告经营许可证：京东工商广字第 8052 号

编辑的话

先来说说较之其他 Android 书，这本书有哪些特点。

一、这本书的内容崭新，是基于 Android 4 的。在作者动手写这本书时，Android 4.2 刚刚发布。

二、内容安排符合大脑工程学。对于那些简单的、一看就懂或几乎没实用价值的内容，作者对其篇幅进行了极大压缩，一带而过或压根儿无视，而对于那些真正的难点、疑点，作者进行了透彻而充分的讲解。

三、语言简练而通俗易懂，无废话。用相对不那么厚的篇幅，让你进得去出得来，对整个的 Android 开发世界有一个全面而地道的掌握，所有值得一看的景点你都不会错过。

四、考虑初学者的感受，提供一揽子解决方案。当你进行像样点的开发时，不会使用版本控制工具是不可想象的，读本书时，你顺便会学会分布式版本控制系统 Git 的典型使用。

五、开发最终是为了干嘛，是为了 APP 上架销售，产生回报。本书把这件最后但相当重要的事情一丝不苟地做好了，在国外和国内多种盈利模式怎么上架收款都写得清清楚楚。

此外，非常值得赞扬的一点是，在相当多的作者无视交稿期限的今天，在众多作者心平气和地看着交稿期限就这么雄赳赳气昂昂地从眼前走过的今天，本书作者郭霖后生可畏，以身作则地捍卫了出版合同的法律意义，尽管工作时常加班，但他算好了时间，起早贪黑，保质保量地、确确实实地在交稿期限内完成了这本书的创作，这不能不说是一个奇迹。

这本书是“第一行代码”系列的第一本书。

从名字上就能看出，这个系列是写给初学者的。为了让初学者能更好地阅读这个系列的图书，除了在策划思路、内容安排、语言风格、写作上的笔墨分配等方面做了很多工作外，最显而易见的部分是引入了一个经验值、升级、宝物系统。我希望通过这个系统的引入，让读者直观地看到自己水平的提升。以前的技术书，无论你读了多少章，看过多少页，但你并不知道你的水平到什么程度了，缺少一种推动力。

但这本书不同。在你阅读本书时，当你看完这一节时，你获得了多少经验，级别升到了什么层次，当你读罢这一章后，你又获得了多少经验，捡到或赢得了什么宝物，升到了什么级别，所有这些都交代得明明白白。通过不断增加的经验值，不断出现的匪夷所思的宝物，以及让人提气的新的级别，让读者的阅读过程有更多的乐趣和激动人心的时刻，以促使和激励读者更迅速地学完本书。

因为郭霖不擅长写这个升级系统的文字，因此，本书中的经验值、升级、宝物系统中的文字都是我本人写的。我希望它的引入能带给读者一些有趣的体验。

如果你对这个升级系统或第一行代码这个系列有任何感受、反馈或建议，欢迎告诉我（neosaga@126.com）。

本书策划编辑：陈冰
2014 年 4 月 28 日

前　　言

虽然我已经从事 Android 开发工作很多年了，但是却从来没有想过自己能去写一本 Android 技术相关的书籍。在我看来，一本书可以算是一个很庞大的工程，写一本好书的难度并不亚于开发一款好的应用程序。

而由于我长期坚持在 CSDN 上发表技术博文，得到了大量网友的认可，也积累了一点名气。很荣幸的，人民邮电出版社图灵公司的副总编辑陈冰先生联系上了我，希望我可以写一本关于 Android 开发技术的书籍，这着实让我感到受宠若惊。

之后的一年里，我在这本书上花了很大的心思。写书和写博客最大的区别在于，书的内容不能像博客那样散乱，想到哪里写到哪里，而是一定要系统化，讲究循序渐进，基本上在写第 1 章的时候就应该把全书的内容都确定下来。

在开始动笔之前，我甚至怀疑过自己是否真的能够完成这本书，而如今，它已经捧在你手中了，这让我非常地激动。我真诚地希望你可以用心去阅读完这本书，每多掌握一份知识，你就会多一份喜悦。Enjoy it!

读者对象

本书的内容通俗易懂、由浅入深，既适合初学者阅读，也同样适合专业人员。学习本书内容之前你并不需要有任何的 Android 基础，但是你需要有一定的 Java 基础，因为 Android 开发都是使用 Java 语言的，而本书并不会去介绍 Java 方面的知识。

阅读本书时，你可以根据自身的情况来决定如何阅读。如果你是初学者的话，建议你从第 1 章开始循序渐进地阅读，这样理解起来就不会感到吃力。而如果你已经有了一定 Android 基础的话，也可以选择某部分你感兴趣的章节跳跃式地阅读，但请记得，很多章最后的最佳实践部分一定是你不想错过的。

本书内容

正如前面所说，本书的内容是非常系统化的，不仅全面介绍了那些你必须要掌握的知识，同时保证了每一章的难度都是梯度式上升的。本书一共分为 15 章，下面我们就先来预览下每章中你将会学到哪些知识。

第 1 章是最简单的入门章节，在这里你将会对 Android 有一个最初步的认识。另外，你还将在这里学会如何搭建 Android 开发环境，从而为后面的章节做准备。

第 2 章会介绍 Android 中最重要的一个组件——活动，不管你以前有没有接触过它，相信学完本章后你都会对活动有一个全新的认识。

第 3 章主要是对 Android UI 方面的知识进行讲解，你会学到 Android 中一些常见控件的用法，并且将懂得如何创建自定义控件。

第 4 章则是对碎片进行了全面的讲解，碎片是自 Android 3.0 之后引入的全新概念，目前已广泛应用于 Android 手机和平板的开发当中，不看后悔哦。

第 5 章会介绍 Android 中另一个重要的组件——广播接收器，你将学会接收和发送广播的方式，并且理解 Android 广播的工作原理。

第 6 章对 Android 中的本地数据存储技术进行了讲解，包括文件存储、SharedPreferences 存储，以及数据库存储。

第 7 章会介绍 Android 中的另一个组件——内容提供器，比起前两个组件，内容提供器的应用场景少了很多，如果你对这个技术感兴趣的话可以研究研究，不喜欢的话也可以直接跳过。

第 8 章会介绍 Android 多媒体方面的知识，包括拍照、播放音乐、视频等。除此之外，在本章中你还将学会如何使用真机来调试程序。

第 9 章会介绍 Android 中最后一个重要的组件——服务，本章之后你将对 Android 多线程编程，以及服务功能有一个全面的认识。

第 10 章中介绍了 Android 网络编程相关的知识，主要讲解了如何使用 HTTP 协议来和服务器进行通信，以及解析服务器返回的数据，这也是 Android 网络编程中最常用的功能了。

第 11 章和第 12 章是 Android 特色开发部分，主要讲解了定位服务以及传感器的用法，这部分功能都是在传统 PC 上无法实现的，有兴趣的话可以多了解一下。

第 13 章指出了你还应该掌握的高级技巧，并进行了相应的讲解。这部分技巧在你日后的开发工作当中都有可能经常用到，希望可以引起你的重视。

第 14 章和第 15 章则将带着你一起编写一个完整的项目，并教会你如何打包、上架、嵌入广告等。通过整本书的学习，你将有能力开发出一款不错的应用程序，并能对它进行经营和盈利。

除此之外，本书的第 5 章、第 7 章、第 11 章、第 14 章中都穿插了对 Git 的讲解，如果想要掌握它的用法，这几章的内容是绝对不能错过的。

本书中各章的内容都相对比较独立，因此除了可以循序渐进学习之外，你也可以把它当成一本参考手册，随时查阅。

郭霖

2014 年 4 月 21 日

目　　录

第 1 章　开始启程，你的第一行 Android 代码

欢迎你来到 Android 世界！Android 系统是目前世界上市场占有率最高的移动操作系统，不管你在哪里，几乎都可以看到人人手中都会有一部 Android 手机。虽然今天的 Android 世界欣欣向荣，可是你知道它的过去是什么样的吗？我们一起来看一看它的发展史吧。

2003 年 10 月，Andy Rubin 等人一起创办了 Android 公司。2005 年 8 月谷歌收购了这家仅仅成立了 22 个月的公司，并让 Andy Rubin 继续负责 Android 项目。在经过了数年的研发之后，谷歌终于在 2008 年推出了 Android 系统的第一个版本。但自那之后，Android 的发展就一直受到重重阻挠。乔布斯自始至终认为 Android 是一个抄袭 iPhone 的产品，里面剽窃了诸多 iPhone 的创意，并声称一定要毁掉 Android。而本身就是基于 Linux 开发的 Android 操作系统，在 2010 年被 Linux 团队从 Linux 内核主线中除名。又由于 Android 中的应用程序都是使用 Java 开发的，甲骨文则针对 Android 侵犯 Java 知识产权一事对谷歌提起了诉讼……

可是，似乎再多的困难也阻挡不了 Android 快速前进的步伐。由于谷歌的开放政策，任何手机厂商和个人都能免费地获取到 Android 操作系统的源码，并且可以自由地使用和定制。三星、HTC、摩托罗拉、索爱等公司都推出了各自系列的 Android 手机，Android 市场上百花齐放。仅仅推出两年后，Android 就超过了已经霸占市场逾十年的诺基亚 Symbian，成为了全球第一大智能手机操作系统，并且每天都还会有数百万台新的 Android 设备被激活。目前 Android 已经占据了全球智能手机操作系统 70%以上的份额。

说了这些，想必你已经体会到 Android 系统炙手可热的程度，并且迫不及待地想要加入到 Android 开发者的行列当中了吧。试想一下，十个人中有七个人的手机都可以运行你编写的应用程序，还有什么能比这个更诱人的呢？那么从今天起，我就作为你 Android 旅途中的导师，一步步地引导你成为一名出色的 Android 开发者。

好了，现在我们就来一起初窥一下 Android 世界吧。

经验值：+5　　　　目前经验值：5
级别：萌级小菜鸟
捡到宝物：Android 前辈遗失的入门级通用修行卡一张。卡略有磨损，但仍可使用。

1.1 了解全貌，Android 王国简介

Android 从面世以来到现在已经发布了近二十个版本了。在这几年的发展过程中，谷歌为 Android 王国建立了一个完整的生态系统。手机厂商、开发者、用户之间相互依存，共同推进着 Android 的蓬勃发展。开发者在其中扮演着不可或缺的角色，因为再优秀的操作系统没有开发者来制作丰富的应用程序也是难以得到大众用户喜爱的，相信没有多少人能够忍受没有 QQ、微信的手机吧？而谷歌推出的 Google Play 更是给开发者带来了大量的机遇，只要你能制作出优秀的产品，在 Google Play 上获得了用户的认可，你就完全可以得到不错的经济回报，从而成为一名独立开发者，甚至是成功创业！

那我们现在就以一个开发者的角度，去了解一下这个操作系统吧。纯理论型的东西也比较无聊，怕你看睡着了，因此我只挑重点介绍，这些东西跟你以后的开发工作都是息息相关的。

1.1.1 Android 系统架构

为了让你能够更好地理解 Android 系统是怎么工作的，我们先来看一下它的系统架构。Android 大致可以分为四层架构，五块区域。

1. Linux 内核层

   Android 系统是基于 Linux 2.6 内核的，这一层为 Android 设备的各种硬件提供了底层的驱动，如显示驱动、音频驱动、照相机驱动、蓝牙驱动、Wi-Fi 驱动、电源管理等。

2. 系统运行库层

   这一层通过一些 C/C++库来为 Android 系统提供了主要的特性支持。如 SQLite 库提供了数据库的支持，OpenGL|ES 库提供了 3D 绘图的支持，Webkit 库提供了浏览器内核的支持等。

   同样在这一层还有 Android 运行时库，它主要提供了一些核心库，能够允许开发者使用 Java 语言来编写 Android 应用。另外 Android 运行时库中还包含了 Dalvik 虚拟机，它使得每一个 Android 应用都能运行在独立的进程当中，并且拥有一个自己的 Dalvik 虚拟机实例。相较于 Java 虚拟机，Dalvik 是专门为移动设备定制的，它针对手机内存、CPU 性能有限等情况做了优化处理。

3. 应用框架层

   这一层主要提供了构建应用程序时可能用到的各种 API，Android 自带的一些核心应用就是使用这些 API 完成的，开发者也可以通过使用这些 API 来构建自己的应用程序。

4. 应用层

   所有安装在手机上的应用程序都是属于这一层的，比如系统自带的联系人、短信等程序，或者是你从 Google Play 上下载的小游戏，当然还包括你自己开发的程序。

结合图 1.1 你将会理解得更加深刻，图片源自维基百科。

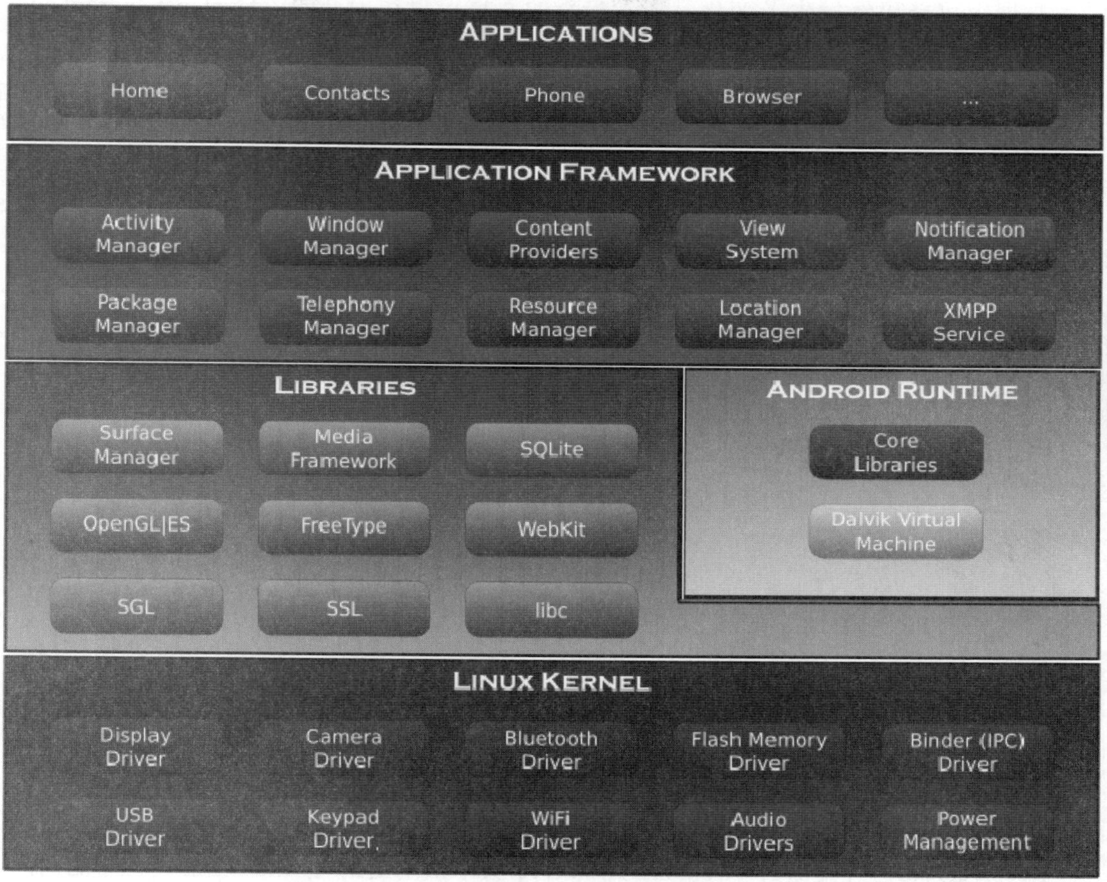

图　1.1

1.1.2　Android 已发布的版本

2008 年 9 月，谷歌正式发布了 Android 1.0 系统，这也是 Android 系统最早的版本。随后的几年，谷歌以惊人的速度不断地更新 Android 系统，2.1、2.2、2.3 系统的推出使 Android 占据了大量的市场。2011 年 2 月，谷歌发布了 Android 3.0 系统，这个系统版本是专门为平板电脑设计的，但也是 Android 为数不多比较失败的版本，推出之后一直不见什么起色，市场份额也少得可怜。不过很快，在同年的 10 月，谷歌又发布了 Android 4.0 系统，这个版本不再对手机和平板进行差异化区分，既可以应用在手机上也可以应用在平板上，除此之外还引入了不少新特性。目前最新的系统版本已经是 4.4 KitKat。

下表中列出了目前市场上主要的一些 Android 系统版本及其详细信息。你看到这张表格时，数据很可能已经发生了变化，查看最新的数据可以访问 http://developer.android.com/about/dashboards/。

<table>
<tr><th>版本号</th><th>系统代号</th><th>API</th><th>市场占有率</th></tr>
<tr><td>2.2</td><td>Froyo</td><td>8</td><td>1.2%</td></tr>
<tr><td>2.3.3 – 2.3.7</td><td>Gingerbread</td><td>10</td><td>19.0%</td></tr>
<tr><td>3.2</td><td>Honeycomb</td><td>13</td><td>0.1%</td></tr>
<tr><td>4.0.3 – 4.0.4</td><td>Ice Cream Sandwich</td><td>15</td><td>15.2%</td></tr>
<tr><td>4.1.x</td><td rowspan="3">Jelly Bean</td><td>16</td><td>35.3%</td></tr>
<tr><td>4.2.x</td><td>17</td><td>17.1%</td></tr>
<tr><td>4.3</td><td>18</td><td>9.6%</td></tr>
<tr><td>4.4</td><td>KitKat</td><td>19</td><td>2.5%</td></tr>
</table>

从上表中可以看出，目前 4.0 以上的系统已经占据了 80%左右的 Android 市场份额，而且以后这个数字还会不断增加，因此我们本书中开发的程序也是主要面向 4.0 以上的系统，2.x 的系统就不再去兼容了。

1.1.3 Android 应用开发特色

预告一下，你马上就要开始真正的 Android 开发旅程了。不过先别急，在开始之前我们再来一起看一看，Android 系统到底提供了哪些东西，供我们可以开发出优秀的应用程序。

1. 四大组件

Android 系统四大组件分别是活动（Activity）、服务（Service）、广播接收器（Broadcast Receiver）和内容提供器（Content Provider）。其中活动是所有 Android 应用程序的门面，凡是在应用中你看得到的东西，都是放在活动中的。而服务就比较低调了，你无法看到它，但它会一直在后台默默地运行，即使用户退出了应用，服务仍然是可以继续运行的。广播接收器可以允许你的应用接收来自各处的广播消息，比如电话、短信等，当然你的应用同样也可以向外发出广播消息。内容提供器则为应用程序之间共享数据提供了可能，比如你想要读取系统电话簿中的联系人，就需要通过内容提供器来实现。

2. 丰富的系统控件

Android 系统为开发者提供了丰富的系统控件，使得我们可以很轻松地编写出漂亮的界面。当然如果你品味比较高，不满足于系统自带的控件效果，也完全可以定制属于自己的控件。

3. SQLite 数据库

Android 系统还自带了这种轻量级、运算速度极快的嵌入式关系型数据库。它不仅支持标准的 SQL 语法，还可以通过 Android 封装好的 API 进行操作，让存储和读取数据变得非常方便。

4. 地理位置定位

移动设备和 PC 相比起来，地理位置定位功能应该可以算是很大的一个亮点。现在的 Android 手机都内置有 GPS，走到哪儿都可以定位到自己的位置，发挥你的想象就可以做出创意十足的应用，如果再结合上功能强大的地图功能，LBS 这一领域潜力无限。

5. 强大的多媒体

Android 系统还提供了丰富的多媒体服务，如音乐、视频、录音、拍照、闹铃等等，这一切你都可以在程序中通过代码进行控制，让你的应用变得更加丰富多彩。

6. 传感器

Android 手机中都会内置多种传感器，如加速度传感器、方向传感器等，这也算是移动设备的一大特点。通过灵活地使用这些传感器，你可以做出很多在 PC 上根本无法实现的应用。

既然有 Android 这样出色的系统给我们提供了这么丰富的工具，你还用担心做不出优秀的应用吗？好了，纯理论的东西也就介绍到这里，我知道你已经迫不及待想要开始真正的开发之旅了，那我们就开始启程吧！

1.2 手把手带你搭建开发环境

俗话说得好，工欲善其事，必先利其器，开着记事本就想去开发 Android 程序显然不是明智之举，选择一个好的 IDE 可以极大幅度地提高你的开发效率，因此本节我就将手把手带着你把开发环境搭建起来。

1.2.1 准备所需要的软件

我现在对你了解还并不多，但我希望你已经是一个颇有经验的 Java 程序员，这样你理解本书的内容时将会轻而易举，因为 Android 程序都是使用 Java 语言编写的。如果你对 Java 只是略有了解，那阅读本书应该会有一点困难，不过一边阅读一边补充 Java 知识也是可以的。但如果你对 Java 完全没有了解，那么我建议你可以暂时将本书放下，先买本介绍 Java 基础知识的书学上两个星期，把 Java 的基本语法和特性都学会了，再来继续阅读本书。

好了，既然你已经阅读到这里，说明你已经掌握 Java 的基本用法了，那么开发 Java 程序时必备的 JDK 你一定已经安装好了。下面我们再来看一看开发 Android 程序除了 JDK 外，还需要哪些工具。

1. Android SDK

Android SDK 是谷歌提供的 Android 开发工具包，在开发 Android 程序时，我们需要通过引入该工具包，来使用 Android 相关的 API。

2. Eclipse

相信所有 Java 开发者都一定会对这个工具非常地熟悉，它是 Java 开发神器，最好用的 IDE 工具之一。Eclipse 是开源的，这使得有很多基于 Eclipse 制作的优秀 IDE 得以问世，如 MyEclipse、Aptana 等。但我觉得它最吸引人的地方并不在这儿，而是它超强的插件功能。Eclipse 支持极多的插件工具，使得它不仅仅可以用来开发 Java，还可以很轻松地支持几乎所有主流语言的开发，当然也非常适合 Android 开发。

除了 Eclipse 外，同样适合开发 Android 程序的 IDE 还有 IntelliJ IDEA、Android Studio 等。其中 Android Studio 是谷歌官方近期推出的新 IDE，由于是专门为开发 Android 程序定制的，在 Android 领域大有要取代 Eclipse 的势头。不过本书中还是决定暂时继续使用 Eclipse，因为 Android Studio 才推出不久，恐怕还不够稳定。另外你将来的同事大多数应该还是用的 Eclipse，如果跟他们选择不同的 IDE，在工作效率上可能要打点折扣了。

3. ADT

ADT 全称 Android Development Tools，是谷歌提供的一个 Eclipse 插件，用于在 Eclipse 中提供一个强大的、高度集成的 Android 开发环境。安装了 ADT，你不仅可以联机调试，而且还能够模拟各种手机事件、分析你的程序性能等等。由于是 Eclipse 的插件，你不需要进行下载，在 Eclipse 中在线安装就可以了。

1.2.2 搭建开发环境

你可以将上述的软件全部都准备好，然后一个个安装完成（我当年就是这么干的），不过这已经是老方法了。谷歌现在提供了一种简便方式，在 Android 官网可以下载到一个绑定好的 SDK 工具包，你所需要用到的 Android SDK、Eclipse、ADT 插件全都包含在里面了，这样可以省去很多费时的安装操作，下载地址是：http://developer.android.com/sdk/。如果这个地址因为某些原因你无法访问的话，也可以直接到百度网盘下载我事先打包好的 SDK 工具包，下载地址是：http://pan.baidu.com/s/1ntLYp5J。

你下载下来的将是一个压缩包，解压该压缩包之后的目录结构如图 1.2 所示。

图 1.2

其中 SDK Manager 就是我们 Android SDK 的管理器，双击打开它可以看到所有可下载的 Android SDK 版本。由于 Android 版本已经非常多了，全部都下载会很耗时，并且前面我也说过，我们开发的程序主要面向 Android 4.0 以后的系统，因此这里我只勾选 API 14 以上的 SDK 版本，如图 1.3 所示。当然如果你带宽和硬盘都十分充足，也可以全部勾选（如果你使用的是我在百度网盘上提供的 SDK 工具包，可以直接跳过下载安装 SDK 版本这一步）。

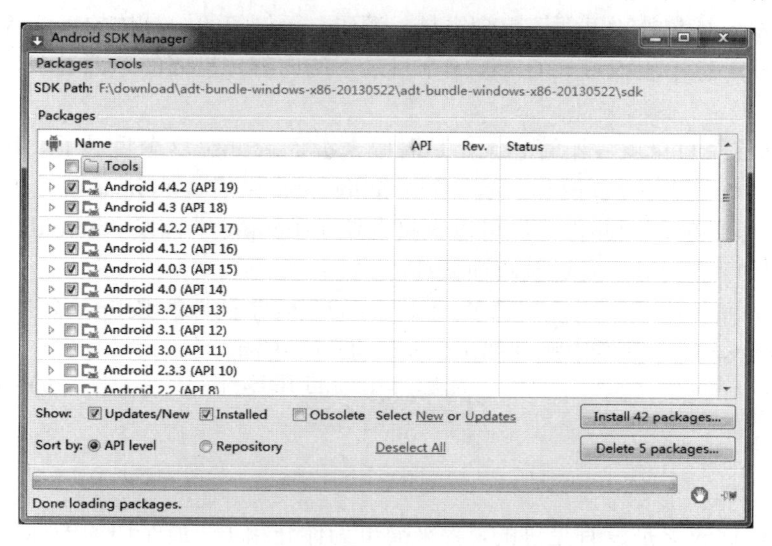

图　1.3

勾选完后点击右下角的 Install 42 packages，然后会进入到一个确认安装界面，如图 1.4 所示。

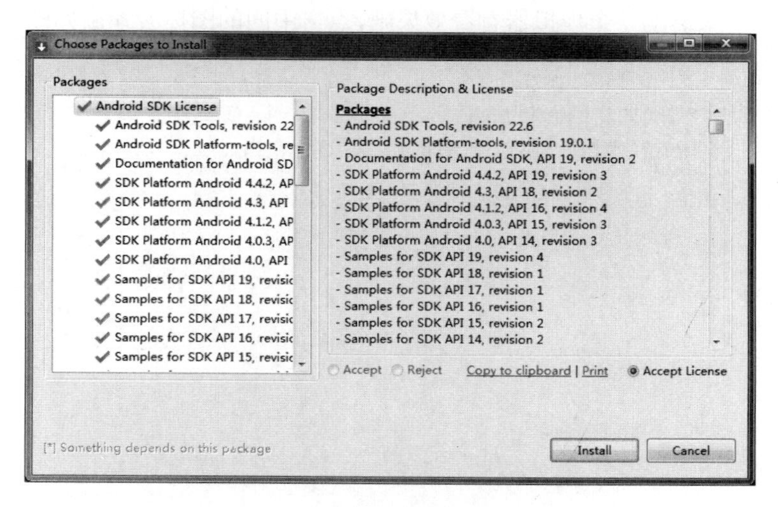

图　1.4

选中右下角的 Accept License，然后点击 Install，就进入了一个漫长的等待过程。这个时候也是你最轻松的时候了，因为你没什么事情要干，只需要等待就好。现在你可以喝杯茶，休息一会，如果你勾选的 SDK 比较多的话，干脆先去睡个觉吧！

经过漫长的等待之后，SDK 终于是下载完成了。所有下载好的内容都放在了 sdk 这个目录下，除了开发工具包外，里面还包含文档、源码、示例等等。具体的东西等你用到的时候我再做介绍，目前你不用太过关心 sdk 这个目录下的内容，里面的东西过多，现在容易让你头晕眼花。

好了，sdk 这个目录就先不管它了，是时候来看下 eclipse 这个目录了。其实这个目录也没什么好说的，就是进入 eclipse 目录，双击 eclipse.exe 来启动 Eclipse 就完了。这个 Eclipse 是安装好 ADT 插件的，因此你已经可以直接在这个 Eclipse 上开发 Android 程序了，那还不快点对着启动图标点右键，发送到桌面快捷方式！

Eclipse 的界面你应该是比较熟悉了，不过安装过 ADT 插件的 Eclipse 会多出一些东西来，比如你会在 Eclipse 的工具栏中找到图 1.5 所示的几个图标。

图 1.5

这几个图标你应该是没有见过的，我来简单为你介绍下。最左边的图标其实你已经比较熟悉了，就是你睡觉前使用过的 Android SDK 管理器，点击它和点击 SDK Manager 效果是一样的。中间的图标是用来开启 Android 模拟器的，如果你还没有 Android 手机的话，开发时就必须使用模拟器了。最右边的图标是用来进行代码检查的，你暂时还用不到它。

那我们现在就来启动一个模拟器看看效果吧，点击中间的图标会弹出如图 1.6 所示的窗口。

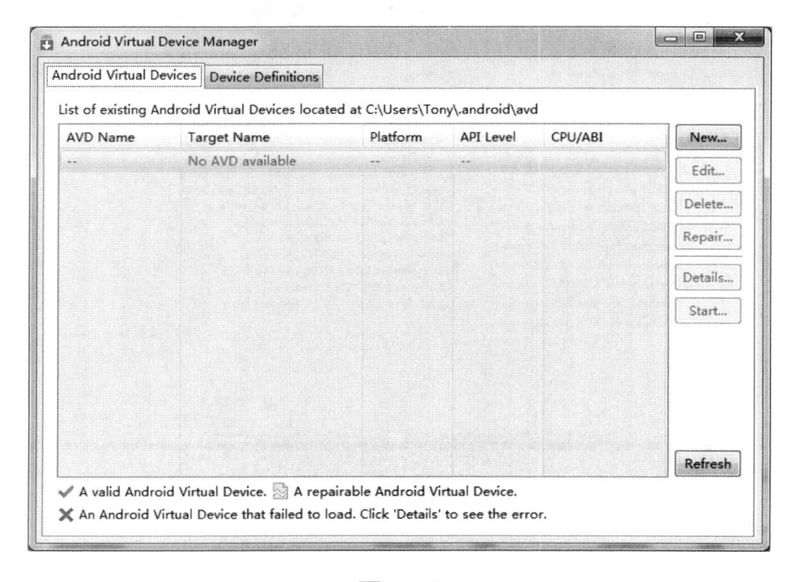

图 1.6

然后点击右侧的 New 来创建一个新的模拟器。这里我们准备创建一个 Android 4.0 系统的模拟器，因此模拟器名就叫 4.0 好了，设备这里我选择了一个 3.2 英寸屏幕的手机，目标指定为 Android 4.0，然后再稍微分配一下手机内存和 SD 卡大小，就可以点击 OK 了，如图 1.7 所示。

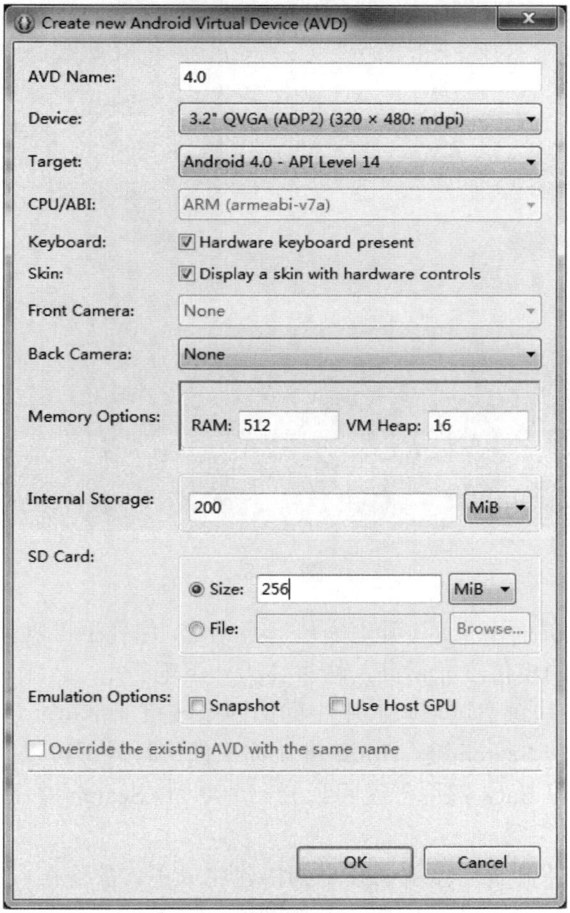

Create new Android Virtual Device (AVD)

AVD Name:	4.0
Device:	3.2" QVGA (ADP2) (320 × 480: mdpi)
Target:	Android 4.0 - API Level 14
CPU/ABI:	ARM (armeabi-v7a)
Keyboard:	☑ Hardware keyboard present
Skin:	☑ Display a skin with hardware controls
Front Camera:	None
Back Camera:	None
Memory Options:	RAM: 512　VM Heap: 16
Internal Storage:	200 MiB
SD Card:	◉ Size: 256 MiB ○ File: Browse...
Emulation Options:	☐ Snapshot　☐ Use Host GPU

☐ Override the existing AVD with the same name

OK　Cancel

图　1.7

创建完成后，我们选中刚刚创建的模拟器，然后点击 Start，在弹出窗口中点击 Launch，就可以启动模拟器了。模拟器会像手机一样，有一个开机过程，启动完成之后的界面如图 1.8 所示。

图 1.8

很清新的 Android 界面出来了！看上去还挺不错吧，你几乎可以像使用手机一样使用它，Android 模拟器对手机的模仿度非常高，快去体验一下吧。

模拟器的右侧是一块键盘区域，其中中间的四个按键非常重要，从左到右依次是 Home 键、Menu 键、Back 键和 Search 键。Home 键让你在任何时候都可以回到桌面，Menu 键用于在程序界面中显示菜单，Back 键用于返回到上一个界面，Search 键让你可以更加轻松地使用谷歌搜索功能。

目前为止，Android 开发环境就已经全部搭建完成了。那现在应该做什么？当然是写下你的第一行 Android 代码了，让我们快点开始吧。

经验值：+100　　　　目前经验值：105

级别：萌级小菜鸟

赢得宝物：战胜开发环境搭建外围守卫者。拾取守卫者掉落的宝物，小屏幕二手 Android 手机一部、全新 Android 模拟器一个、九成新粗布 Android 战袍一套、微型信心增强大力丸一颗。穿戴好战袍，服下大力丸。继续前进。

1.3　创建你的第一个 Android 项目

任何一个编程语言写出的第一个程序毫无疑问都会是 Hello World，这已经是自 20 世纪 70 年代一直流传下来的传统，在编程界已成为永恒的经典，那我们当然也不会搞例外了。

1.3.1　创建 HelloWorld 项目

在 Eclipse 的导航栏中点击 File→New→Android Application Project，此时会弹出创建 Android 项目的对话框。其中 Application Name 代表应用名称，此应用安装到手机之后会在手机上显示该名称，这里我们填入 Hello World。Project Name 代表项目名称，在项目创建完成后该名称会显示在 Eclipse 中，这里我们填入 HelloWorld（项目名通常不加空格）。接着 Package Name 代表项目的包名，Android 系统就是通过包名来区分不同应用程序的，因此包名一定要有唯一性，这里我们填入 com.test.helloworld。

接下来是几个下拉选择框，Minimum Required SDK 是指程序最低兼容的版本，这里我们选择 Android 4.0。Target SDK 是指你在该目标版本上已经做过了充分的测试，系统不会再帮你在这个版本上做向前兼容的操作了，这里我们选择最高版本 Android 4.4。Compile With 是指程序将使用哪个版本的 SDK 进行编译，这里我们同样选择 Android 4.0。最后一个 Theme 是指程序 UI 所使用的主题，我个人比较喜欢选择 None。全部都选择好的界面如图 1.9 所示。

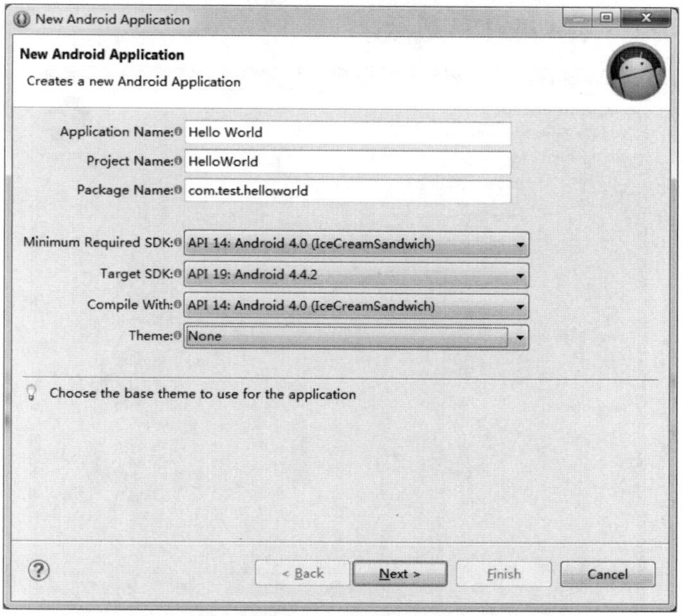

图　1.9

现在我们可以点击 Next 了，下一个界面是创建项目的一些配置，全部保持默认配置就好，如图 1.10 所示。

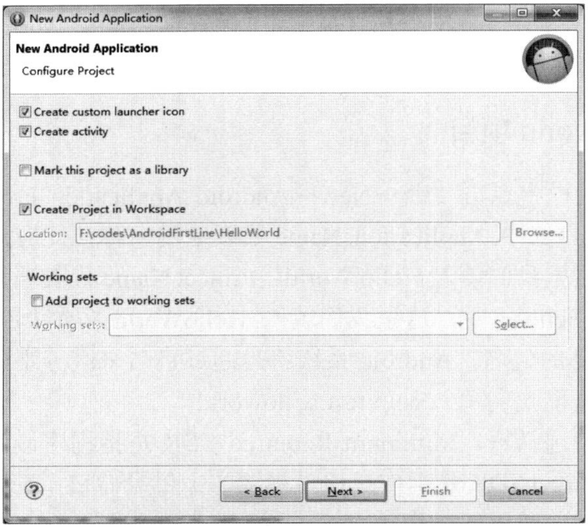

图 1.10

直接点击 Next 进入到启动图标的配置界面，在这里配置的图标就会是你的应用程序安装到手机之后显示的图标，如图 1.11 所示。

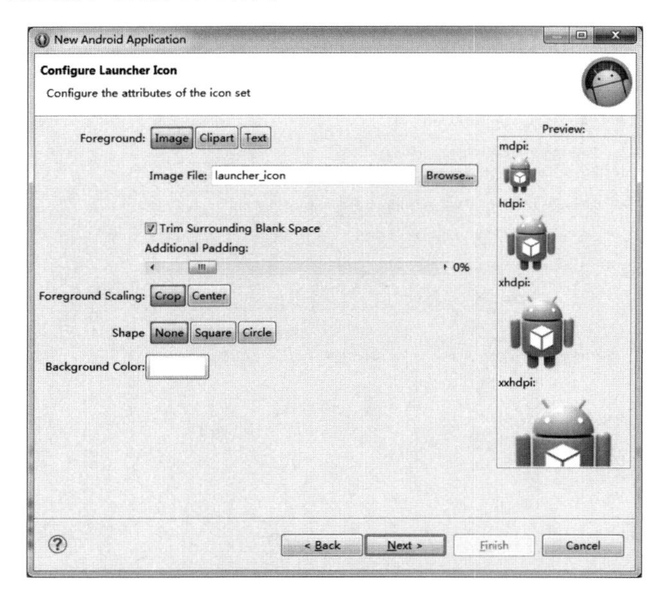

图 1.11

如果你程序的 Logo 还没设计好，别着急，在项目里面也是可以配置启动图标的，这里我们就先不配置，直接点击 Next。

然后跳转到的是创建活动界面，在这个界面你可以选择一个你想创建的活动类型，这里我们就选择 Blank Activity 了，如图 1.12 所示。

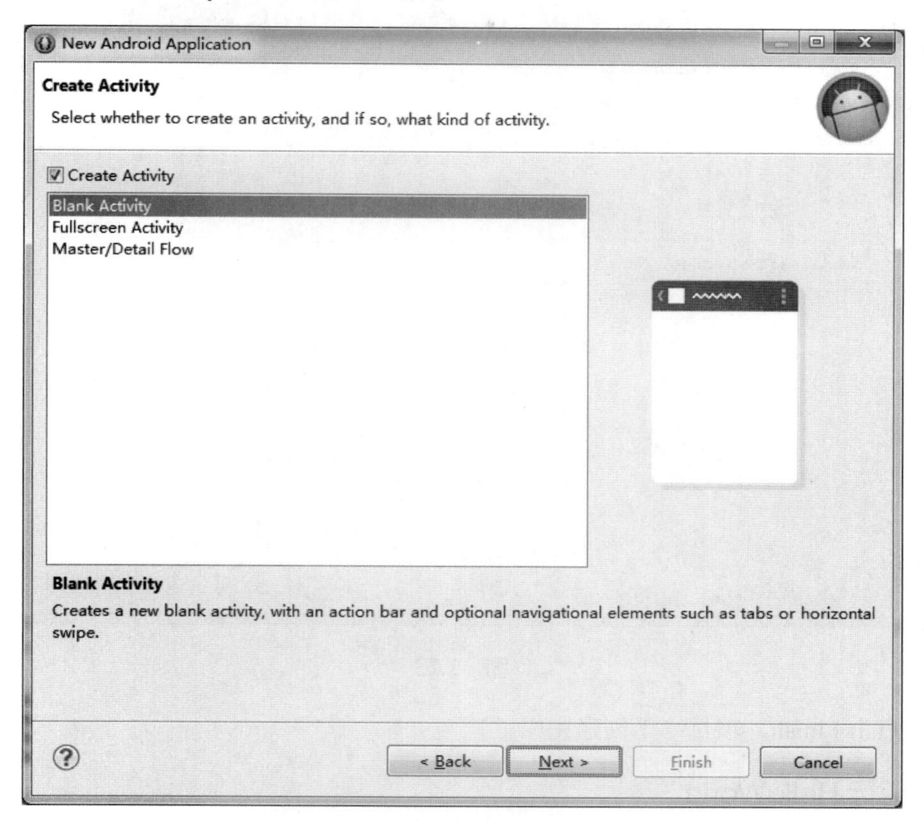

图 1.12

继续点击 Next 后，我们需要给刚刚选择的 Blank Activity 起一个名字，然后给这个活动的布局也起一个名字。Activity Name 就填入 HelloWorldActivity，Layout Name 就填入 hello_world_layout 吧，如图 1.13 所示。

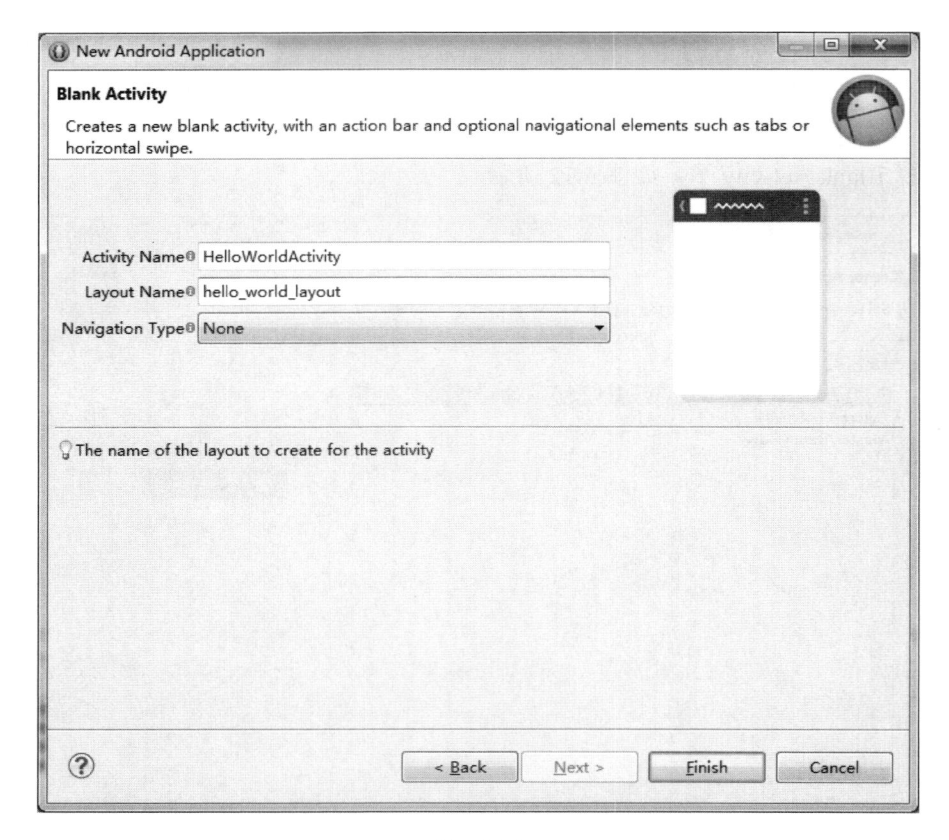

图 1.13

然后点击 Finish，项目终于创建完成了！

1.3.2 运行 HelloWorld

这个时候你的 Eclipse 中应该会显示出刚刚创建的 HelloWorld 项目，由于 ADT 已经自动为我们生成了很多东西，你现在不需要写任何代码，HelloWorld 项目就已经可以运行了。不过在运行之前，让我们先检查一下刚才的模拟器是不是还在线。

点击 Eclipse 导航栏中的 Window→Open Perspective→DDMS，这时你会进入到 DDMS 的视图中去。DDMS 中提供了很多我们开发 Android 程序时需要用到的工具，不过目前你只需要关注 Devices 窗口中有没有 Online 的设备就行了。如果你的 Devices 窗口中有一个设备显示是 Online 的，那就说明目前一切正常，你的模拟器是在线的。如果 Devices 窗口中没有设备，可能是你已经把模拟器关掉了，没关系，按照前面的步骤重新打开一次就行了。如果你的 Devices 窗口中虽然有设备，但是显示 Offline，说明你的模拟器掉线了，这种情况概率不高，但是如果出现了，你只需要点击 Reset adb 就好了，如图 1.14 所示。

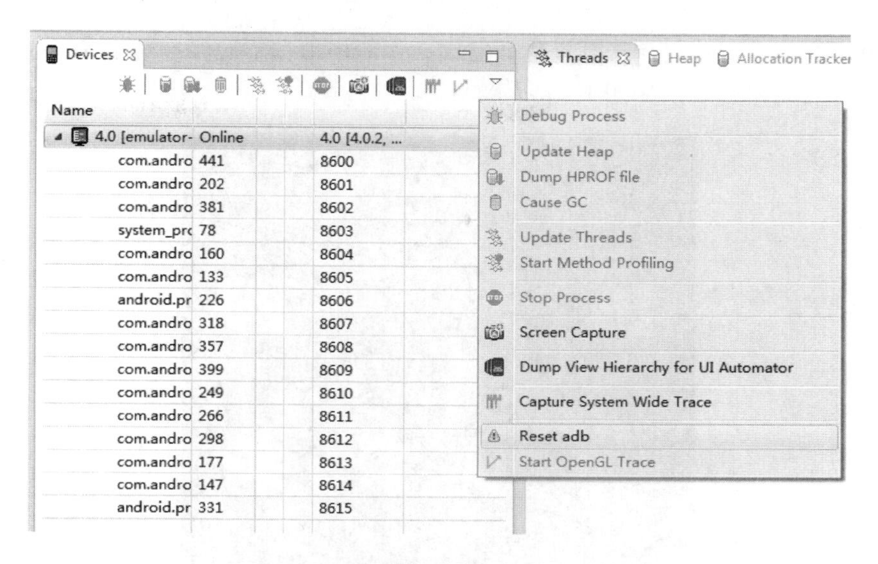

图　1.14

好了，确认完模拟器在线后，点击 Eclipse 工具栏右侧的 Java 选项，回到之前的视图，然后我们来运行一下项目吧。右击 HelloWorld 项目→Run As→Android Application。等待大约几秒钟的时间，你的项目就会运行起来了。现在快去看看你的模拟器吧，结果应该和图 1.15 中显示的是一样的。

图　1.15

HelloWorld 项目运行成功！并且你会发现，你的模拟器上已经安装上 Hello World 这个应用了。打开启动器列表，如图 1.16 所示。

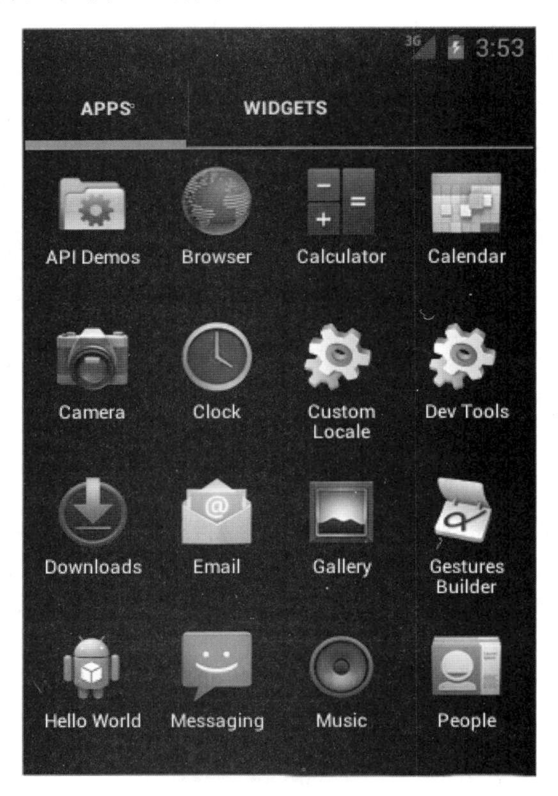

图 1.16

这个时候你可能会说我坑你了，说好的第一行代码呢？怎么一行还没写，项目就已经运行起来了？这个只能说是因为 ADT 太智能了，已经帮我们把一些简单内容都自动生成了。你也别心急，后面写代码的机会多着呢，我们先来分析一下 HelloWorld 这个项目吧。

1.3.3 分析你的第一个 Android 程序

还是回到 Eclipse 中，首先展开 HelloWorld 项目，你会看到如图 1.17 所示的目录结构。

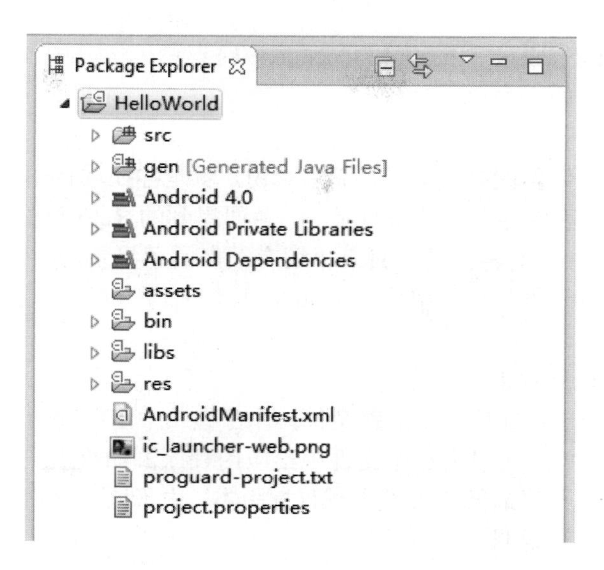

图　1.17

一开始看到这么多陌生的东西，你一定会感到有点头晕吧。别担心，我现在就对上图中的内容一一讲解，你很快再看这张图就不会感到那么吃力了。

1. src

毫无疑问，src 目录是放置我们所有 Java 代码的地方，它在这里的含义和普通 Java 项目下的 src 目录是完全一样的，展开之后你将看到我们刚才创建的 HelloWorldActivity 文件就在里面。

2. gen

这个目录里的内容都是自动生成的，主要有一个 R.java 文件，你在项目中添加的任何资源都会在其中生成一个相应的资源 id。这个文件永远不要手动去修改它。

3. assets

这个目录用得不多，主要可以存放一些随程序打包的文件，在你的程序运行时可以动态读取到这些文件的内容。另外，如果你的程序中使用到了 WebView 加载本地网页的功能，所有网页相关的文件也都存放在这个目录下。

4. bin

这个目录你也不需要过多关注，它主要包含了一些在编译时自动产生的文件。其中会有一个你当前项目编译好的安装包，展开 bin 目录你会看到 HelloWorld.apk，把这个文件拷到手机上就可以直接安装了。

5. libs

如果你的项目中使用到了第三方 Jar 包，就需要把这些 Jar 包都放在 libs 目录下，放在这个目录下的 Jar 包都会被自动添加到构建路径里去。你可以展开上图中 Android 4.0、

Android Private Libraries、Android Dependencies 这些库，其中显示的 Jar 包都是已经被添加到构建路径里的。

6. res

这个目录下的内容就有点多了，简单点说，就是你在项目中使用到的所有图片、布局、字符串等资源都要存放在这个目录下，前面提到的 R.java 中的内容也是根据这个目录下的文件自动生成的。当然这个目录下还有很多的子目录，图片放在 drawable 目录下，布局放在 layout 目录下，字符串放在 values 目录下，所以你不用担心会把整个 res 目录弄得乱糟糟的。

7. AndroidManifest.xml

这是你整个 Android 项目的配置文件，你在程序中定义的所有四大组件都需要在这个文件里注册。另外还可以在这个文件中给应用程序添加权限声明，也可以重新指定你创建项目时指定的程序最低兼容版本和目标版本。由于这个文件以后会经常用到，我们用到的时候再做详细说明。

8. project.properties

这个文件非常地简单，就是通过一行代码指定了编译程序时所使用的 SDK 版本。我们的 HelloWorld 项目使用的是 API 14，你也可以在这里改成其他版本试一试。

这样整个项目的目录结构就都介绍完了，如果你还不能完全理解的话也很正常，毕竟里面有太多的东西你都还没接触过。不用担心，这并不会影响到你后面的学习。相反，等你学完整本书后再回来看这个目录结构图时，你会觉得特别地清晰和简单。

接下来我们一起分析一下 HelloWorld 项目究竟是怎么运行起来的吧。首先打开 AndroidManifest.xml 文件，从中可以找到如下代码：

```
<activity
    android:name="com.test.helloworld.HelloWorldActivity"
    android:label="@string/app_name" >
    <intent-filter>
        <action android:name="android.intent.action.MAIN" />
        <category android:name="android.intent.category.LAUNCHER" />
    </intent-filter>
</activity>
```

这段代码表示对 HelloWorldActivity 这个活动进行注册，没有在 AndroidManifest.xml 里注册的活动是不能使用的。其中 intent-filter 里的两行代码非常重要，<action android:name="android.intent.action.MAIN" />和<category android:name="android.intent.category.LAUNCHER" />表示 HelloWorldActivity 是这个项目的主活动，在手机上点击应用图标，首先启动的就是这个活动。

那 HelloWorldActivity 具体又有什么作用呢？我在介绍 Android 四大组件的时候说过，

活动是 Android 应用程序的门面，凡是在应用中你看得到的东西，都是放在活动中的。因此你在图 1.15 中看到的界面，其实就是 HelloWorldActivity 这个活动。那我们快去看一下它的代码吧，打开 HelloWorldActivity，代码如下所示：

```
public class HelloWorldActivity extends Activity {

    @Override
    protected void onCreate(Bundle savedInstanceState) {
        super.onCreate(savedInstanceState);
        setContentView(R.layout.hello_world_layout);
    }

    @Override
    public boolean onCreateOptionsMenu(Menu menu) {
        // Inflate the menu; this adds items to the action bar if it is present.
        getMenuInflater().inflate(R.menu.hello_world, menu);
        return true;
    }

}
```

首先我们可以看到，HelloWorldActivity 是继承自 Activity 的。Activity 是 Android 系统提供的一个活动基类，我们项目中所有的活动都必须要继承它才能拥有活动的特性。然后可以看到 HelloWorldActivity 中有两个方法，onCreateOptionsMenu()这个方法是用于创建菜单的，我们可以先无视它，主要看下 onCreate()方法。onCreate()方法是一个活动被创建时必定要执行的方法，其中只有两行代码，并且没有 Hello world!的字样。那么图 1.15 中显示的 Hello world!是在哪里定义的呢？

其实 Android 程序的设计讲究逻辑和视图分离，因此是不推荐在活动中直接编写界面的，更加通用的一种做法是，在布局文件中编写界面，然后在活动中引入进来。你可以看到，在 onCreate()方法的第二行调用了 setContentView()方法，就是这个方法给当前的活动引入了一个 hello_world_layout 布局，那 Hello world!一定就是在这里定义的了！我们快打开这个文件看一看。

布局文件都是定义在 res/layout 目录下的，当你展开 layout 目录，你会看到 hello_world_layout.xml 这个文件。打开之后代码如下所示：

```
<RelativeLayout xmlns:android="http://schemas.android.com/apk/res/android"
    xmlns:tools="http://schemas.android.com/tools"
    android:layout_width="match_parent"
    android:layout_height="match_parent"
```

```
    android:paddingBottom="@dimen/activity_vertical_margin"
    android:paddingLeft="@dimen/activity_horizontal_margin"
    android:paddingRight="@dimen/activity_horizontal_margin"
    android:paddingTop="@dimen/activity_vertical_margin"
    tools:context=".HelloWorldActivity" >

    <TextView
        android:layout_width="wrap_content"
        android:layout_height="wrap_content"
        android:text="@string/hello_world" />

</RelativeLayout>
```

现在还看不懂？没关系，后面我会对布局进行详细讲解的，你现在只需要看到上面代码中有一个 TextView，这是 Android 系统提供的一个控件，用于在布局中显示文字的。然后你终于在 TextView 中看到了 hello world 的字样，哈哈终于找到了，原来就是通过 android:text= "@string/hello_world"这句代码定义的！咦？感觉不对劲啊，好像图 1.15 中显示的是 Hello world!，这感叹号怎么没了，大小写也不太一样。

其实你还是被欺骗了，真正的 Hello world!字符串也不是在布局文件中定义的。Android 不推荐在程序中对字符串进行硬编码，更好的做法一般是把字符串定义在 res/values/strings.xml 里，然后可以在布局文件或代码中引用。那我们现在打开 strings.xml 看一下，里面的内容如下：

```
<resources>
    <string name="app_name">Hello World</string>
    <string name="action_settings">Settings</string>
    <string name="hello_world">Hello world!</string>
</resources>
```

这下没有什么再能逃出你的法眼了，Hello world!字符串就是定义在这个文件里的。并且字符串的定义都是使用键值对的形式，Hello world!值对应了一个叫做 hello_world 的键，因此在 hello_world_layout.xml 布局文件中就是通过引用了 hello_world 这个键，才找到了相应的值。

这个时候我无意中瞄到了这个文件中还有一个叫做 app_name 的键。你猜对了，我们还可以在这里通过修改 app_name 对应的值，来改变此应用程序的名称。那到底是哪里引用了 app_name 这个键呢？打开 AndroidManifest.xml 文件自己找找去吧！

1.3.4 详解项目中的资源

如果你展开 res 目录看一下，其实里面的东西还是挺多的，很容易让人看得眼花缭乱，如图 1.18 所示。

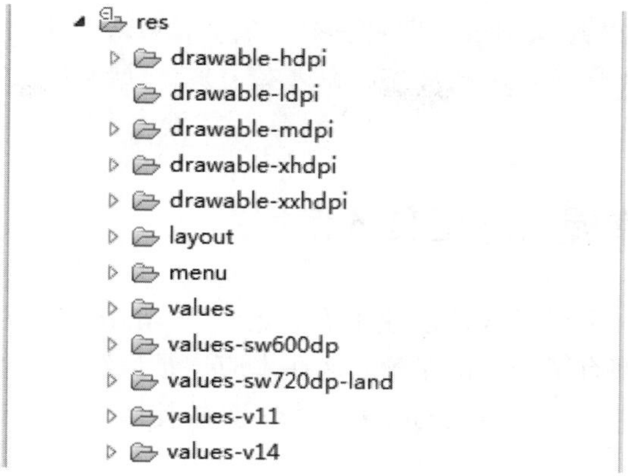

图 1.18

看到这么多的文件夹不用害怕，其实归纳一下，res 目录就变得非常简单了。所有以 drawable 开头的文件夹都是用来放图片的，所有以 values 开头的文件夹都是用来放字符串的，layout 文件夹是用来放布局文件的，menu 文件夹是用来放菜单文件的。怎么样，是不是突然感觉清晰了很多？之所以有这么多 drawable 开头的文件夹，其实主要是为了让程序能够兼容更多的设备。在制作程序的时候最好能够给同一张图片提供几个不同分辨率的副本，分别放在这些文件夹下，然后当程序运行的时候会自动根据当前运行设备分辨率的高低选择加载哪个文件夹下的图片。当然这只是理想情况，更多的时候美工只会提供给我们一份图片，这时你就把所有图片都放在 drawable-hdpi 文件夹下就好了。

知道了 res 目录下每个文件夹的含义，我们再来看一下如何去使用这些资源吧。比如刚刚在 strings.xml 中找到的 Hello world!字符串，我们有两种方式可以引用它：

1. 在代码中通过 R.string.hello_world 可以获得该字符串的引用；
2. 在 XML 中通过@string/hello_world 可以获得该字符串的引用。

基本的语法就是上面两种方式，其中 string 部分是可以替换的，如果是引用的图片资源就可以替换成 drawable，如果是引用的布局文件就可以替换成 layout，以此类推。这里就不再给出具体的例子了，因为后面你会在项目中大量地使用到各种资源，到时候例子多得是呢。另外跟你小透漏一下，HelloWorld 项目的图标就是在 AndroidManifest.xml 中通过 android:icon="@drawable/ic_launcher"来指定的，ic_launcher 这张图片就在 drawable 文件夹下，如果想要修改项目的图标应该知道怎么办了吧？

经验值：+200　　目前经验值：305
级别：萌级小菜鸟
赢得宝物：战胜资深 HelloWorld 程序撰写者（外围守卫者）。拾取守卫者掉落的宝物，大容量移动电源一个、修罗界移动开发者大会纪念品双肩包一个（印有“Android 开发小能手”字样）、八成新棉麻混纺 Android 战袍一套、微型信心增强大力丸 3 颗。换上新战袍，服下 3 颗大力丸，将其余物资放入双肩包。旁边有一只神秘的松鼠在对我点头。微微向它领首致意。继续前进。

1.4 前行必备，掌握日志工具的使用

通过上一节的学习，你已经成功创建了你的第一个 Android 程序，并且对 Android 项目的目录结构和运行流程都有了一定的了解。现在本应该是你继续前行的时候，不过我想在这里给你穿插一点内容，讲解一下 Android 中日志工具的使用方法，这对你以后的 Android 开发之旅会有极大的帮助。

1.4.1 添加 LogCat 到你的 Eclipse

日志在任何项目的开发过程中都会起到非常重要的作用，在 Android 项目中如果你想要查看日志则必须要使用 LogCat 工具。当你第一次在 Eclipse 中运行 Android 项目的时候，Eclipse 会提醒你一次是否要添加 LogCat 这个工具。如果你现在还没有添加上的话，我这里教你一下如何手动添加 LogCat 到你的 Eclipse 中。

点击 Eclipse 导航栏中的 Window→Show View→Other，会弹出一个 Show View 对话框。你在 Show View 对话框中展开 Android 目录，会看到有一个 LogCat 的子项，如图 1.19 所示。

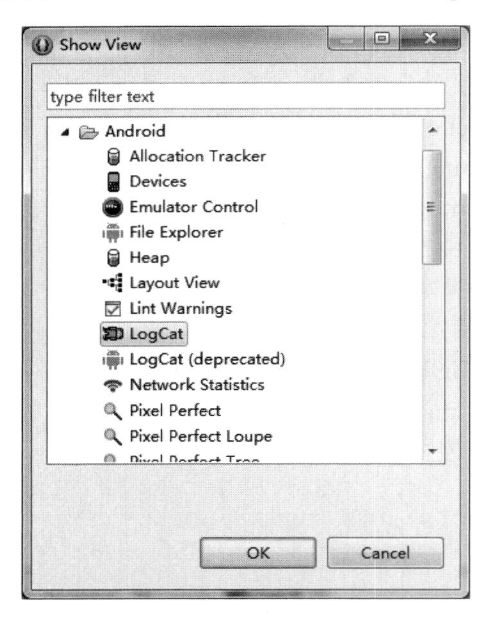

图 1.19

然后选中 LogCat，点击 OK，这样你就成功将 LogCat 添加到 Eclipse 中了。

1.4.2　使用 Android 的日志工具 Log

既然 LogCat 已经添加完成，我们来学习一下如何使用 Android 的日志工具吧。Android 中的日志工具类是 Log（android.util.Log），这个类中提供了如下几个方法来供我们打印日志。

1. Log.v()

   这个方法用于打印那些最为琐碎的，意义最小的日志信息。对应级别 verbose，是 Android 日志里面级别最低的一种。

2. Log.d()

   这个方法用于打印一些调试信息，这些信息对你调试程序和分析问题应该是有帮助的。对应级别 debug，比 verbose 高一级。

3. Log.i()

   这个方法用于打印一些比较重要的数据，这些数据应该是你非常想看到的，可以帮你分析用户行为的那种。对应级别 info，比 debug 高一级。

4. Log.w()

   这个方法用于打印一些警告信息，提示程序在这个地方可能会有潜在的风险，最好去修复一下这些出现警告的地方。对应级别 warn，比 info 高一级。

5. Log.e()

   这个方法用于打印程序中的错误信息，比如程序进入到了 catch 语句当中。当有错误信息打印出来的时候，一般都代表你的程序出现严重问题了，必须尽快修复。对应级别 error，比 warn 高一级。

其实很简单，一共就五个方法，当然每个方法还会有不同的重载，但那对你来说肯定不是什么难理解的地方了。我们现在就在 HelloWorld 项目中试一试日志工具好不好用吧。

打开 HelloWorldActivity，在 onCreate()方法中添加一行打印日志的语句，如下所示：

```
protected void onCreate(Bundle savedInstanceState) {
    super.onCreate(savedInstanceState);
    setContentView(R.layout.hello_world_layout);
    Log.d("HelloWorldActivity", "onCreate execute");
}
```

Log.d 方法中传入了两个参数，第一个参数是 tag，一般传入当前的类名就好，主要用于对打印信息进行过滤。第二个参数是 msg，即想要打印的具体的内容。

现在可以重新运行一下 HelloWorld 这个项目了，仍然是右击 HelloWorld 项目→Run As→Android Application。等程序运行完毕，可以看到 LogCat 中打印信息如图 1.20 所示。

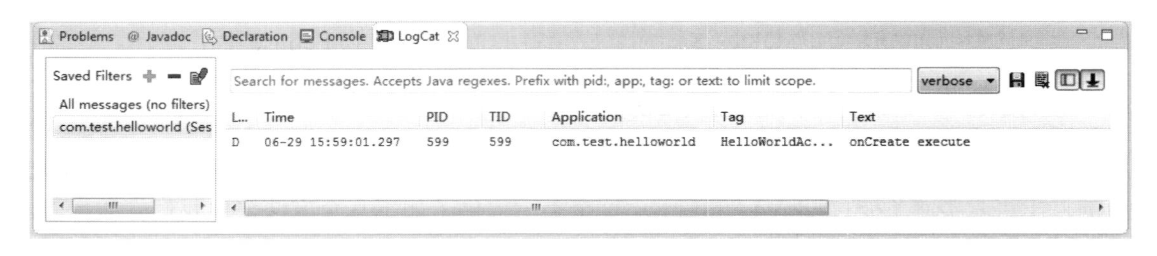

图 1.20

其中你不仅可以看到打印日志的内容和 Tag 名，就连程序的包名、打印的时间以及应用程序的进程号都可以看到。如果你的 LogCat 中并没有打印出任何信息，有可能是因为你当前的设备失去焦点了。这时你只需要进入到 DDMS 视图，在 Devices 窗口中点击一下你当前的设备，打印信息就会出来了。

另外不知道你有没有注意到，你的第一行代码已经在不知不觉中写出来了，我也总算是交差了。

1.4.3 为什么使用 Log 而不使用 System.out

我相信很多的 Java 新手都非常喜欢使用 System.out.println()方法来打印日志，不知道你是不是也喜欢这么做。不过在真正的项目开发中，是极度不建议使用 System.out.println()方法的！如果你在公司的项目中经常使用这个方法，就很有可能要挨骂了。

为什么 System.out.println()方法会这么遭大家唾弃呢？经过我仔细分析之后，发现这个方法除了使用方便一点之外，其他就一无是处了。方便在哪儿呢？在 Eclipse 中你只需要输入 syso，然后按下代码提示键，这个方法就会自动出来了，相信这也是很多 Java 新手对它钟情的原因。那缺点又在哪儿了呢？这个就太多了，比如日志打印不可控制、打印时间无法确定、不能添加过滤器、日志没有级别区分……

听我说了这些，你可能已经不太想用 System.out.println()方法了，那么 Log 就把上面所说的缺点全部都做好了吗？虽然谈不上全部，但我觉得 Log 已经做得相当不错了。我现在就来带你看看 Log 和 LogCat 配合的强大之处。

首先在 LogCat 中是可以很轻松地添加过滤器的，你可以在图 1.21 中看到我们目前所有的过滤器。

Saved Filters
All messages (no filters)
com.test.helloworld (Ses

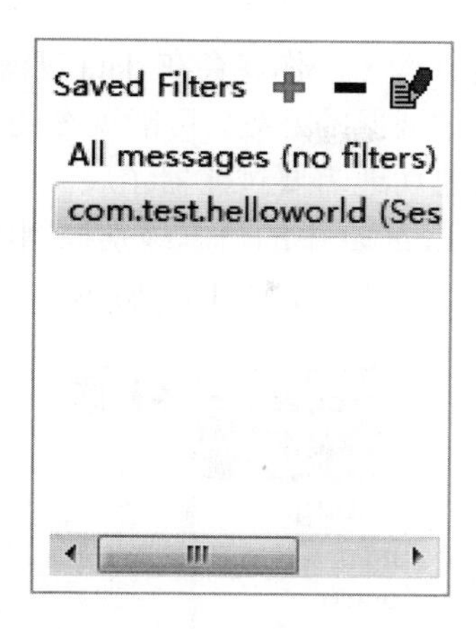

图　1.21

目前只有两个过滤器，All messages 过滤器也就相当于没有过滤器，会把所有的日志都显示出来。com.test.helloworld 过滤器是我们运行 HelloWorld 项目时自动创建的，点击这个过滤器就可以只看到 HelloWorld 程序中打印的日志。那可不可以自定义过滤器呢？当然可以，我们现在就来添加一个过滤器试试。

点击图 1.21 中的加号，会弹出一个过滤器配置界面。我们给过滤器起名叫 data，并且让它对名为 data 的 Tag 进行过滤，如图 1.22 所示。

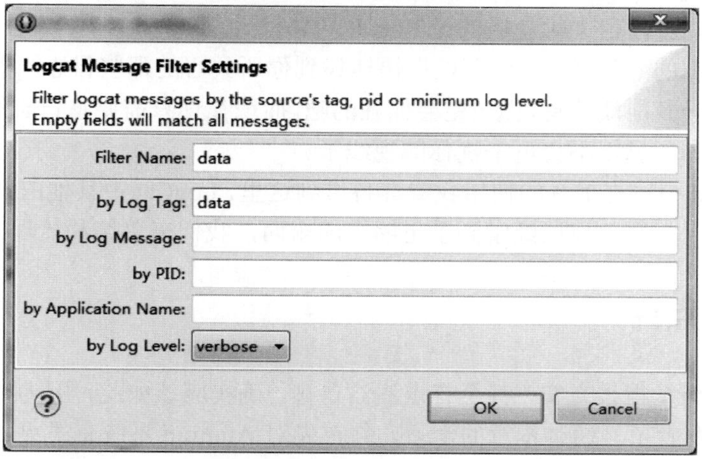

Logcat Message Filter Settings
Filter logcat messages by the source's tag, pid or minimum log level.
Empty fields will match all messages.
Filter Name:
data
by Log Tag:
data
by Log Message:
by PID:
by Application Name:
by Log Level:
verbose
OK
Cancel

图　1.22

点击 OK，你就会发现你已经多出了一个 data 过滤器，当你点击这个过滤器的时候，你会发现刚才在 onCreate()方法里打印的日志没了，这是因为 data 这个过滤器只会显示 Tag 名称为 data 的日志。你可以尝试在 onCreate()方法中把打印日志的语句改成 Log.d("data", "onCreate execute")，然后再次运行程序，你就会在 data 过滤器下看到这行日志了。

不知道你有没有体会到使用过滤器的好处，可能现在还没有吧。不过当你的程序打印出成百上千行日志的时候，你就会迫切地需要过滤器了。

看完了过滤器，再来看一下 LogCat 中的日志级别控制吧。LogCat 中主要有 5 个级别，分别对应着我在上一节介绍的 5 个方法，如图 1.23 所示。

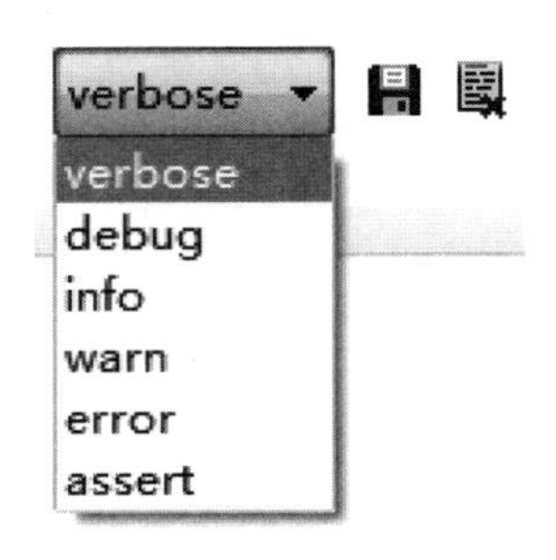

图 1.23

当前我们选中的级别是 verbose，也就是最低等级。这意味着不管我们使用哪一个方法打印日志，这条日志都一定会显示出来。而如果我们将级别选中为 debug，这时只有我们使用 debug 及以上级别方法打印的日志才会显示出来，以此类推。你可以做下试验，如果你把 LogCat 中的级别选中为 info、warn 或者 error 时，我们在 onCreate()方法中打印的语句是不会显示的，因为我们打印日志时使用的是 Log.d()方法。

日志级别控制的好处就是，你可以很快地找到你所关心的那些日志。相信如果让你从上千行日志中查找一条崩溃信息，你一定会抓狂的吧。而现在你只需要将日志级别选中为 error，那些不相干的琐碎信息就不会再干扰你的视线了。

关于 Android 中日志工具的使用我就准备讲到这里，LogCat 中其他的一些使用技巧就要靠你自己去摸索了。今天你已经学到了足够多的东西，我们来总结和梳理一下吧。

1.5 小结与点评

你现在一定会觉得很充实，甚至有点沾沾自喜。确实应该如此，因为你已经成为一名真正的 Android 开发者了。通过本章的学习，你首先对 Android 系统有了更加充足的认识，然后成功将 Android 开发环境搭建了起来，接着创建了你自己的第一个 Android 项目，并对 Android 项目的目录结构和运行流程有了一定的认识，在本章的最后还学习了 Android 日志工具的使用，这难道还不够充实吗？

不过你也别太过于满足，相信你很清楚 Android 开发者和出色的 Android 开发者还是有很大的区别的，你还需要付出更多的努力才行。即使你目前在 Java 领域已经有了不错的成绩，我也希望在 Android 的世界你可以放下身段，以一只萌级小菜鸟的身份起飞，在后面的旅途中你会不断地成长。

现在你可以非常安心地休息一段时间，因为今天你已经做得非常不错了。储备好能量，准备进入到下一章的旅程当中。

经验值：+200　　升级！（由萌级小菜鸟升级至小菜鸟）　　目前经验值：505

级别：小菜鸟

捡到宝物：在一棵粗大的二叉树下露营时，在钉帐篷时，发现地下埋藏的一本上古时期的算法孤本《算法本源》，内容艰深，眼下还读不懂。作者署名是 TC。作者介绍中提到其在神界的职位是一位乡村教师，喜欢在河边教小天使们唱歌，尽管他声称研究算法只是他的业余爱好，但细心的朋友会发现，他养得最多的植物是瑞亚树（一种以时光女神瑞亚的名字命名的二叉橡皮树）。此人在人界也有兼职，但字迹模糊，已无法辨认。书的前言中还提到，当阅读者的编程级别提升至某个层次时，将更容易看懂这本书，但具体是什么级别，书中没有说，只说“造化弄人，因人而异”。至于为什么一本上古的书会埋得这么浅，不得而知。装好书。继续前进。希望有一天能读懂它。

第 2 章　先从看得到的入手，探究活动

通过上一章的学习，你已经成功创建了你的第一个 Android 项目。不过仅仅满足于此显然是不够的，是时候该学点新的东西了。作为你的导师，我有义务帮你制定好后面的学习路线，那么今天我们应该从哪儿入手呢？现在你可以想象一下，假如你已经写出了一个非常优秀的应用程序，然后推荐给你的第一个用户，你会从哪里开始介绍呢？毫无疑问，当然是从界面开始介绍了！因为即使你的程序算法再高效，架构再出色，用户根本不会在乎这些，他们一开始只会对看得到的东西感兴趣，那么我们今天的主题自然也要从看得到的入手了。

2.1　活动是什么

活动（Activity）是最容易吸引到用户的地方了，它是一种可以包含用户界面的组件，主要用于和用户进行交互。一个应用程序中可以包含零个或多个活动，但不包含任何活动的应用程序很少见，谁也不想让自己的应用永远无法被用户看到吧？

其实在上一章中，你已经和活动打过交道了，并且对活动也有了初步的认识。不过上一章我们的重点是创建你的第一个 Android 项目，对活动的介绍并不多，在本章中我将对活动进行详细的介绍。

2.2　活动的基本用法

到现在为止，你还没有手动创建过活动呢，因为上一章中的 HelloWorldActivity 是 ADT 帮我们自动创建的。手动创建活动可以加深我们的理解，因此现在是时候应该自己动手了。

首先，你需要再新建一个 Android 项目，项目名可以叫做 ActivityTest，包名我们就使用默认值 com.example.activitytest。新建项目的步骤你已经在上一章学习过了，不过图 1.12 中的那一步需要稍做修改，我们不再勾选 Create Activity 这个选项，因为这次我们准备手动创建活动，如图 2.1 所示。

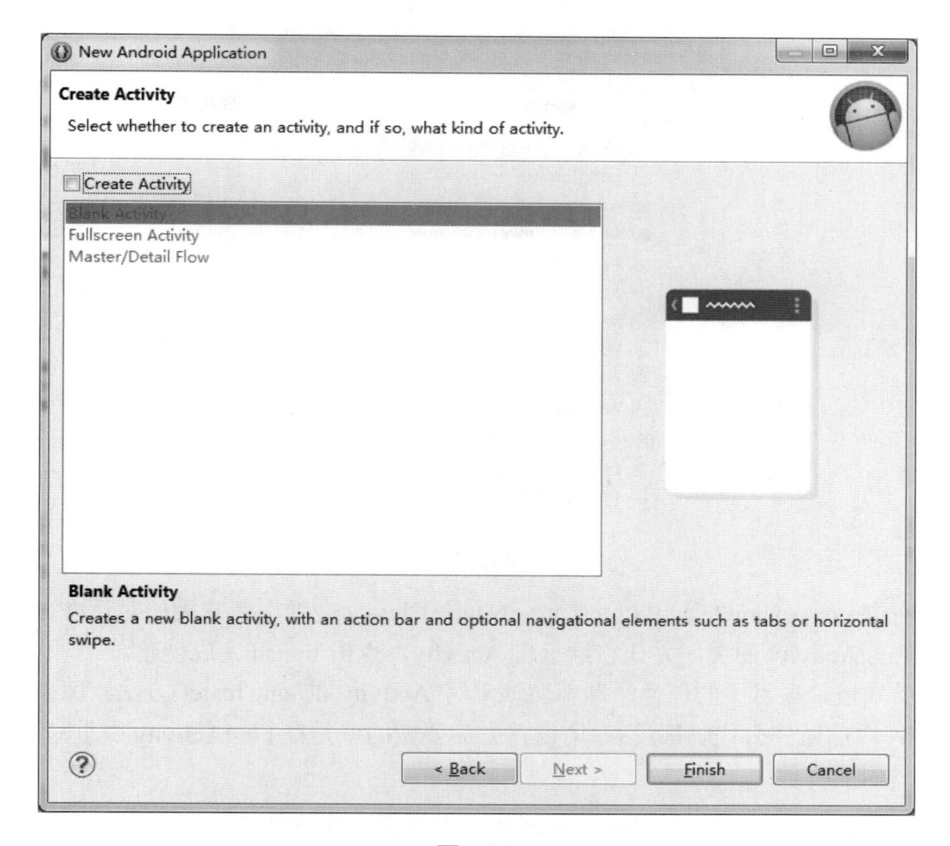

图　2.1

点击 Finish，项目就创建完成了，这时候你的 Eclipse 中应该有两个项目，ActivityTest 和 HelloWorld。极度建议你将不相干的项目关闭掉，仅打开当前工作所需要的项目，不然我保证以后你会在这方面吃亏。最好现在就右击 HelloWorld 项目→Close Project。

2.2.1　手动创建活动

目前 ActivityTest 项目的 src 目录应该是空的，你应该在 src 目录下先添加一个包。点击 Eclipse 导航栏中的 File→New→Package，在弹出窗口中填入我们新建项目时使用的默认包名 com.example.activitytest，点击 Finish。添加包之后的目录结构如图 2.2 所示。

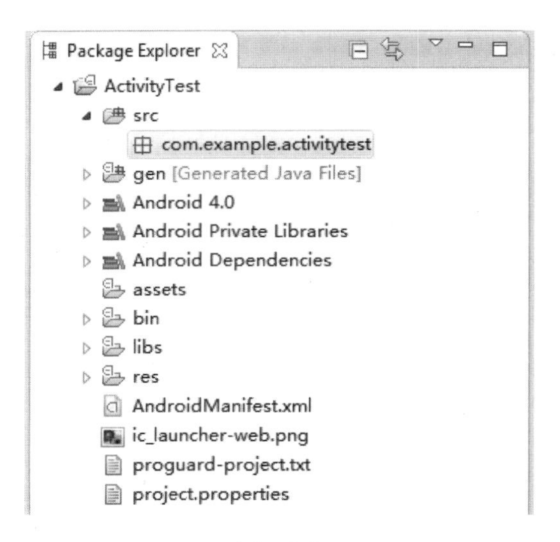

图 2.2

现在右击 com.example.activitytest 包→New→Class，会弹出新建类的对话框，我们新建一个名为 FirstActivity 的类，并让它继承自 Activity，点击 Finish 完成创建。

你需要知道，项目中的任何活动都应该重写 Activity 的 onCreate()方法，但目前我们的 FirstActivity 内部还什么代码都没有，所以首先你要做的就是在 FirstActivity 中重写 onCreate()方法，代码如下所示：

```
public class FirstActivity extends Activity {

    @Override
    protected void onCreate(Bundle savedInstanceState) {
        super.onCreate(savedInstanceState);
    }

}
```

可以看到，onCreate()方法非常简单，就是调用了父类的 onCreate()方法。当然这只是默认的实现，后面我们还需要在里面加入很多自己的逻辑。

2.2.2 创建和加载布局

前面我们说过，Android 程序的设计讲究逻辑和视图分离，最好每一个活动都能对应一个布局，布局就是用来显示界面内容的，因此我们现在就来手动创建一个布局文件。

右击 res/layout 目录→New→Android XML File，会弹出创建布局文件的窗口。我们给这个布局文件命名为 first_layout，根元素就默认选择为 LinearLayout，如图 2.3 所示。

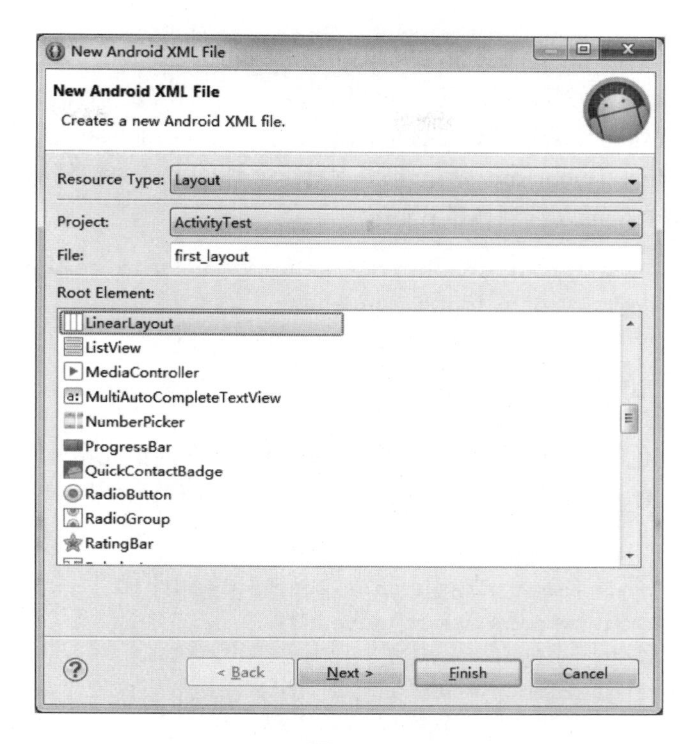

图　2.3

点击 Finish 完成布局的创建。这时候你会看到如图 2.4 所示的窗口。

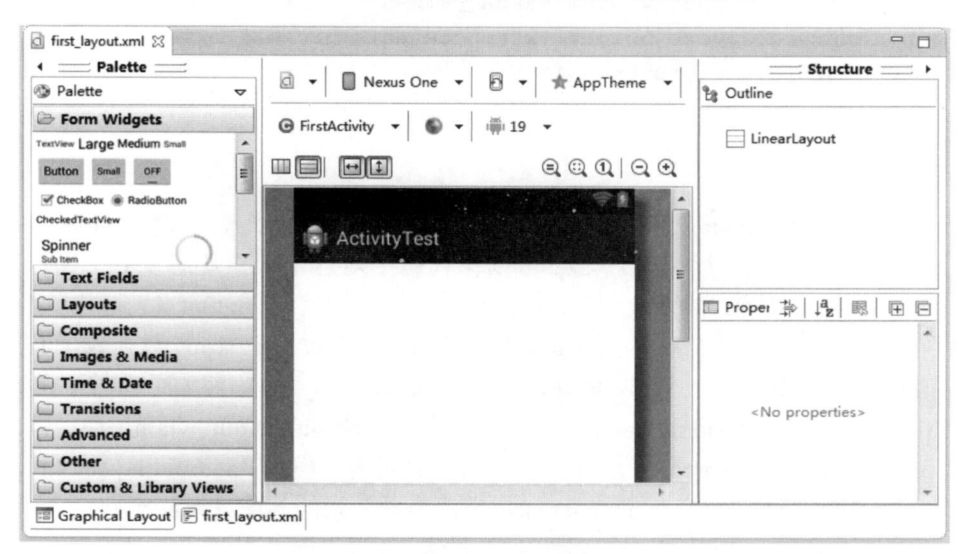

图　2.4

这是 ADT 为我们提供的可视化布局编辑器，你可以在屏幕的中央区域预览当前的布局。在窗口的最下方有两个切换卡，左边是 Graphical Layout，右边是 first_layout.xml。Graphical Layout 是当前的可视化布局编辑器，在这里你不仅可以预览当前的布局，还可以通过拖拽的方式编辑布局。而 first_layout.xml 则是通过 XML 文件的方式来编辑布局，现在点击一下 first_layout.xml 切换卡，可以看到如下代码：

```
<LinearLayout xmlns:android="http://schemas.android.com/apk/res/android"
    android:layout_width="match_parent"
    android:layout_height="match_parent"
    android:orientation="vertical" >
</LinearLayout>
```

由于我们刚才在创建布局文件时选择了 LinearLayout 作为根元素，因此现在布局文件中已经有一个 LinearLayout 元素了。那我们现在对这个布局稍做编辑，添加一个按钮，如下所示：

```
<LinearLayout xmlns:android="http://schemas.android.com/apk/res/android"
    android:layout_width="match_parent"
    android:layout_height="match_parent"
    android:orientation="vertical" >

    <Button
        android:id="@+id/button_1"
        android:layout_width="match_parent"
        android:layout_height="wrap_content"
        android:text="Button 1"
        />

</LinearLayout>
```

这里添加了一个 Button 元素，并在 Button 元素的内部增加了几个属性。android:id 是给当前的元素定义一个唯一标识符，之后可以在代码中对这个元素进行操作。你可能会对@+id/button_1 这种语法感到陌生，但如果把加号去掉，变成@id/button_1，这你就会觉得有些熟悉了吧，这不就是在 XML 中引用资源的语法吗，只不过是把 string 替换成了 id。是的，如果你需要在 XML 中引用一个 id，就使用@id/id_name 这种语法，而如果你需要在 XML 中定义一个 id，则要使用@+id/id_name 这种语法。随后 android:layout_width 指定了当前元素的宽度，这里使用 match_parent 表示让当前元素和父元素一样宽。android:layout_height 指定了当前元素的高度，这里使用 wrap_content，表示当前元素的高度只要能刚好包含里面的内容就行。android:text 指定了元素中显示的文字内容。如果你还不能完全看明白，没有关系，关于编写布局的详细内容我会在下一章中重点讲解，本章只是先简单涉及一些。现在按钮已经添加完了，你可以点回 Graphical Layout 切换卡，预览一下当前布局，如图 2.5 所示。

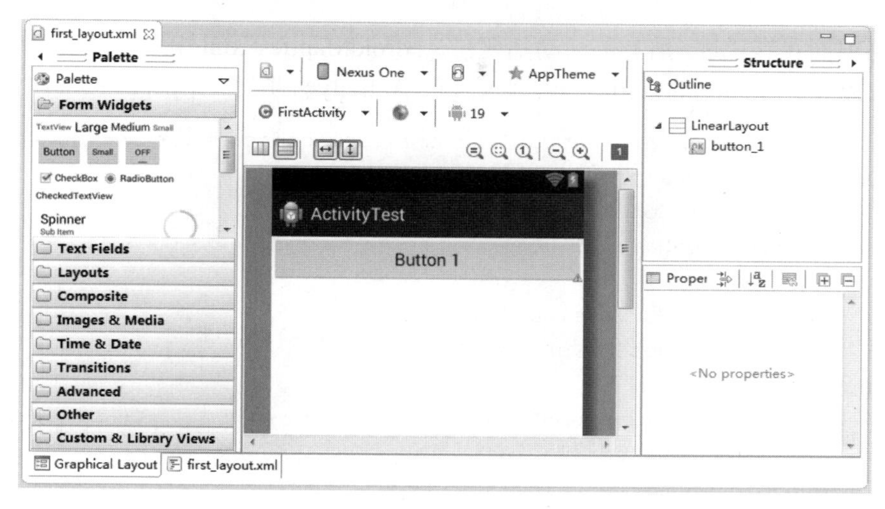

图　2.5

可以在中央的预览区域看到，按钮已经成功显示出来了，这样一个简单的布局就编写完成了。那么接下来我们要做的，就是在活动中加载这个布局。

重新回到 FirstActivity，在 onCreate()方法中加入如下代码：

```
public class FirstActivity extends Activity {

    @Override
    protected void onCreate(Bundle savedInstanceState) {
        super.onCreate(savedInstanceState);
        setContentView(R.layout.first_layout);
    }

}
```

可以看到，这里调用了 setContentView()方法来给当前的活动加载一个布局，而在 setContentView()方法中，我们一般都会传入一个布局文件的 id。在第一章介绍 gen 目录的时候我有提到过，项目中添加的任何资源都会在 R 文件中生成一个相应的资源 id，因此我们刚才创建的 first_layout.xml 布局的 id 现在应该是已经添加到 R 文件中了。在代码中去引用布局文件的方法你也已经学过了，只需要调用 R.layout.first_layout 就可以得到 first_layout.xml 布局的 id，然后将这个值传入 setContentView()方法即可。注意这里我们使用的 R，是 com.example.activitytest 包下的 R 文件，Android SDK 还会自动提供一个 android 包下的 R 文件，千万别使用错了。

2.2.3 在 AndroidManifest 文件中注册

别忘了前面我有说过，所有的活动都要在 AndroidManifest.xml 中进行注册才能生效，那么我们现在就打开 AndroidManifest.xml 来给 FirstActivity 注册吧，代码如下所示：

```
<manifest xmlns:android="http://schemas.android.com/apk/res/android"
    package="com.example.activitytest"
    android:versionCode="1"
    android:versionName="1.0" >
    <uses-sdk
        android:minSdkVersion="14"
        android:targetSdkVersion="19" />
    <application
        android:allowBackup="true"
        android:icon="@drawable/ic_launcher"
        android:label="@string/app_name"
        android:theme="@style/AppTheme" >
        <activity
            android:name=".FirstActivity"
            android:label="This is FirstActivity" >
            <intent-filter>
                <action android:name="android.intent.action.MAIN" />
                <category android:name="android.intent.category.LAUNCHER" />
            </intent-filter>
        </activity>
    </application>
</manifest>
```

可以看到，活动的注册声明要放在<application>标签内，这里是通过<activity>标签来对活动进行注册的。首先我们要使用 android:name 来指定具体注册哪一个活动，那么这里填入的.FirstActivity 是什么意思呢？其实这不过就是 com.example.activitytest.FirstActivity 的缩写而已。由于最外层的<manifest>标签中已经通过 package 属性指定了程序的包名是 com.example.activitytest，因此在注册活动时这一部分就可以省略了，直接使用.FirstActivity 就足够了。然后我们使用了 android:label 指定活动中标题栏的内容，标题栏是显示在活动最顶部的，待会儿运行的时候你就会看到。需要注意的是，给主活动指定的 label 不仅会成为标题栏中的内容，还会成为启动器（Launcher）中应用程序显示的名称。之后在<activity>标签的内部我们加入了<intent-filter>标签，并在这个标签里添加了<action android:name="android.intent.action.MAIN" />和<category android:name="android.intent.category.LAUNCHER" />这两句声明。这个我在前面也已经解释过了，如果你想让 FirstActivity 作为我们这个程序的主活动，即点击桌面应用程序图标时首先打开的就是这个活动，那就一定要加入这两句声明。另外需要注意，如果你的应用程序中没有声明任何一个活动作为主活动，这个程序仍然是可以正常安装的，只是你无法在启动器中看到或者打开这个程序。这种程序一般都是作为第三方服务供其他的应用在内部进行调用的，如支付宝快捷支付服务。

好了，现在一切都已准备就绪，让我们来运行一下程序吧，结果如图 2.6 所示。

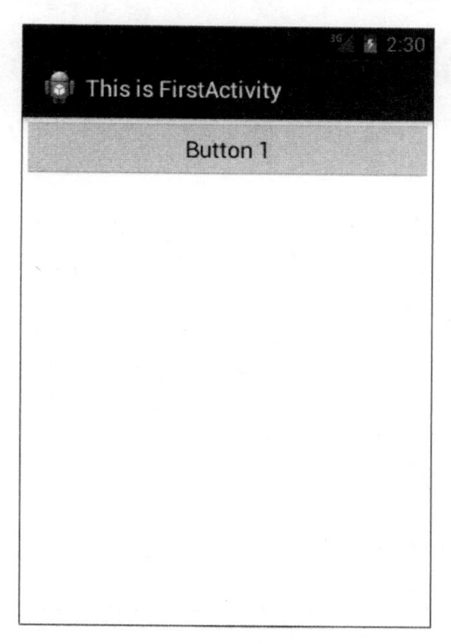

图　2.6

在界面的最顶部是一个标题栏，里面显示着我们刚才在注册活动时指定的内容。标题栏的下面就是在布局文件 first_layout.xml 中编写的界面，可以看到我们刚刚定义的按钮。现在你已经成功掌握了手动创建活动的方法，让我们继续看一看你在活动中还能做哪些更多的事情。

2.2.4　隐藏标题栏

标题栏中可以进行的操作其实还是蛮多的，尤其是在 Android 4.0 之后加入了 Action Bar 的功能。不过有些人会觉得标题栏相当占用屏幕空间，使得内容区域变小，因此也有不少的应用程序会选择将标题栏隐藏掉。

隐藏的方法非常简单，打开 FirstActivity，在 onCreate()方法中添加如下代码：

```
protected void onCreate(Bundle savedInstanceState) {
    super.onCreate(savedInstanceState);
```

```
        requestWindowFeature(Window.FEATURE_NO_TITLE);
        setContentView(R.layout.first_layout);
    }
```

其中 requestWindowFeature(Window.FEATURE_NO_TITLE)的意思就是不在活动中显示标题栏，注意这句代码一定要在 setContentView()之前执行，不然会报错。再次运行程序，效果如图 2.7 所示。

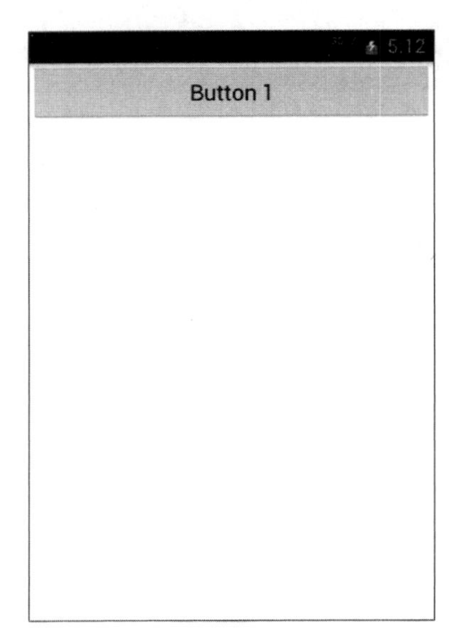

图 2.7

这样我们的活动中就不会再显示标题栏了，看起来空间大了不少吧！

2.2.5 在活动中使用 Toast

Toast 是 Android 系统提供的一种非常好的提醒方式，在程序中可以使用它将一些短小的信息通知给用户，这些信息会在一段时间后自动消失，并且不会占用任何屏幕空间，我们现在就尝试一下如何在活动中使用 Toast。

首先需要定义一个弹出 Toast 的触发点，正好界面上有个按钮，那我们就让点击这个按钮的时候弹出一个 Toast 吧。在 onCreate()方法中添加代码：

```
protected void onCreate(Bundle savedInstanceState) {
    super.onCreate(savedInstanceState);
    requestWindowFeature(Window.FEATURE_NO_TITLE);
    setContentView(R.layout.first_layout);
    Button button1 = (Button) findViewById(R.id.button_1);
```

```
        button1.setOnClickListener(new OnClickListener() {
            @Override
            public void onClick(View v) {
                Toast.makeText(FirstActivity.this, "You clicked Button 1",
                        Toast.LENGTH_SHORT).show();
            }
        });
    }
```

在活动中，可以通过 findViewById()方法获取到在布局文件中定义的元素，这里我们传入 R.id.button_1，来得到按钮的实例，这个值是刚才在 first_layout.xml 中通过 android:id 属性指定的。findViewById()方法返回的是一个 View 对象，我们需要向下转型将它转成 Button 对象。得到了按钮的实例之后，我们通过调用 setOnClickListener()方法为按钮注册一个监听器，点击按钮时就会执行监听器中的 onClick()方法。因此，弹出 Toast 的功能当然是要在 onClick()方法中编写了。

Toast 的用法非常简单，通过静态方法 makeText()创建出一个 Toast 对象，然后调用 show()将 Toast 显示出来就可以了。这里需要注意的是，makeText()方法需要传入三个参数。第一个参数是 Context，也就是 Toast 要求的上下文，由于活动本身就是一个 Context 对象，因此这里直接传入 FirstActivity.this 即可。第二个参数是 Toast 显示的文本内容，第三个参数是 Toast 显示的时长，有两个内置常量可以选择 Toast.LENGTH_SHORT 和 Toast.LENGTH_LONG。

现在重新运行程序，并点击一下按钮，效果如图 2.8 所示。

图　2.8

2.2.6 在活动中使用 Menu

不知道你还记不记得，在上一章中创建你的第一个 Android 项目时，ADT 在 HelloWorldActivity 中自动创建了一个 onCreateOptionsMenu()方法。这个方法是用于在活动中创建菜单的，由于当时我们的重点不在这里，所以直接先忽略了，现在可以来仔细分析一下了。

手机毕竟和电脑不同，它的屏幕空间非常有限，因此充分地利用屏幕空间在手机界面设计中就显得非常重要了。如果你的活动中有大量的菜单需要显示，这个时候界面设计就会比较尴尬，因为仅这些菜单就可能占用屏幕将近三分之一的空间，这该怎么办呢？不用担心，Android 给我们提供了一种方式，可以让菜单都能得到展示的同时，还能不占用任何屏幕的空间。

首先在 res 目录下新建一个 menu 文件夹，右击 res 目录→New→Folder，输入文件夹名 menu，点击 Finish。接着在这个文件夹下再新建一个名叫 main 的菜单文件，右击 menu 文件夹→New→Android XML File，如图 2.9 所示。

图 2.9

文件名输入 main，点击 Finish 完成创建。然后在 main.xml 中添加如下代码：

```
<menu xmlns:android="http://schemas.android.com/apk/res/android" >
    <item
        android:id="@+id/add_item"
        android:title="Add"/>
    <item
        android:id="@+id/remove_item"
        android:title="Remove"/>
</menu>
```

这里我们创建了两个菜单项，其中<item>标签就是用来创建具体的某一个菜单项，然后通过 android:id 给这个菜单项指定一个唯一标识符，通过 android:title 给这个菜单项指定一个名称。

然后打开 FirstActivity，重写 onCreateOptionsMenu()方法，代码如下所示：

```
public boolean onCreateOptionsMenu(Menu menu) {
    getMenuInflater().inflate(R.menu.main, menu);
    return true;
}
```

通过 getMenuInflater()方法能够得到 MenuInflater 对象，再调用它的 inflate()方法就可以给当前活动创建菜单了。inflate()方法接收两个参数，第一个参数用于指定我们通过哪一个资源文件来创建菜单，这里当然传入 R.menu.main，第二个参数用于指定我们的菜单项将添加到哪一个 Menu 对象当中，这里直接使用 onCreateOptionsMenu()方法中传入的 menu 参数。然后给这个方法返回 true，表示允许创建的菜单显示出来，如果返回了 false，创建的菜单将无法显示。

当然，仅仅让菜单显示出来是不够的，我们定义菜单不仅是为了看的，关键是要菜单真正可用才行，因此还要再定义菜单响应事件。在 FirstActivity 中重写 onOptionsItemSelected()方法：

```
public boolean onOptionsItemSelected(MenuItem item) {
    switch (item.getItemId()) {
    case R.id.add_item:
        Toast.makeText(this, "You clicked Add", Toast.LENGTH_SHORT).show();
        break;
    case R.id.remove_item:
        Toast.makeText(this, "You clicked Remove", Toast.LENGTH_SHORT).show();
        break;
    default:
    }
    return true;
}
```

在 onOptionsItemSelected()方法中，通过调用 item.getItemId()来判断我们点击的是哪一个菜单项，然后给每个菜单项加入自己的逻辑处理，这里我们就活学活用，弹出一个刚刚学会的 Toast。

重新运行程序，并按下 Menu 键，效果如图 2.10 所示。

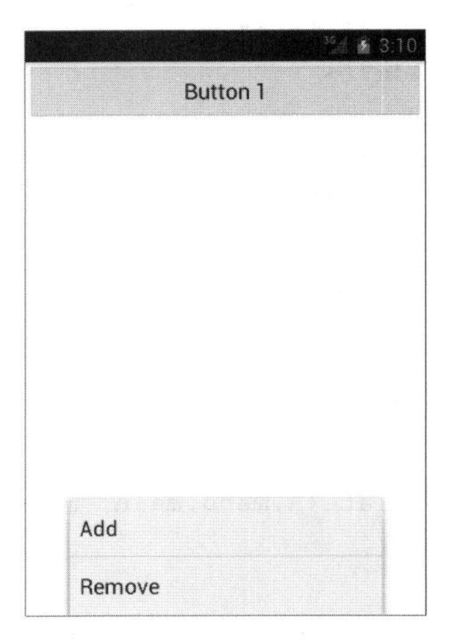

图 2.10

可以看到，菜单默认是不会显示出来的，只有按下了 Menu 键，菜单才会在底部显示出来，这样我们就可以放心地使用菜单了，因为它不会占用任何活动的空间。然后点击一下 Add 菜单项，效果如图 2.11 所示。

图 2.11

2.2.7　销毁一个活动

通过一整节的学习，你已经掌握了手动创建活动的方法，并学会了如何在活动中创建 Toast 和创建菜单。或许你现在心中会有个疑惑，如何销毁一个活动呢？

其实答案非常简单，只要按一下 Back 键就可以销毁当前的活动了。不过如果你不想通过按键的方式，而是希望在程序中通过代码来销毁活动，当然也可以，Activity 类提供了一个 finish()方法，我们在活动中调用一下这个方法就可以销毁当前活动了。

修改按钮监听器中的代码，如下所示：

```
button1.setOnClickListener(new OnClickListener() {
    @Override
    public void onClick(View v) {
        finish();
    }
});
```

重新运行程序，这时点击一下按钮，当前的活动就被成功销毁了，效果和按下 Back 键是一样的。

经验值：+500　　　　目前经验值：1005

级别：小菜鸟

赢得宝物：战胜 Android 界面砖家。拾取砖家掉落的宝物，大屏幕 Android 手机一个、修罗界 APP 界面设计速成班听课证一张、九成新羊皮 Android 战袍一套、小型信心增强大力丸 1 颗、抗抑郁冲剂 2 袋。换上羊皮战袍。在“有部 Android 手机”客栈将速成班听课证、抗抑郁冲剂，还有之前换下的两套低战斗力战袍等没啥用的东西统统卖掉，换了些盘缠。信心目前足够用，小型大力丸留着备用。在跟店家交易时，恍惚间仿佛又看到屋顶房檐上有什么东西在看着我。我选择无视它。继续前进。

2.3　使用 Intent 在活动之间穿梭

只有一个活动的应用也太简单了吧？没错，你的追求应该更高一点。不管你想创建多少个活动，方法都和上一节中介绍的是一样的。唯一的问题在于，你在启动器中点击应用的图标只会进入到该应用的主活动，那么怎样才能由主活动跳转到其他活动呢？我们现在就来一起看一看。

2.3.1　使用显式 Intent

你应该已经对创建活动的流程比较熟悉了，那我们现在快速地在 ActivityTest 项目中再创建一个活动。新建一个 second_layout.xml 布局文件，代码如下：

```
<LinearLayout xmlns:android="http://schemas.android.com/apk/res/android"
    android:layout_width="match_parent"
    android:layout_height="match_parent"
    android:orientation="vertical" >

    <Button
        android:id="@+id/button_2"
        android:layout_width="match_parent"
        android:layout_height="wrap_content"
        android:text="Button 2"
        />

</LinearLayout>
```

我们还是定义了一个按钮，按钮上显示 Button 2。然后新建活动 SecondActivity 继承自 Activity，代码如下：

```
public class SecondActivity extends Activity {

    @Override
    protected void onCreate(Bundle savedInstanceState) {
        super.onCreate(savedInstanceState);
        requestWindowFeature(Window.FEATURE_NO_TITLE);
        setContentView(R.layout.second_layout);
    }

}
```

最后在 AndroidManifest.xml 中为 SecondActivity 进行注册。

```
<application
    android:allowBackup="true"
    android:icon="@drawable/ic_launcher"
    android:label="@string/app_name"
    android:theme="@style/AppTheme" >
    <activity
        android:name=".FirstActivity"
        android:label="This is FirstActivity" >
        <intent-filter>
            <action android:name="android.intent.action.MAIN" />
```

```
            <category android:name="android.intent.category.LAUNCHER" />
        </intent-filter>
    </activity>
    <activity android:name=".SecondActivity" >
    </activity>
</application>
```

由于 SecondActivity 不是主活动，因此不需要配置<intent-filter>标签里的内容，注册活动的代码也是简单了许多。现在第二个活动已经创建完成，剩下的问题就是如何去启动这第二个活动了，这里我们需要引入一个新的概念，Intent。

Intent 是 Android 程序中各组件之间进行交互的一种重要方式，它不仅可以指明当前组件想要执行的动作，还可以在不同组件之间传递数据。Intent 一般可被用于启动活动、启动服务、以及发送广播等场景，由于服务、广播等概念你暂时还未涉及，那么本章我们的目光无疑就锁定在了启动活动上面。

Intent 的用法大致可以分为两种，显式 Intent 和隐式 Intent，我们先来看一下显式 Intent 如何使用。

Intent 有多个构造函数的重载，其中一个是 Intent(Context packageContext, Class<?> cls)。这个构造函数接收两个参数，第一个参数 Context 要求提供一个启动活动的上下文，第二个参数 Class 则是指定想要启动的目标活动，通过这个构造函数就可以构建出 Intent 的"意图"。然后我们应该怎么使用这个 Intent 呢？Activity 类中提供了一个 startActivity()方法，这个方法是专门用于启动活动的，它接收一个 Intent 参数，这里我们将构建好的 Intent 传入 startActivity()方法就可以启动目标活动了。

修改 FirstActivity 中按钮的点击事件，代码如下所示：

```
button1.setOnClickListener(new OnClickListener() {
    @Override
    public void onClick(View v) {
        Intent intent = new Intent(FirstActivity.this, SecondActivity.class);
        startActivity(intent);
    }
});
```

我们首先构建出了一个 Intent，传入 FirstActivity.this 作为上下文，传入 SecondActivity.class 作为目标活动，这样我们的"意图"就非常明显了，即在 FirstActivity 这个活动的基础上打开 SecondActivity 这个活动。然后通过 startActivity()方法来执行这个 Intent。

重新运行程序，在 FirstActivity 的界面点击一下按钮，结果如图 2.12 所示。

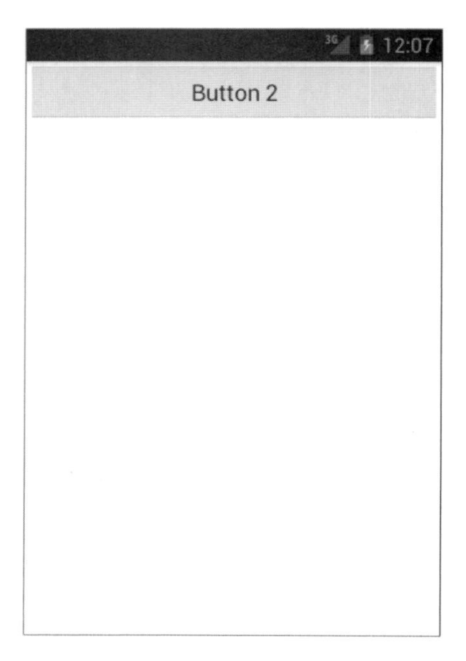

图 2.12

可以看到，我们已经成功启动 SecondActivity 这个活动了。如果你想要回到上一个活动怎么办呢？很简单，按下 Back 键就可以销毁当前活动，从而回到上一个活动了。

使用这种方式来启动活动，Intent 的“意图”非常明显，因此我们称之为显式 Intent。

2.3.2 使用隐式 Intent

相比于显式 Intent，隐式 Intent 则含蓄了许多，它并不明确指出我们想要启动哪一个活动，而是指定了一系列更为抽象的 action 和 category 等信息，然后交由系统去分析这个 Intent，并帮我们找出合适的活动去启动。

什么叫做合适的活动呢？简单来说就是可以响应我们这个隐式 Intent 的活动，那么目前 SecondActivity 可以响应什么样的隐式 Intent 呢？额，现在好像还什么都响应不了，不过很快就会有了。

通过在<activity>标签下配置<intent-filter>的内容，可以指定当前活动能够响应的 action 和 category，打开 AndroidManifest.xml，添加如下代码：

```
<activity android:name=".SecondActivity" >
    <intent-filter>
        <action android:name="com.example.activitytest.ACTION_START" />
        <category android:name="android.intent.category.DEFAULT" />
```

```
        </intent-filter>
    </activity>
```

在<action>标签中我们指明了当前活动可以响应 com.example.activitytest.ACTION_START 这个 action，而<category>标签则包含了一些附加信息，更精确地指明了当前的活动能够响应的 Intent 中还可能带有的 category。只有<action>和<category>中的内容同时能够匹配上 Intent 中指定的 action 和 category 时，这个活动才能响应该 Intent。

修改 FirstActivity 中按钮的点击事件，代码如下所示：

```
button1.setOnClickListener(new OnClickListener() {
    @Override
    public void onClick(View v) {
        Intent intent = new Intent("com.example.activitytest.ACTION_START");
        startActivity(intent);
    }
});
```

可以看到，我们使用了 Intent 的另一个构造函数，直接将 action 的字符串传了进去，表明我们想要启动能够响应 com.example.activitytest.ACTION_START 这个 action 的活动。那前面不是说要<action>和<category>同时匹配上才能响应的吗？怎么没看到哪里有指定 category 呢？这是因为 android.intent.category.DEFAULT 是一种默认的 category，在调用 startActivity()方法的时候会自动将这个 category 添加到 Intent 中。

重新运行程序，在 FirstActivity 的界面点击一下按钮，你同样成功启动 SecondActivity 了。不同的是，这次你是使用了隐式 Intent 的方式来启动的，说明我们在<activity>标签下配置的 action 和 category 的内容已经生效了！

每个 Intent 中只能指定一个 action，但却能指定多个 category。目前我们的 Intent 中只有一个默认的 category，那么现在再来增加一个吧。

修改 FirstActivity 中按钮的点击事件，代码如下所示：

```
button1.setOnClickListener(new OnClickListener() {
    @Override
    public void onClick(View v) {
        Intent intent = new Intent("com.example.activitytest.ACTION_START");
        intent.addCategory("com.example.activitytest.MY_CATEGORY");
        startActivity(intent);
    }
});
```

可以调用 Intent 中的 addCategory()方法来添加一个 category，这里我们指定了一个自定义的 category，值为 com.example.activitytest.MY_CATEGORY。

现在重新运行程序，在 FirstActivity 的界面点击一下按钮，你会发现，程序崩溃了！这是你第一次遇到程序崩溃，可能会有些束手无策。别紧张，其实大多数的崩溃问题都是很好解决的，只要你善于分析。在 LogCat 界面查看错误日志，你会看到如图 2.13 所示的错误信息。

```
android.content.ActivityNotFoundException: No Activity found to handle Intent □
 { act=com.example.activitytest.ACTION_START cat=[com.example.activitytest.MY □
_CATEGORY] }
```

图 2.13

错误信息中提醒我们，没有任何一个活动可以响应我们的 Intent，为什么呢？这是因为我们刚刚在 Intent 中新增了一个 category，而 SecondActivity 的<intent-filter>标签中并没有声明可以响应这个 category，所以就出现了没有任何活动可以响应该 Intent 的情况。现在我们在<intent-filter>中再添加一个 category 的声明，如下所示：

```
<activity android:name=".SecondActivity" >
    <intent-filter>
        <action android:name="com.example.activitytest.ACTION_START" />
        <category android:name="android.intent.category.DEFAULT" />
        <category android:name="com.example.activitytest.MY_CATEGORY"/>
    </intent-filter>
</activity>
```

再次重新运行程序，你就会发现一切都正常了。

2.3.3 更多隐式 Intent 的用法

上一节中，你掌握了通过隐式 Intent 来启动活动的方法，但实际上隐式 Intent 还有更多的内容需要你去了解，本节我们就来展开介绍一下。

使用隐式 Intent，我们不仅可以启动自己程序内的活动，还可以启动其他程序的活动，这使得 Android 多个应用程序之间的功能共享成为了可能。比如说你的应用程序中需要展示一个网页，这时你没有必要自己去实现一个浏览器（事实上也不太可能），而是只需要调用系统的浏览器来打开这个网页就行了。

修改 FirstActivity 中按钮点击事件的代码，如下所示：

```
button1.setOnClickListener(new OnClickListener() {
    @Override
    public void onClick(View v) {
        Intent intent = new Intent(Intent.ACTION_VIEW);
```

```
            intent.setData(Uri.parse("http://www.baidu.com"));
            startActivity(intent);
        }
    });
```

这里我们首先指定了 Intent 的 action 是 Intent.ACTION_VIEW，这是一个 Android 系统内置的动作，其常量值为 android.intent.action.VIEW。然后通过 Uri.parse()方法，将一个网址字符串解析成一个 Uri 对象，再调用 Intent 的 setData()方法将这个 Uri 对象传递进去。

重新运行程序，在 FirstActivity 界面点击按钮就可以看到打开了系统浏览器，如图 2.14 所示。

图　2.14

上述的代码中，可能你会对 setData()部分感觉到陌生，这是我们前面没有讲到过的。这个方法其实并不复杂，它接收一个 Uri 对象，主要用于指定当前 Intent 正在操作的数据，而这些数据通常都是以字符串的形式传入到 Uri.parse()方法中解析产生的。

与此对应，我们还可以在<intent-filter>标签中再配置一个<data>标签，用于更精确地指定当前活动能够响应什么类型的数据。<data>标签中主要可以配置以下内容。

1. android:scheme
   用于指定数据的协议部分，如上例中的 http 部分。
2. android:host
   用于指定数据的主机名部分，如上例中的 www.baidu.com 部分。
3. android:port
   用于指定数据的端口部分，一般紧随在主机名之后。
4. android:path
   用于指定主机名和端口之后的部分，如一段网址中跟在域名之后的内容。
5. android:mimeType
   用于指定可以处理的数据类型，允许使用通配符的方式进行指定。

只有<data>标签中指定的内容和 Intent 中携带的 Data 完全一致时，当前活动才能够响应该 Intent。不过一般在<data>标签中都不会指定过多的内容，如上面浏览器示例中，其实只需要指定 android:scheme 为 http，就可以响应所有的 http 协议的 Intent 了。

为了让你能够更加直观地理解，我们来自己建立一个活动，让它也能响应打开网页的 Intent。

新建 third_layout.xml 布局文件，代码如下：

```
<LinearLayout xmlns:android="http://schemas.android.com/apk/res/android"
    android:layout_width="match_parent"
    android:layout_height="match_parent"
    android:orientation="vertical" >

    <Button
        android:id="@+id/button_3"
        android:layout_width="match_parent"
        android:layout_height="wrap_content"
        android:text="Button 3"
        />

</LinearLayout>
```

然后新建活动 ThirdActivity 继承自 Activity，代码如下：

```
public class ThirdActivity extends Activity {

    @Override
    protected void onCreate(Bundle savedInstanceState) {
        super.onCreate(savedInstanceState);
        requestWindowFeature(Window.FEATURE_NO_TITLE);
```

```
        setContentView(R.layout.third_layout);
    }

}
```

最后在 AndroidManifest.xml 中为 ThirdActivity 进行注册。

```
<activity android:name=".ThirdActivity" >
    <intent-filter>
        <action android:name="android.intent.action.VIEW" />
        <category android:name="android.intent.category.DEFAULT" />
        <data android:scheme="http" />
    </intent-filter>
</activity>
```

我们在 ThirdActivity 的<intent-filter>中配置了当前活动能够响应的 action 是 Intent.ACTION_VIEW 的常量值，而 category 则毫无疑问指定了默认的 category 值，另外在<data>标签中我们通过 android:scheme 指定了数据的协议必须是 http 协议，这样 ThirdActivity 应该就和浏览器一样，能够响应一个打开网页的 Intent 了。让我们运行一下程序试试吧，在 FirstActivity 的界面点击一下按钮，结果如图 2.15 所示。

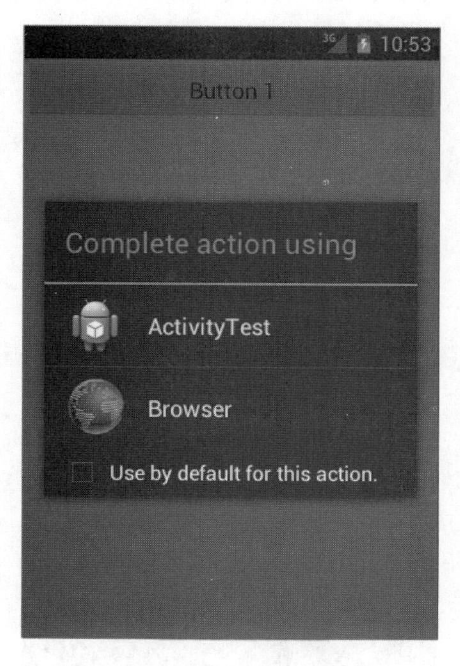

图　2.15

可以看到，系统自动弹出了一个列表，显示了目前能够响应这个 Intent 的所有程序。点击 Browser 还会像之前一样打开浏览器，并显示百度的主页，而如果点击了 ActivityTest，则会启动 ThirdActivity。需要注意的是，虽然我们声明了 ThirdActivity 是可以响应打开网页的 Intent 的，但实际上这个活动并没有加载并显示网页的功能，所以在真正的项目中尽量不要去做这种有可能误导用户的行为，不然会让用户对我们的应用产生负面的印象。

除了 http 协议外，我们还可以指定很多其他协议，比如 geo 表示显示地理位置、tel 表示拨打电话。下面的代码展示了如何在我们的程序中调用系统拨号界面。

```
button1.setOnClickListener(new OnClickListener() {
    @Override
    public void onClick(View v) {
        Intent intent = new Intent(Intent.ACTION_DIAL);
        intent.setData(Uri.parse("tel:10086"));
        startActivity(intent);
    }
});
```

首先指定了 Intent 的 action 是 Intent.ACTION_DIAL，这又是一个 Android 系统的内置动作。然后在 data 部分指定了协议是 tel，号码是 10086。重新运行一下程序，在 FirstActivity 的界面点击一下按钮，结果如图 2.16 所示。

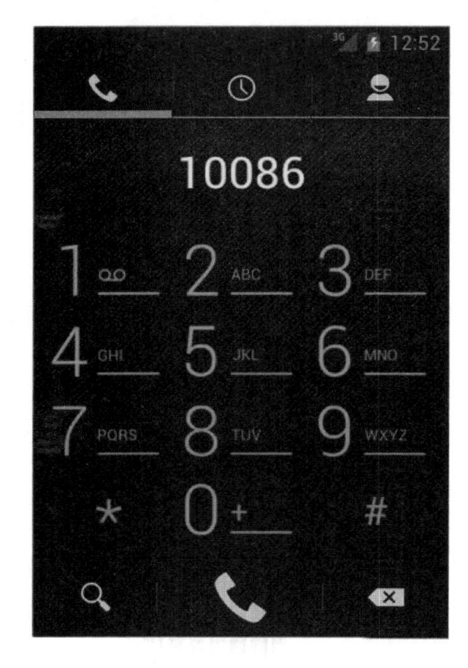

图　2.16

2.3.4　向下一个活动传递数据

经过前面几节的学习，你已经对 Intent 有了一定的了解。不过到目前为止，我们都只是简单地使用 Intent 来启动一个活动，其实 Intent 还可以在启动活动的时候传递数据的，我们来一起看一下。

在启动活动时传递数据的思路很简单，Intent 中提供了一系列 putExtra()方法的重载，可以把我们想要传递的数据暂存在 Intent 中，启动了另一个活动后，只需要把这些数据再从 Intent 中取出就可以了。比如说 FirstActivity 中有一个字符串，现在想把这个字符串传递到 SecondActivity 中，你就可以这样编写：

```
button1.setOnClickListener(new OnClickListener() {
    @Override
    public void onClick(View v) {
        String data = "Hello SecondActivity";
        Intent intent = new Intent(FirstActivity.this, SecondActivity.class);
        intent.putExtra("extra_data", data);
        startActivity(intent);
    }
});
```

这里我们还是使用显式 Intent 的方式来启动 SecondActivity，并通过 putExtra()方法传递了一个字符串。注意这里 putExtra()方法接收两个参数，第一个参数是键，用于后面从 Intent 中取值，第二个参数才是真正要传递的数据。

然后我们在 SecondActivity 中将传递的数据取出，并打印出来，代码如下所示：

```
public class SecondActivity extends Activity {

    @Override
    protected void onCreate(Bundle savedInstanceState) {
        super.onCreate(savedInstanceState);
        requestWindowFeature(Window.FEATURE_NO_TITLE);
        setContentView(R.layout.second_layout);
        Intent intent = getIntent();
        String data = intent.getStringExtra("extra_data");
        Log.d("SecondActivity", data);
    }

}
```

首先可以通过 getIntent()方法获取到用于启动 SecondActivity 的 Intent，然后调用

getStringExtra()方法，传入相应的键值，就可以得到传递的数据了。这里由于我们传递的是字符串，所以使用 getStringExtra()方法来获取传递的数据，如果传递的是整型数据，则使用 getIntExtra()方法，传递的是布尔型数据，则使用 getBooleanExtra()方法，以此类推。

重新运行程序，在 FirstActivity 的界面点击一下按钮会跳转到 SecondActivity，查看 LogCat 打印信息，如图 2.17 所示。

Level	Time	PID	TID	Application	Tag	Text
D	07-30 13:15:11.211	601	601	com.example.activ...	SecondActivity	Hello SecondActivity

图 2.17

可以看到，我们在 SecondActivity 中成功得到了从 FirstActivity 传递过来的数据。

2.3.5 返回数据给上一个活动

既然可以传递数据给下一个活动，那么能不能够返回数据给上一个活动呢？答案是肯定的。不过不同的是，返回上一个活动只需要按一下 Back 键就可以了，并没有一个用于启动活动 Intent 来传递数据。通过查阅文档你会发现，Activity 中还有一个 startActivityForResult()方法也是用于启动活动的，但这个方法期望在活动销毁的时候能够返回一个结果给上一个活动。毫无疑问，这就是我们所需要的。

startActivityForResult()方法接收两个参数，第一个参数还是 Intent，第二个参数是请求码，用于在之后的回调中判断数据的来源。我们还是来实战一下，修改 FirstActivity 中按钮的点击事件，代码如下所示：

```
button1.setOnClickListener(new OnClickListener() {
    @Override
    public void onClick(View v) {
        Intent intent = new Intent(FirstActivity.this, SecondActivity.class);
        startActivityForResult(intent, 1);
    }
});
```

这里我们使用了 startActivityForResult()方法来启动 SecondActivity，请求码只要是一个唯一值就可以了，这里传入了 1。接下来我们在 SecondActivity 中给按钮注册点击事件，并在点击事件中添加返回数据的逻辑，代码如下所示：

```
public class SecondActivity extends Activity {

    @Override
```

```
    protected void onCreate(Bundle savedInstanceState) {
        super.onCreate(savedInstanceState);
        requestWindowFeature(Window.FEATURE_NO_TITLE);
        setContentView(R.layout.second_layout);
        Button button2 = (Button) findViewById(R.id.button_2);
        button2.setOnClickListener(new OnClickListener() {
            @Override
            public void onClick(View v) {
                Intent intent = new Intent();
                intent.putExtra("data_return", "Hello FirstActivity");
                setResult(RESULT_OK, intent);
                finish();
            }
        });
    }

}
```

可以看到，我们还是构建了一个 Intent，只不过这个 Intent 仅仅是用于传递数据而已，它没有指定任何的“意图”。紧接着把要传递的数据存放在 Intent 中，然后调用了 setResult()方法。这个方法非常重要，是专门用于向上一个活动返回数据的。setResult()方法接收两个参数，第一个参数用于向上一个活动返回处理结果，一般只使用 RESULT_OK 或 RESULT_CANCELED 这两个值，第二个参数则是把带有数据的 Intent 传递回去，然后调用了 finish()方法来销毁当前活动。

由于我们是使用 startActivityForResult()方法来启动 SecondActivity 的，在 SecondActivity 被销毁之后会回调上一个活动的 onActivityResult()方法，因此我们需要在 FirstActivity 中重写这个方法来得到返回的数据，如下所示：

```
@Override
protected void onActivityResult(int requestCode, int resultCode, Intent data) {
    switch (requestCode) {
    case 1:
        if (resultCode == RESULT_OK) {
            String returnedData = data.getStringExtra("data_return");
            Log.d("FirstActivity", returnedData);
        }
        break;
    default:
    }
}
```

onActivityResult()方法带有三个参数，第一个参数 requestCode，即我们在启动活动时传入的请求码。第二个参数 resultCode，即我们在返回数据时传入的处理结果。第三个参数 data，即携带着返回数据的 Intent。由于在一个活动中有可能调用 startActivityForResult()方法去启动很多不同的活动，每一个活动返回的数据都会回调到 onActivityResult()这个方法中，因此我们首先要做的就是通过检查 requestCode 的值来判断数据来源。确定数据是从 SecondActivity 返回的之后，我们再通过 resultCode 的值来判断处理结果是否成功。最后从 data 中取值并打印出来，这样就完成了向上一个活动返回数据的工作。

重新运行程序，在 FirstActivity 的界面点击按钮会打开 SecondActivity，然后在 SecondActivity 界面点击 Button 2 按钮会回到 FirstActivity，这时查看 LogCat 的打印信息，如图 2.18 所示。

Level	Time	PID	TID	Application	Tag	Text
D	07-31 12:52:37.502	551	551	com.example.activ...	FirstActivity	Hello FirstActivity

图 2.18

可以看到，SecondActivity 已经成功返回数据给 FirstActivity 了。

这时候你可能会问，如果用户在 SecondActivity 中并不是通过点击按钮，而是通过按下 Back 键回到 FirstActivity，这样数据不就没法返回了吗？没错，不过这种情况还是很好处理的，我们可以通过重写 onBackPressed()方法来解决这个问题，代码如下所示：

```
@Override
public void onBackPressed() {
    Intent intent = new Intent();
    intent.putExtra("data_return", "Hello FirstActivity");
    setResult(RESULT_OK, intent);
    finish();
}
```

这样的话，当用户按下 Back 键，就会去执行 onBackPressed()方法中的代码，我们在这里添加返回数据的逻辑就行了。

经验值：+600　　　　目前经验值：1605

级别：小菜鸟

捡到宝物：在路过一个神界废弃的射击靶场的时候，捡到带锈点的代码银弹两枚。代码银弹是神界程序员的一种消费类日用品，一颗银弹可自动修复一处 bug（修复成功率接近 100%）。神界最大的编程组织 TNND 曾多次呼吁程序员们尽量少用或不用银弹，因为随着十年前代码银弹被一个名叫 King Dom（中文译为坑爹）的顶级黑客呕心沥血二十年发明出来后，十年间代码银弹的消费量逐年增加，而神界程序员的编程水平也似乎有所下降。神界发行量最大的 IT 报纸《每日加班报》的记者日前就代码银弹所引发的问题采访 King Dom 时，King Dom 只回答了四个字“你懂个球！”代码银弹可以用配有银弹发射接口的任何枪支来发射。

2.4　活动的生命周期

掌握活动的生命周期对任何 Android 开发者来说都非常重要，当你深入理解活动的生命周期之后，就可以写出更加连贯流畅的程序，并在如何合理管理应用资源方面，你会发挥的游刃有余。你的应用程序将会拥有更好的用户体验。

2.4.1　返回栈

经过前面几节的学习，我相信你已经发现了这一点，Android 中的活动是可以层叠的。我们每启动一个新的活动，就会覆盖在原活动之上，然后点击 Back 键会销毁最上面的活动，下面的一个活动就会重新显示出来。

其实 Android 是使用任务（Task）来管理活动的，一个任务就是一组存放在栈里的活动的集合，这个栈也被称作返回栈（Back Stack）。栈是一种后进先出的数据结构，在默认情况下，每当我们启动了一个新的活动，它会在返回栈中入栈，并处于栈顶的位置。而每当我们按下 Back 键或调用 finish()方法去销毁一个活动时，处于栈顶的活动会出栈，这时前一个入栈的活动就会重新处于栈顶的位置。系统总是会显示处于栈顶的活动给用户。

示意图 2.19 展示了返回栈是如何管理活动入栈出栈操作的。

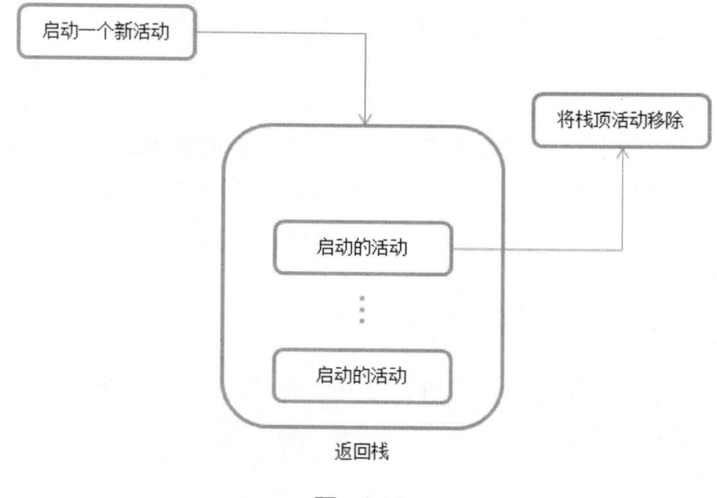

图　2.19

2.4.2 活动状态

每个活动在其生命周期中最多可能会有四种状态。

1. 运行状态

当一个活动位于返回栈的栈顶时，这时活动就处于运行状态。系统最不愿意回收的就是处于运行状态的活动，因为这会带来非常差的用户体验。

2. 暂停状态

当一个活动不再处于栈顶位置，但仍然可见时，这时活动就进入了暂停状态。你可能会觉得既然活动已经不在栈顶了，还怎么会可见呢？这是因为并不是每一个活动都会占满整个屏幕的，比如对话框形式的活动只会占用屏幕中间的部分区域，你很快就会在后面看到这种活动。处于暂停状态的活动仍然是完全存活着的，系统也不愿意去回收这种活动（因为它还是可见的，回收可见的东西都会在用户体验方面有不好的影响），只有在内存极低的情况下，系统才会去考虑回收这种活动。

3. 停止状态

当一个活动不再处于栈顶位置，并且完全不可见的时候，就进入了停止状态。系统仍然会为这种活动保存相应的状态和成员变量，但是这并不是完全可靠的，当其他地方需要内存时，处于停止状态的活动有可能会被系统回收。

4. 销毁状态

当一个活动从返回栈中移除后就变成了销毁状态。系统会最倾向于回收处于这种状态的活动，从而保证手机的内存充足。

2.4.3 活动的生存期

Activity 类中定义了七个回调方法，覆盖了活动生命周期的每一个环节，下面我来一一介绍下这七个方法。

1. onCreate()

这个方法你已经看到过很多次了，每个活动中我们都重写了这个方法，它会在活动第一次被创建的时候调用。你应该在这个方法中完成活动的初始化操作，比如说加载布局、绑定事件等。

2. onStart()

这个方法在活动由不可见变为可见的时候调用。

3. onResume()

这个方法在活动准备好和用户进行交互的时候调用。此时的活动一定位于返回栈的栈顶，并且处于运行状态。

4. onPause()

这个方法在系统准备去启动或者恢复另一个活动的时候调用。我们通常会在这个方法中将一些消耗 CPU 的资源释放掉，以及保存一些关键数据，但这个方法的执行速度一定要快，不然会影响到新的栈顶活动的使用。

5. onStop()

这个方法在活动完全不可见的时候调用。它和 onPause()方法的主要区别在于，如果启动的新活动是一个对话框式的活动，那么 onPause()方法会得到执行，而 onStop()方法并不会执行。

6. onDestroy()

这个方法在活动被销毁之前调用，之后活动的状态将变为销毁状态。

7. onRestart()

这个方法在活动由停止状态变为运行状态之前调用，也就是活动被重新启动了。

以上七个方法中除了 onRestart()方法，其他都是两两相对的，从而又可以将活动分为三种生存期。

1. 完整生存期

活动在 onCreate()方法和 onDestroy()方法之间所经历的，就是完整生存期。一般情况下，一个活动会在 onCreate()方法中完成各种初始化操作，而在 onDestroy()方法中完成释放内存的操作。

2. 可见生存期

活动在 onStart()方法和 onStop()方法之间所经历的，就是可见生存期。在可见生存期内，活动对于用户总是可见的，即便有可能无法和用户进行交互。我们可以通过这两个方法，合理地管理那些对用户可见的资源。比如在 onStart()方法中对资源进行加载，而在 onStop()方法中对资源进行释放，从而保证处于停止状态的活动不会占用过多内存。

3. 前台生存期

活动在 onResume()方法和 onPause()方法之间所经历的，就是前台生存期。在前台生存期内，活动总是处于运行状态的，此时的活动是可以和用户进行交互的，我们平时看到和接触最多的也就是这个状态下的活动。

为了帮助你能够更好的理解，Android 官方提供了一张活动生命周期的示意图，如图 2.20 所示。

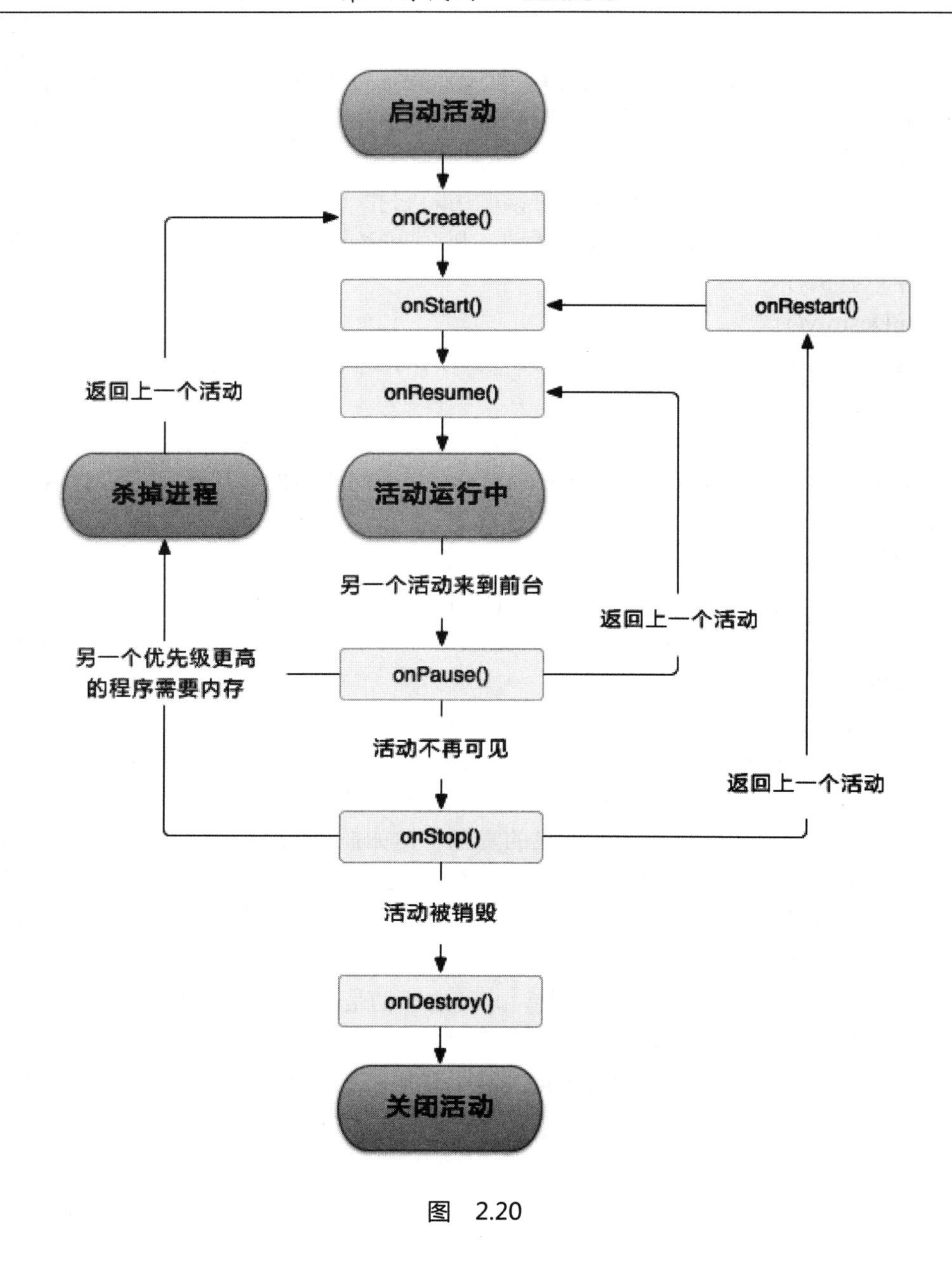

图　2.20

2.4.4　体验活动的生命周期

讲了这么多理论知识，也是时候该实战一下了，下面我们将通过一个实例，让你可以更加直观地体验活动的生命周期。

这次我们不准备在 ActivityTest 这个项目的基础上修改了，而是新建一个项目。因此，首先关闭 ActivityTest 项目，然后新建一个 ActivityLifeCycleTest 项目。新建项目的过程你应该已经非常清楚了，不需要我再进行赘述，这次我们允许 ADT 帮我们自动创建活动，这样可以省去不少工作，创建的活动名和布局名都使用默认值。

这样主活动就创建完成了，我们还需要分别再创建两个子活动，NormalActivity 和 DialogActivity，下面一步步来实现。

新建 normal_layout.xml 文件，代码如下所示：

```
<LinearLayout xmlns:android="http://schemas.android.com/apk/res/android"
    android:layout_width="match_parent"
    android:layout_height="match_parent"
    android:orientation="vertical" >

    <TextView
        android:layout_width="match_parent"
        android:layout_height="wrap_content"
        android:text="This is a normal activity"
        />

</LinearLayout>
```

这个布局中我们就非常简单地使用了一个 TextView，用于显示一行文字，在下一章中你将会学到更多关于 TextView 的用法。

然后同样的方法，我们再新建一个 dialog_layout.xml 文件，代码如下所示：

```
<LinearLayout xmlns:android="http://schemas.android.com/apk/res/android"
    android:layout_width="match_parent"
    android:layout_height="match_parent"
    android:orientation="vertical" >

    <TextView
        android:layout_width="match_parent"
        android:layout_height="wrap_content"
        android:text="This is a dialog activity"
        />

</LinearLayout>
```

两个布局文件的代码几乎没有区别，只是显示的文字不同而已。

然后新建 NormalActivity 继承自 Activity，代码如下所示：

```
public class NormalActivity extends Activity {

    @Override
    protected void onCreate(Bundle savedInstanceState) {
        super.onCreate(savedInstanceState);
        requestWindowFeature(Window.FEATURE_NO_TITLE);
        setContentView(R.layout.normal_layout);
    }

}
```

我们在 NormalActivity 中加载了 normal_layout 这个布局。

同样的方法，再新建 DialogActivity 继承自 Activity，代码如下所示：

```
public class DialogActivity extends Activity {

    @Override
    protected void onCreate(Bundle savedInstanceState) {
        super.onCreate(savedInstanceState);
        requestWindowFeature(Window.FEATURE_NO_TITLE);
        setContentView(R.layout.dialog_layout);
    }

}
```

我们在 DialogActivity 中加载了 dialog_layout 这个布局。

其实从名字上你就可以看出，这两个活动一个是普通的活动，一个是对话框式的活动。可是现在不管怎么看，这两个活动的代码都几乎都是一模一样的，在哪里有体现出将活动设成对话框式的呢？别着急，下面我们马上开始设置。在 AndroidManifest.xml 的<application>标签中添加如下代码：

```
<activity android:name=".NormalActivity" >
</activity>
<activity android:name=".DialogActivity" android:theme="@android:style/
Theme.Dialog" >
</activity>
```

这里分别为两个活动进行注册，但是 DialogActivity 的注册代码有些不同，它使用了一个 android:theme 属性，这是用于给当前活动指定主题的，Android 系统内置有很多主题可以选择，当然我们也可以定制自己的主题，而这里@android:style/Theme.Dialog 则毫无疑问是让 DialogActivity 使用对话框式的主题。

接下来我们修改 activity_main.xml，重新定制我们主活动的布局：

```
<LinearLayout xmlns:android="http://schemas.android.com/apk/res/android"
    android:layout_width="match_parent"
    android:layout_height="match_parent"
    android:orientation="vertical" >

    <Button
        android:id="@+id/start_normal_activity"
        android:layout_width="match_parent"
        android:layout_height="wrap_content"
        android:text="Start NormalActivity" />

    <Button
        android:id="@+id/start_dialog_activity"
        android:layout_width="match_parent"
        android:layout_height="wrap_content"
        android:text="Start DialogActivity" />

</LinearLayout>
```

自动生成的布局代码有些复杂，这里我们完全替换掉，仍然还是使用最熟悉的 LinearLayout，然后加入了两个按钮，一个用于启动 NormalActivity，一个用于启动 DialogActivity。

最后修改 MainActivity 中的代码，如下所示：

```
public class MainActivity extends Activity {

    public static final String TAG = "MainActivity";

    @Override
    protected void onCreate(Bundle savedInstanceState) {
        super.onCreate(savedInstanceState);
        Log.d(TAG, "onCreate");
        requestWindowFeature(Window.FEATURE_NO_TITLE);
        setContentView(R.layout.activity_main);
        Button startNormalActivity = (Button) findViewById(R.id.start_
normal_activity);
        Button startDialogActivity = (Button) findViewById(R.id.start_
dialog_activity);
        startNormalActivity.setOnClickListener(new OnClickListener() {
            @Override
```

```
            public void onClick(View v) {
                Intent intent = new Intent(MainActivity.this,
NormalActivity.class);
                startActivity(intent);
            }
        });
        startDialogActivity.setOnClickListener(new OnClickListener() {
            @Override
            public void onClick(View v) {
                Intent intent = new Intent(MainActivity.this,
DialogActivity.class);
                startActivity(intent);
            }
        });
    }

    @Override
    protected void onStart() {
        super.onStart();
        Log.d(TAG, "onStart");
    }

    @Override
    protected void onResume() {
        super.onResume();
        Log.d(TAG, "onResume");
    }

    @Override
    protected void onPause() {
        super.onPause();
        Log.d(TAG, "onPause");
    }

    @Override
    protected void onStop() {
        super.onStop();
        Log.d(TAG, "onStop");
    }
```

```
    @Override
    protected void onDestroy() {
        super.onDestroy();
        Log.d(TAG, "onDestroy");
    }

    @Override
    protected void onRestart() {
        super.onRestart();
        Log.d(TAG, "onRestart");
    }

}
```

在 onCreate()方法中，我们分别为两个按钮注册了点击事件，点击第一个按钮会启动 NormalActivity，点击第二个按钮会启动 DialogActivity。然后在 Activity 的七个回调方法中分别打印了一句话，这样就可以通过观察日志的方式来更直观地理解活动的生命周期。

现在运行程序，效果如图 2.21 所示。

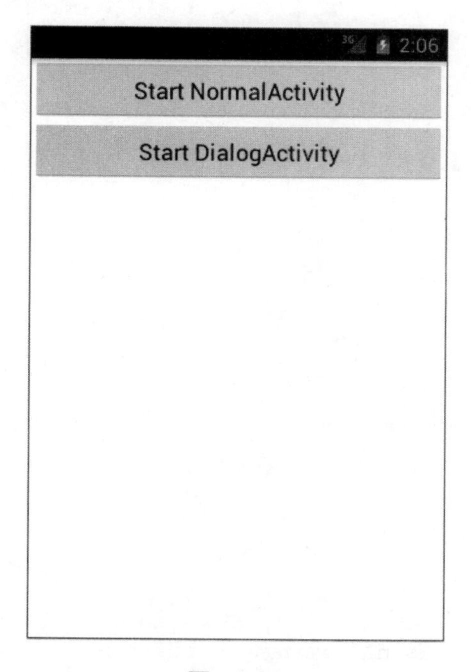

图　2.21

这时观察 LogCat 中的打印日志，如图 2.22 所示。

Tag	Text
MainActivity	onCreate
MainActivity	onStart
MainActivity	onResume

图 2.22

可以看到，当 MainActivity 第一次被创建时会依次执行 onCreate()、onStart()和 onResume()方法。然后点击第一个按钮，启动 NormalActivity，如图 2.23 所示。

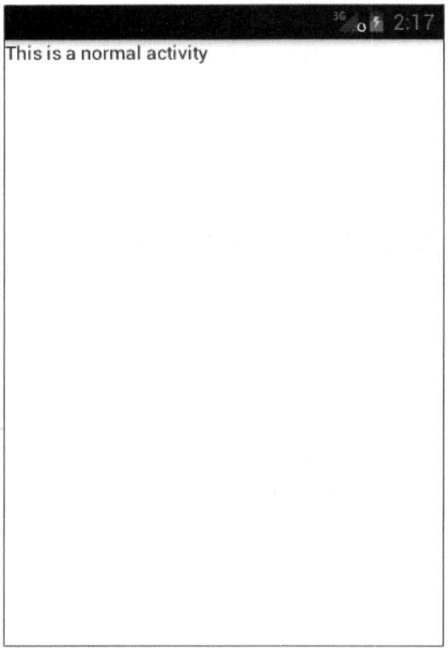

图 2.23

此时的打印信息如图 2.24 所示。

Tag	Text
MainActivity	onPause
MainActivity	onStop

图 2.24

由于 NormalActivity 已经把 MainActivity 完全遮挡住，因此 onPause()和 onStop()方法都会得到执行。然后按下 Back 键返回 MainActivity，打印信息如图 2.25 所示。

Tag	Text
MainActivity	onRestart
MainActivity	onStart
MainActivity	onResume

图　2.25

由于之前 MainActivity 已经进入了停止状态，所以 onRestart()方法会得到执行，之后又会依次执行 onStart()和 onResume()方法。注意此时 onCreate()方法不会执行，因为 MainActivity 并没有重新创建。

然后再点击第二个按钮，启动 DialogActivity，如图 2.26 所示。

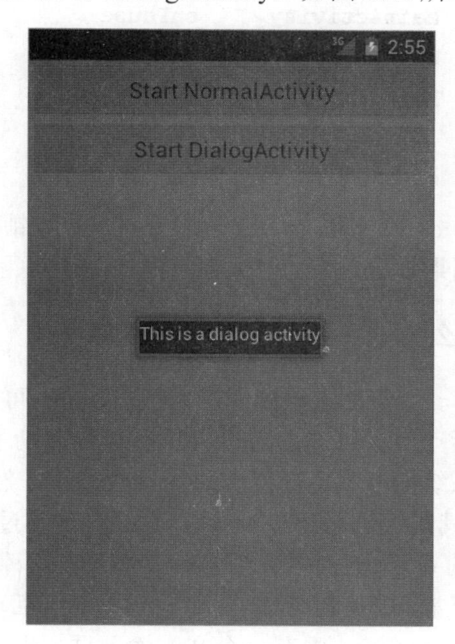

图　2.26

此时观察打印信息，如图 2.27 所示。

Tag	Text
MainActivity	onPause

图　2.27

可以看到，只有 onPause()方法得到了执行，onStop()方法并没有执行，这是因为 DialogActivity 并没有完全遮挡住 MainActivity，此时 MainActivity 只是进入了暂停状态，并没有进入停止状态。相应地，按下 Back 键返回 MainActivity 也应该只有 onResume()方法会得到执行，如图 2.28 所示。

Tag	Text
MainActivity	onResume

图 2.28

最后在 MainActivity 按下 Back 键退出程序，打印信息如图 2.29 所示。

Tag	Text
MainActivity	onPause
MainActivity	onStop
MainActivity	onDestroy

图 2.29

依次会执行 onPause()、onStop()和 onDestroy()方法，最终销毁 MainActivity。

这样活动完整的生命周期你已经体验了一遍，是不是理解得更加深刻了？

2.4.5 活动被回收了怎么办

前面我们已经说过，当一个活动进入到了停止状态，是有可能被系统回收的。那么想象以下场景，应用中有一个活动 A，用户在活动 A 的基础上启动了活动 B，活动 A 就进入了停止状态，这个时候由于系统内存不足，将活动 A 回收掉了，然后用户按下 Back 键返回活动 A，会出现什么情况呢？其实还是会正常显示活动 A 的，只不过这时并不会执行 onRestart()方法，而是会执行活动 A 的 onCreate()方法，因为活动 A 在这种情况下会被重新创建一次。

这样看上去好像一切正常，可是别忽略了一个重要问题，活动 A 中是可能存在临时数据和状态的。打个比方，MainActivity 中有一个文本输入框，现在你输入了一段文字，然后启动 NormalActivity，这时 MainActivity 由于系统内存不足被回收掉，过了一会你又点击了 Back 键回到 MainActivity，你会发现刚刚输入的文字全部都没了，因为 MainActivity 被重新创建了。

如果我们的应用出现了这种情况，是会严重影响用户体验的，所以必须要想想办法解决这个问题。查阅文档可以看出，Activity 中还提供了一个 onSaveInstanceState()回调方法，这个方法会保证一定在活动被回收之前调用，因此我们可以通过这个方法来解决活动被回收时临时数据得不到保存的问题。

onSaveInstanceState()方法会携带一个 Bundle 类型的参数，Bundle 提供了一系列的方法用于保存数据，比如可以使用 putString()方法保存字符串，使用 putInt()方法保存整型数据，以此类推。每个保存方法需要传入两个参数，第一个参数是键，用于后面从 Bundle 中取值，第二个参数是真正要保存的内容。

在 MainActivity 中添加如下代码就可以将临时数据进行保存：

```
@Override
protected void onSaveInstanceState(Bundle outState) {
    super.onSaveInstanceState(outState);
    String tempData = "Something you just typed";
    outState.putString("data_key", tempData);
}
```

数据是已经保存下来了，那么我们应该在哪里进行恢复呢？细心的你也许早就发现，我们一直使用的 onCreate()方法其实也有一个 Bundle 类型的参数。这个参数在一般情况下都是 null，但是当活动被系统回收之前有通过 onSaveInstanceState()方法来保存数据的话，这个参数就会带有之前所保存的全部数据，我们只需要再通过相应的取值方法将数据取出即可。

修改 MainActivity 的 onCreate()方法，如下所示：

```
@Override
protected void onCreate(Bundle savedInstanceState) {
    super.onCreate(savedInstanceState);
    Log.d(TAG, "onCreate");
    requestWindowFeature(Window.FEATURE_NO_TITLE);
    setContentView(R.layout.activity_main);
    if (savedInstanceState != null) {
        String tempData = savedInstanceState.getString("data_key");
        Log.d(TAG, tempData);
    }
    ……
}
```

取出值之后再做相应的恢复操作就可以了，比如说将文本内容重新赋值到文本输入框上，这里我们只是简单地打印一下。

不知道你有没有察觉，使用 Bundle 来保存和取出数据是不是有些似曾相识呢？没错！我们在使用 Intent 传递数据时也是用的类似的方法。这里跟你提醒一点，Intent 还可以结合 Bundle 一起用于传递数据的，首先可以把需要传递的数据都保存在 Bundle 对象中，然后再将 Bundle 对象存放在 Intent 里。到了目标活动之后先从 Intent 中取出 Bundle，再从 Bundle 中一一取出数据。具体的代码我就不写了，要学会举一反三哦。

经验值：+700　　　　　目前经验值：2305

级别：小菜鸟

赢得宝物：战胜活动周期兽。拾取周期兽掉落的宝物，全新周期兽皮 Android 战袍一套、体力恢复剂两瓶、周期兽怒吼丸三颗。体力恢复剂可用于迅速补充体力，常被神界程序员加班时使用。周期兽是食草类巨兽，身长超过 5 米，肩高可达 3 米，体重超过 8 吨，最喜欢吃咆哮树结的咆哮果，除了强有力的犄角和粗大的蹄子外，周期兽的怒吼也是其有效的攻击性武器，一旦开嚎，常常令敌人肝胆俱裂。周期兽怒吼丸是用周期兽的粪便熬制而成，用法是一次连服三颗，1 分钟后起效，药力强劲，可令服用者的肺活量短时间增大 200 倍，声带也相应增强至猛犸级，常被程序员用于辞职前向老板说 byebye，或是与产品经理探讨问题。

2.5　活动的启动模式

活动的启动模式对你来说应该是个全新的概念，在实际项目中我们应该根据特定的需求为每个活动指定恰当的启动模式。启动模式一共有四种，分别是 standard、singleTop、singleTask 和 singleInstance，可以在 AndroidManifest.xml 中通过给<activity>标签指定 android:launchMode 属性来选择启动模式。下面我们来逐个进行学习。

2.5.1　standard

standard 是活动默认的启动模式，在不进行显式指定的情况下，所有活动都会自动使用这种启动模式。因此，到目前为止我们写过的所有活动都是使用的 standard 模式。经过上一节的学习，你已经知道了 Android 是使用返回栈来管理活动的，在 standard 模式（即默认情况）下，每当启动一个新的活动，它就会在返回栈中入栈，并处于栈顶的位置。对于使用 standard 模式的活动，系统不会在乎这个活动是否已经在返回栈中存在，每次启动都会创建该活动的一个新的实例。

我们现在通过实践来体会一下 standard 模式，这次还是准备在 ActivityTest 项目的基础上修改，首先关闭 ActivityLifeCycleTest 项目，打开 ActivityTest 项目。

修改 FirstActivity 中 onCreate()方法的代码，如下所示：

```
@Override
protected void onCreate(Bundle savedInstanceState) {
    super.onCreate(savedInstanceState);
    Log.d("FirstActivity", this.toString());
    requestWindowFeature(Window.FEATURE_NO_TITLE);
    setContentView(R.layout.first_layout);
    Button button1 = (Button) findViewById(R.id.button_1);
    button1.setOnClickListener(new OnClickListener() {
```

```
            @Override
            public void onClick(View v) {
                Intent intent = new Intent(FirstActivity.this, FirstActivity.class);
                startActivity(intent);
            }
        });
    }
```

代码看起来有些奇怪吧，在 FirstActivity 的基础上启动 FirstActivity。从逻辑上来讲这确实没什么意义，不过我们的重点在于研究 standard 模式，因此不必在意这段代码有什么实际用途。另外我们还在 onCreate()方法中添加了一行打印信息，用于打印当前活动的实例。

现在重新运行程序，然后在 FirstActivity 界面连续点击两次按钮，可以看到 LogCat 中打印信息如图 2.30 所示。

Tag	Text
FirstActivity	com.example.activitytest.FirstActivity@41068da8
FirstActivity	com.example.activitytest.FirstActivity@41076c08
FirstActivity	com.example.activitytest.FirstActivity@4107d578

图　2.30

从打印信息中我们就可以看出，每点击一次按钮就会创建出一个新的 FirstActivity 实例。此时返回栈中也会存在三个 FirstActivity 的实例，因此你需要连按三次 Back 键才能退出程序。

standard 模式的原理示意图，如图 2.31 所示。

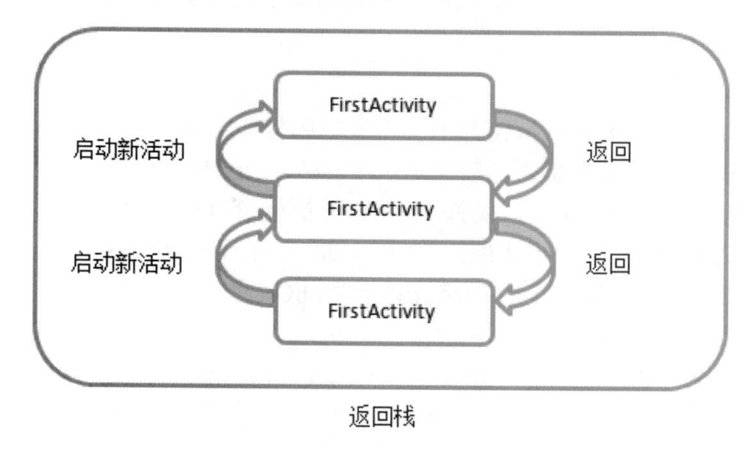

图　2.31

2.5.2 singleTop

可能在有些情况下，你会觉得 standard 模式不太合理。活动明明已经在栈顶了，为什么再次启动的时候还要创建一个新的活动实例呢？别着急，这只是系统默认的一种启动模式而已，你完全可以根据自己的需要进行修改，比如说使用 singleTop 模式。当活动的启动模式指定为 singleTop，在启动活动时如果发现返回栈的栈顶已经是该活动，则认为可以直接使用它，不会再创建新的活动实例。

我们还是通过实践来体会一下，修改 AndroidManifest.xml 中 FirstActivity 的启动模式，如下所示：

```
<activity
    android:name=".FirstActivity"
    android:launchMode="singleTop"
    android:label="This is FirstActivity" >
    <intent-filter>
        <action android:name="android.intent.action.MAIN" />
        <category android:name="android.intent.category.LAUNCHER" />
    </intent-filter>
</activity>
```

然后重新运行程序，查看 LogCat 会看到已经创建了一个 FirstActivity 的实例，如图 2.32 所示。

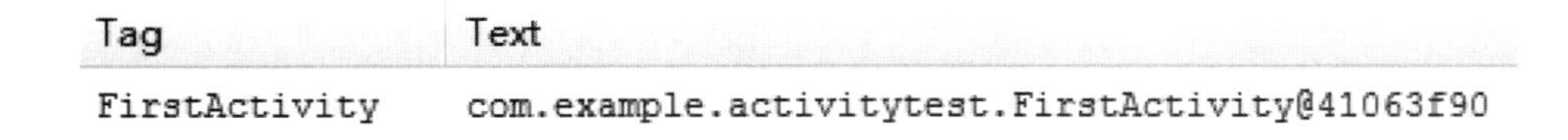

Tag	Text
FirstActivity	com.example.activitytest.FirstActivity@41063f90

图 2.32

但是之后不管你点击多少次按钮都不会再有新的打印信息出现，因为目前 FirstActivity 已经处于返回栈的栈顶，每当想要再启动一个 FirstActivity 时都会直接使用栈顶的活动，因此 FirstActivity 也只会有一个实例，仅按一次 Back 键就可以退出程序。

不过当 FirstActivity 并未处于栈顶位置时，这时再启动 FirstActivity，还是会创建新的实例的。下面我们来实验一下，修改 FirstActivity 中 onCreate()方法的代码，如下所示：

```
@Override
protected void onCreate(Bundle savedInstanceState) {
    super.onCreate(savedInstanceState);
    Log.d("FirstActivity", this.toString());
    requestWindowFeature(Window.FEATURE_NO_TITLE);
    setContentView(R.layout.first_layout);
```

```
    Button button1 = (Button) findViewById(R.id.button_1);
    button1.setOnClickListener(new OnClickListener() {
        @Override
        public void onClick(View v) {
            Intent intent = new Intent(FirstActivity.this,
SecondActivity.class);
            startActivity(intent);
        }
    });
}
```

这次我们点击按钮后启动的是 SecondActivity。然后修改 SecondActivity 中 onCreate()方法的代码，如下所示：

```
protected void onCreate(Bundle savedInstanceState) {
    super.onCreate(savedInstanceState);
    Log.d("SecondActivity", this.toString());
    requestWindowFeature(Window.FEATURE_NO_TITLE);
    setContentView(R.layout.second_layout);
    Button button2 = (Button) findViewById(R.id.button_2);
    button2.setOnClickListener(new OnClickListener() {
        @Override
        public void onClick(View v) {
            Intent intent = new Intent(SecondActivity.this,
FirstActivity.class);
            startActivity(intent);
        }
    });
}
```

我们在 SecondActivity 中的按钮点击事件里又加入了启动 FirstActivity 的代码。现在重新运行程序，在 FirstActivity 界面点击按钮进入到 SecondActivity，然后在 SecondActivity 界面点击按钮，又会重新进入到 FirstActivity。

查看 LogCat 中的打印信息，如图 2.33 所示。

Tag	Text
FirstActivity	com.example.activitytest.FirstActivity@4107c038
SecondActivity	com.example.activitytest.SecondActivity@41082530
FirstActivity	com.example.activitytest.FirstActivity@41088ec0

图　2.33

可以看到系统创建了两个不同的 FirstActivity 实例，这是由于在 SecondActivity 中再次启动 FirstActivity 时，栈顶活动已经变成了 SecondActivity，因此会创建一个新的 FirstActivity 实例。现在按下 Back 键会返回到 SecondActivity，再次按下 Back 键又会回到 FirstActivity，再按一次 Back 键才会退出程序。

singleTop 模式的原理示意图，如图 2.34 所示。

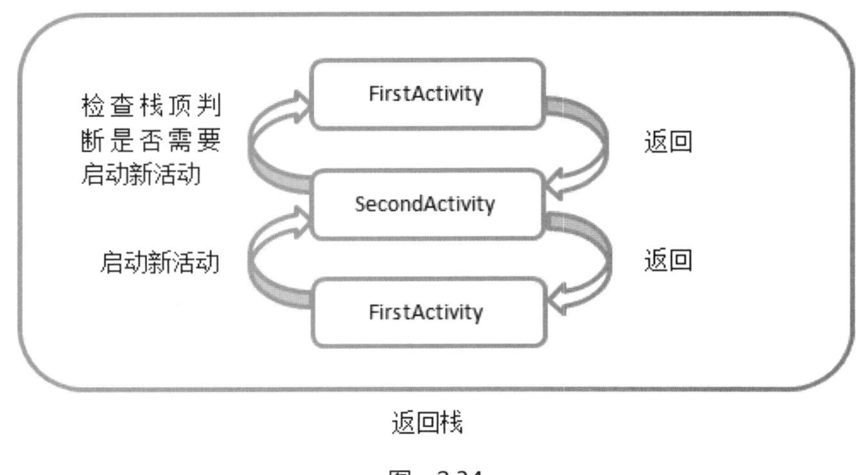

返回栈

图　2.34

2.5.3　singleTask

使用 singleTop 模式可以很好地解决重复创建栈顶活动的问题，但是正如你在上一节所看到的，如果该活动并没有处于栈顶的位置，还是可能会创建多个活动实例的。那么有没有什么办法可以让某个活动在整个应用程序的上下文中只存在一个实例呢？这就要借助 singleTask 模式来实现了。当活动的启动模式指定为 singleTask，每次启动该活动时系统首先会在返回栈中检查是否存在该活动的实例，如果发现已经存在则直接使用该实例，并把在这个活动之上的所有活动统统出栈，如果没有发现就会创建一个新的活动实例。

我们还是通过代码来更加直观地理解一下。修改 AndroidManifest.xml 中 FirstActivity 的启动模式：

```
<activity
    android:name=".FirstActivity"
    android:launchMode="singleTask"
    android:label="This is FirstActivity" >
    <intent-filter>
        <action android:name="android.intent.action.MAIN" />
```

```
        <category android:name="android.intent.category.LAUNCHER" />
    </intent-filter>
</activity>
```

然后在 FirstActivity 中添加 onRestart()方法，并打印日志：

```
@Override
protected void onRestart() {
    super.onRestart();
    Log.d("FirstActivity", "onRestart");
}
```

最后在 SecondActivity 中添加 onDestroy()方法，并打印日志：

```
@Override
protected void onDestroy() {
    super.onDestroy();
    Log.d("SecondActivity", "onDestroy");
}
```

现在重新运行程序，在 FirstActivity 界面点击按钮进入到 SecondActivity，然后在 SecondActivity 界面点击按钮，又会重新进入到 FirstActivity。

查看 LogCat 中的打印信息，如图 2.35 所示。

Tag	Text
FirstActivity	com.example.activitytest.FirstActivity@41067238
SecondActivity	com.example.activitytest.SecondActivity@4106e8b0
FirstActivity	onRestart
SecondActivity	onDestroy

图　2.35

其实从打印信息中就可以明显看出了，在 SecondActivity 中启动 FirstActivity 时，会发现返回栈中已经存在一个 FirstActivity 的实例，并且是在 SecondActivity 的下面，于是 SecondActivity 会从返回栈中出栈，而 FirstActivity 重新成为了栈顶活动，因此 FirstActivity 的 onRestart()方法和 SecondActivity 的 onDestroy()方法会得到执行。现在返回栈中应该只剩下一个 FirstActivity 的实例了，按一下 Back 键就可以退出程序。

singleTask 模式的原理示意图，如图 2.36 所示。

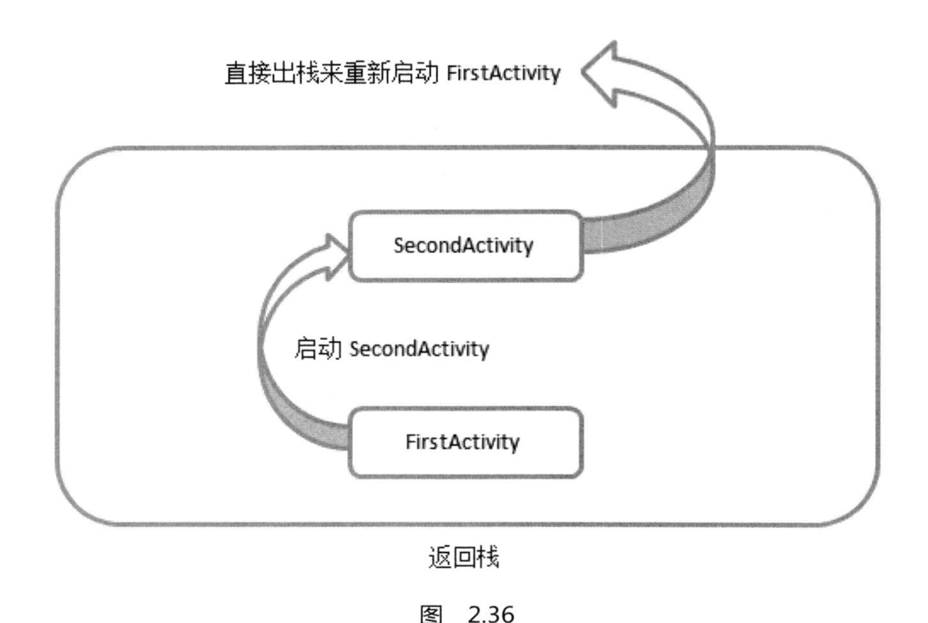

图　2.36

2.5.4　singleInstance

singleInstance 模式应该算是四种启动模式中最特殊也最复杂的一个了，你也需要多花点功夫来理解这个模式。不同于以上三种启动模式，指定为 singleInstance 模式的活动会启用一个新的返回栈来管理这个活动（其实如果 singleTask 模式指定了不同的 taskAffinity，也会启动一个新的返回栈）。那么这样做有什么意义呢？想象以下场景，假设我们的程序中有一个活动是允许其他程序调用的，如果我们想实现其他程序和我们的程序可以共享这个活动的实例，应该如何实现呢？使用前面三种启动模式肯定是做不到的，因为每个应用程序都会有自己的返回栈，同一个活动在不同的返回栈中入栈时必然是创建了新的实例。而使用 singleInstance 模式就可以解决这个问题，在这种模式下会有一个单独的返回栈来管理这个活动，不管是哪个应用程序来访问这个活动，都共用的同一个返回栈，也就解决了共享活动实例的问题。

为了帮助你可以更好地理解这种启动模式，我们还是来实践一下。修改 AndroidManifest.xml 中 SecondActivity 的启动模式：

```
<activity
    android:name=".SecondActivity"
    android:launchMode="singleInstance" >
    <intent-filter>
        <action android:name="com.example.activitytest.ACTION_START" />
```

```
        <category android:name="android.intent.category.DEFAULT" />
        <category android:name="com.example.activitytest.MY_CATEGORY" />
    </intent-filter>
</activity>
```

我们先将 SecondActivity 的启动模式指定为 singleInstance，然后修改 FirstActivity 中 onCreate()方法的代码：

```
@Override
protected void onCreate(Bundle savedInstanceState) {
    super.onCreate(savedInstanceState);
    Log.d("FirstActivity", "Task id is " + getTaskId());
    requestWindowFeature(Window.FEATURE_NO_TITLE);
    setContentView(R.layout.first_layout);
    Button button1 = (Button) findViewById(R.id.button_1);
    button1.setOnClickListener(new OnClickListener() {
        @Override
        public void onClick(View v) {
            Intent intent = new Intent(FirstActivity.this,
SecondActivity.class);
            startActivity(intent);
        }
    });
}
```

在 onCreate()方法中打印了当前返回栈的 id。然后修改 SecondActivity 中 onCreate()方法的代码：

```
@Override
protected void onCreate(Bundle savedInstanceState) {
    super.onCreate(savedInstanceState);
    Log.d("SecondActivity", "Task id is " + getTaskId());
    requestWindowFeature(Window.FEATURE_NO_TITLE);
    setContentView(R.layout.second_layout);
    Button button2 = (Button) findViewById(R.id.button_2);
    button2.setOnClickListener(new OnClickListener() {
        @Override
        public void onClick(View v) {
            Intent intent = new Intent(SecondActivity.this,
ThirdActivity.class);
            startActivity(intent);
        }
```

```
        });
    }
```

同样在 onCreate()方法中打印了当前返回栈的 id，然后又修改了按钮点击事件的代码，用于启动 ThirdActivity。最后修改 ThirdActivity 中 onCreate()方法的代码：

```
@Override
protected void onCreate(Bundle savedInstanceState) {
    super.onCreate(savedInstanceState);
    Log.d("ThirdActivity", "Task id is " + getTaskId());
    requestWindowFeature(Window.FEATURE_NO_TITLE);
    setContentView(R.layout.third_layout);
}
```

仍然是在 onCreate()方法中打印了当前返回栈的 id。现在重新运行程序，在 FirstActivity 界面点击按钮进入到 SecondActivity，然后在 SecondActivity 界面点击按钮进入到 ThirdActivity。

查看 LogCat 中的打印信息，如图 2.37 所示。

Tag	Text
FirstActivity	Task id is 19
SecondActivity	Task id is 20
ThirdActivity	Task id is 19

图 2.37

可以看到，SecondActivity 的 Task id 不同于 FirstActivity 和 ThirdActivity，这说明 SecondActivity 确实是存放在一个单独的返回栈里的，而且这个栈中只有 SecondActivity 这一个活动。

然后我们按下 Back 键进行返回，你会发现 ThirdActivity 竟然直接返回到了 FirstActivity，再按下 Back 键又会返回到 SecondActivity，再按下 Back 键才会退出程序，这是为什么呢？其实原理很简单，由于 FirstActivity 和 ThirdActivity 是存放在同一个返回栈里的，当在 ThirdActivity 的界面按下 Back 键，ThirdActivity 会从返回栈中出栈，那么 FirstActivity 就成为了栈顶活动显示在界面上，因此也就出现了从 ThirdActivity 直接返回到 FirstActivity 的情况。然后在 FirstActivity 界面再次按下 Back 键，这时当前的返回栈已经空了，于是就显示了另一个返回栈的栈顶活动，即 SecondActivity。最后再次按下 Back 键，这时所有返回栈都已经空了，也就自然退出了程序。

singleInstance 模式的原理示意图，如图 2.38 所示。

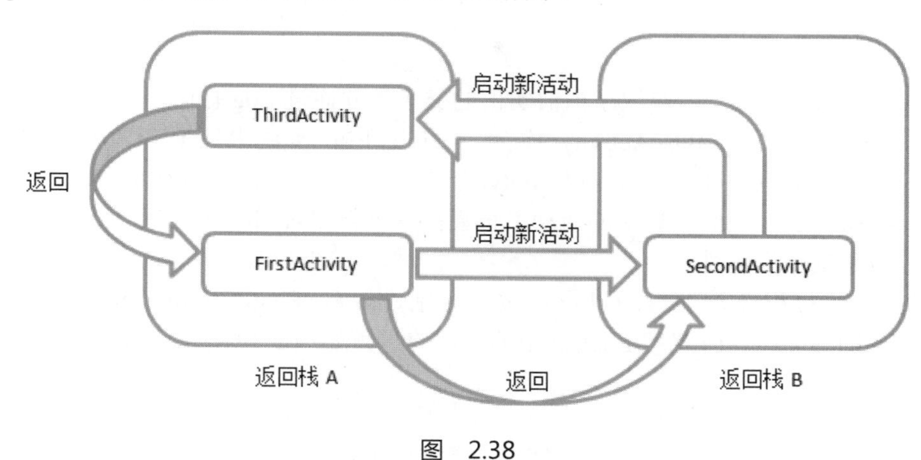

图　2.38

2.6　活动的最佳实践

你已经掌握了关于活动非常多的知识，不过恐怕离能够完全灵活运用还有一段距离。虽然知识点只有这么多，但运用的技巧却是多种多样。所以，在这里我准备教你几种关于活动的最佳实践技巧，这些技巧在你以后的开发工作当中将会非常受用。

2.6.1　知晓当前是在哪一个活动

这个技巧将教会你，如何根据程序当前的界面就能判断出这是哪一个活动。可能你会觉得挺纳闷的，我自己写的代码怎么会不知道这是哪一个活动呢？很不幸的是，在你真正进入到企业之后，更有可能的是接手一份别人写的代码，因为你刚进公司就正好有一个新项目启动的概率并不高。阅读别人的代码时有一个很头疼的问题，就是你需要在某个界面上修改一些非常简单的东西，但是你半天找不到这个界面对应的活动是哪一个。学会了本节的技巧之后，这对你来说就再也不是难题了。

我们还是在 ActivityTest 项目的基础上修改。首先需要新建一个 BaseActivity 继承自 Activity，然后在 BaseActivity 中重写 onCreate()方法，如下所示：

```
public class BaseActivity extends Activity {

    @Override
    protected void onCreate(Bundle savedInstanceState) {
        super.onCreate(savedInstanceState);
        Log.d("BaseActivity", getClass().getSimpleName());
```

```
    }

}
```

我们在 onCreate()方法中获取了当前实例的类名，并通过 Log 打印了出来。

接下来我们需要让 BaseActivity 成为 ActivityTest 项目中所有活动的父类。修改 FirstActivity、SecondActivity 和 ThirdActivity 的继承结构，让它们不再继承自 Activity，而是继承自 BaseActivity。虽然项目中的活动不再直接继承自 Activity 了，但是它们仍然完全继承了 Activity 中的所有特性。

现在重新运行程序，然后通过点击按钮分别进入到 FirstActivity、SecondActivity 和 ThirdActivity 的界面，这时观察 LogCat 中的打印信息，如图 2.39 所示。

Tag	Text
BaseActivity	FirstActivity
BaseActivity	SecondActivity
BaseActivity	ThirdActivity

图 2.39

现在每当我们进入到一个活动的界面，该活动的类名就会被打印出来，这样我们就可以时时刻刻知晓当前界面对应的是哪一个活动了。

2.6.2 随时随地退出程序

如果目前你手机的界面还停留在 ThirdActivity，你会发现当前想退出程序是非常不方便的，需要连按三次 Back 键才行。按 Home 键只是把程序挂起，并没有退出程序。其实这个问题就足以引起你的思考，如果我们的程序需要一个注销或者退出的功能该怎么办呢？必须要有一个随时随地都能退出程序的方案才行。

其实解决思路也很简单，只需要用一个专门的集合类对所有的活动进行管理就可以了，下面我们就来实现一下。

新建一个 ActivityCollector 类作为活动管理器，代码如下所示：

```
public class ActivityCollector {

    public static List<Activity> activities = new ArrayList<Activity>();

    public static void addActivity(Activity activity) {
        activities.add(activity);
    }
```

```
    public static void removeActivity(Activity activity) {
        activities.remove(activity);
    }

    public static void finishAll() {
        for (Activity activity : activities) {
            if (!activity.isFinishing()) {
                activity.finish();
            }
        }
    }

}
```

在活动管理器中，我们通过一个 List 来暂存活动，然后提供了一个 addActivity()方法用于向 List 中添加一个活动，提供了一个 removeActivity()方法用于从 List 中移除活动，最后提供了一个 finishAll()方法用于将 List 中存储的活动全部都销毁掉。

接下来修改 BaseActivity 中的代码，如下所示：

```
public class BaseActivity extends Activity {

    @Override
    protected void onCreate(Bundle savedInstanceState) {
        super.onCreate(savedInstanceState);
        Log.d("BaseActivity", getClass().getSimpleName());
        ActivityCollector.addActivity(this);
    }

    @Override
    protected void onDestroy() {
        super.onDestroy();
        ActivityCollector.removeActivity(this);
    }

}
```

在 BaseActivity 的 onCreate()方法中调用了 ActivityCollector 的 addActivity()方法，表明将当前正在创建的活动添加到活动管理器里。然后在 BaseActivity 中重写 onDestroy()方法，并调用了 ActivityCollector 的 removeActivity()方法，表明将一个马上要销毁的活动从活动管理器里移除。

从此以后，不管你想在什么地方退出程序，只需要调用 ActivityCollector.finishAll()方法就可以了。例如在 ThirdActivity 界面想通过点击按钮直接退出程序，只需将代码改成如下所示：

```
public class ThirdActivity extends BaseActivity {

    @Override
    protected void onCreate(Bundle savedInstanceState) {
        super.onCreate(savedInstanceState);
        Log.d("ThirdActivity", "Task id is " + getTaskId());
        requestWindowFeature(Window.FEATURE_NO_TITLE);
        setContentView(R.layout.third_layout);
        Button button3 = (Button) findViewById(R.id.button_3);
        button3.setOnClickListener(new OnClickListener() {
            @Override
            public void onClick(View v) {
                ActivityCollector.finishAll();
            }
        });
    }

}
```

当然你还可以在销毁所有活动的代码后面再加上杀掉当前进程的代码，以保证程序完全退出。

2.6.3 启动活动的最佳写法

启动活动的方法相信你已经非常熟悉了，首先通过 Intent 构建出当前的“意图”，然后调用 startActivity()或 startActivityForResult()方法将活动启动起来，如果有数据需要从一个活动传递到另一个活动，也可以借助 Intent 来完成。

假设 SecondActivity 中需要用到两个非常重要的字符串参数，在启动 SecondActivity 的时候必须要传递过来，那么我们很容易会写出如下代码：

```
Intent intent = new Intent(FirstActivity.this, SecondActivity.class);
intent.putExtra("param1", "data1");
intent.putExtra("param2", "data2");
startActivity(intent);
```

这样写是完全正确的，不管是从语法上还是规范上，只是在真正的项目开发中经常会有对接的问题出现。比如 SecondActivity 并不是由你开发的，但现在你负责的部分需要有启动

SecondActivity 这个功能，而你却不清楚启动这个活动需要传递哪些数据。这时无非就有两种办法，一个是你自己去阅读 SecondActivity 中的代码，二是询问负责编写 SecondActivity 的同事。你会不会觉得很麻烦呢？其实只需要换一种写法，就可以轻松解决掉上面的窘境。

修改 SecondActivity 中的代码，如下所示：

```
public class SecondActivity extends BaseActivity {

    public static void actionStart(Context context, String data1, String data2) {
        Intent intent = new Intent(context, SecondActivity.class);
        intent.putExtra("param1", data1);
        intent.putExtra("param2", data2);
        context.startActivity(intent);
    }
    ……
}
```

我们在 SecondActivity 中添加了一个 actionStart()方法，在这个方法中完成了 Intent 的构建，另外所有 SecondActivity 中需要的数据都是通过 actionStart()方法的参数传递过来的，然后把它们存储到 Intent 中，最后调用 startActivity()方法启动 SecondActivity。

这样写的好处在哪里呢？最重要的一点就是一目了然，SecondActivity 所需要的数据全部都在方法参数中体现出来了，这样即使不用阅读 SecondActivity 中的代码，或者询问负责编写 SecondActivity 的同事，你也可以非常清晰地知道启动 SecondActivity 需要传递哪些数据。另外，这样写还简化了启动活动的代码，现在只需要一行代码就可以启动 SecondActivity，如下所示：

```
button1.setOnClickListener(new OnClickListener() {
    @Override
    public void onClick(View v) {
        SecondActivity.actionStart(FirstActivity.this, "data1", "data2");
    }
});
```

养成一个良好的习惯，给你编写的每个活动都添加类似的启动方法，这样不仅可以让启动活动变得非常简单，还可以节省不少你同事过来询问你的时间。

2.7 小结与点评

真是好疲惫啊！没错，学习了这么多的东西不疲惫才怪呢。但是，你内心那种掌握了知识的喜悦感相信也是无法掩盖的。本章的收获非常多啊，不管是理论型还是实践型的东西都涉及了，从活动的基本用法，到启动活动和传递数据的方式，再到活动的生命周期，以及活动的启动模式，你几乎已经学会了关于活动所有重要的知识点。另外在本章的最后，还学习了几种可以应用在活动中的最佳实践技巧，毫不夸张地说，你在 Android 活动方面已经算是一个小高手了。

不过你的 Android 旅途才刚刚开始呢，后面需要学习的东西还很多，也许会比现在还累，一定要做好心理准备哦。总体来说，我给你现在的状态打满分，毕竟你已经学会了那么多的东西，也是时候该放松一下了。自己适当控制一下休息的时间，然后我们继续前进吧！

经验值：+600　　　　目前经验值：2905

级别：小菜鸟

赢得宝物：战胜活动周期兽猎人。拾取周期兽猎人掉落的宝物，九成新周期兽皮 Android 战袍一套、体力恢复剂 5 瓶、周期兽怒吼丸 24 颗（颤抖吧，小老板们）、半自动老款卡宾枪一支（配有可拆卸代码银弹接口）、九成新代码银弹弹夹一个（含 20 枚代码银弹）。在野外用带锈点的代码银弹试射了一下，成功修复了一只 bug 鸟的 bug，原本少一只翅膀的它现在扑腾着两只翅膀飞走了。向当地老乡打听后得知，周期兽猎人虽然叫周期兽猎人，但这称呼完全是个误会，实际上他和周期兽是好基友，平日里两个人喜欢在林中散步，一起听听歌什么的，两人最大的乐趣是用代码银弹修复 bug 鸟、bug 猪，以及森林中的其他有 bug 的小动物。我向被我战胜的正蹲在地上气喘吁吁的周期兽猎人道别。树上那只鬼鬼祟祟的松鼠再次向我露出神秘的笑容。无视它。继续前进。

第 3 章　软件也要拼脸蛋，UI 开发的点点滴滴

我一直都认为程序员在软件的审美方面普遍都比较差，至少我个人就是如此。如果说要追究其根本原因，我觉得这是由于程序员的工作性质所导致的。每当我们看到一个软件时，不会像普通用户一样仅仅是关注一下它的界面以及有哪些功能。我们总是会不自觉地思考这些功能是如何实现的，很多在普通用户看来理所应当的功能，背后可能却需要非常复杂的算法来完成。以至于当别人唾骂一句，这软件做得真丑的时候，我们还可能赞叹一句，这功能做得好牛逼啊！

不过缺乏审美观毕竟不是一件值得炫耀的事情，在软件开发过程中，界面设计和功能开发同样重要。界面美观的应用程序不仅可以大大增加用户粘性，还能帮我们吸引到更多的新用户。而 Android 也是给我们提供了大量的 UI 开发工具，只要合理地使用它们，就可以编写出各种各样漂亮的界面。

在这里，我无法教会你如何提升自己的审美观，但我可以教会你怎样使用 Android 提供的 UI 开发工具来编写程序界面。想必你在上一章中反反复复地使用那几个按钮都快要吐了吧，本章我们就来学习更多的 UI 开发方面的知识。

3.1　该如何编写程序界面

Android 中有好几种编写程序界面的方式可供你选择。比如使用 DroidDraw，这是一种可视化的界面编辑工具，允许使用拖拽控件的方式来编写布局。Eclipse 和 Android Studio 中也有相应的可视化编辑器，和 DroidDraw 用法差不多，都是可以直接拖拽控件，并能在视图上修改控件属性的。不过以上的方式我都不推荐你使用，因为使用可视化编辑工具并不利于你去真正了解界面背后的实现原理，通常这种方式制作出的界面都不具有很好的屏幕适配性，而且当需要编写较为复杂的界面时，可视化编辑工具将很难胜任。因此本书中所有的界面我们都将使用最基本的方式去实现，即编写 XML 代码。等你完全掌握了使用 XML 来编写界面的方法之后，不管是进行高复杂度的界面实现，还是分析和修改当前现有界面，对你来说都将是手到擒来。听我这么说，你可能会觉得 Eclipse 中的可视化编辑器完全就是多余的嘛！其实也不是，你还是可以使用它来进行界面预览的，毕竟你无法直接通过 XML 就看出界面的样子，而每修改一次界面就重新运行一遍程序显然又很耗时，这时你就可以好好地

利用 Eclipse 的可视化编辑器了。

讲了这么多理论的东西，也是时候该学习一下到底如何编写程序界面了，我们就从 Android 中几种常见的控件开始吧。

3.2 常见控件的使用方法

Android 给我们提供了大量的 UI 控件，合理地使用这些控件就可以非常轻松地编写出相当不错的界面，下面我们就挑选几种常用的控件，详细介绍一下它们的使用方法。

首先新建一个 UIWidgetTest 项目，简单起见，我们还是允许 ADT 自动创建活动，活动名和布局名都使用默认值。别忘了将其他不相关的项目都关闭掉，始终养成这样一个良好的习惯。

3.2.1 TextView

TextView 可以说是 Android 中最简单的一个控件了，你在前面其实也已经和它打过了一些交道。它主要用于在界面上显示一段文本信息，比如你在第一章看到的 Hello world！下面我们就来看一看关于 TextView 的更多用法。

将 activity_main.xml 中的代码改成如下所示：

```
<LinearLayout xmlns:android="http://schemas.android.com/apk/res/android"
    android:layout_width="match_parent"
    android:layout_height="match_parent"
    android:orientation="vertical" >

    <TextView
        android:id="@+id/text_view"
        android:layout_width="match_parent"
        android:layout_height="wrap_content"
        android:text="This is TextView" />

</LinearLayout>
```

外面的 LinearLayout 先忽略不看，在 TextView 中我们使用 android:id 给当前控件定义了一个唯一标识符，这个属性在上一章中已经讲解过了。然后使用 android:layout_width 指定了控件的宽度，使用 android:layout_height 指定了控件的高度。Android 中所有的控件都具有这两个属性，可选值有三种 match_parent、fill_parent 和 wrap_content，其中 match_parent 和 fill_parent 的意义相同，现在官方更加推荐使用 match_parent。match_parent 表示让当前控件的大小和父布局的大小一样，也就是由父布局来决定当前控件的大小。wrap_content 表示让当前控件的大小能够刚好包含住里面的内容，也就是由控件内容决定当前控件的大小。所以上面的代码就表示让 TextView 的宽度和父布局一样宽，也就是手机屏幕的宽度，让 TextView 的高度足够包含住里面的内容就行。当然除了使用上述值，你也可以对控件的宽和高指定一个固定的大小，但是这样做有时会在不同手机屏幕的适配方面出现问题。接下来我们通过 android:text 指定了 TextView 中显示的文本内容，现在运行程序，效果如图 3.1 所示。

图　3.1

虽然指定的文本内容是正常显示了，不过我们好像没看出来 TextView 的宽度是和屏幕一样宽的。其实这是由于 TextView 中的文字默认是居左上角对齐的，虽然 TextView 的宽度充满了整个屏幕，可是从效果上完全看不出来。现在我们修改 TextView 的文字对齐方式，如下所示：

```
<LinearLayout xmlns:android="http://schemas.android.com/apk/res/android"
    android:layout_width="match_parent"
    android:layout_height="match_parent"
    android:orientation="vertical" >

    <TextView
        android:id="@+id/text_view"
```

```
        android:layout_width="match_parent"
        android:layout_height="wrap_content"
        android:gravity="center"
        android:text="This is TextView" />

</LinearLayout>
```

我们使用 android:gravity 来指定文字的对齐方式，可选值有 top、bottom、left、right、center 等，可以用“|”来同时指定多个值，这里我们指定的"center"，效果等同于"center_vertical|center_horizontal"，表示文字在垂直和水平方向都居中对齐。现在重新运行程序，效果如图 3.2 所示。

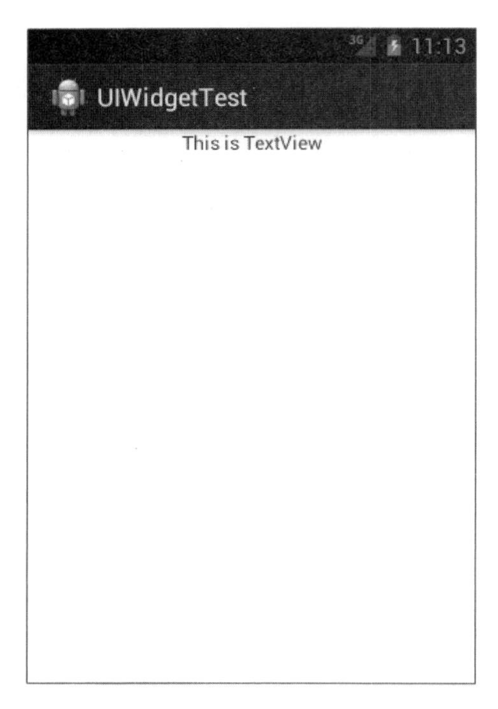

图 3.2

这也说明了，TextView 的宽度确实是和屏幕宽度一样的。

另外我们还可以对 TextView 中文字的大小和颜色进行修改，如下所示：

```
<LinearLayout xmlns:android="http://schemas.android.com/apk/res/android"
    android:layout_width="match_parent"
    android:layout_height="match_parent"
    android:orientation="vertical" >
```

```
    <TextView
        android:id="@+id/text_view"
        android:layout_width="match_parent"
        android:layout_height="wrap_content"
        android:gravity="center"
        android:textSize="24sp"
        android:textColor="#00ff00"
        android:text="This is TextView" />

</LinearLayout>
```

通过 android:textSize 属性可以指定文字的大小，通过 android:textColor 属性可以指定文字的颜色。重新运行程序，效果如图 3.3 所示。

图　3.3

当然 TextView 中还有很多其他的属性，这里我就不再一一介绍了，需要用到的时候去查阅文档就可以了。

3.2.2 Button

Button 是程序用于和用户进行交互的一个重要控件，相信你对这个控件已经是非常熟悉了，因为我们在上一章用了太多次 Button。它可配置的属性和 TextView 是差不多的，我们可以在 activity_main.xml 中这样加入 Button：

```
<LinearLayout xmlns:android="http://schemas.android.com/apk/res/android"
    android:layout_width="match_parent"
    android:layout_height="match_parent"
    android:orientation="vertical" >

    ......

    <Button
        android:id="@+id/button"
        android:layout_width="match_parent"
        android:layout_height="wrap_content"
        android:text="Button" />
</LinearLayout>
```

加入 Button 之后的界面如图 3.4 所示。

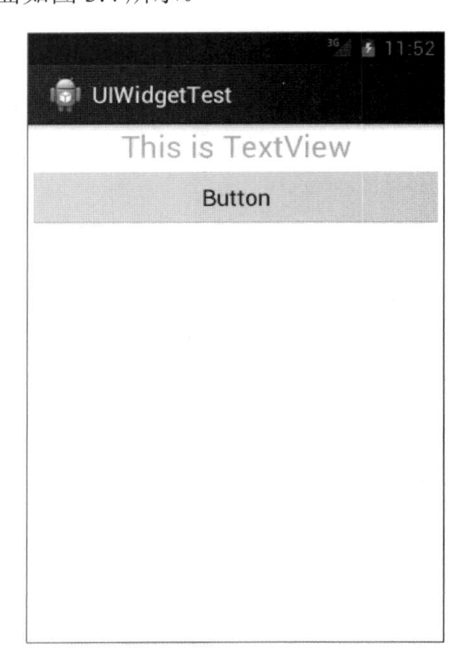

图 3.4

然后我们可以在 MainActivity 中为 Button 的点击事件注册一个监听器，如下所示：

```
public class MainActivity extends Activity {

    private Button button;

    @Override
    protected void onCreate(Bundle savedInstanceState) {
        super.onCreate(savedInstanceState);
        setContentView(R.layout.activity_main);
        button = (Button) findViewById(R.id.button);
        button.setOnClickListener(new OnClickListener() {
            @Override
            public void onClick(View v) {
                // 在此处添加逻辑
            }
        });
    }

}
```

这样每当点击按钮时，就会执行监听器中的 onClick()方法，我们只需要在这个方法中加入待处理的逻辑就行了。如果你不喜欢使用匿名类的方式来注册监听器，也可以使用实现接口的方式来进行注册，代码如下所示：

```
public class MainActivity extends Activity implements OnClickListener {

    private Button button;

    @Override
    protected void onCreate(Bundle savedInstanceState) {
        super.onCreate(savedInstanceState);
        setContentView(R.layout.activity_main);
        button = (Button) findViewById(R.id.button);
        button.setOnClickListener(this);
    }

    @Override
    public void onClick(View v) {
        switch (v.getId()) {
        case R.id.button:
```

```
                // 在此处添加逻辑
                break;
            default:
                break;
            }
        }

    }
```

这两种写法都可以实现对按钮点击事件的监听，至于使用哪一种就全凭你喜好了。

3.2.3 EditText

EditText 是程序用于和用户进行交互的另一个重要控件，它允许用户在控件里输入和编辑内容，并可以在程序中对这些内容进行处理。EditText 的应用场景应该算是非常普遍了，发短信、发微博、聊 QQ 等等，在进行这些操作时，你不得不使用到 EditText。那我们来看一看如何在界面上加入 EditText 吧，修改 activity_main.xml 中的代码，如下所示：

```
<LinearLayout xmlns:android="http://schemas.android.com/apk/res/android"
    android:layout_width="match_parent"
    android:layout_height="match_parent"
    android:orientation="vertical" >

    ......

    <EditText
        android:id="@+id/edit_text"
        android:layout_width="match_parent"
        android:layout_height="wrap_content"
        />
</LinearLayout>
```

其实看到这里，我估计你已经总结出 Android 控件的使用规律了，基本上用法都很相似，给控件定义一个 id，再指定下控件的宽度和高度，然后再适当加入些控件特有的属性就差不多了。所以使用 XML 来编写界面其实一点都不难，完全可以不用借助任何可视化工具来实现。现在重新运行一下程序，EditText 就已经在界面上显示出来了，并且我们是可以在里面输入内容的，如图 3.5 所示。

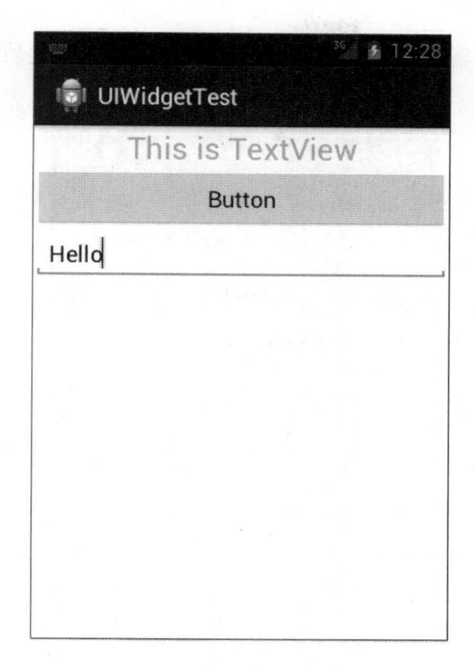

图　3.5

细心的你平时应该会留意到，一些做得比较人性化的软件会在输入框里显示一些提示性的文字，然后一旦用户输入了任何内容，这些提示性的文字就会消失。这种提示功能在 Android 里是非常容易实现的，我们甚至不需要做任何的逻辑控制，因为系统已经帮我们都处理好了。修改 activity_main.xml，如下所示：

```
<LinearLayout xmlns:android="http://schemas.android.com/apk/res/android"
    android:layout_width="match_parent"
    android:layout_height="match_parent"
    android:orientation="vertical">

        ......

    <EditText
        android:id="@+id/edit_text"
        android:layout_width="match_parent"
        android:layout_height="wrap_content"
        android:hint="Type something here"
        />
</LinearLayout>
```

这里使用 android:hint 属性来指定了一段提示性的文本，然后重新运行程序，效果如图 3.6 所示。

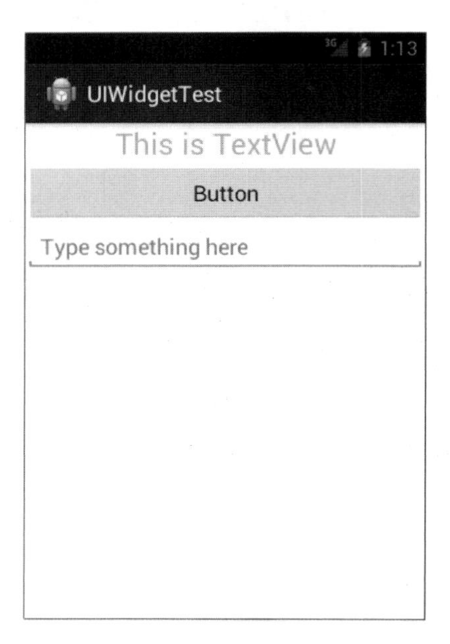

图 3.6

可以看到，EditText 中显示了一段提示性文本，然后当我们输入任何内容时，这段文本就会自动消失。

不过随着输入的内容不断增多，EditText 会被不断地拉长。这时由于 EditText 的高度指定的是 wrap_content，因此它总能包含住里面的内容，但是当输入的内容过多时，界面就会变得非常难看。我们可以使用 android:maxLines 属性来解决这个问题，修改 activity_main.xml，如下所示：

```
<LinearLayout xmlns:android="http://schemas.android.com/apk/res/android"
    android:layout_width="match_parent"
    android:layout_height="match_parent"
    android:orientation="vertical" >

    ......

    <EditText
        android:id="@+id/edit_text"
        android:layout_width="match_parent"
        android:layout_height="wrap_content"
```

```
        android:hint="Type something here"
        android:maxLines="2"
        />
</LinearLayout>
```

这里通过 android:maxLines 指定了 EditText 的最大行数为两行，这样当输入的内容超过两行时，文本就会向上滚动，而 EditText 则不会再继续拉伸，如图 3.7 所示。

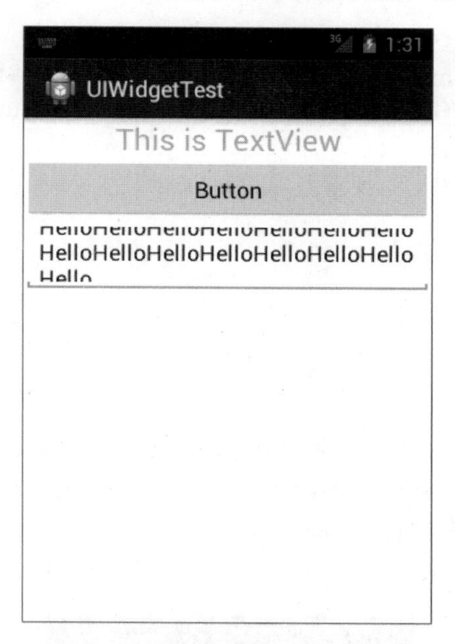

图　3.7

我们还可以结合使用 EditText 与 Button 来完成一些功能，比如通过点击按钮来获取 EditText 中输入的内容。修改 MainActivity 中的代码，如下所示：

```
public class MainActivity extends Activity implements OnClickListener {

    private Button button;

    private EditText editText;

    @Override
    protected void onCreate(Bundle savedInstanceState) {
        super.onCreate(savedInstanceState);
        setContentView(R.layout.activity_main);
        button = (Button) findViewById(R.id.button);
```

```
        editText = (EditText) findViewById(R.id.edit_text);
        button.setOnClickListener(this);
    }

    @Override
    public void onClick(View v) {
        switch (v.getId()) {
        case R.id.button:
            String inputText = editText.getText().toString();
            Toast.makeText(MainActivity.this, inputText,
Toast.LENGTH_SHORT).show();
            break;
        default:
            break;
        }
    }

}
```

首先通过 findViewById()方法得到 EditText 的实例，然后在按钮的点击事件里调用 EditText 的 getText()方法获取到输入的内容，再调用 toString()方法转换成字符串，最后仍然还是老方法，使用 Toast 将输入的内容显示出来。

重新运行程序，在 EditText 中输入一段内容，然后点击按钮，效果如图 3.8 所示。

图 3.8

3.2.4　ImageView

ImageView 是用于在界面上展示图片的一个控件，通过它可以让我们的程序界面变得更加丰富多彩。学习这个控件需要提前准备好一些图片，由于目前 drawable 文件夹下已经有一张 ic_launcher.png 图片了，那我们就先在界面上展示这张图吧，修改 activity_main.xml，如下所示：

```
<LinearLayout xmlns:android="http://schemas.android.com/apk/res/android"
    android:layout_width="match_parent"
    android:layout_height="match_parent"
    android:orientation="vertical" >

    ......

    <ImageView
        android:id="@+id/image_view"
        android:layout_width="wrap_content"
        android:layout_height="wrap_content"
        android:src="@drawable/ic_launcher"
        />
</LinearLayout>
```

可以看到，这里使用 android:src 属性给 ImageView 指定了一张图片，并且由于图片的宽和高都是未知的，所以将 ImageView 的宽和高都设定为 wrap_content，这样保证了不管图片的尺寸是多少都可以完整地展示出来。重新运行程序，效果如图 3.9 所示。

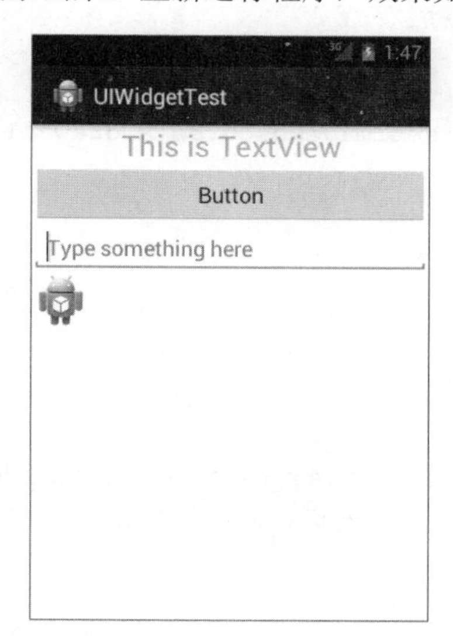

图　3.9

我们还可以在程序中通过代码动态地更改 ImageView 中的图片。这里我准备了另外一张图片，jelly_bean.png，将它复制到 res/drawable-hdpi 目录下，然后修改 MainActivity 的代码，如下所示：

```
public class MainActivity extends Activity implements OnClickListener {

    private Button button;

    private EditText editText;

    private ImageView imageView;

    @Override
    protected void onCreate(Bundle savedInstanceState) {
        super.onCreate(savedInstanceState);
        setContentView(R.layout.activity_main);
        button = (Button) findViewById(R.id.button);
        editText = (EditText) findViewById(R.id.edit_text);
        imageView  = (ImageView) findViewById(R.id.image_view);
        button.setOnClickListener(this);
    }

    @Override
    public void onClick(View v) {
        switch (v.getId()) {
        case R.id.button:
            imageView.setImageResource(R.drawable.jelly_bean);
            break;
        default:
            break;
        }
    }

}
```

在按钮的点击事件里，通过调用 ImageView 的 setImageResource()方法将显示的图片改成 jelly_bean，现在重新运行程序，然后点击一下按钮，就可以看到 ImageView 中显示的图片改变了，如图 3.10 所示。

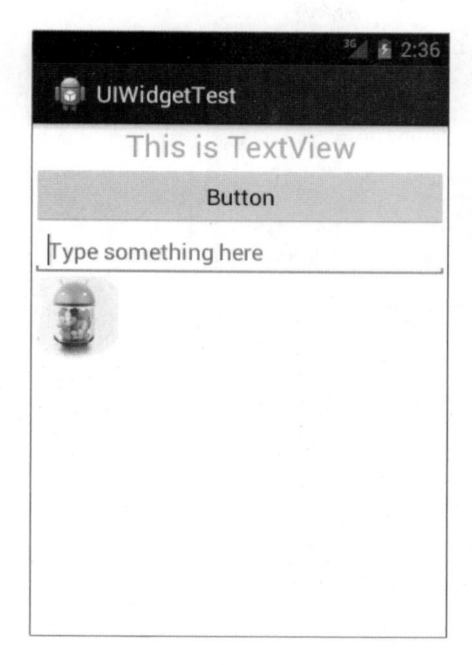

图　3.10

3.2.5　ProgressBar

ProgressBar 用于在界面上显示一个进度条，表示我们的程序正在加载一些数据。它的用法也非常简单，修改 activity_main.xml 中的代码，如下所示：

```
<LinearLayout xmlns:android="http://schemas.android.com/apk/res/android"
    android:layout_width="match_parent"
    android:layout_height="match_parent"
    android:orientation="vertical" >

    ......

    <ProgressBar
        android:id="@+id/progress_bar"
        android:layout_width="match_parent"
        android:layout_height="wrap_content"
        />
</LinearLayout>
```

重新运行程序，会看到屏幕中有一个圆形进度条正在旋转，如图 3.11 所示。

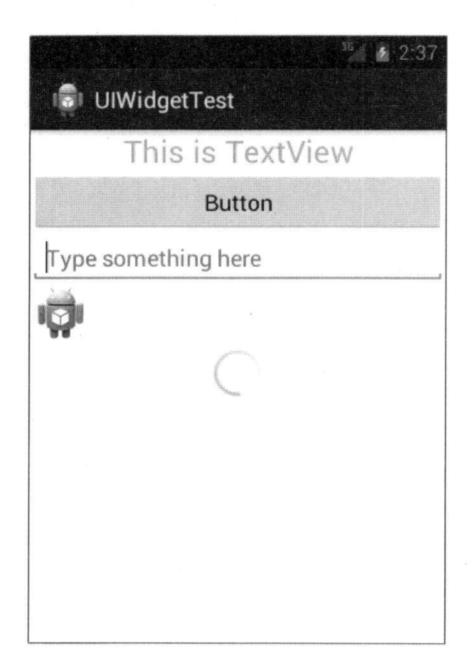

图 3.11

这时你可能会问，旋转的进度条表明我们的程序正在加载数据，那数据总会有加载完的时候吧，如何才能让进度条在数据加载完成时消失呢？这里我们就需要用到一个新的知识点，Android控件的可见属性。所有的Android控件都具有这个属性，可以通过android:visibility进行指定，可选值有三种，visible、invisible和gone。visible表示控件是可见的，这个值是默认值，不指定android:visibility时，控件都是可见的。invisible表示控件不可见，但是它仍然占据着原来的位置和大小，可以理解成控件变成透明状态了。gone则表示控件不仅不可见，而且不再占用任何屏幕空间。我们还可以通过代码来设置控件的可见性，使用的是setVisibility()方法，可以传入View.VISIBLE、View.INVISIBLE和View.GONE三种值。

接下来我们就来尝试实现，点击一下按钮让进度条消失，再点击一下按钮让进度条出现的这种效果。修改MainActivity中的代码，如下所示：

```
public class MainActivity extends Activity implements OnClickListener {

    private Button button;

    private EditText editText;

    private ImageView imageView;
```

```
    private ProgressBar progressBar;

    @Override
    protected void onCreate(Bundle savedInstanceState) {
        super.onCreate(savedInstanceState);
        setContentView(R.layout.activity_main);
        button = (Button) findViewById(R.id.button);
        editText = (EditText) findViewById(R.id.edit_text);
        imageView  = (ImageView) findViewById(R.id.image_view);
        progressBar = (ProgressBar) findViewById(R.id.progress_bar);
        button.setOnClickListener(this);
    }

    @Override
    public void onClick(View v) {
        switch (v.getId()) {
        case R.id.button:
            if (progressBar.getVisibility() == View.GONE) {
                progressBar.setVisibility(View.VISIBLE);
            } else {
                progressBar.setVisibility(View.GONE);
            }
            break;
        default:
            break;
        }
    }

}
```

在按钮的点击事件中，我们通过 getVisibility()方法来判断 ProgressBar 是否可见，如果可见就将 ProgressBar 隐藏掉，如果不可见就将 ProgressBar 显示出来。重新运行程序，然后不断地点击按钮，你就会看到进度条会在显示与隐藏之间来回切换。

另外，我们还可以给 ProgressBar 指定不同的样式，刚刚是圆形进度条，通过 style 属性可以将它指定成水平进度条，修改 activity_main.xml 中的代码，如下所示：

```
<LinearLayout xmlns:android="http://schemas.android.com/apk/res/android"
    android:layout_width="match_parent"
    android:layout_height="match_parent"
    android:orientation="vertical" >
```

```
    ……

    <ProgressBar
        android:id="@+id/progress_bar"
        android:layout_width="match_parent"
        android:layout_height="wrap_content"
        style="?android:attr/progressBarStyleHorizontal"
        android:max="100"
        />
</LinearLayout>
```

指定成水平进度条后，我们还可以通过 android:max 属性给进度条设置一个最大值，然后在代码中动态地更改进度条的进度。修改 MainActivity 中的代码，如下所示：

```
public class MainActivity extends Activity implements OnClickListener {
    ……
    @Override
    public void onClick(View v) {
        switch (v.getId()) {
        case R.id.button:
            int progress = progressBar.getProgress();
            progress = progress + 10;
            progressBar.setProgress(progress);
            break;
        default:
            break;
        }
    }
}
```

每点击一次按钮，我们就获取进度条的当前进度，然后在现有的进度上加 10 作为更新后的进度。重新运行程序，点击数次按钮后，效果如图 3.12 所示。

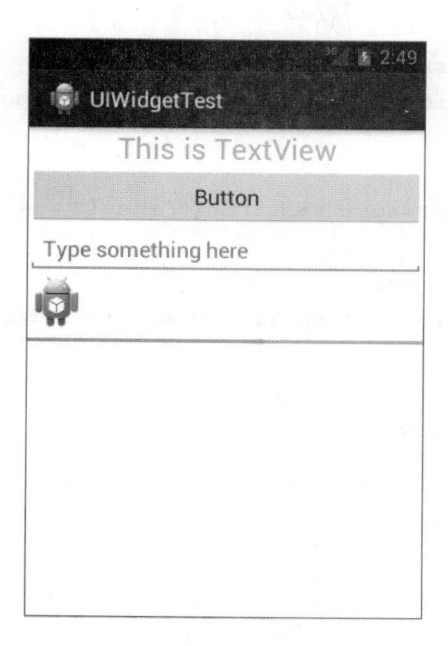

图　3.12

ProgressBar 还有几种其他的样式，你可以自己去尝试一下。

3.2.6　AlertDialog

AlertDialog 可以在当前的界面弹出一个对话框，这个对话框是置顶于所有界面元素之上的，能够屏蔽掉其他控件的交互能力，因此一般 AlertDialog 都是用于提示一些非常重要的内容或者警告信息。比如为了防止用户误删重要内容，在删除前弹出一个确认对话框。下面我们来学习一下它的用法，修改 MainActivity 中的代码，如下所示：

```
public class MainActivity extends Activity implements OnClickListener {
    ……
    @Override
    public void onClick(View v) {
        switch (v.getId()) {
        case R.id.button:
            AlertDialog.Builder dialog = new AlertDialog.Builder
(MainActivity.this);
            dialog.setTitle("This is Dialog");
            dialog.setMessage("Something important.");
            dialog.setCancelable(false);
            dialog.setPositiveButton("OK", new DialogInterface.
OnClickListener() {
```

```
                    @Override
                    public void onClick(DialogInterface dialog, int which) {
                    }
                });
                dialog.setNegativeButton("Cancel", new DialogInterface.
OnClickListener() {
                    @Override
                    public void onClick(DialogInterface dialog, int which) {
                    }
                });
                dialog.show();
                break;
            default:
                break;
            }
        }
    }
```

首先通过 AlertDialog.Builder 创建出一个 AlertDialog 的实例，然后可以为这个对话框设置标题、内容、可否取消等属性，接下来调用 setPositiveButton()方法为对话框设置确定按钮的点击事件，调用 setNegativeButton()方法设置取消按钮的点击事件，最后调用 show()方法将对话框显示出来。重新运行程序，点击按钮后，效果如图 3.13 所示。

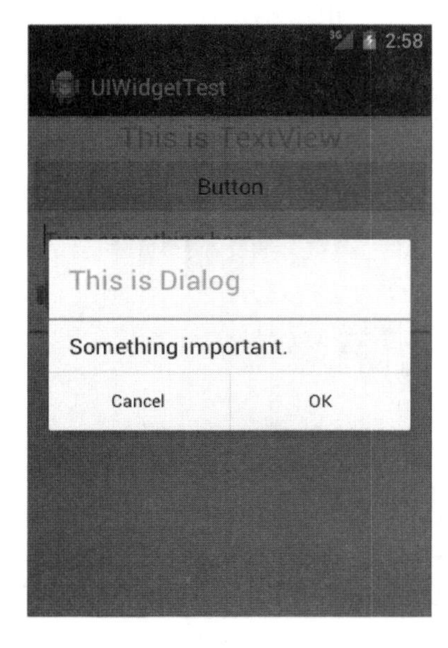

图 3.13

3.2.7 ProgressDialog

ProgressDialog 和 AlertDialog 有点类似，都可以在界面上弹出一个对话框，都能够屏蔽掉其他控件的交互能力。不同的是，ProgressDialog 会在对话框中显示一个进度条，一般是用于表示当前操作比较耗时，让用户耐心地等待。它的用法和 AlertDialog 也比较相似，修改 MainActivity 中的代码，如下所示：

```
public class MainActivity extends Activity implements OnClickListener {
    ......
    @Override
    public void onClick(View v) {
        switch (v.getId()) {
        case R.id.button:
            ProgressDialog progressDialog = new ProgressDialog
(MainActivity.this);
            progressDialog.setTitle("This is ProgressDialog");
            progressDialog.setMessage("Loading...");
            progressDialog.setCancelable(true);
            progressDialog.show();
            break;
        default:
            break;
        }
    }
}
```

可以看到，这里也是先构建出一个 ProgressDialog 对象，然后同样可以设置标题、内容、可否取消等属性，最后也是通过调用 show()方法将 ProgressDialog 显示出来。重新运行程序，点击按钮后，效果如图 3.14 所示。

注意如果在 setCancelable()中传入了 false，表示 ProgressDialog 是不能通过 Back 键取消掉的，这时你就一定要在代码中做好控制，当数据加载完成后必须要调用 ProgressDialog 的 dismiss()方法来关闭对话框，否则 ProgressDialog 将会一直存在。

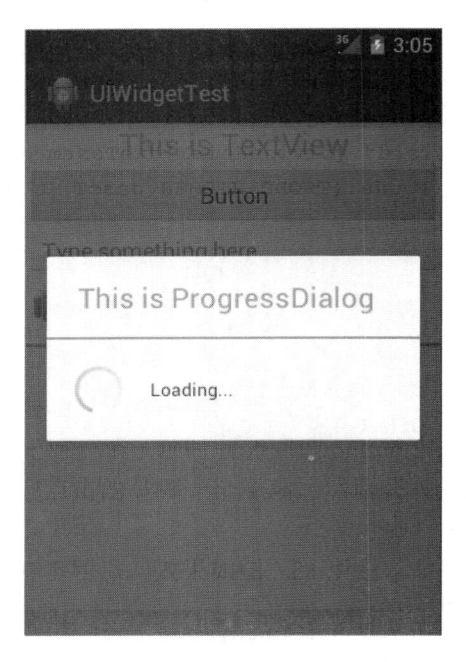

图 3.14

好了，关于 Android 控件的使用，我要讲的就只有这么多。一节内容就想覆盖 Android 控件所有的相关知识不太现实，同样一口气就想学会所有 Android 控件的使用方法也不太现实。本节所讲的内容对于你来说只是起到了一个引导的作用，你还需要在以后的学习和工作中不断地摸索，通过查阅文档以及网上搜索的方式学习更多控件的更多用法。当然，当本书后面有涉及到一些我们前面没学过的控件和相关用法时，我仍然会在相应的章节做详细的讲解。

经验值：+1000　升级！（由小菜鸟升级至菜鸟）　目前经验值：3905

级别：菜鸟

赢得宝物：战胜常见控件矿守护者。拾取常见控件矿守护者掉落的宝物，一套尚未拼完的智力拼图玩具、一本书《设计师心理学——神人界面篇》，以及一颗大型信心增强大力丸。常见控件矿守护者私下里把自己称作重要控件矿守护者，但见多识广的神界精灵们指出这些“重要控件矿”事实上很常见，而且取之不尽用之不竭，根本不需要派专人守护。而常见控件矿守护者则辩称正是由于他们世世代代兢兢业业的守护，并且建立了大量的神界地质保护区，才让这些重要控件矿得以繁衍生息，变得常见。智力拼图玩具很快就拼好了。《设计师心理学》也写得通俗易懂，路上可以慢慢看。继续前进。

3.3　详解四种基本布局

一个丰富的界面总是要由很多个控件组成的，那我们如何才能让各个控件都有条不紊地摆放在界面上，而不是乱糟糟的呢？这就需要借助布局来实现了。布局是一种可用于放置很多控件的容器，它可以按照一定的规律调整内部控件的位置，从而编写出精美的界面。当然，布局的内部除了放置控件外，也可以放置布局，通过多层布局的嵌套，我们就能够完成一些比较复杂的界面实现，示意图 3.15 很好地展示了它们之间的关系。

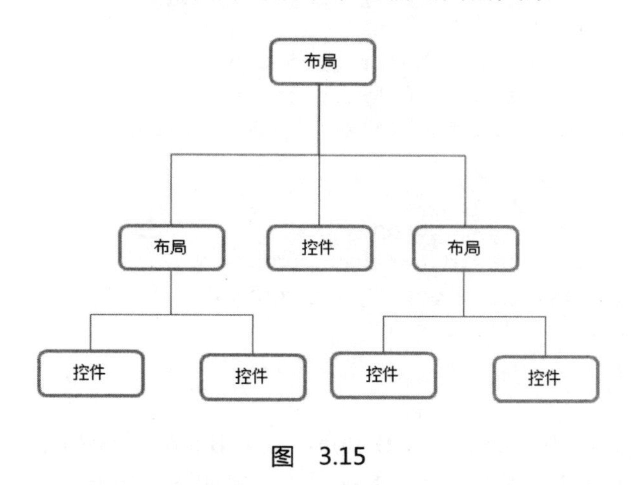

图　3.15

下面我们来详细讲解下 Android 中四种最基本的布局。先做好准备工作，新建一个 UILayoutTest 项目，并让 ADT 自动帮我们创建好活动，活动名和布局名都使用默认值。

3.3.1　LinearLayout

LinearLayout 又称作线性布局，是一种非常常用的布局。正如它名字所描述的一样，这个布局会将它所包含的控件在线性方向上依次排列。相信你之前也已经注意到了，我们在上一节中学习控件用法时，所有的控件就都是放在 LinearLayout 布局里的，因此上一节中的控件也确实是在垂直方向上线性排列的。

既然是线性排列，肯定就不仅只有一个方向，那为什么上一节中的控件都是在垂直方向排列的呢？这是由于我们通过 android:orientation 属性指定了排列方向是 vertical，如果指定的是 horizontal，控件就会在水平方向上排列了。下面我们通过实战来体会一下，修改 activity_main.xml 中的代码，如下所示：

```
<LinearLayout xmlns:android="http://schemas.android.com/apk/res/android"
    android:layout_width="match_parent"
    android:layout_height="match_parent"
```

```
    android:orientation="vertical" >

    <Button
        android:id="@+id/button1"
        android:layout_width="wrap_content"
        android:layout_height="wrap_content"
        android:text="Button 1" />

    <Button
        android:id="@+id/button2"
        android:layout_width="wrap_content"
        android:layout_height="wrap_content"
        android:text="Button 2" />

    <Button
        android:id="@+id/button3"
        android:layout_width="wrap_content"
        android:layout_height="wrap_content"
        android:text="Button 3" />

</LinearLayout>
```

我们在 LinearLayout 中添加了三个 Button，每个 Button 的长和宽都是 wrap_content，并指定了排列方向是 vertical。现在运行一下程序，效果如图 3.16 所示。

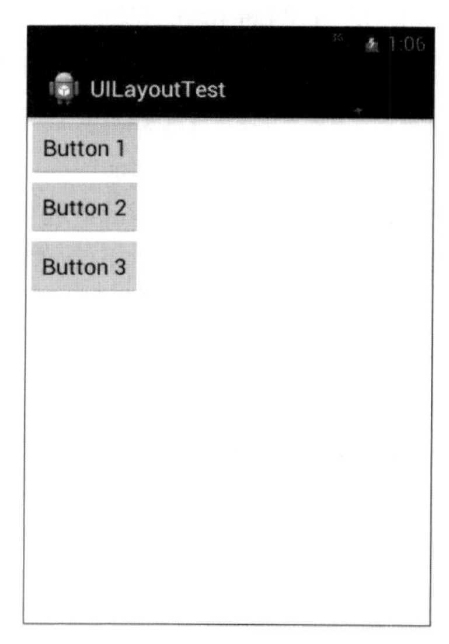

图　3.16

然后我们修改一下 LinearLayout 的排列方向，如下所示：

```
<LinearLayout xmlns:android="http://schemas.android.com/apk/res/android"
    android:layout_width="match_parent"
    android:layout_height="match_parent"
    android:orientation="horizontal" >

    ......

</LinearLayout>
```

将 android:orientation 属性的值改成了 horizontal，这就意味着要让 LinearLayout 中的控件在水平方向上依次排列，当然如果不指定 android:orientation 属性的值，默认的排列方向就是 horizontal。重新运行一下程序，效果如图 3.17 所示。

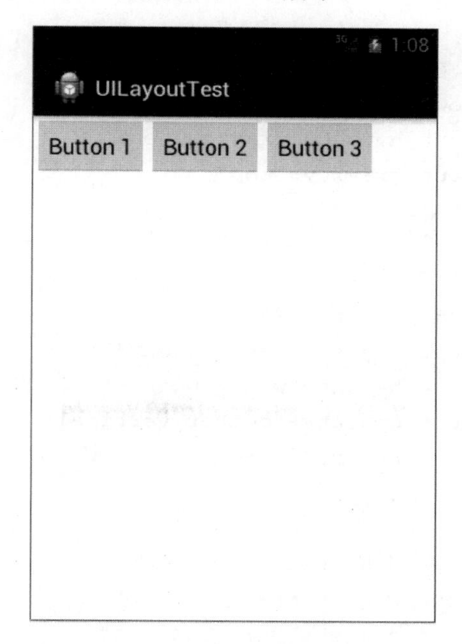

图　3.17

这里需要注意，如果 LinearLayout 的排列方向是 horizontal，内部的控件就绝对不能将宽度指定为 match_parent，因为这样的话单独一个控件就会将整个水平方向占满，其他的控件就没有可放置的位置了。同样的道理，如果 LinearLayout 的排列方向是 vertical，内部的控件就不能将高度指定为 match_parent。

了解了 LinearLayout 的排列规律，我们再来学习一下它的几个关键属性的用法吧。

首先来看 android:layout_gravity 属性，它和我们上一节中学到的 android:gravity 属性看

起来有些相似，这两个属性有什么区别呢？其实从名字上就可以看出，android:gravity 是用于指定文字在控件中的对齐方式，而 android:layout_gravity 是用于指定控件在布局中的对齐方式。android:layout_gravity 的可选值和 android:gravity 差不多，但是需要注意，当 LinearLayout 的排列方向是 horizontal 时，只有垂直方向上的对齐方式才会生效，因为此时水平方向上的长度是不固定的，每添加一个控件，水平方向上的长度都会改变，因而无法指定该方向上的对齐方式。同样的道理，当 LinearLayout 的排列方向是 vertical 时，只有水平方向上的对齐方式才会生效。修改 activity_main.xml 中的代码，如下所示：

```
<LinearLayout xmlns:android="http://schemas.android.com/apk/res/android"
    android:layout_width="match_parent"
    android:layout_height="match_parent"
    android:orientation="horizontal" >

    <Button
        android:id="@+id/button1"
        android:layout_width="wrap_content"
        android:layout_height="wrap_content"
        android:layout_gravity="top"
        android:text="Button 1" />

    <Button
        android:id="@+id/button2"
        android:layout_width="wrap_content"
        android:layout_height="wrap_content"
        android:layout_gravity="center_vertical"
        android:text="Button 2" />

    <Button
        android:id="@+id/button3"
        android:layout_width="wrap_content"
        android:layout_height="wrap_content"
        android:layout_gravity="bottom"
        android:text="Button 3" />

</LinearLayout>
```

由于目前 LinearLayout 的排列方向是 horizontal，因此我们只能指定垂直方向上的排列方向，将第一个 Button 的对齐方式指定为 top，第二个 Button 的对齐方式指定为 center_vertical，第三个 Button 的对齐方式指定为 bottom。重新运行程序，效果如图 3.18 所示。

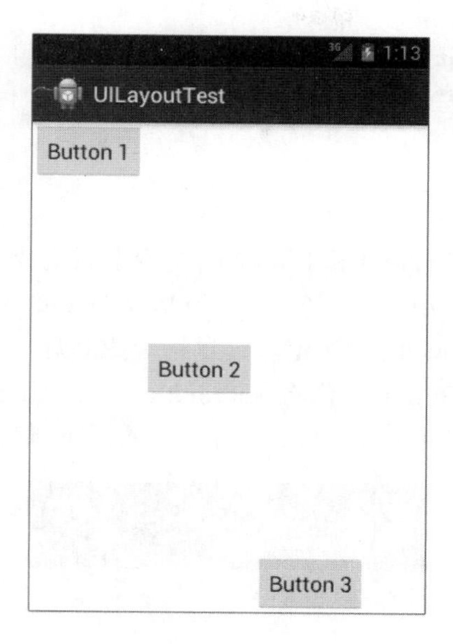

图　3.18

接下来我们学习下 LinearLayout 中的另一个重要属性，android:layout_weight。这个属性允许我们使用比例的方式来指定控件的大小，它在手机屏幕的适配性方面可以起到非常重要的作用。比如我们正在编写一个消息发送界面，需要一个文本编辑框和一个发送按钮，修改 activity_main.xml 中的代码，如下所示：

```
<LinearLayout xmlns:android="http://schemas.android.com/apk/res/android"
    android:layout_width="match_parent"
    android:layout_height="match_parent"
    android:orientation="horizontal" >

    <EditText
        android:id="@+id/input_message"
        android:layout_width="0dp"
        android:layout_height="wrap_content"
        android:layout_weight="1"
        android:hint="Type something"
        />

    <Button
        android:id="@+id/send"
        android:layout_width="0dp"
        android:layout_height="wrap_content"
```

```
        android:layout_weight="1"
        android:text="Send"
        />

</LinearLayout>
```

你会发现，这里竟然将 EditText 和 Button 的宽度都指定成了 0，这样文本编辑框和按钮还能显示出来吗？不用担心，由于我们使用了 android:layout_weight 属性，此时控件的宽度就不应该再由 android:layout_width 来决定，这里指定成 0 是一种比较规范的写法。

然后我们在 EditText 和 Button 里都将 android:layout_weight 属性的值指定为 1，这表示 EditText 和 Button 将在水平方向平分宽度，重新运行下程序，你会看到如图 3.19 所示的效果。

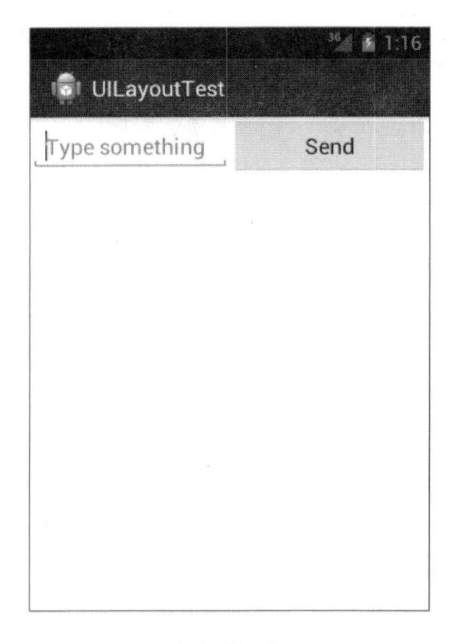

图　3.19

为什么将 android:layout_weight 属性的值同时指定为 1 就会平分屏幕宽度呢？其实原理也很简单，系统会先把 LinearLayout 下所有控件指定的 layout_weight 值相加，得到一个总值，然后每个控件所占大小的比例就是用该控件的 layout_weight 值除以刚才算出的总值。因此如果想让 EditText 占据屏幕宽度的 3/5，Button 占据屏幕宽度的 2/5，只需要将 EditText 的 layout_weight 改成 3，Button 的 layout_weight 改成 2 就可以了。

我们还可以通过指定部分控件的 layout_weight 值，来实现更好的效果。修改 activity_main.xml 中的代码，如下所示：

```
<LinearLayout xmlns:android="http://schemas.android.com/apk/res/android"
    android:layout_width="match_parent"
```

```
    android:layout_height="match_parent"
    android:orientation="horizontal" >

    <EditText
        android:id="@+id/input_message"
        android:layout_width="0dp"
        android:layout_height="wrap_content"
        android:layout_weight="1"
        android:hint="Type something"
        />

    <Button
        android:id="@+id/send"
        android:layout_width="wrap_content"
        android:layout_height="wrap_content"
        android:text="Send"
        />

</LinearLayout>
```

这里我们仅指定了 EditText 的 android:layout_weight 属性，并将 Button 的宽度改回 wrap_content。这表示 Button 的宽度仍然按照 wrap_content 来计算，而 EditText 则会占满屏幕所有的剩余空间。使用这种方式编写的界面，不仅在各种屏幕的适配方面会非常好，而且看起来也更加舒服，重新运行程序，效果如图 3.20 所示。

图　3.20

3.3.2 RelativeLayout

RelativeLayout 又称作相对布局，也是一种非常常用的布局。和 LinearLayout 的排列规则不同，RelativeLayout 显得更加随意一些，它可以通过相对定位的方式让控件出现在布局的任何位置。也正因为如此，RelativeLayout 中的属性非常多，不过这些属性都是有规律可循的，其实并不难理解和记忆。我们还是通过实践来体会一下，修改 activity_main.xml 中的代码，如下所示：

```
<RelativeLayout xmlns:android="http://schemas.android.com/apk/res/android"
    android:layout_width="match_parent"
    android:layout_height="match_parent" >

    <Button
        android:id="@+id/button1"
        android:layout_width="wrap_content"
        android:layout_height="wrap_content"
        android:layout_alignParentLeft="true"
        android:layout_alignParentTop="true"
        android:text="Button 1" />

    <Button
        android:id="@+id/button2"
        android:layout_width="wrap_content"
        android:layout_height="wrap_content"
        android:layout_alignParentRight="true"
        android:layout_alignParentTop="true"
        android:text="Button 2" />

    <Button
        android:id="@+id/button3"
        android:layout_width="wrap_content"
        android:layout_height="wrap_content"
        android:layout_centerInParent="true"
        android:text="Button 3" />

    <Button
        android:id="@+id/button4"
        android:layout_width="wrap_content"
        android:layout_height="wrap_content"
        android:layout_alignParentBottom="true"
```

```
        android:layout_alignParentLeft="true"
        android:text="Button 4" />

    <Button
        android:id="@+id/button5"
        android:layout_width="wrap_content"
        android:layout_height="wrap_content"
        android:layout_alignParentBottom="true"
        android:layout_alignParentRight="true"
        android:text="Button 5" />

</RelativeLayout>
```

我想以上代码已经不需要我再做过多解释了，因为实在是太好理解了，我们让 Button 1 和父布局的左上角对齐，Button 2 和父布局的右上角对齐，Button 3 居中显示，Button 4 和父布局的左下角对齐，Button 5 和父布局的右下角对齐。虽然 android:layout_alignParentLeft、android:layout_alignParentTop、android:layout_alignParentRight、android:layout_alignParentBottom、android:layout_centerInParent 这几个属性我们之前都没接触过，可是它们的名字已经完全说明了它们的作用。重新运行程序，效果如图 3.21 所示。

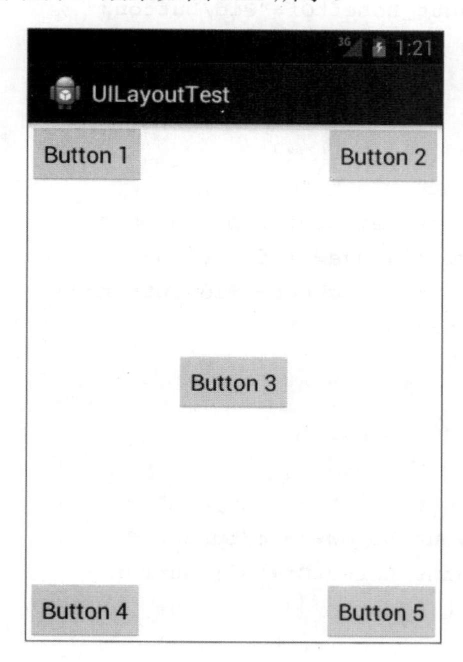

图 3.21

上面例子中的每个控件都是相对于父布局进行定位的，那控件可不可以相对于控件进行定位呢？当然是可以的，修改 activity_main.xml 中的代码，如下所示：

```
<RelativeLayout xmlns:android="http://schemas.android.com/apk/res/android"
    android:layout_width="match_parent"
    android:layout_height="match_parent" >

    <Button
        android:id="@+id/button3"
        android:layout_width="wrap_content"
        android:layout_height="wrap_content"
        android:layout_centerInParent="true"
        android:text="Button 3" />

    <Button
        android:id="@+id/button1"
        android:layout_width="wrap_content"
        android:layout_height="wrap_content"
        android:layout_above="@id/button3"
        android:layout_toLeftOf="@id/button3"
        android:text="Button 1" />

    <Button
        android:id="@+id/button2"
        android:layout_width="wrap_content"
        android:layout_height="wrap_content"
        android:layout_above="@id/button3"
        android:layout_toRightOf="@id/button3"
        android:text="Button 2" />

    <Button
        android:id="@+id/button4"
        android:layout_width="wrap_content"
        android:layout_height="wrap_content"
        android:layout_below="@id/button3"
        android:layout_toLeftOf="@id/button3"
        android:text="Button 4" />

    <Button
        android:id="@+id/button5"
```

```
        android:layout_width="wrap_content"
        android:layout_height="wrap_content"
        android:layout_below="@id/button3"
        android:layout_toRightOf="@id/button3"
        android:text="Button 5" />

</RelativeLayout>
```

这次的代码稍微复杂一点，不过仍然是有规律可循的。android:layout_above 属性可以让一个控件位于另一个控件的上方，需要为这个属性指定相对控件 id 的引用，这里我们填入了@id/button3，表示让该控件位于 Button 3 的上方。其他的属性也都是相似的，android:layout_below 表示让一个控件位于另一个控件的下方，android:layout_toLeftOf 表示让一个控件位于另一个控件的左侧，android:layout_toRightOf 表示让一个控件位于另一个控件的右侧。注意，当一个控件去引用另一个控件的 id 时，该控件一定要定义在引用控件的后面，不然会出现找不到 id 的情况。重新运行程序，效果如图 3.22 所示。

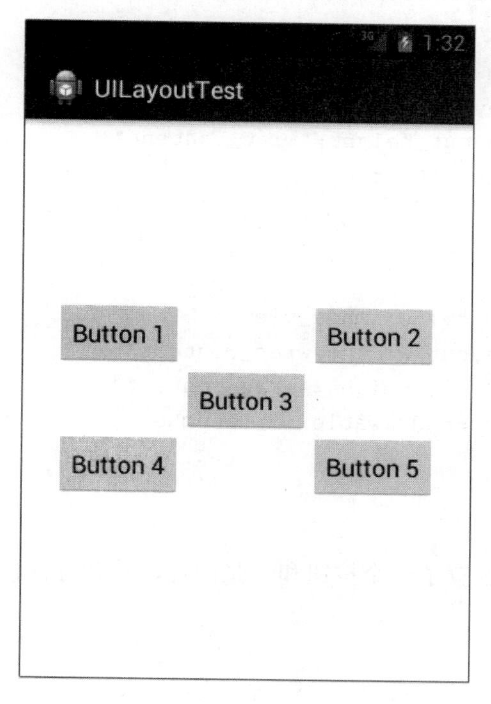

图　3.22

RelativeLayout 中还有另外一组相对于控件进行定位的属性，android:layout_alignLeft 表示让一个控件的左边缘和另一个控件的左边缘对齐，android:layout_alignRight 表示让一个控件的右边缘和另一个控件的右边缘对齐，还有 android:layout_alignTop 和 android:layout_alignBottom，道理都是一样的，我就不再多说，这几个属性就留给你自己去尝试一下了。

好了，正如我前面所说，RelativeLayout 中的属性虽然多，但都是有规律可循的，所以学起来一点都不觉得吃力吧？

3.3.3 FrameLayout

FrameLayout 相比于前面两种布局就简单太多了，因此它的应用场景也少了很多。这种布局没有任何的定位方式，所有的控件都会摆放在布局的左上角。让我们通过例子来看一看吧，修改 activity_main.xml 中的代码，如下所示：

```
<FrameLayout xmlns:android="http://schemas.android.com/apk/res/android"
    android:layout_width="match_parent"
    android:layout_height="match_parent"
    >

    <Button
        android:id="@+id/button"
        android:layout_width="wrap_content"
        android:layout_height="wrap_content"
        android:text="Button"
        />

    <ImageView
        android:id="@+id/image_view"
        android:layout_width="wrap_content"
        android:layout_height="wrap_content"
        android:src="@drawable/ic_launcher"
        />

</FrameLayout>
```

FrameLayout 中只是放置了一个按钮和一张图片，重新运行程序，效果如图 3.23 所示。

图　3.23

可以看到，按钮和图片都是位于布局的左上角。由于图片是在按钮之后添加的，因此图片压在了按钮的上面。

你可能会觉得，这个布局能有什么作用呢？确实，它的应用场景并不多，不过在下一章中介绍碎片的时候，我们还是可以用到它的。

3.3.4　TableLayout

TableLayout 允许我们使用表格的方式来排列控件，这种布局也不是很常用，你只需要了解一下它的基本用法就可以了。既然是表格，那就一定会有行和列，在设计表格时我们尽量应该让每一行都拥有相同的列数，这样的表格也是最简单的。不过有时候事情并非总会顺从我们的心意，当表格的某行一定要有不相等的列数时，就需要通过合并单元格的方式来应对。

比如我们正在设计一个登录界面，允许用户输入账号密码后登录，就可以将 activity_main.xml 中的代码改成如下所示：

```
<TableLayout xmlns:android="http://schemas.android.com/apk/res/android"
    android:layout_width="match_parent"
    android:layout_height="match_parent" >
```

```
    <TableRow>

        <TextView
            android:layout_height="wrap_content"
            android:text="Account:" />

        <EditText
            android:id="@+id/account"
            android:layout_height="wrap_content"
            android:hint="Input your account" />
    </TableRow>

    <TableRow>

        <TextView
            android:layout_height="wrap_content"
            android:text="Password:" />

        <EditText
            android:id="@+id/password"
            android:layout_height="wrap_content"
            android:inputType="textPassword" />
    </TableRow>

    <TableRow>

        <Button
            android:id="@+id/login"
            android:layout_height="wrap_content"
            android:layout_span="2"
            android:text="Login" />
    </TableRow>

</TableLayout>
```

在 TableLayout 中每加入一个 TableRow 就表示在表格中添加了一行，然后在 TableRow 中每加入一个控件，就表示在该行中加入了一列，TableRow 中的控件是不能指定宽度的。这里我们将表格设计成了三行两列的格式，第一行有一个 TextView 和一个用于输入账号的 EditText，第二行也有一个 TextView 和一个用于输入密码的 EditText，我们通过将 android:inputType 属性的值指定为 textPassword，把 EditText 变为密码输入框。可是第三行只有一个用于登录的按钮，前两行都有两列，第三行只有一列，这样的表格就会很难看，而且结构也非常不合理。这时就需要通过对单元格进行合并来解决这个问题，使用 android:layout_span="2"让登录按钮占据两列的空间，就可以保证表格结构的合理性了。重新运行程序，效果如图 3.24 所示。

图　3.24

不过从图中可以看出，当前的登录界面并没有充分利用屏幕的宽度，右侧还空出了一块区域，这也难怪，因为在 TableRow 中我们无法指定控件的宽度。这时使用 android:stretchColumns 属性就可以很好地解决这个问题，它允许将 TableLayout 中的某一列进行拉伸，以达到自动适应屏幕宽度的作用。修改 activity_main.xml 中的代码，如下所示：

```
<TableLayout xmlns:android="http://schemas.android.com/apk/res/android"
    android:layout_width="match_parent"
    android:layout_height="match_parent"
    android:stretchColumns="1"
    >

    ......

</TableLayout>
```

这里将 android:stretchColumns 的值指定为 1，表示如果表格不能完全占满屏幕宽度，就将第二列进行拉伸。没错！指定成 1 就是拉伸第二列，指定成 0 就是拉伸第一列，不要以为这里我写错了哦。重新运行程序，效果如图 3.25 所示。

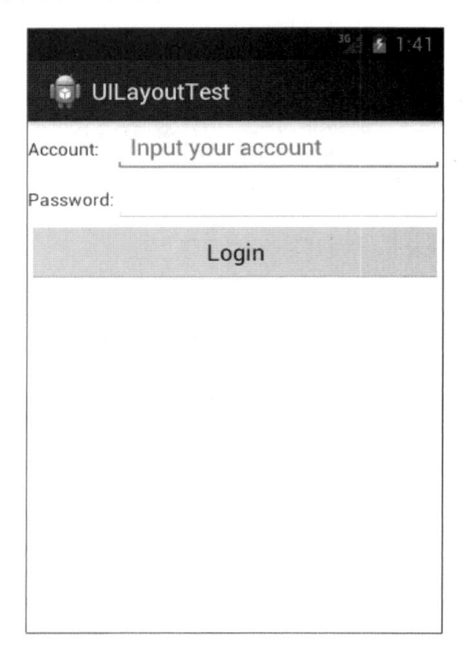

图 3.25

好了，关于布局我也就只准备讲这么多了，Android 中其实还有一个 AbsoluteLayout，不过这个布局官方已经不推荐使用了，因此我们直接将它忽略就好。

经验值：+900　　　目前经验值：4705

级别：菜鸟

赢得宝物：战胜布局法师。拾取布局法师掉落的宝物，一顶羽毛法师帽，一杆鹿骨法师杖，以及 25 张神界大型快餐连锁店“神当闲”的优惠券。戴上羽毛法师帽可以让你的脑子里冒出大量毫无价值甚至臭不可闻的低阶灵感，然后配合使用鹿骨法师杖可以让你把每 100 个低阶灵感合并成一个无异味的中级灵感，以应付日常生活。布局法师在神界属于低阶法师，但他尊老爱幼，勇于扶老人家过马路，在神界拥有很好的人缘。

3.4 系统控件不够用？创建自定义控件

在前面两节我们已经学习了 Android 中的一些常见控件以及基本布局的用法，不过当时我们并没有关注这些控件和布局的继承结构，现在是时候应该看一下了，如图 3.26 所示。

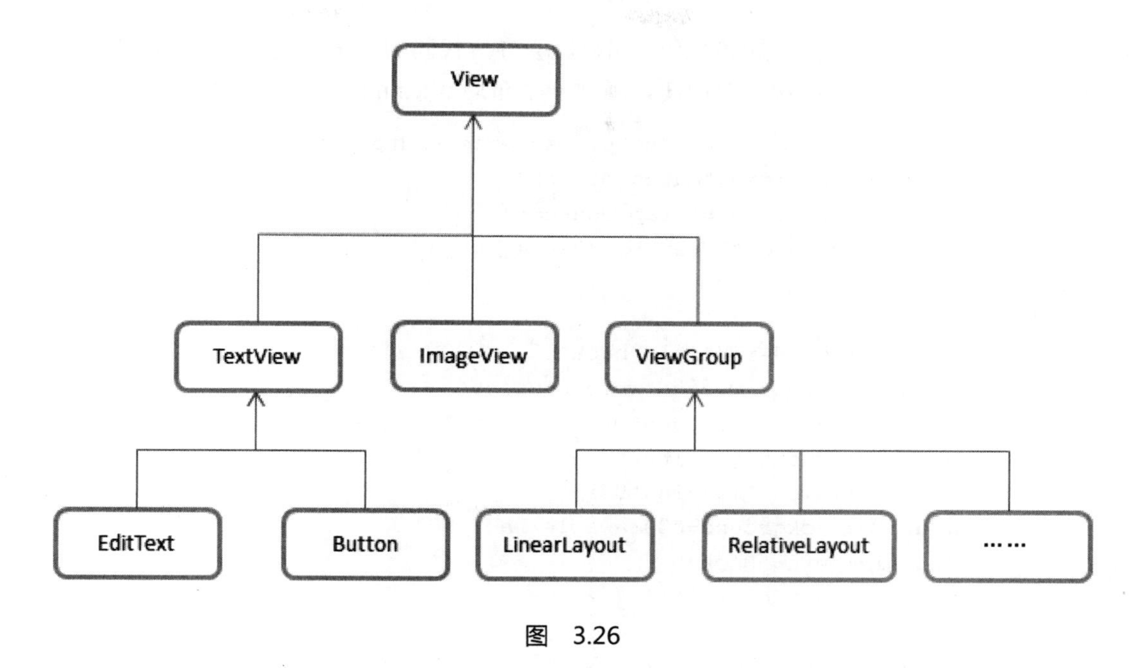

图　3.26

可以看到，我们所用的所有控件都是直接或间接继承自 View 的，所用的所有布局都是直接或间接继承自 ViewGroup 的。View 是 Android 中一种最基本的 UI 组件，它可以在屏幕上绘制一块矩形区域，并能响应这块区域的各种事件，因此，我们使用的各种控件其实就是在 View 的基础之上又添加了各自特有的功能。而 ViewGroup 则是一种特殊的 View，它可以包含很多的子 View 和子 ViewGroup，是一个用于放置控件和布局的容器。

这个时候我们就可以思考一下，如果系统自带的控件并不能满足我们的需求时，可不可以利用上面的继承结构来创建自定义控件呢？答案是肯定的，下面我们就来学习一下创建自定义控件的两种简单方法。先将准备工作做好，创建一个 UICustomViews 项目。

3.4.1　引入布局

如果你用过 iPhone 应该会知道，几乎每一个 iPhone 应用的界面顶部都会有一个标题栏，标题栏上会有一到两个按钮可用于返回或其他操作（iPhone 没有实体返回键）。现在很多的 Android 程序也都喜欢模仿 iPhone 的风格，在界面的顶部放置一个标题栏。虽然 Android 系统已经给每个活动提供了标题栏功能，但这里我们仍然决定不使用它，而是创建一个自定义的标题栏。

经过前面两节的学习，我想创建一个标题栏布局对你来说已经不是什么困难的事情了，只需要加入两个 Button 和一个 TextView，然后在布局中摆放好就可以了。可是这样做却存在着一个问题，一般我们的程序中可能有很多个活动都需要这样的标题栏，如果在每个活动的布局中都编写一遍同样的标题栏代码，明显就会导致代码的大量重复。这个时候我们就可以使用引入布局的方式来解决这个问题，新建一个布局 title.xml，代码如下所示：

```
<LinearLayout xmlns:android="http://schemas.android.com/apk/res/android"
    android:layout_width="match_parent"
    android:layout_height="wrap_content"
    android:background="@drawable/title_bg" >

    <Button
        android:id="@+id/title_back"
        android:layout_width="wrap_content"
        android:layout_height="wrap_content"
        android:layout_gravity="center"
        android:layout_margin="5dip"
        android:background="@drawable/back_bg"
        android:text="Back"
        android:textColor="#fff" />

    <TextView
        android:id="@+id/title_text"
        android:layout_width="0dip"
        android:layout_height="wrap_content"
        android:layout_gravity="center"
        android:layout_weight="1"
        android:gravity="center"
        android:text="This is Title"
        android:textColor="#fff"
        android:textSize="24sp" />

    <Button
        android:id="@+id/title_edit"
        android:layout_width="wrap_content"
        android:layout_height="wrap_content"
        android:layout_gravity="center"
        android:layout_margin="5dip"
        android:background="@drawable/edit_bg"
        android:text="Edit"
        android:textColor="#fff" />

</LinearLayout>
```

可以看到，我们在 LinearLayout 中分别加入了两个 Button 和一个 TextView，左边的 Button 可用于返回，右边的 Button 可用于编辑，中间的 TextView 则可以显示一段标题文本。上面的代码中大多数的属性你都已经是见过的，下面我来说明一下几个之前没有讲过的属性。android:background 用于为布局或控件指定一个背景，可以使用颜色或图片来进行填充，这里我提前准备好了三张图片，title_bg.png、back_bg.png 和 edit_bg.png，分别用于作为标题栏、返回按钮和编辑按钮的背景。另外在两个 Button 中我们都使用了 android:layout_margin 这个属性，它可以指定控件在上下左右方向上偏移的距离，当然也可以使用 android:layout_marginLeft 或 android:layout_marginTop 等属性来单独指定控件在某个方向上偏移的距离。

现在标题栏布局已经编写完成了，剩下的就是如何在程序中使用这个标题栏了，修改 activity_main.xml 中的代码，如下所示：

```
<LinearLayout xmlns:android="http://schemas.android.com/apk/res/android"
    android:layout_width="match_parent"
    android:layout_height="match_parent" >

    <include layout="@layout/title" />

</LinearLayout>
```

没错！我们只需要通过一行 include 语句将标题栏布局引入进来就可以了。

最后别忘了在 MainActivity 中将系统自带的标题栏隐藏掉，代码如下所示：

```
public class MainActivity extends Activity {

    @Override
    protected void onCreate(Bundle savedInstanceState) {
        super.onCreate(savedInstanceState);
        requestWindowFeature(Window.FEATURE_NO_TITLE);
        setContentView(R.layout.activity_main);
    }

}
```

现在运行一下程序，效果如图 3.27 所示。

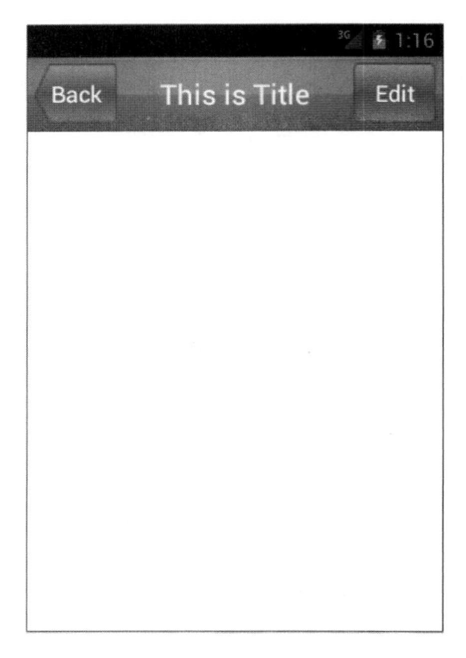

图 3.27

使用这种方式，不管有多少布局需要添加标题栏，只需一行 include 语句就可以了。

3.4.2 创建自定义控件

引入布局的技巧确实解决了重复编写布局代码的问题，但是如果布局中有一些控件要求能够响应事件，我们还是需要在每个活动中为这些控件单独编写一次事件注册的代码。比如说标题栏中的返回按钮，其实不管是在哪一个活动中，这个按钮的功能都是相同的，即销毁掉当前活动。而如果在每一个活动中都需要重新注册一遍返回按钮的点击事件，无疑又是增加了很多重复代码，这种情况最好是使用自定义控件的方式来解决。

新建 TitleLayout 继承自 LinearLayout，让它成为我们自定义的标题栏控件，代码如下所示：

```
public class TitleLayout extends LinearLayout {

    public TitleLayout(Context context, AttributeSet attrs) {
        super(context, attrs);
        LayoutInflater.from(context).inflate(R.layout.title, this);
    }

}
```

首先我们重写了 LinearLayout 中的带有两个参数的构造函数，在布局中引入 TitleLayout 控件就会调用这个构造函数。然后在构造函数中需要对标题栏布局进行动态加载，这就要借助 LayoutInflater 来实现了。通过 LayoutInflater 的 from()方法可以构建出一个 LayoutInflater 对象，然后调用 inflate()方法就可以动态加载一个布局文件，inflate()方法接收两个参数，第一个参数是要加载的布局文件的 id，这里我们传入 R.layout.title，第二个参数是给加载好的布局再添加一个父布局，这里我们想要指定为 TitleLayout，于是直接传入 this。

现在自定义控件已经创建好了，然后我们需要在布局文件中添加这个自定义控件，修改 activity_main.xml 中的代码，如下所示：

```
<LinearLayout xmlns:android="http://schemas.android.com/apk/res/android"
    android:layout_width="match_parent"
    android:layout_height="match_parent" >

    <com.example.uicustomviews.TitleLayout
        android:layout_width="match_parent"
        android:layout_height="wrap_content"
        ></com.example.uicustomviews.TitleLayout>

</LinearLayout>
```

添加自定义控件和添加普通控件的方式基本是一样的，只不过在添加自定义控件的时候我们需要指明控件的完整类名，包名在这里是不可以省略的。

重新运行程序，你会发现此时效果和使用引入布局方式的效果是一样的。

然后我们来尝试为标题栏中的按钮注册点击事件，修改 TitleLayout 中的代码，如下所示：

```
public class TitleLayout extends LinearLayout {

    public TitleLayout(Context context, AttributeSet attrs) {
        super(context, attrs);
        LayoutInflater.from(context).inflate(R.layout.title, this);
        Button titleBack = (Button) findViewById(R.id.title_back);
        Button titleEdit = (Button) findViewById(R.id.title_edit);
        titleBack.setOnClickListener(new OnClickListener() {
            @Override
            public void onClick(View v) {
                ((Activity) getContext()).finish();
            }
        });
        titleEdit.setOnClickListener(new OnClickListener() {
            @Override
```

```
            public void onClick(View v) {
                Toast.makeText(getContext(), "You clicked Edit button",
                        Toast.LENGTH_SHORT).show();
            }
        });
    }

}
```

首先还是通过 findViewById()方法得到按钮的实例，然后分别调用 setOnClickListener()方法给两个按钮注册了点击事件，当点击返回按钮时销毁掉当前的活动，当点击编辑按钮时弹出一段文本。重新运行程序，点击一下编辑按钮，效果如图 3.28 所示。

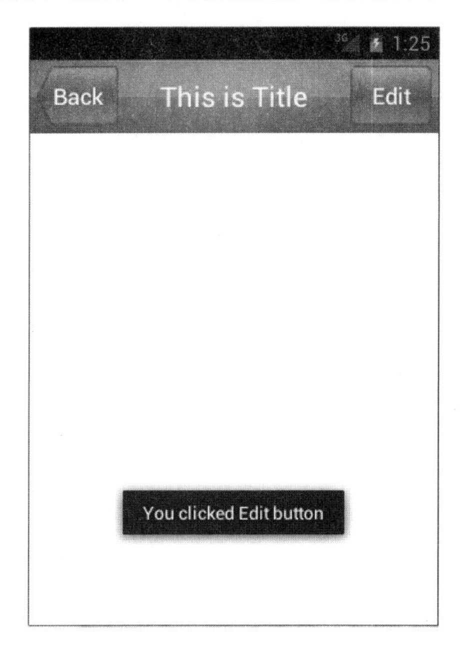

图 3.28

这样的话，每当我们在一个布局中引入 TitleLayout，返回按钮和编辑按钮的点击事件就已经自动实现好了，也是省去了很多编写重复代码的工作。

经验值：+1000　　　目前经验值：5705

级别：菜鸟

赢得宝物：战胜自定义控件巨人。拾取自定义控件巨人掉落的宝物，只有一把灰色的小钥匙，很明显是开启什么用的。巨人已经跑掉了，我疑惑地顺着巨人深深的足迹寻到巨人的家，小钥匙原来是房门钥匙，房子很小，里面除了一张床、一把椅子、一张桌子（桌子上放着一套积木、几张纸，还有两只笔），还有一个很小但很暖和的小炉子外，几乎空空如也。别问我为什么要闯入别人的家，游戏中不都是这样干的么，在神界的 Android 开发之旅中我也只是一个普通人。有时好像就是这样，你历尽千辛万苦，得到的却少得可怜。我把小钥匙插在锁上，离开了巨人的家。正准备继续前进，却发现前面山势陡然而起，峰峦耸入云霄，莫不是要遇到什么猛兽，我提了提手中的哨棒（谁刚才往我手中塞了根哨棒啊，莫不是雷锋？）容不得我细思量，天色不早，服下仅有的一颗大型信心增强大力丸。向山峦前进。

3.5　最常用和最难用的控件——ListView

ListView 绝对可以称得上是 Android 中最常用的控件之一，几乎所有的应用程序都会用到它。由于手机屏幕空间都比较有限，能够一次性在屏幕上显示的内容并不多，当我们的程序中有大量的数据需要展示的时候，就可以借助 ListView 来实现。ListView 允许用户通过手指上下滑动的方式将屏幕外的数据滚动到屏幕内，同时屏幕上原有的数据则会滚动出屏幕。相信你其实每天都在使用这个控件，比如查看手机联系人列表，翻阅微博的最新消息等等。

不过比起前面介绍的几种控件，ListView 的用法也相对复杂了很多，因此我们就单独使用一节内容来对 ListView 进行非常详细的讲解。

3.5.1　ListView 的简单用法

首先新建一个 ListViewTest 项目，并让 ADT 自动帮我们创建好活动。然后修改 activity_main.xml 中的代码，如下所示：

```
<LinearLayout xmlns:android="http://schemas.android.com/apk/res/android"
    android:layout_width="match_parent"
    android:layout_height="match_parent" >

    <ListView
        android:id="@+id/list_view"
        android:layout_width="match_parent"
        android:layout_height="match_parent" >
    </ListView>

</LinearLayout>
```

在布局中加入 ListView 控件还算非常简单，先为 ListView 指定了一个 id，然后将宽度和高度都设置为 match_parent，这样 ListView 也就占据了整个布局的空间。

接下来修改 MainActivity 中的代码，如下所示：

```
public class MainActivity extends Activity {

    private String[] data = { "Apple", "Banana", "Orange", "Watermelon",
            "Pear", "Grape", "Pineapple", "Strawberry", "Cherry", "Mango" };

    @Override
    protected void onCreate(Bundle savedInstanceState) {
        super.onCreate(savedInstanceState);
        setContentView(R.layout.activity_main);
        ArrayAdapter<String> adapter = new ArrayAdapter<String>(
                MainActivity.this, android.R.layout.simple_list_item_1, data);
        ListView listView = (ListView) findViewById(R.id.list_view);
        listView.setAdapter(adapter);
    }

}
```

既然 ListView 是用于展示大量数据的，那我们就应该先将数据提供好。这些数据可以是从网上下载的，也可以是从数据库中读取的，应该视具体的应用程序场景来决定。这里我们就简单使用了一个 data 数组来测试，里面包含了很多水果的名称。

不过，数组中的数据是无法直接传递给 ListView 的，我们还需要借助适配器来完成。Android 中提供了很多适配器的实现类，其中我认为最好用的就是 ArrayAdapter。它可以通过泛型来指定要适配的数据类型，然后在构造函数中把要适配的数据传入即可。ArrayAdapter 有多个构造函数的重载，你应该根据实际情况选择最合适的一种。这里由于我们提供的数据都是字符串，因此将 ArrayAdapter 的泛型指定为 String，然后在 ArrayAdapter 的构造函数中依次传入当前上下文、ListView 子项布局的 id，以及要适配的数据。注意我们使用了 android.R.layout.simple_list_item_1 作为 ListView 子项布局的 id，这是一个 Android 内置的布局文件，里面只有一个 TextView，可用于简单地显示一段文本。这样适配器对象就构建好了。

最后，还需要调用 ListView 的 setAdapter()方法，将构建好的适配器对象传递进去，这样 ListView 和数据之间的关联就建立完成了。

现在运行一下程序，效果如图 3.29 所示。

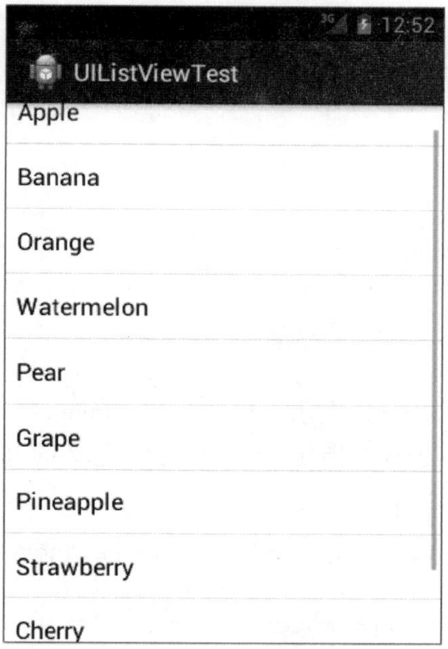

图　3.29

可以通过滚动的方式来查看屏幕外的数据。

3.5.2　定制 ListView 的界面

只能显示一段文本的 ListView 实在是太单调了，我们现在就来对 ListView 的界面进行定制，让它可以显示更加丰富的内容。

首先需要准备好一组图片，分别对应上面提供的每一种水果，待会我们要让这些水果名称的旁边都有一个图样。

接着定义一个实体类，作为 ListView 适配器的适配类型。新建类 Fruit，代码如下所示：

```
public class Fruit {

    private String name;

    private int imageId;

    public Fruit(String name, int imageId) {
        this.name = name;
        this.imageId = imageId;
    }
```

```
    public String getName() {
        return name;
    }

    public int getImageId() {
        return imageId;
    }

}
```

Fruit 类中只有两个字段，name 表示水果的名字，imageId 表示水果对应图片的资源 id。

然后需要为 ListView 的子项指定一个我们自定义的布局，在 layout 目录下新建 fruit_item.xml，代码如下所示：

```
<LinearLayout xmlns:android="http://schemas.android.com/apk/res/android"
    android:layout_width="match_parent"
    android:layout_height="match_parent" >

    <ImageView
        android:id="@+id/fruit_image"
        android:layout_width="wrap_content"
        android:layout_height="wrap_content" />

    <TextView
        android:id="@+id/fruit_name"
        android:layout_width="wrap_content"
        android:layout_height="wrap_content"
        android:layout_gravity="center"
        android:layout_marginLeft="10dip" />

</LinearLayout>
```

在这个布局中，我们定义了一个 ImageView 用于显示水果的图片，又定义了一个 TextView 用于显示水果的名称。

接下来需要创建一个自定义的适配器，这个适配器继承自 ArrayAdapter，并将泛型指定为 Fruit 类。新建类 FruitAdapter，代码如下所示：

```
public class FruitAdapter extends ArrayAdapter<Fruit> {

    private int resourceId;
```

```
    public FruitAdapter(Context context, int textViewResourceId,
            List<Fruit> objects) {
        super(context, textViewResourceId, objects);
        resourceId = textViewResourceId;
    }

    @Override
    public View getView(int position, View convertView, ViewGroup parent) {
        Fruit fruit = getItem(position); // 获取当前项的Fruit实例
        View view = LayoutInflater.from(getContext()).inflate(resourceId, null);
        ImageView fruitImage = (ImageView) view.findViewById(R.id.fruit_image);
        TextView fruitName = (TextView) view.findViewById(R.id.fruit_name);
        fruitImage.setImageResource(fruit.getImageId());
        fruitName.setText(fruit.getName());
        return view;
    }

}
```

FruitAdapter 重写了父类的一组构造函数，用于将上下文、ListView 子项布局的 id 和数据都传递进来。另外又重写了 getView()方法，这个方法在每个子项被滚动到屏幕内的时候会被调用。在 getView 方法中，首先通过 getItem()方法得到当前项的 Fruit 实例，然后使用 LayoutInflater 来为这个子项加载我们传入的布局，接着调用 View 的 findViewById()方法分别获取到 ImageView 和 TextView 的实例，并分别调用它们的 setImageResource()和 setText()方法来设置显示的图片和文字，最后将布局返回，这样我们自定义的适配器就完成了。

下面修改 MainActivity 中的代码，如下所示：

```
public class MainActivity extends Activity {

    private List<Fruit> fruitList = new ArrayList<Fruit>();

    @Override
    protected void onCreate(Bundle savedInstanceState) {
        super.onCreate(savedInstanceState);
        setContentView(R.layout.activity_main);
        initFruits(); // 初始化水果数据
        FruitAdapter adapter = new FruitAdapter(MainActivity.this,
R.layout.fruit_item, fruitList);
        ListView listView = (ListView) findViewById(R.id.list_view);
```

```
        listView.setAdapter(adapter);
    }

    private void initFruits() {
        Fruit apple = new Fruit("Apple", R.drawable.apple_pic);
        fruitList.add(apple);
        Fruit banana = new Fruit("Banana", R.drawable.banana_pic);
        fruitList.add(banana);
        Fruit orange = new Fruit("Orange", R.drawable.orange_pic);
        fruitList.add(orange);
        Fruit watermelon = new Fruit("Watermelon", R.drawable.watermelon_pic);
        fruitList.add(watermelon);
        Fruit pear = new Fruit("Pear", R.drawable.pear_pic);
        fruitList.add(pear);
        Fruit grape = new Fruit("Grape", R.drawable.grape_pic);
        fruitList.add(grape);
        Fruit pineapple = new Fruit("Pineapple", R.drawable.pineapple_pic);
        fruitList.add(pineapple);
        Fruit strawberry = new Fruit("Strawberry", R.drawable.strawberry_pic);
        fruitList.add(strawberry);
        Fruit cherry = new Fruit("Cherry", R.drawable.cherry_pic);
        fruitList.add(cherry);
        Fruit mango = new Fruit("Mango", R.drawable.mango_pic);
        fruitList.add(mango);
    }

}
```

可以看到，这里添加了一个 initFruits()方法，用于初始化所有的水果数据。在 Fruit 类的构造函数中将水果的名字和对应的图片 id 传入，然后把创建好的对象添加到水果列表中。接着我们在 onCreate()方法中创建了 FruitAdapter 对象，并将 FruitAdapter 作为适配器传递给了 ListView。这样定制 ListView 界面的任务就完成了。

现在重新运行程序，效果如图 3.30 所示。

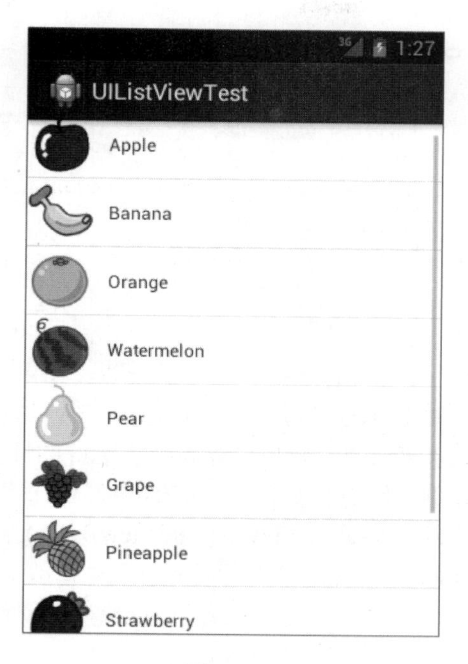

图　3.30

虽然目前我们定制的界面还是很简单，但是相信聪明的你已经领悟到了诀窍，只要修改 fruit_item.xml 中的内容，就可以定制出各种复杂的界面了。

3.5.3　提升 ListView 的运行效率

之所以说 ListView 这个控件很难用，就是因为它有很多的细节可以优化，其中运行效率就是很重要的一点。目前我们 ListView 的运行效率是很低的，因为在 FruitAdapter 的 getView() 方法中每次都将布局重新加载了一遍，当 ListView 快速滚动的时候这就会成为性能的瓶颈。

仔细观察，getView()方法中还有一个 convertView 参数，这个参数用于将之前加载好的布局进行缓存，以便之后可以进行重用。修改 FruitAdapter 中的代码，如下所示：

```
public class FruitAdapter extends ArrayAdapter<Fruit> {
    ……
    @Override
    public View getView(int position, View convertView, ViewGroup parent) {
        Fruit fruit = getItem(position);
        View view;
        if (convertView == null) {
            view = LayoutInflater.from(getContext()).inflate(resourceId, null);
        } else {
```

```
            view = convertView;
        }
        ImageView fruitImage = (ImageView) view.findViewById(R.id.fruit_image);
        TextView fruitName = (TextView) view.findViewById(R.id.fruit_name);
        fruitImage.setImageResource(fruit.getImageId());
        fruitName.setText(fruit.getName());
        return view;
    }
}
```

可以看到，现在我们在 getView()方法中进行了判断，如果 convertView 为空，则使用 LayoutInflater 去加载布局，如果不为空则直接对 convertView 进行重用。这样就大大提高了 ListView 的运行效率，在快速滚动的时候也可以表现出更好的性能。

不过，目前我们的这份代码还是可以继续优化的，虽然现在已经不会再重复去加载布局，但是每次在 getView()方法中还是会调用 View 的 findViewById()方法来获取一次控件的实例。我们可以借助一个 ViewHolder 来对这部分性能进行优化，修改 FruitAdapter 中的代码，如下所示：

```
public class FruitAdapter extends ArrayAdapter<Fruit> {
    ……
    @Override
    public View getView(int position, View convertView, ViewGroup parent) {
        Fruit fruit = getItem(position);
        View view;
        ViewHolder viewHolder;
        if (convertView == null) {
            view = LayoutInflater.from(getContext()).inflate(resourceId, null);
            viewHolder = new ViewHolder();
            viewHolder.fruitImage = (ImageView) view.findViewById
(R.id.fruit_image);
            viewHolder.fruitName = (TextView) view.findViewById
(R.id.fruit_name);
            view.setTag(viewHolder); // 将ViewHolder存储在View中
        } else {
            view = convertView;
            viewHolder = (ViewHolder) view.getTag(); // 重新获取ViewHolder
        }
        viewHolder.fruitImage.setImageResource(fruit.getImageId());
        viewHolder.fruitName.setText(fruit.getName());
        return view;
```

```
    }

    class ViewHolder {

        ImageView fruitImage;

        TextView fruitName;

    }
}
```

我们新增了一个内部类 ViewHolder，用于对控件的实例进行缓存。当 convertView 为空的时候，创建一个 ViewHolder 对象，并将控件的实例都存放在 ViewHolder 里，然后调用 View 的 setTag()方法，将 ViewHolder 对象存储在 View 中。当 convertView 不为空的时候则调用 View 的 getTag()方法，把 ViewHolder 重新取出。这样所有控件的实例都缓存在了 ViewHolder 里，就没有必要每次都通过 findViewById()方法来获取控件实例了。

通过这两步的优化之后，我们 ListView 的运行效率就已经非常不错了。

3.5.4　ListView 的点击事件

话说回来，ListView 的滚动毕竟只是满足了我们视觉上的效果，可是如果 ListView 中的子项不能点击的话，这个控件就没有什么实际的用途了。因此，本小节中我们就来学习一下 ListView 如何才能响应用户的点击事件。

修改 MainActivity 中的代码，如下所示：

```
public class MainActivity extends Activity {

    private List<Fruit> fruitList = new ArrayList<Fruit>();

    @Override
    protected void onCreate(Bundle savedInstanceState) {
        super.onCreate(savedInstanceState);
        setContentView(R.layout.activity_main);
        initFruits();
        FruitAdapter adapter = new FruitAdapter(MainActivity.this,
R.layout.fruit_item, fruitList);
        ListView listView = (ListView) findViewById(R.id.list_view);
        listView.setAdapter(adapter);
        listView.setOnItemClickListener(new OnItemClickListener() {
            @Override
```

```
                public void onItemClick(AdapterView<?> parent, View view,
                        int position, long id) {
                    Fruit fruit = fruitList.get(position);
                    Toast.makeText(MainActivity.this, fruit.getName(),
                            Toast.LENGTH_SHORT).show();
                }
            });
        }
        ......
    }
```

可以看到，我们使用了 setOnItemClickListener()方法来为 ListView 注册了一个监听器，当用户点击了 ListView 中的任何一个子项时就会回调 onItemClick()方法，在这个方法中可以通过 position 参数判断出用户点击的是哪一个子项，然后获取到相应的水果，并通过 Toast 将水果的名字显示出来。

重新运行程序，并点击一下西瓜，效果如图 3.31 所示。

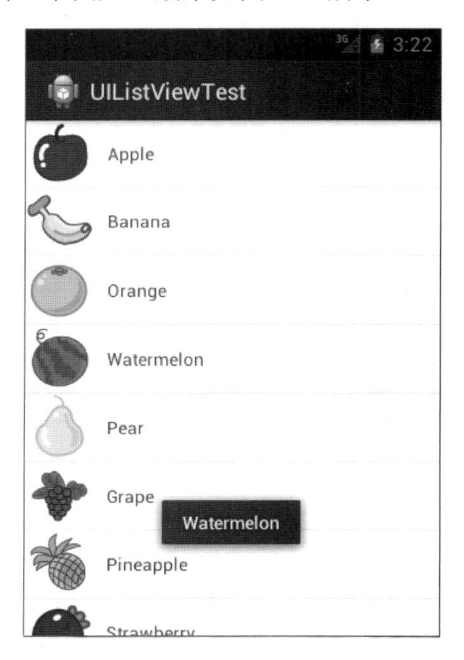

图 3.31

经验值：+1200　　　目前经验值：6905

级别：菜鸟

赢得宝物：战胜 ListView 半神。拾取 ListView 半神掉落的宝物，神人魔三界护照、大数据列表显示咒语。ListView 是神界为数不多的半神，作为少数民族，ListView 获得的尊重和优惠条件却比神族还多，比如他就成功申请到了很多神族梦寐以求的神人魔三界护照，可以自由出入三界，他的主业是在三界种植和贩卖时鲜水果，良心生意，绝不使用化肥和激素，业余喜欢写写 Android 应用。

3.6　单位和尺寸

前面我们说过，为了要让程序拥有更好的屏幕适配能力，在指定控件和布局大小的时候最好使用 match_parent 和 wrap_content，尽量避免将控件的宽和高设定一个固定值。不过在有些情况下，仅仅使用 match_parent 和 wrap_content 确实无法满足我们的需求，这时就必须要给控件的宽或高指定一个固定值。在布局文件中指定宽高的固定大小有以下常用单位可供选择：px、pt、dp 和 sp。新建好一个 UISizeTest 项目，然后我们开始对这几个单位进行探讨。

3.6.1　px 和 pt 的窘境

px 是像素的意思，即屏幕中可以显示的最小元素单元，我们应用里任何可见的东西都是由一个个像素点组成的。单独一个像素点非常的微小，肉眼是无法看见的，可是当许许多多的像素点聚集到一起时，就可以拼接成五彩缤纷的图案。

pt 是磅数的意思，1 磅等于 1/72 英寸，一般 pt 都会作为字体的单位来使用。

过去在 PC 上使用 px 和 pt 的时候可以说是非常得心应手，能把程序打扮得漂漂亮亮。可是现在到了手机上，这两个单位就显得有些力不从心了，因为手机的分辨率各不相同，一个 200px 宽的按钮在低分辨率的手机上可能将近占据满屏，而到了高分辨率的手机上可能只占据屏幕的一半。我们通过例子来直观地看一下，修改 activity_main.xml 中的代码，如下所示：

```
<LinearLayout xmlns:android="http://schemas.android.com/apk/res/android"
    android:layout_width="match_parent"
    android:layout_height="match_parent" >

    <Button
        android:id="@+id/button"
        android:layout_width="200px"
        android:layout_height="wrap_content"
        android:text="Button"
        />

</LinearLayout>
```

这里通过 android:layout_width 属性将按钮的宽指定为 200px，然后运行程序，效果如图 3.32 所示。

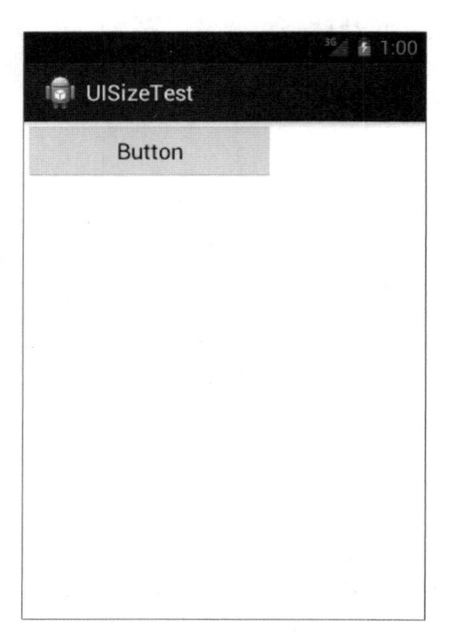

图 3.32

接着创建一个 240*320 像素的低分辨率模拟器，在这个模拟器上重新运行程序，效果如图 3.33 所示。

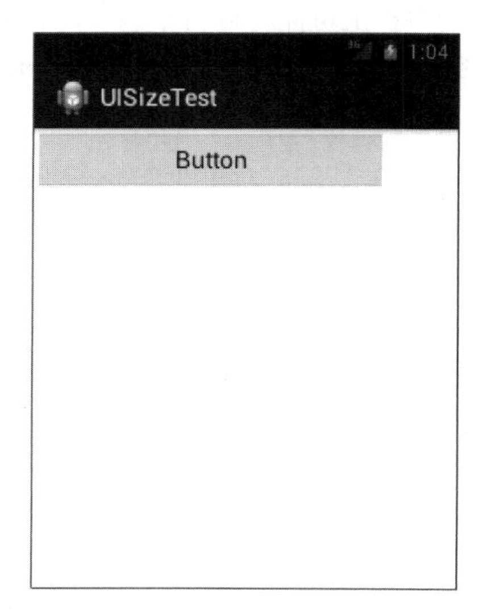

图 3.33

可以明显看出，同样 200px 宽的按钮在不同分辨率的屏幕上显示的效果是完全不同的，pt 的情况和 px 差不多，这导致这两个单位在手机领域上面很难有所发挥。

3.6.2　dp 和 sp 来帮忙

谷歌当然也意识到了这个令人头疼了问题，于是为 Android 引入了一套新的单位 dp 和 sp。

dp 是密度无关像素的意思，也被称作 dip，和 px 相比，它在不同密度的屏幕中的显示比例将保持一致。

sp 是可伸缩像素的意思，它采用了和 dp 同样的设计理念，解决了文字大小的适配问题。

这里有一个新名词需要引起我们的注意，什么叫密度？Android 中的密度就是屏幕每英寸所包含的像素数，通常以 dpi 为单位。比如一个手机屏幕的宽是 2 英寸长是 3 英寸，如果它的分辨率是 320*480 像素，那这个屏幕的密度就是 160dpi，如果它的分辨率是 640*960，那这个屏幕的密度就是 320dpi，因此密度值越高的屏幕显示的效果就越精细。我们可以通过代码来得知当前屏幕的密度值是多少，修改 MainActivity 中的代码，如下所示：

```
public class MainActivity extends Activity {

    @Override
    protected void onCreate(Bundle savedInstanceState) {
        super.onCreate(savedInstanceState);
        setContentView(R.layout.activity_main);
        float xdpi = getResources().getDisplayMetrics().xdpi;
        float ydpi = getResources().getDisplayMetrics().ydpi;
        Log.d("MainActivity", "xdpi is " + xdpi);
        Log.d("MainActivity", "ydpi is " + ydpi);
    }

}
```

可以看到，在 onCreate()方法中我们动态获取到了当前屏幕的密度值，并打印出来，重新运行程序，结果如图 3.34 所示。

Tag	Text
MainActivity	xdpi is 160.0
MainActivity	ydpi is 160.0

图　3.34

然后在低分辨率的模拟器上重新运行程序，结果如图 3.35 所示。

Tag	Text
MainActivity	xdpi is 120.0
MainActivity	ydpi is 120.0

图 3.35

根据 Android 的规定，在 160dpi 的屏幕上，1dp 等于 1px，而在 320dpi 的屏幕上，1dp 就等于 2px。因此，使用 dp 来指定控件的宽和高，就可以保证控件在不同密度的屏幕中的显示比例保持一致。修改 activity_main.xml 中的代码，如下所示：

```
<LinearLayout xmlns:android="http://schemas.android.com/apk/res/android"
    android:layout_width="match_parent"
    android:layout_height="match_parent" >

    <Button
        android:id="@+id/button"
        android:layout_width="200dp"
        android:layout_height="wrap_content"
        android:text="Button"
        />

</LinearLayout>
```

这里我们将按钮的宽度改成了 200dp，重新运行程序，效果如图 3.36 所示：

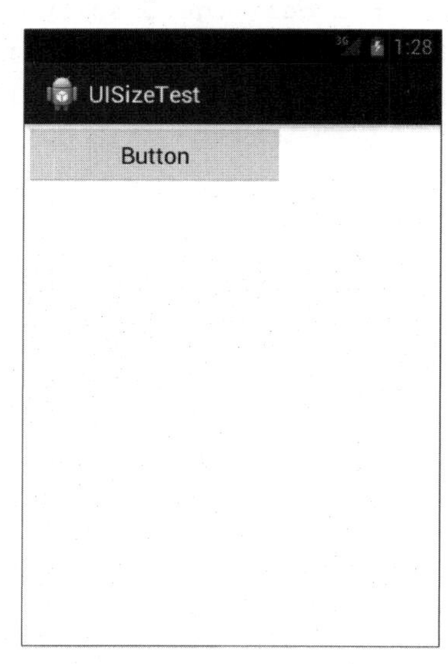

图 3.36

咦？怎么感觉和之前的宽度没有什么区别呢？这是因为我们模拟器的屏幕密度刚好是 160dpi，这时的 1dp 就等于 1px。

然后在低分辨率的模拟器上重新运行程序，效果如图 3.37 所示。

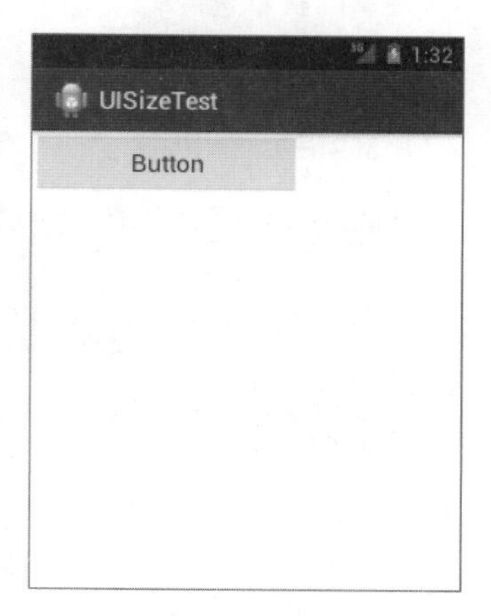

图　3.37

这时就可以明显看出不同了吧！对比两个模拟器的运行结果，你会发现按钮在不同分辨率的屏幕上所占大小的比例几乎是相同的。sp 的原理和 dp 是一样的，它主要是用于指定文字的大小，这里就不再进行介绍了。

总结一下，在编写 Android 程序的时候，尽量将控件或布局的大小指定成 match_parent 或 wrap_content，如果必须要指定一个固定值，则使用 dp 来作为单位，指定文字大小的时候使用 sp 作为单位。

3.7　编写界面的最佳实践

既然已经学习了那么多 UI 开发的知识，也是时候应该实战一下了。这次我们要综合运用前面所学的大量内容来编写出一个较为复杂且相当美观的聊天界面，你准备好了吗？要先创建一个 UIBestPractice 项目才算准备好了哦。

3.7.1　制作 Nine-Patch 图片

在实战正式开始之前，我们还需要先学习一下如何制作 Nine-Patch 图片。你可能之前还没有听说过这个名词，它是一种被特殊处理过的 png 图片，能够指定哪些区域可以被拉伸而哪些区域不可以。

那么 Nine-Patch 图片到底有什么实际作用呢？我们还是通过一个例子来看一下吧。比如说项目中有一张气泡样式的图片 message_left.png，如图 3.38 所示。

图 3.38

我们将这张图片设置为一个 LinearLayout 的背景图片，修改 activity_main.xml 中的代码，如下所示：

```
<RelativeLayout xmlns:android="http://schemas.android.com/apk/res/android"
    android:layout_width="match_parent"
    android:layout_height="match_parent" >

    <LinearLayout
        android:layout_width="match_parent"
        android:layout_height="wrap_content"
        android:background="@drawable/message_left" >
    </LinearLayout>

</RelativeLayout>
```

将 LinearLayout 的宽度指定为 match_parent，然后将它的背景图设置为 message_left，现在运行程序，效果如图 3.39 所示。

图 3.39

可以看到，由于 message_left 的宽度不足以填满整个屏幕的宽度，整张图片被均匀地拉伸了！这种效果非常差，用户肯定是不能容忍的，这时我们就可以使用 Nine-Patch 图片来进行改善。

在 Android sdk 目录下有一个 tools 文件夹，在这个文件夹中找到 draw9patch.bat 文件，我们就是使用它来制作 Nine-Patch 图片的。双击打开之后，在导航栏点击 File→Open 9-patch 将 message_left.png 加载进来，如图 3.40 所示。

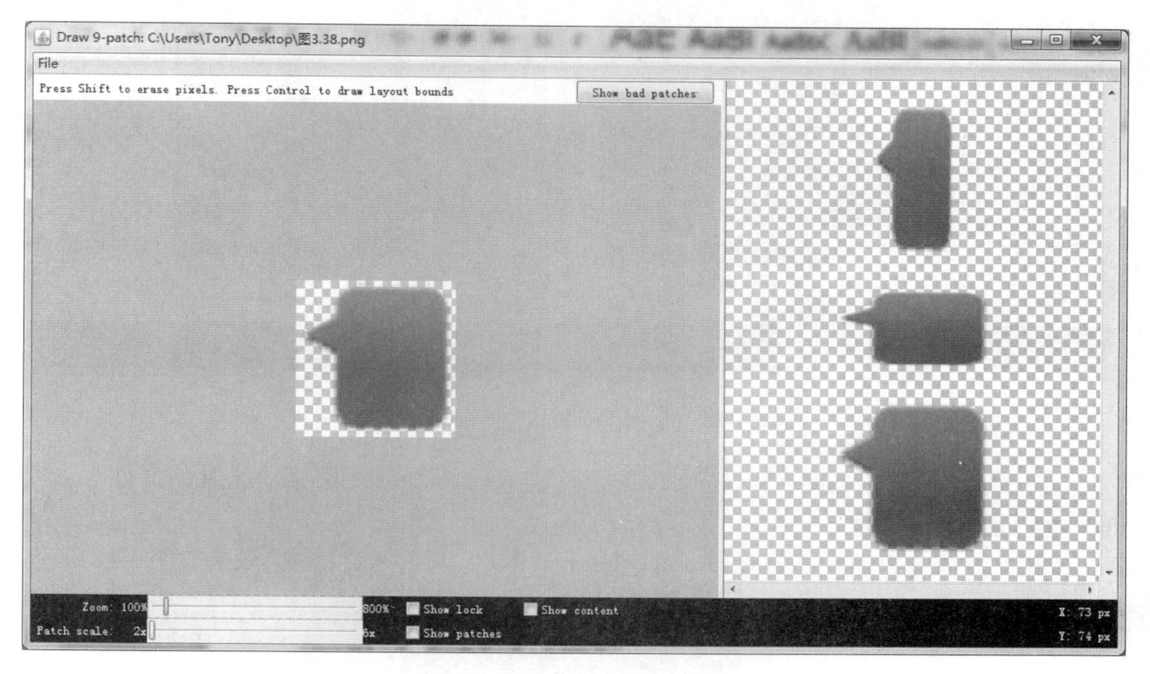

图　3.40

我们可以在图片的四个边框绘制一个个的小黑点，在上边框和左边框绘制的部分就表示当图片需要拉伸时就拉伸黑点标记的区域，在下边框和右边框绘制的部分则表示内容会被放置的区域。绘制完成后效果如图 3.41 所示。

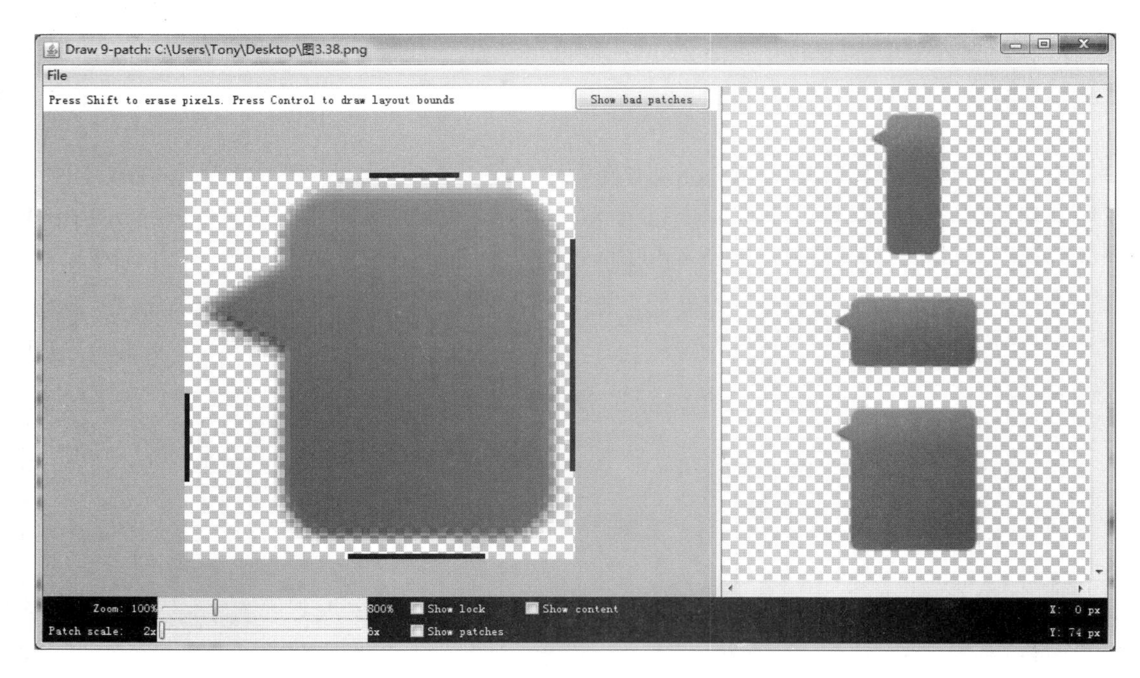

图 3.41

最后点击导航栏 File→Save 9-patch 把绘制好的图片进行保存，此时的文件名就是message_left.9.png。

使用这张图片替换掉之前的 message_left.png 图片，重新运行程序，效果如图 3.42 所示。

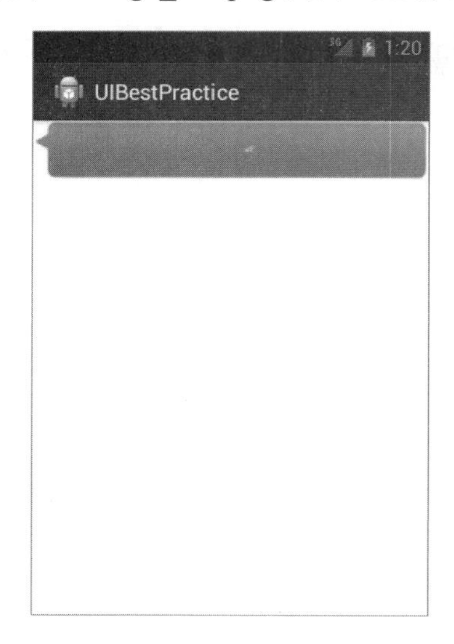

图 3.42

这样当图片需要拉伸的时候，就可以只拉伸指定的区域，程序在外观上也是有了很大的改进。有了这个知识储备之后，我们就可以进入实战环节了。

3.7.2　编写精美的聊天界面

既然是要编写一个聊天界面，那就肯定要有收到的消息和发出的消息。上一节中我们制作的 message_left.9.png 可以作为收到消息的背景图，那么毫无疑问你还需要再制作一张 message_right.9.png 作为发出消息的背景图。

图片都提供好了之后就可以开始编码了，首先还是编写主界面，修改 activity_main.xml 中的代码，如下所示：

```
<LinearLayout xmlns:android="http://schemas.android.com/apk/res/android"
    android:layout_width="match_parent"
    android:layout_height="match_parent"
    android:background="#d8e0e8"
    android:orientation="vertical" >

    <ListView
        android:id="@+id/msg_list_view"
        android:layout_width="match_parent"
        android:layout_height="0dp"
        android:layout_weight="1"
        android:divider="#0000" >
    </ListView>

    <LinearLayout
        android:layout_width="match_parent"
        android:layout_height="wrap_content" >

        <EditText
            android:id="@+id/input_text"
            android:layout_width="0dp"
            android:layout_height="wrap_content"
            android:layout_weight="1"
            android:hint="Type something here"
            android:maxLines="2" />

        <Button
            android:id="@+id/send"
            android:layout_width="wrap_content"
```

```
            android:layout_height="wrap_content"
            android:text="Send" />

    </LinearLayout>

</LinearLayout>
```

这里在主界面中放置了一个 ListView 用于显示聊天的消息内容，又放置了一个 EditText 用于输入消息，还放置了一个 Button 用于发送消息。ListView 中用到了一个 android:divider 属性，它可以指定 ListView 分隔线的颜色，这里#0000 表示将分隔线设为透明色。其他用到的所有属性都是我们之前学过的，相信你理解起来应该不费力。

然后我们来定义消息的实体类，新建 Msg，代码如下所示：

```
public class Msg {

    public static final int TYPE_RECEIVED = 0;

    public static final int TYPE_SENT = 1;

    private String content;

    private int type;

    public Msg(String content, int type) {
        this.content = content;
        this.type = type;
    }

    public String getContent() {
        return content;
    }

    public int getType() {
        return type;
    }

}
```

Msg 类中只有两个字段，content 表示消息的内容，type 表示消息的类型。其中消息类型有两个值可选，TYPE_RECEIVED 表示这是一条收到的消息，TYPE_SENT 表示这是一条发出的消息。

接着来编写 ListView 子项的布局，新建 msg_item.xml，代码如下所示：

```
<LinearLayout xmlns:android="http://schemas.android.com/apk/res/android"
    android:layout_width="match_parent"
    android:layout_height="match_parent"
    android:orientation="vertical"
    android:padding="10dp" >

    <LinearLayout
        android:id="@+id/left_layout"
        android:layout_width="wrap_content"
        android:layout_height="wrap_content"
        android:layout_gravity="left"
        android:background="@drawable/message_left" >

        <TextView
            android:id="@+id/left_msg"
            android:layout_width="wrap_content"
            android:layout_height="wrap_content"
            android:layout_gravity="center"
            android:layout_margin="10dp"
            android:textColor="#fff" />

    </LinearLayout>

    <LinearLayout
        android:id="@+id/right_layout"
        android:layout_width="wrap_content"
        android:layout_height="wrap_content"
        android:layout_gravity="right"
        android:background="@drawable/message_right" >

        <TextView
            android:id="@+id/right_msg"
            android:layout_width="wrap_content"
            android:layout_height="wrap_content"
            android:layout_gravity="center"
            android:layout_margin="10dp" />

    </LinearLayout>

</LinearLayout>
```

这里我们让收到的消息居左对齐，发出的消息居右对齐，并且分别使用 message_left.9.png 和 message_right.9.png 作为背景图。你可能会有些疑虑，怎么能让收到的消息和发出的消息都放在同一个布局里呢？不用担心，还记得我们前面学过的可见属性吗，只要稍后在代码中根据消息的类型来决定隐藏和显示哪种消息就可以了。

接下来需要创建 ListView 的适配器类，让它继承自 ArrayAdapter，并将泛型指定为 Msg 类。新建类 MsgAdapter，代码如下所示：

```
public class MsgAdapter extends ArrayAdapter<Msg> {

    private int resourceId;

    public MsgAdapter(Context context, int textViewResourceId, List<Msg>
objects) {
        super(context, textViewResourceId, objects);
        resourceId = textViewResourceId;
    }

    @Override
    public View getView(int position, View convertView, ViewGroup parent) {
        Msg msg = getItem(position);
        View view;
        ViewHolder viewHolder;
        if (convertView == null) {
            view = LayoutInflater.from(getContext()).inflate(resourceId, null);
            viewHolder = new ViewHolder();
            viewHolder.leftLayout = (LinearLayout) view.findViewById
(R.id.left_layout);
            viewHolder.rightLayout = (LinearLayout) view.findViewById
(R.id.right_layout);
            viewHolder.leftMsg = (TextView) view.findViewById(R.id.left_msg);
            viewHolder.rightMsg = (TextView) view.findViewById(R.id.right_msg);
            view.setTag(viewHolder);
        } else {
            view = convertView;
            viewHolder = (ViewHolder) view.getTag();
        }
        if (msg.getType() == Msg.TYPE_RECEIVED) {
            // 如果是收到的消息，则显示左边的消息布局，将右边的消息布局隐藏
            viewHolder.leftLayout.setVisibility(View.VISIBLE);
```

```
            viewHolder.rightLayout.setVisibility(View.GONE);
            viewHolder.leftMsg.setText(msg.getContent());
        } else if(msg.getType() == Msg.TYPE_SENT) {
            // 如果是发出的消息，则显示右边的消息布局，将左边的消息布局隐藏
            viewHolder.rightLayout.setVisibility(View.VISIBLE);
            viewHolder.leftLayout.setVisibility(View.GONE);
            viewHolder.rightMsg.setText(msg.getContent());
        }
        return view;
    }

    class ViewHolder {

        LinearLayout leftLayout;

        LinearLayout rightLayout;

        TextView leftMsg;

        TextView rightMsg;

    }

}
```

以上代码你应该是非常熟悉了，和我们学习 ListView 那一节的代码基本是一样的，只不过在 getView()方法中增加了对消息类型的判断。如果这条消息是收到的，则显示左边的消息布局，如果这条消息是发出的，则显示右边的消息布局。

最后修改 MainActivity 中的代码，来为 ListView 初始化一些数据，并给发送按钮加入事件响应，代码如下所示：

```
public class MainActivity extends Activity {

    private ListView msgListView;

    private EditText inputText;

    private Button send;

    private MsgAdapter adapter;
```

```
    private List<Msg> msgList = new ArrayList<Msg>();

    @Override
    protected void onCreate(Bundle savedInstanceState) {
        super.onCreate(savedInstanceState);
        requestWindowFeature(Window.FEATURE_NO_TITLE);
        setContentView(R.layout.activity_main);
        initMsgs(); // 初始化消息数据
        adapter = new MsgAdapter(MainActivity.this, R.layout.msg_item, msgList);
        inputText = (EditText) findViewById(R.id.input_text);
        send = (Button) findViewById(R.id.send);
        msgListView = (ListView) findViewById(R.id.msg_list_view);
        msgListView.setAdapter(adapter);
        send.setOnClickListener(new OnClickListener() {
            @Override
            public void onClick(View v) {
                String content = inputText.getText().toString();
                if (!"".equals(content)) {
                    Msg msg = new Msg(content, Msg.TYPE_SENT);
                    msgList.add(msg);
                    adapter.notifyDataSetChanged(); // 当有新消息时，刷新
ListView中的显示
                    msgListView.setSelection(msgList.size()); // 将ListView
定位到最后一行
                    inputText.setText(""); // 清空输入框中的内容
                }
            }
        });
    }

    private void initMsgs() {
        Msg msg1 = new Msg("Hello guy.", Msg.TYPE_RECEIVED);
        msgList.add(msg1);
        Msg msg2 = new Msg("Hello. Who is that?", Msg.TYPE_SENT);
        msgList.add(msg2);
        Msg msg3 = new Msg("This is Tom. Nice talking to you. ", Msg.TYPE_RECEIVED);
        msgList.add(msg3);
    }

}
```

在 initMsgs()方法中我们先初始化了几条数据用于在 ListView 中显示。然后在发送按钮的点击事件里获取了 EditText 中的内容，如果内容不为空则创建出一个新的 Msg 对象，并把它添加到 msgList 列表中去。之后又调用了适配器的 notifyDataSetChanged()方法，用于通知列表的数据发生了变化，这样新增的一条消息才能够在 ListView 中显示。接着调用 ListView 的 setSelection()方法将显示的数据定位到最后一行，以保证一定可以看得到最后发出的一条消息。最后调用 EditText 的 setText()方法将输入的内容清空。

这样所有的工作就都完成了，终于可以检验一下我们的成果了，运行程序之后你将会看到非常美观的聊天界面，并且可以输入和发送消息，如图 3.43 所示。

图　3.43

经过这个例子的实战之后，我相信不仅加深了你对本章中所学 UI 知识的理解，还让你有了如何灵活运用这些知识来设计出优秀界面的思路。这一章也是学了不少东西，让我们来总结一下吧。

3.8　小结与点评

虽然本章的内容很多，但我觉得学习起来应该还是挺愉快的吧。不同于上一章中我们来来回回使用那几个按钮，本章可以说是使用了各种各样的控件，制作出了丰富多彩的界面。尤其是在实战环节编写出了那么精美的聊天界面，你的满足感应该比上一章还要强吧？

本章从 Android 中的一些常见控件开始入手，依次介绍了基本布局的用法、自定义控件的方法、ListView 的详细用法以及 Android 中单位的选择和使用，基本已经将重要的 UI 知识点全部覆盖了。想想在开始的时候我说不推荐使用可视化的编辑工具，而是应该全部使用 XML 的方式来编写界面，现在你是不是已经感觉使用 XML 非常的简单了呢？并且在以后不管是面对多么复杂的界面，我希望你都能够自信满满，因为真正理解了界面编写的原理之后，是没有什么能够难倒你的。

不过到目前为止，我们都只是学习了 Android 手机方面的开发技巧，下一章中将会涉及一些 Android 平板方面的知识点，能够同时兼容手机和平板也是 Android 4.0 系统的新特性，适当地放松和休息一段时间后，我们再来继续前行吧！

经验值：+1500　　目前经验值：8405

级别：菜鸟

获赠宝物：在经过 UI 镇时，在皮匠铺的皮匠杰弗里·皮处获赠一部上古配色奇书，书名叫《色即是空》，作者是上古奇人有色氏。获赠的原因说来也巧，各位看官可能还记得，在战胜周期兽猎人后，我试枪时曾修复过一只 bug 鸟，而那只 bug 鸟正是这位杰弗里·皮最钟爱的宠物，前不久这鸟在野外玩耍时不慎被一只健全猫咬掉了一只翅膀，后使诈才侥幸逃脱，万幸被我一枪打回了原形，才得以和主人团聚。老皮为了感谢我，送了我这部奇书。说它奇是因为这本书至今无人能看懂，原因是这书本身是写在神界特有的黄山羊的羊皮上的，而黄山羊皮本身又黄得吓死人，以致在这么黄的表面上涂抹任何颜色都严重偏色，最终致使无人能看懂这部书中所表达的那些精彩绝伦的配色范例。至于为什么配色界的鼻祖有色氏会犯下这么低级的错误，学术界至今没有达成共识，学院派认为此事必有蹊跷、必有深意，只是今人无法揣测圣意，而阴谋论者则认为有色氏实际上是位患有色盲的人氏（简称有色氏），为向命运发起终极挑战而写下了这部巨著。而为什么这部极具研究价值的上古典籍的原本会流落到一个皮匠的家里，老皮表示他也不晓得，只知道是祖上传下来的。这书留在他这里也没多大用，不如送恩人，或许我这位人界的青年才俊有朝一日能破解此书的秘密。谢过，收好书。把一些无用的物资在镇里卖掉换了些盘缠，减轻一下负重。继续前进。

第 4 章　手机平板要兼顾，探究碎片

当今是移动设备发展非常迅速的时代，不仅手机已经成为了生活必需品，就连平板电脑也变得越来越普及。平板电脑和手机最大的区别就在于屏幕的大小，一般手机屏幕的大小会在 3 英寸到 5 英寸之间，而一般平板电脑屏幕的大小会在 7 英寸到 10 英寸之间。屏幕大小差距过大有可能会让同样的界面在视觉效果上有较大的差异，比如一些界面在手机上看起来非常美观，但在平板电脑上看起来就可能会有控件被过分拉长、元素之间空隙过大等情况。

作为一名专业的 Android 开发人员，能够同时兼顾到手机和平板的开发是我们必须要做到的事情。Android 自 3.0 版本开始引入了碎片的概念，它可以让界面在平板上更好地展示，下面我们就来一起学习一下。

4.1　碎片是什么

碎片（Fragment）是一种可以嵌入在活动当中的 UI 片段，它能让程序更加合理和充分地利用大屏幕的空间，因而在平板上应用的非常广泛。虽然碎片对你来说应该是个全新的概念，但我相信你学习起来应该毫不费力，因为它和活动实在是太像了，同样都能包含布局，同样都有自己的生命周期。你甚至可以将碎片理解成一个迷你型的活动，虽然这个迷你型的活动有可能和普通的活动是一样大的。

那么究竟要如何使用碎片才能充分地利用平板屏幕的空间呢？想象我们正在开发一个新闻应用，其中一个界面使用 ListView 展示了一组新闻的标题，当点击了其中一个标题，就打开另一个界面显示新闻的详细内容。如果是在手机中设计，我们可以将新闻标题列表放在一个活动中，将新闻的详细内容放在另一个活动中，如图 4.1 所示。

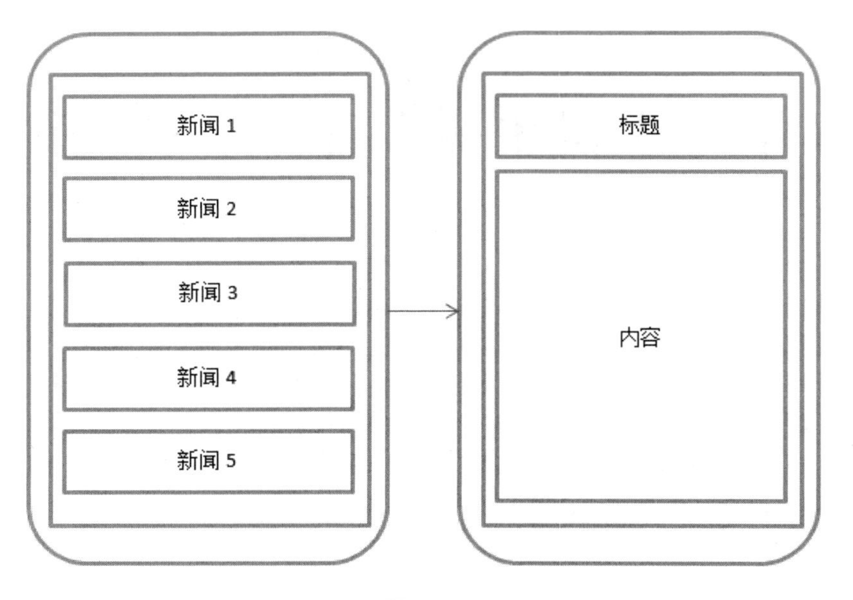

图 4.1

可是如果在平板上也这么设计，那么新闻标题列表将会被拉长至填充满整个平板的屏幕，而新闻的标题一般都不会太长，这样将会导致界面上有大量的空白区域，如图 4.2 所示。

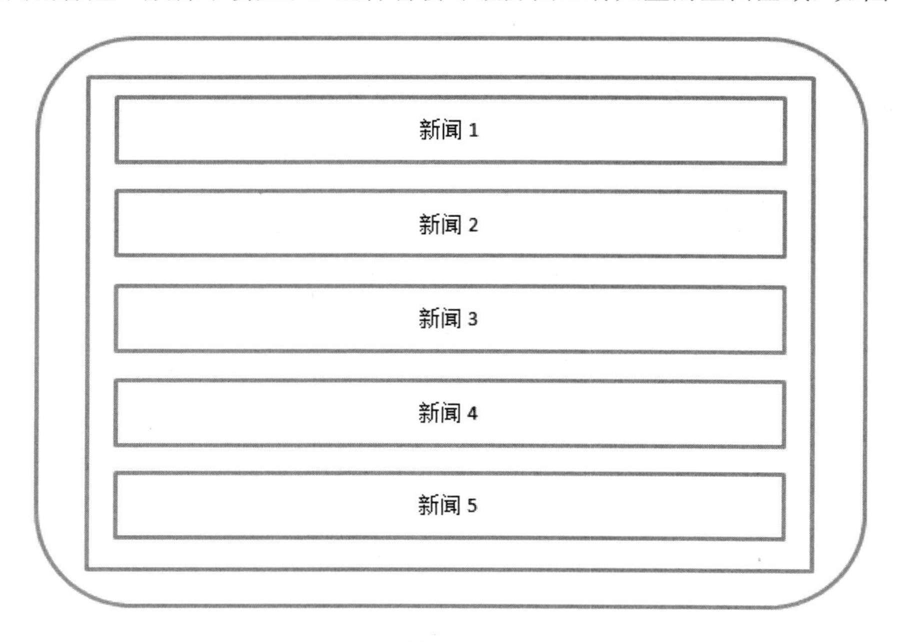

图 4.2

因此，更好的设计方案是将新闻标题列表界面和新闻详细内容界面分别放在两个碎片中，然后在同一个活动里引入这两个碎片，这样就可以将屏幕空间充分地利用起来了，如图 4.3 所示。

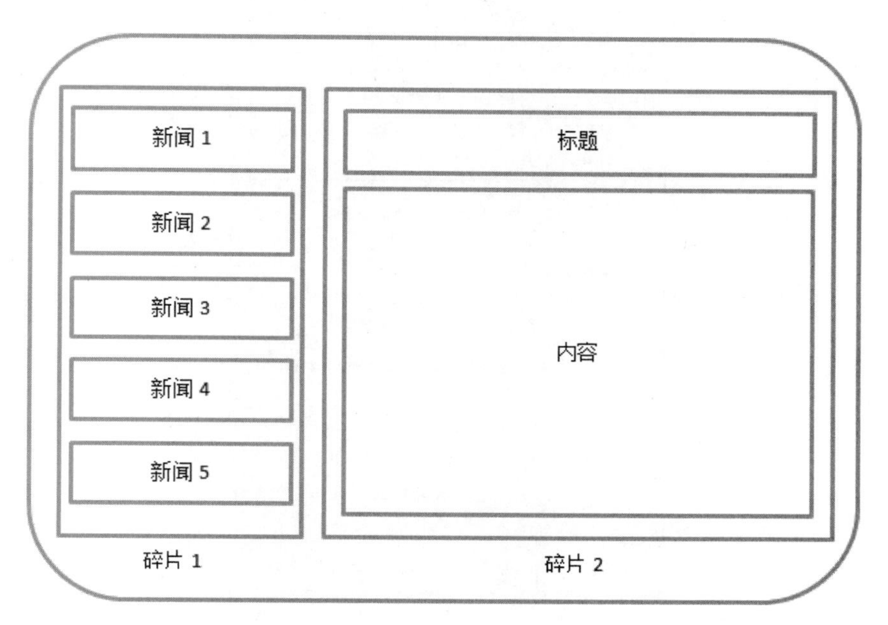

图　4.3

4.2　碎片的使用方式

介绍了这么多抽象的东西，也是时候应该学习一下碎片的具体用法了。你已经知道，碎片通常都是在平板开发中才会使用的，因此我们首先要做的就是新建一个平板电脑的模拟器。由于 4.0 系统的平板模拟器好像存在 bug，这里我就新建一个 4.2 系统的平板模拟器，如图 4.4 所示。

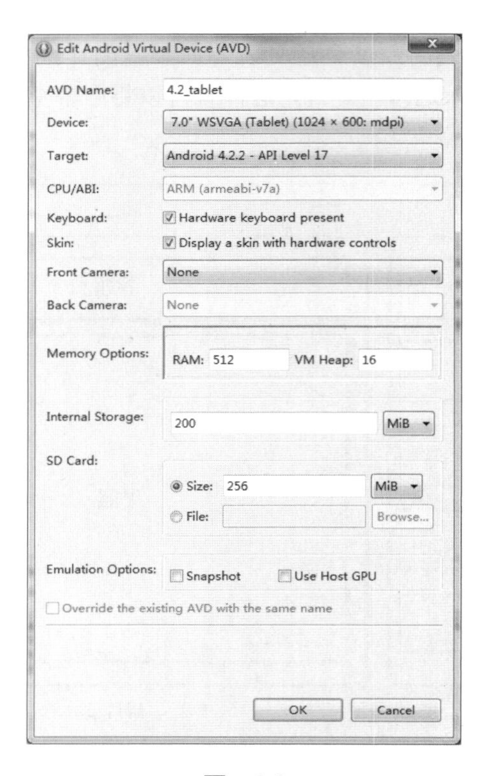

图 4.4

现在启动这个平板模拟器，效果如图 4.5 所示。

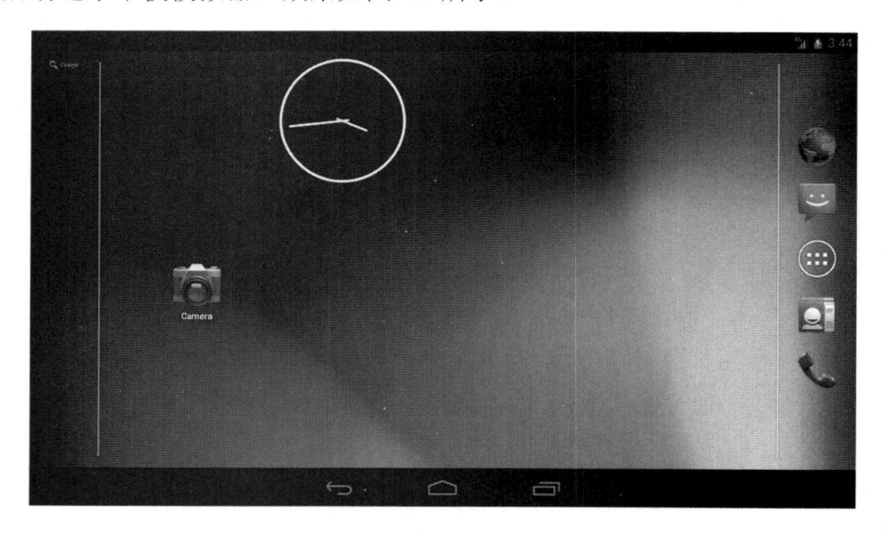

图 4.5

好了，准备工作都完成了，接着新建一个 FragmentTest 项目，然后开始我们的碎片探索之旅吧。

4.2.1　碎片的简单用法

这里我们准备先写一个最简单的碎片示例来练练手，在一个活动当中添加两个碎片，并让这两个碎片平分活动空间。

新建一个左侧碎片布局 left_fragment.xml，代码如下所示：

```
<LinearLayout xmlns:android="http://schemas.android.com/apk/res/android"
    android:layout_width="match_parent"
    android:layout_height="match_parent"
    android:orientation="vertical" >

    <Button
        android:id="@+id/button"
        android:layout_width="wrap_content"
        android:layout_height="wrap_content"
        android:layout_gravity="center_horizontal"
        android:text="Button"
        />

</LinearLayout>
```

这个布局非常简单，只放置了一个按钮，并让它水平居中显示。然后新建右侧碎片布局 right_fragment.xml，代码如下所示：

```
<LinearLayout xmlns:android="http://schemas.android.com/apk/res/android"
    android:layout_width="match_parent"
    android:layout_height="match_parent"
    android:background="#00ff00"
    android:orientation="vertical" >

    <TextView
        android:layout_width="wrap_content"
        android:layout_height="wrap_content"
        android:layout_gravity="center_horizontal"
        android:textSize="20sp"
        android:text="This is right fragment"
        />

</LinearLayout>
```

可以看到，我们将这个布局的背景色设置成绿色，并放置了一个 TextView 用于显示一段文本。接着新建一个 LeftFragment 类，继承自 Fragment。注意，这里可能会有两个不同包下的 Fragment 供你选择，建议使用 android.app.Fragment，因为我们的程序是面向 Android 4.0 以上系统的，另一个包下的 Fragment 主要是用于兼容低版本的 Android 系统。LeftFragment 的代码如下所示：

```
public class LeftFragment extends Fragment {

    @Override
    public View onCreateView(LayoutInflater inflater, ViewGroup container,
            Bundle savedInstanceState) {
        View view = inflater.inflate(R.layout.left_fragment, container, false);
        return view;
    }

}
```

这里仅仅是重写了 Fragment 的 onCreateView()方法，然后在这个方法中通过 LayoutInflater 的 inflate()方法将刚才定义的 left_fragment 布局动态加载进来，整个方法简单明了。接着我们用同样的方法再新建一个 RightFragment，代码如下所示：

```
public class RightFragment extends Fragment {

    @Override
    public View onCreateView(LayoutInflater inflater, ViewGroup container,
            Bundle savedInstanceState) {
        View view = inflater.inflate(R.layout.right_fragment, container, false);
        return view;
    }

}
```

基本上代码都是相同的，相信已经没有必要再做什么解释了。接下来修改 activity_main.xml 中的代码，如下所示：

```
<LinearLayout xmlns:android="http://schemas.android.com/apk/res/android"
    android:layout_width="match_parent"
    android:layout_height="match_parent" >

    <fragment
        android:id="@+id/left_fragment"
```

```
        android:name="com.example.fragmenttest.LeftFragment"
        android:layout_width="0dp"
        android:layout_height="match_parent"
        android:layout_weight="1" />

    <fragment
        android:id="@+id/right_fragment"
        android:name="com.example.fragmenttest.RightFragment"
        android:layout_width="0dp"
        android:layout_height="match_parent"
        android:layout_weight="1" />

</LinearLayout>
```

可以看到，我们使用了<fragment>标签在布局中添加碎片，其中指定的大多数属性你都是熟悉的，只不过这里还需要通过 android:name 属性来显式指明要添加的碎片类名，注意一定要将类的包名也加上。

这样最简单的碎片示例就已经写好了，现在运行一下程序，效果如图 4.6 所示。

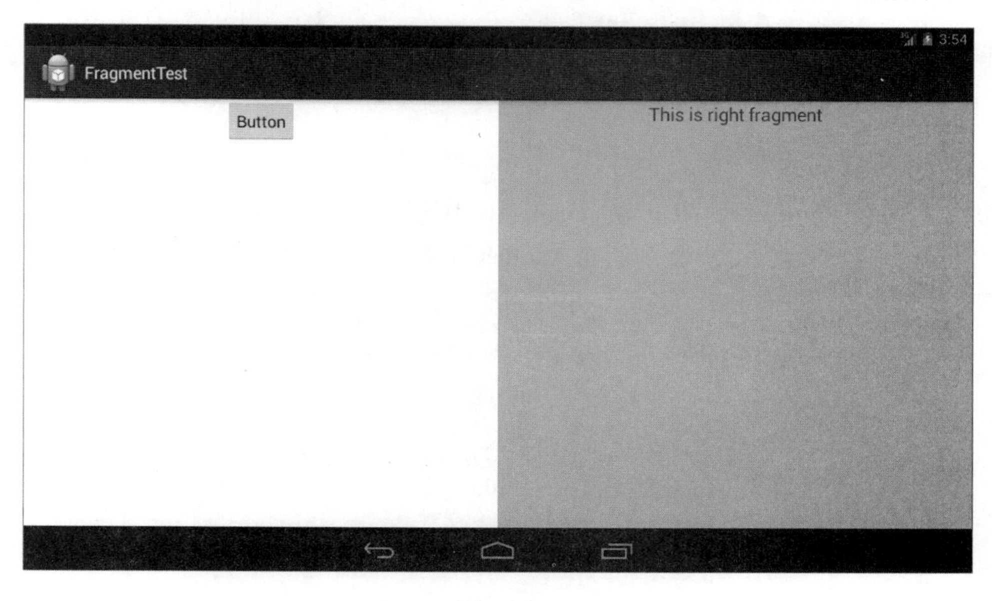

图　4.6

正如我们所期待的一样，两个碎片平分了整个活动的布局。不过这个例子实在是太简单了，在真正的项目中很难有什么实际的作用，因此我们马上来看一看，关于碎片更加高级的使用技巧。

4.2.2 动态添加碎片

在上一节当中，你已经学会了在布局文件中添加碎片的方法，不过碎片真正的强大之处在于，它可以在程序运行时动态地添加到活动当中。根据具体情况来动态地添加碎片，你就可以将程序界面定制得更加多样化。

我们还是在上一节代码的基础上继续完善，新建 another_right_fragment.xml，代码如下所示：

```
<LinearLayout xmlns:android="http://schemas.android.com/apk/res/android"
    android:layout_width="match_parent"
    android:layout_height="match_parent"
    android:background="#ffff00"
    android:orientation="vertical" >

    <TextView
        android:layout_width="wrap_content"
        android:layout_height="wrap_content"
        android:layout_gravity="center_horizontal"
        android:textSize="20sp"
        android:text="This is another right fragment"
        />

</LinearLayout>
```

这个布局文件的代码和 right_fragment.xml 中的代码基本相同，只是将背景色改成了黄色，并将显示的文字改了改。然后新建 AnotherRightFragment 作为另一个右侧碎片，代码如下所示：

```
public class AnotherRightFragment extends Fragment {

    @Override
    public View onCreateView(LayoutInflater inflater, ViewGroup container,
            Bundle savedInstanceState) {
        View view = inflater.inflate(R.layout.another_right_fragment,
container, false);
        return view;
    }

}
```

代码同样非常简单，在 onCreateView()方法中加载了刚刚创建的 another_right_fragment

布局。这样我们就准备好了另一个碎片，接下来看一下如何将它动态地添加到活动当中。修改 activity_main.xml，代码如下所示：

```
<LinearLayout xmlns:android="http://schemas.android.com/apk/res/android"
    android:layout_width="match_parent"
    android:layout_height="match_parent">

    <fragment
        android:id="@+id/left_fragment"
        android:name="com.example.fragmenttest.LeftFragment"
        android:layout_width="0dp"
        android:layout_height="match_parent"
        android:layout_weight="1" />

    <FrameLayout
        android:id="@+id/right_layout"
        android:layout_width="0dp"
        android:layout_height="match_parent"
        android:layout_weight="1" >

        <fragment
            android:id="@+id/right_fragment"
            android:name="com.example.fragmenttest.RightFragment"
            android:layout_width="match_parent"
            android:layout_height="match_parent" />

    </FrameLayout>

</LinearLayout>
```

可以看到，现在将右侧碎片放在了一个 FrameLayout 中，还记得这个布局吗？在上一章中我们学过，这是 Android 中最简单的一种布局，它没有任何的定位方式，所有的控件都会摆放在布局的左上角。由于这里仅需要在布局里放入一个碎片，因此非常适合使用 FrameLayout。

之后我们将在代码中替换 FrameLayout 里的内容，从而实现动态添加碎片的功能。修改 MainActivity 中的代码，如下所示：

```
public class MainActivity extends Activity implements OnClickListener {

    @Override
```

```
    protected void onCreate(Bundle savedInstanceState) {
        super.onCreate(savedInstanceState);
        setContentView(R.layout.activity_main);
        Button button = (Button) findViewById(R.id.button);
        button.setOnClickListener(this);
    }

    @Override
    public void onClick(View v) {
        switch (v.getId()) {
        case R.id.button:
            AnotherRightFragment fragment = new AnotherRightFragment();
            FragmentManager fragmentManager = getFragmentManager();
            FragmentTransaction transaction = fragmentManager.
beginTransaction();
            transaction.replace(R.id.right_layout, fragment);
            transaction.commit();
            break;
        default:
            break;
        }
    }

}
```

可以看到，首先我们给左侧碎片中的按钮注册了一个点击事件，然后将动态添加碎片的逻辑都放在了点击事件里进行。结合代码可以看出，动态添加碎片主要分为 5 步。

1. 创建待添加的碎片实例。
2. 获取到 FragmentManager，在活动中可以直接调用 getFragmentManager()方法得到。
3. 开启一个事务，通过调用 beginTransaction()方法开启。
4. 向容器内加入碎片，一般使用 replace()方法实现，需要传入容器的 id 和待添加的碎片实例。
5. 提交事务，调用 commit()方法来完成。

这样就完成了在活动中动态添加碎片的功能，重新运行程序，可以看到和之前相同的界面，然后点击一下按钮，效果如图 4.7 所示。

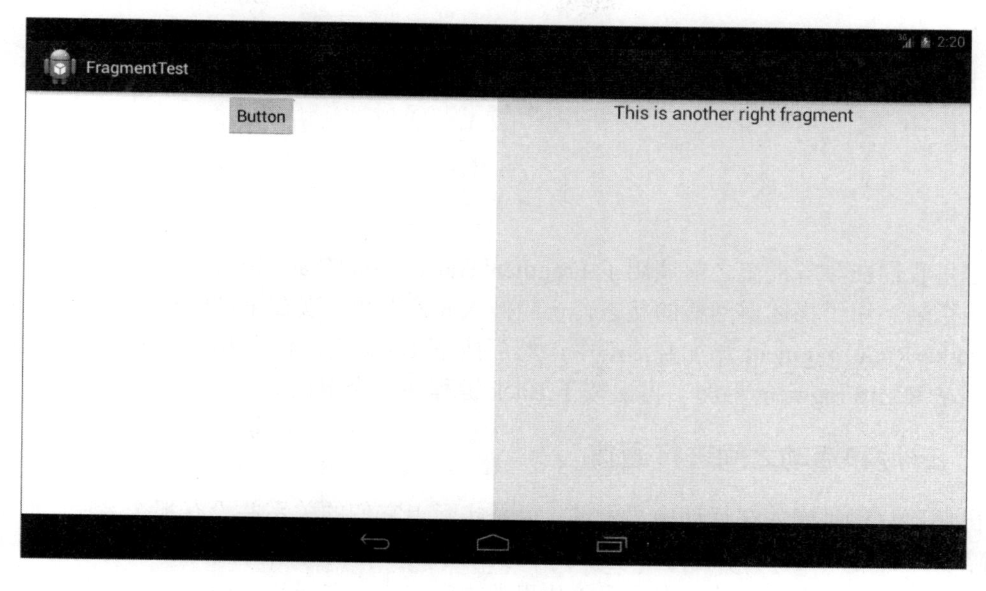

图　4.7

4.2.3　在碎片中模拟返回栈

在上一小节中，我们成功实现了向活动中动态添加碎片的功能，不过你尝试一下就会发现，通过点击按钮添加了一个碎片之后，这时按下 Back 键程序就会直接退出。如果这里我们想模仿类似于返回栈的效果，按下 Back 键可以回到上一个碎片，该如何实现呢？

其实很简单，FragmentTransaction 中提供了一个 addToBackStack()方法，可以用于将一个事务添加到返回栈中，修改 MainActivity 中的代码，如下所示：

```
public class MainActivity extends Activity implements OnClickListener {
    ……
    @Override
    public void onClick(View v) {
        switch (v.getId()) {
        case R.id.button:
            AnotherRightFragment fragment = new AnotherRightFragment();
            FragmentManager fragmentManager = getFragmentManager();
            FragmentTransaction transaction = fragmentManager.
beginTransaction();
            transaction.replace(R.id.right_layout, fragment);
            transaction.addToBackStack(null);
            transaction.commit();
```

```
                break;
            default:
                break;
            }
        }
    }
```

这里我们在事务提交之前调用了 FragmentTransaction 的 addToBackStack()方法，它可以接收一个名字用于描述返回栈的状态，一般传入 null 即可。现在重新运行程序，并点击按钮将 AnotherRightFragment 添加到活动中，然后按下 Back 键，你会发现程序并没有退出，而是回到了 RightFragment 界面，再次按下 Back 键程序才会退出。

4.2.4 碎片和活动之间进行通信

虽然碎片都是嵌入在活动中显示的，可是实际上它们的关系并没有那么亲密。你可以看出，碎片和活动都是各自存在于一个独立的类当中的，它们之间并没有那么明显的方式来直接进行通信。如果想要在活动中调用碎片里的方法，或者在碎片中调用活动里的方法，应该如何实现呢？

为了方便碎片和活动之间进行通信，FragmentManager 提供了一个类似于 findViewById()的方法，专门用于从布局文件中获取碎片的实例，代码如下所示：

```
RightFragment rightFragment = (RightFragment) getFragmentManager()
        .findFragmentById(R.id.right_fragment);
```

调用 FragmentManager 的 findFragmentById()方法，可以在活动中得到相应碎片的实例，然后就能轻松地调用碎片里的方法了。

掌握了如何在活动中调用碎片里的方法，那在碎片中又该怎样调用活动里的方法呢？其实这就更简单了，在每个碎片中都可以通过调用 getActivity()方法来得到和当前碎片相关联的活动实例，代码如下所示：

```
MainActivity activity = (MainActivity) getActivity();
```

有了活动实例之后，在碎片中调用活动里的方法就变得轻而易举了。另外当碎片中需要使用 Context 对象时，也可以使用 getActivity()方法，因为获取到的活动本身就是一个 Context 对象了。

这时不知道你心中会不会产生一个疑问，既然碎片和活动之间的通信问题已经解决了，那么碎片和碎片之间可不可以进行通信呢？

说实在的，这个问题并没有看上去的复杂，它的基本思路非常简单，首先在一个碎片中可以得到与它相关联的活动，然后再通过这个活动去获取另外一个碎片的实例，这样也就实现了不同碎片之间的通信功能，因此这里我们的答案是肯定的。

经验值：+3000　升级！（由菜鸟升级至鸟）　目前经验值：11405

级别：鸟

赢得宝物：战胜平板兽。拾取平板兽掉落的宝物，九成新平板兽皮 Android 战袍一套、强力体力恢复剂 2 瓶、平板兽鄙视丸 1 颗、全自动新款卡宾枪一支（配有可拆卸代码银弹接口）、全新代码银弹弹夹一个（含 70 枚代码银弹）。平板兽是一种除了在神界，其他地方不仅不可能存在，而且连想都不敢想的小型食肉类动物。平板兽的名称得自于它奇怪的体型，它看起来完全就是一块平板，大约一米见方，3 公分厚，长有四条极粗但弹跳力极好的小短腿，平板上下各长有两只眼睛，除了它的体型，平板兽另一让人极其不可思议的地方是它的密度奇高，一米见方的大小，却可重达 5 吨。平板兽的攻击方式是奋力跳到对方身上，瞬间把对方压垮，它的主要捕食对象是立体牛，一种看起来特别立体的牛，当然，所有的牛看起来都是立体的，但立体牛看起来比立体更加立体，所以叫立体牛。这里我先插一句，可能有看官会奇怪，看你一路上收集了不少恢复剂和怒吼丸了，怎么从来没见你服用过，其实我每次战役都有服用，只是没有说而已，如果不吃药，我早挂了，怎么可能搞定这么多神界的英雄。接着我再来介绍一下鄙视丸，鄙视丸是用平板兽每年自行脱落的老眼球做的，因为平板兽有两只眼睛总是朝着天上，一天到晚被太阳晒，所以坏得特别快，每年都要换一次眼，新眼发育好后，老眼会自动脱落，被新眼所替代。而脱落下来的老眼，被人们收集后，配以多种草药后进行熬制，草药主要由高傲草和牛 B 花组成，以加强药效。鄙视丸名字不咋地，但效果惊人，可以在短时间内增加使用者的智商和情商，当你面对强大的对手或难题时，发现自己搞不定了，此时赶紧服下一颗鄙视丸，然后死死盯住对方，很快你就会发现你面对的其实是个白痴。此时，对手如果想战胜你，唯一的办法就是服用更多的鄙视丸。

4.3　碎片的生命周期

和活动一样，碎片也有自己的生命周期，并且它和活动的生命周期实在是太像了，我相信你很快就能学会，下面我们马上就来看一下。

4.3.1　碎片的状态和回调

还记得每个活动在其生命周期内可能会有哪几种状态吗？没错，一共有运行状态、暂停状态、停止状态和销毁状态这四种。类似地，每个碎片在其生命周期内也可能会经历这几种状态，只不过在一些细小的地方会有部分区别。

1. 运行状态

当一个碎片是可见的，并且它所关联的活动正处于运行状态时，该碎片也处于运行状态。

2. 暂停状态

当一个活动进入暂停状态时（由于另一个未占满屏幕的活动被添加到了栈顶），与它相关联的可见碎片就会进入到暂停状态。

3. 停止状态

当一个活动进入停止状态时，与它相关联的碎片就会进入到停止状态。或者通过调用 FragmentTransaction 的 remove()、replace()方法将碎片从活动中移除，但有在事务提交之前调用 addToBackStack()方法，这时的碎片也会进入到停止状态。总的来说，进入停止状态的碎片对用户来说是完全不可见的，有可能会被系统回收。

4. 销毁状态

碎片总是依附于活动而存在的，因此当活动被销毁时，与它相关联的碎片就会进入到销毁状态。或者通过调用 FragmentTransaction 的 remove()、replace()方法将碎片从活动中移除，但在事务提交之前并没有调用 addToBackStack()方法，这时的碎片也会进入到销毁状态。

结合之前的活动状态，相信你理解起来应该毫不费力吧。同样地，Fragment 类中也提供了一系列的回调方法，以覆盖碎片生命周期的每个环节。其中，活动中有的回调方法，碎片中几乎都有，不过碎片还提供了一些附加的回调方法，那我们就重点来看下这几个回调。

1. onAttach()

当碎片和活动建立关联的时候调用。

2. onCreateView()

为碎片创建视图（加载布局）时调用。

3. onActivityCreated()

确保与碎片相关联的活动一定已经创建完毕的时候调用。

4. onDestroyView()

当与碎片关联的视图被移除的时候调用。

5. onDetach()

当碎片和活动解除关联的时候调用。

碎片完整的生命周期示意图可参考图 4.8，图片源自 Android 官网。

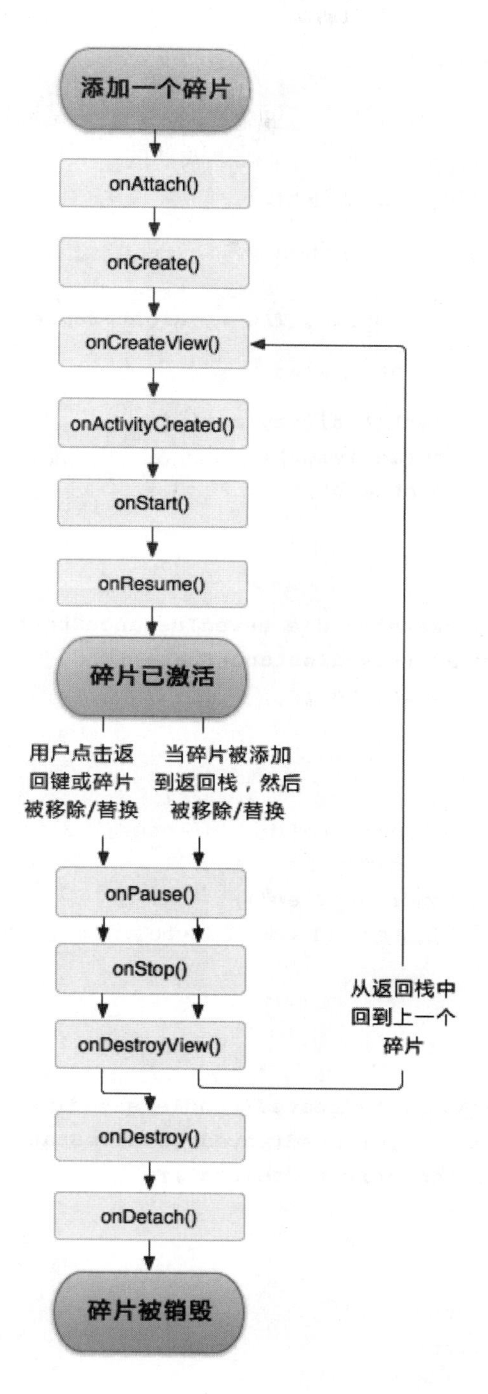
添加一个碎片
onAttach()
onCreate()
onCreateView()
onActivityCreated()
onStart()
onResume()
碎片已激活
用户点击返回键或碎片被移除/替换
当碎片被添加到返回栈，然后被移除/替换
onPause()
onStop()
onDestroyView()
从返回栈中回到上一个碎片
onDestroy()
onDetach()
碎片被销毁

图　4.8

4.3.2 体验碎片的生命周期

为了让你能够更加直观地体验碎片的生命周期，我们还是通过一个例子来实践一下。例子很简单，仍然是在 FragmentTest 项目的基础上改动的。

修改 RightFragment 中的代码，如下所示：

```
public class RightFragment extends Fragment {

    public static final String TAG = "RightFragment";

    @Override
    public void onAttach(Activity activity) {
        super.onAttach(activity);
        Log.d(TAG, "onAttach");
    }

    @Override
    public void onCreate(Bundle savedInstanceState) {
        super.onCreate(savedInstanceState);
        Log.d(TAG, "onCreate");
    }

    @Override
    public View onCreateView(LayoutInflater inflater, ViewGroup container,
            Bundle savedInstanceState) {
        Log.d(TAG, "onCreateView");
        View view = inflater.inflate(R.layout.right_fragment, container, false);
        return view;
    }

    @Override
    public void onActivityCreated(Bundle savedInstanceState) {
        super.onActivityCreated(savedInstanceState);
        Log.d(TAG, "onActivityCreated");
    }

    @Override
    public void onStart() {
        super.onStart();
        Log.d(TAG, "onStart");
    }
```

```
    @Override
    public void onResume() {
        super.onResume();
        Log.d(TAG, "onResume");
    }

    @Override
    public void onPause() {
        super.onPause();
        Log.d(TAG, "onPause");
    }

    @Override
    public void onStop() {
        super.onStop();
        Log.d(TAG, "onStop");
    }

    @Override
    public void onDestroyView() {
        super.onDestroyView();
        Log.d(TAG, "onDestroyView");
    }

    @Override
    public void onDestroy() {
        super.onDestroy();
        Log.d(TAG, "onDestroy");
    }

    @Override
    public void onDetach() {
        super.onDetach();
        Log.d(TAG, "onDetach");
    }

}
```

我们在 RightFragment 中的每一个回调方法里都加入了打印日志的代码，然后重新运行程序，这时观察 LogCat 中的打印信息，如图 4.9 所示。

Tag	Text
RightFragment	onAttach
RightFragment	onCreate
RightFragment	onCreateView
RightFragment	onActivityCreated
RightFragment	onStart
RightFragment	onResume

图 4.9

可以看到，当 RightFragment 第一次被加载到屏幕上时，会依次执行 onAttach()、onCreate()、onCreateView()、onActivityCreated()、onStart()和 onResume()方法。然后点击 LeftFragment 中的按钮，此时打印信息如图 4.10 所示。

Tag	Text
RightFragment	onPause
RightFragment	onStop
RightFragment	onDestroyView

图 4.10

由于 AnotherRightFragment 替换了 RightFragment，此时的 RightFragment 进入了停止状态，因此 onPause()、onStop()和 onDestroyView()方法会得到执行。当然如果在替换的时候没有调用 addToBackStack()方法，此时的 RightFragment 就会进入销毁状态，onDestroy()和 onDetach()方法就会得到执行。

接着按下 Back 键，RightFragment 会重新回到屏幕，打印信息如图 4.11 所示。

Tag	Text
RightFragment	onActivityCreated
RightFragment	onStart
RightFragment	onResume

图 4.11

由于 RightFragment 重新回到了运行状态，因此 onActivityCreated()、onStart()和 onResume()方法会得到执行。注意此时 onCreate()和 onCreateView()方法并不会执行，因为我们借助了 addToBackStack()方法使得 RightFragment 和它的视图并没有销毁。

再次按下 Back 键退出程序，打印信息如图 4.12 所示。

Tag	Text
RightFragment	onPause
RightFragment	onStop
RightFragment	onDestroyView
RightFragment	onDestroy
RightFragment	onDetach

图　4.12

依次会执行 onPause()、onStop()、onDestroyView()、onDestroy()和 onDetach()方法，最终将活动和碎片一起销毁。这样碎片完整的生命周期你也体验了一遍，是不是理解得更加深刻了？

另外值得一提的是，在碎片中你也是可以通过 onSaveInstanceState()方法来保存数据的，因为进入停止状态的碎片有可能在系统内存不足的时候被回收。保存下来的数据在 onCreate()、onCreateView()和 onActivityCreated()这三个方法中你都可以重新得到，它们都含有一个 Bundle 类型的 savedInstanceState 参数。具体的代码我就不在这里给出了，如果你忘记了该如何编写可以参考 2.4.5 小节。

经验值：+2000　　　　目前经验值：13405

级别：鸟

赢得宝物：战胜碎片周期兽。拾取碎片周期兽掉落的宝物，一只巨大的袜子。碎片周期兽和活动周期兽同属周期科周期属，按说智力应该差不多，但事实上差别巨大，活动周期兽完全是一介文盲武夫，而碎片周期兽则识文断字、饱读诗书，平日里喜欢演习书法，正常的碎片周期兽总是用右后蹄来写字，而这只大袜子也正是穿在这只蹄上。

4.4　动态加载布局的技巧

虽然动态添加碎片的功能很强大，可以解决很多实际开发中的问题，但是它毕竟只是在一个布局文件中进行一些添加和替换操作。如果程序能够根据设备的分辨率或屏幕大小在运行时来决定加载哪个布局，那我们可发挥的空间就更多了。因此本节我们就来探讨一下 Android 中动态加载布局的技巧。

4.4.1　使用限定符

如果你经常使用平板电脑，应该会发现很多的平板应用现在都采用的是双页模式（程序会在左侧的面板上显示一个包含子项的列表，在右侧的面板上显示内容），因为平板电脑的屏幕足够大，完全可以同时显示下两页的内容，但手机的屏幕一次就只能显示一页的内容，因此两个页面需要分开显示。

那么怎样才能在运行时判断程序应该是使用双页模式还是单页模式呢？这就需要借助限定符（Qualifiers）来实现了。我们通过一个例子来学习一下它的用法，修改 FragmentTest 项目中的 activity_main.xml 文件，代码如下所示：

```
<LinearLayout xmlns:android="http://schemas.android.com/apk/res/android"
    android:layout_width="match_parent"
    android:layout_height="match_parent" >

    <fragment
        android:id="@+id/left_fragment"
        android:name="com.example.fragmenttest.LeftFragment"
        android:layout_width="match_parent"
        android:layout_height="match_parent" />

</LinearLayout>
```

这里将多余的代码都删掉，只留下一个左侧碎片，并让它充满整个父布局。接着在 res 目录下新建 layout-large 文件夹，在这个文件夹下新建一个布局，也叫做 activity_main.xml，代码如下所示：

```
<LinearLayout xmlns:android="http://schemas.android.com/apk/res/android"
    android:layout_width="match_parent"
    android:layout_height="match_parent" >

    <fragment
        android:id="@+id/left_fragment"
        android:name="com.example.fragmenttest.LeftFragment"
        android:layout_width="0dp"
        android:layout_height="match_parent"
        android:layout_weight="1" />

    <fragment
        android:id="@+id/right_fragment"
        android:name="com.example.fragmenttest.RightFragment"
        android:layout_width="0dp"
        android:layout_height="match_parent"
        android:layout_weight="3" />

</LinearLayout>
```

可以看到，layout/activity_main 布局只包含了一个碎片，即单页模式，而 layout-large/activity_main 布局包含了两个碎片，即双页模式。其中 large 就是一个限定符，那些屏幕被认为是 large 的设备就会自动加载 layout-large 文件夹下的布局，而小屏幕的设备则还是会加载 layout 文件夹下的布局。

然后将 MainActivity 中按钮点击事件的代码屏蔽掉，并在平板模拟器上重新运行程序，效果如图 4.13 所示。

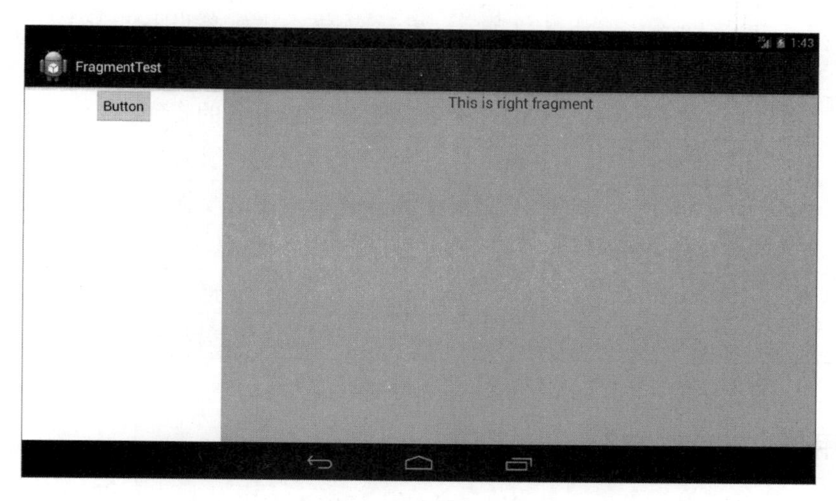

图　4.13

再启动一个手机模拟器，并在这个模拟器上重新运行程序，效果如图 4.14 所示。

图　4.14

这样我们就实现了在程序运行时动态加载布局的功能。

Android 中一些常见的限定符可以参考下表。

屏幕特征	限定符	描述
大小	small	提供给小屏幕设备的资源
	normal	提供给中等屏幕设备的资源
	large	提供给大屏幕设备的资源
	xlarge	提供给超大屏幕设备的资源
分辨率	ldpi	提供给低分辨率设备的资源（120dpi 以下）
	mdpi	提供给中等分辨率设备的资源（120dpi 到 160dpi）
	hdpi	提供给高分辨率设备的资源（160dpi 到 240dpi）
	xhdpi	提供给超高分辨率设备的资源（240dpi 到 320dpi）
方向	land	提供给横屏设备的资源
	port	提供给竖屏设备的资源

4.4.2 使用最小宽度限定符

在上一小节中我们使用 large 限定符成功解决了单页双页的判断问题，不过很快又有一个新的问题出现了，large 到底是指多大呢？有的时候我们希望可以更加灵活地为不同设备加载布局，不管它们是不是被系统认定为“large”，这时就可以使用最小宽度限定符（Smallest-width Qualifier）了。

最小宽度限定符允许我们对屏幕的宽度指定一个最小值（以 dp 为单位），然后以这个最小值为临界点，屏幕宽度大于这个值的设备就加载一个布局，屏幕宽度小于这个值的设备就加载另一个布局。

在 res 目录下新建 layout-sw600dp 文件夹，然后在这个文件夹下新建 activity_main.xml 布局，代码如下所示：

```
<LinearLayout xmlns:android="http://schemas.android.com/apk/res/android"
    android:layout_width="match_parent"
    android:layout_height="match_parent" >

    <fragment
        android:id="@+id/left_fragment"
        android:name="com.example.fragmenttest.LeftFragment"
        android:layout_width="0dp"
```

```
        android:layout_height="match_parent"
        android:layout_weight="1" />

    <fragment
        android:id="@+id/right_fragment"
        android:name="com.example.fragmenttest.RightFragment"
        android:layout_width="0dp"
        android:layout_height="match_parent"
        android:layout_weight="3" />

</LinearLayout>
```

这就意味着，当程序运行在屏幕宽度大于 600dp 的设备上时，会加载 layout-sw600dp/activity_main 布局，当程序运行在屏幕宽度小于 600dp 的设备上时，则仍然加载默认的 layout/activity_main 布局。

需要注意一点，最小宽度限定符是在 Android 3.2 版本引入的，由于这里我们最低兼容的系统版本是 4.0，所以可以放心地使用它。

4.5　碎片的最佳实践——一个简易版的新闻应用

现在你已经将关于碎片的重要知识点都掌握得差不多了，不过在灵活运用方面可能还有些欠缺，因此又该进入我们本章的最佳实践环节了。

前面有提到过，碎片很多时候都是在平板开发当中使用的，主要是为了解决屏幕空间不能充分利用的问题。那是不是就表明，我们开发的程序都需要提供一个手机版和一个 Pad 版呢？确实有不少公司都是这么做的，但是这样会浪费很多的人力物力。因为维护两个版本的代码成本很高，每当增加什么新功能时，需要在两份代码里各写一遍，每当发现一个 bug 时，需要在两份代码里各修改一次。因此今天我们最佳实践的内容就是，教你如何编写同时兼容手机和平板的应用程序。

还记得在本章开始的时候提到过的一个新闻应用吗？现在我们就将运用本章中所学的知识来编写一个简易版的新闻应用，并且要求它是可以同时兼容手机和平板的。新建好一个 FragmentBestPractice 项目，然后开始动手吧！

第一步我们要先准备好一个新闻的实体类，新建类 News，代码如下所示：

```
public class News {

    private String title;

    private String content;
```

```
    public String getTitle() {
        return title;
    }

    public void setTitle(String title) {
        this.title = title;
    }

    public String getContent() {
        return content;
    }

    public void setContent(String content) {
        this.content = content;
    }

}
```

News 类的代码还是比较简单的，title 字段表示新闻标题，content 字段表示新闻内容。接着新建一个 news_item.xml 布局，用于作为新闻列表中子项的布局：

```
<LinearLayout xmlns:android="http://schemas.android.com/apk/res/android"
    android:layout_width="match_parent"
    android:layout_height="match_parent"
    android:orientation="vertical" >

    <TextView
        android:id="@+id/news_title"
        android:layout_width="match_parent"
        android:layout_height="wrap_content"
        android:singleLine="true"
        android:ellipsize="end"
        android:textSize="18sp"
        android:paddingLeft="10dp"
        android:paddingRight="10dp"
        android:paddingTop="15dp"
        android:paddingBottom="15dp"
        />

</LinearLayout>
```

这段代码也非常简单，只是在 LinearLayout 中放入了一个 TextView 用于显示新闻的标题。仔细观察 TextView，你会发现其中有几个属性是我们之前没有学过的。android:padding 表示给控件的周围加上补白，这样不至于让文本内容会紧靠在边缘上。android:singleLine 设置为 true 表示让这个 TextView 只能单行显示。android:ellipsize 用于设定当文本内容超出控件宽度时，文本的缩略方式，这里指定成 end 表示在尾部进行缩略。

接下来需要创建新闻列表的适配器，让这个适配器继承自 ArrayAdapter，并将泛型指定为 News 类。新建类 NewsAdapter，代码如下所示：

```
public class NewsAdapter extends ArrayAdapter<News> {

    private int resourceId;

    public NewsAdapter(Context context, int textViewResourceId, List<News>
objects) {
        super(context, textViewResourceId, objects);
        resourceId = textViewResourceId;
    }

    @Override
    public View getView(int position, View convertView, ViewGroup parent) {
        News news = getItem(position);
        View view;
        if (convertView == null) {
            view = LayoutInflater.from(getContext()).inflate(resourceId, null);
        } else {
            view = convertView;
        }
        TextView newsTitleText = (TextView) view.findViewById(R.id.news_title);
        newsTitleText.setText(news.getTitle());
        return view;
    }

}
```

可以看到，在 getView()方法中，我们获取到了相应位置上的 News 类，并让新闻的标题在列表中进行显示。

这样基本就把新闻列表部分的代码编写完了，接下来我们看一下如何编写新闻内容部分的代码。新建布局文件 news_content_frag.xml，代码如下所示：

```
<RelativeLayout xmlns:android="http://schemas.android.com/apk/res/android"
    android:layout_width="match_parent"
    android:layout_height="match_parent" >

    <LinearLayout
        android:id="@+id/visibility_layout"
        android:layout_width="match_parent"
        android:layout_height="match_parent"
        android:orientation="vertical"
        android:visibility="invisible" >

        <TextView
            android:id="@+id/news_title"
            android:layout_width="match_parent"
            android:layout_height="wrap_content"
            android:gravity="center"
            android:padding="10dp"
            android:textSize="20sp" />

        <ImageView
            android:layout_width="match_parent"
            android:layout_height="1dp"
            android:scaleType="fitXY"
            android:src="@drawable/spilt_line" />

        <TextView
            android:id="@+id/news_content"
            android:layout_width="match_parent"
            android:layout_height="0dp"
            android:layout_weight="1"
            android:padding="15dp"
            android:textSize="18sp" />
    </LinearLayout>

    <ImageView
        android:layout_width="1dp"
        android:layout_height="match_parent"
        android:layout_alignParentLeft="true"
        android:scaleType="fitXY"
        android:src="@drawable/spilt_line_vertical" />

</RelativeLayout>
```

新闻内容的布局主要可以分为两个部分，头部显示完整的新闻标题，正文部分显示新闻内容，中间使用一条细线分隔开。这里的细线是利用 ImageView 显示了一张很窄的图片来实现的，将 ImageView 的 android:scaleType 属性设置为 fitXY，表示让这张图片填充满整个控件的大小。

然后再新建一个 NewsContentFragment 类，继承自 Fragment，代码如下所示：

```
public class NewsContentFragment extends Fragment {

    private View view;

    @Override
    public View onCreateView(LayoutInflater inflater, ViewGroup container,
            Bundle savedInstanceState) {
        view = inflater.inflate(R.layout.news_content_frag, container, false);
        return view;
    }

    public void refresh(String newsTitle, String newsContent) {
        View visibilityLayout = view.findViewById(R.id.visibility_layout);
        visibilityLayout.setVisibility(View.VISIBLE);
        TextView newsTitleText = (TextView) view.findViewById (R.id.news_title);
        TextView newsContentText = (TextView) view.findViewById(R.id.news_
content);
        newsTitleText.setText(newsTitle); // 刷新新闻的标题
        newsContentText.setText(newsContent); // 刷新新闻的内容
    }

}
```

首先在 onCreateView()方法里加载了我们刚刚创建的 news_content_frag 布局，这个没什么好解释的。接下来又提供了一个 refresh()方法，这个方法就是用于将新闻的标题和内容显示在界面上的。可以看到，这里通过 findViewById()方法分别获取到新闻的标题和内容控件，然后将方法传递进来的参数设置进去。

接着要创建一个在活动中使用的新闻内容布局，新建 news_content.xml，代码如下所示：

```
<LinearLayout xmlns:android="http://schemas.android.com/apk/res/android"
    android:layout_width="match_parent"
    android:layout_height="match_parent"
    android:orientation="vertical" >
```

```
    <fragment
        android:id="@+id/news_content_fragment"
        android:name="com.example.fragmentbestpractice.NewsContentFragment"
        android:layout_width="match_parent"
        android:layout_height="match_parent"
        />

</LinearLayout>
```

这里我们充分发挥了代码的复用性，直接在布局中引入了 NewsContentFragment，这样也就相当于把 news_content_frag 布局的内容自动加了进来。

然后新建 NewsContentActivity，作为显示新闻内容的活动，代码如下所示：

```
public class NewsContentActivity extends Activity {

    public static void actionStart(Context context, String newsTitle,
            String newsContent) {
        Intent intent = new Intent(context, NewsContentActivity.class);
        intent.putExtra("news_title", newsTitle);
        intent.putExtra("news_content", newsContent);
        context.startActivity(intent);
    }

    @Override
    protected void onCreate(Bundle savedInstanceState) {
        super.onCreate(savedInstanceState);
        requestWindowFeature(Window.FEATURE_NO_TITLE);
        setContentView(R.layout.news_content);
        String newsTitle = getIntent().getStringExtra("news_title");
// 获取传入的新闻标题
        String newsContent = getIntent().getStringExtra("news_content");
// 获取传入的新闻内容
        NewsContentFragment newsContentFragment = (NewsContentFragment)
getFragmentManager()
                .findFragmentById(R.id.news_content_fragment);
        newsContentFragment.refresh(newsTitle, newsContent);
// 刷新NewsContentFragment界面
    }

}
```

可以看到，在 onCreate()方法中我们通过 Intent 获取到了传入的新闻标题和新闻内容，然后调用 FragmentManager 的 findFragmentById()方法得到了 NewsContentFragment 的实例，接着调用它的 refresh()方法，并将新闻的标题和内容传入，就可以把这些数据显示出来了。注意这里我们还提供了一个 actionStart()方法，还记得它的作用吗？如果忘记的话就再去阅读一遍 2.6.3 节吧。

接下来还需要再创建一个用于显示新闻列表的布局，新建 news_title_frag.xml，代码如下所示：

```
<LinearLayout xmlns:android="http://schemas.android.com/apk/res/android"
    android:layout_width="match_parent"
    android:layout_height="match_parent"
    android:orientation="vertical" >

    <ListView
        android:id="@+id/news_title_list_view"
        android:layout_width="match_parent"
        android:layout_height="match_parent" >
    </ListView>

</LinearLayout>
```

这个布局的代码就非常简单了，里面只有一个 ListView。不过想必你已经猜到了，这个布局并不是给活动使用的，而是给碎片使用的，因此我们还需要创建一个碎片来加载这个布局。新建一个 NewsTitleFragment 类，继承自 Fragment，代码如下所示：

```
public class NewsTitleFragment extends Fragment implements
OnItemClickListener {

    private ListView newsTitleListView;

    private List<News> newsList;

    private NewsAdapter adapter;

    private boolean isTwoPane;

    @Override
    public void onAttach(Activity activity) {
        super.onAttach(activity);
        newsList = getNews(); // 初始化新闻数据
```

```
        adapter = new NewsAdapter(activity, R.layout.news_item, newsList);
    }

    @Override
    public View onCreateView(LayoutInflater inflater, ViewGroup container,
            Bundle savedInstanceState) {
        View view = inflater.inflate(R.layout.news_title_frag, container, false);
        newsTitleListView = (ListView) view.findViewById(R.id.news_title_
list_view);
        newsTitleListView.setAdapter(adapter);
        newsTitleListView.setOnItemClickListener(this);
        return view;
    }

    @Override
    public void onActivityCreated(Bundle savedInstanceState) {
        super.onActivityCreated(savedInstanceState);
        if (getActivity().findViewById(R.id.news_content_layout) != null) {
            isTwoPane = true; // 可以找到news_content_layout布局时，为双页模式
        } else {
            isTwoPane = false; // 找不到news_content_layout布局时，为单页模式
        }
    }

    @Override
    public void onItemClick(AdapterView<?> parent, View view, int position,
            long id) {
        News news = newsList.get(position);
        if (isTwoPane) {
            // 如果是双页模式，则刷新NewsContentFragment中的内容
            NewsContentFragment newsContentFragment = (NewsContentFragment)
                    getFragmentManager().findFragmentById(R.id.news_
content_fragment);
            newsContentFragment.refresh(news.getTitle(), news.getContent());
        } else {
            // 如果是单页模式，则直接启动NewsContentActivity
            NewsContentActivity.actionStart(getActivity(), news.getTitle(),
news.getContent());
        }
    }
```

```
    private List<News> getNews() {
        List<News> newsList = new ArrayList<News>();
        News news1 = new News();
        news1.setTitle("Succeed in College as a Learning Disabled Student");
        news1.setContent("College freshmen will soon learn to live with a
        roommate, adjust to a new social scene and survive less-than-stellar
        dining hall food. Students with learning disabilities will face these
        transitions while also grappling with a few more hurdles.");
        newsList.add(news1);
        News news2 = new News();
        news2.setTitle("Google Android exec poached by China's Xiaomi");
        news2.setContent("China's Xiaomi has poached a key Google executive
        involved in the tech giant's Android phones, in a move seen as a coup
        for the rapidly growing Chinese smartphone maker.");
        newsList.add(news2);
        return newsList;
    }

}
```

这个类的代码有点长，我来重点解释一下。根据碎片的生命周期，我们知道，onAttach()方法会首先执行，因此在这里做了一些数据初始化的操作，比如调用 getNews()方法获取几条模拟的新闻数据，以及完成 NewsAdapter 的创建。然后在 onCreateView()方法中加载了 news_title_frag 布局，并给新闻列表的 ListView 注册了点击事件。接下来在 onActivityCreated()方法中，我们通过是否能够找到一个 id 为 news_content_layout 的 View 来判断当前是双页模式还是单页模式，这个 id 为 news_content_layout 的 View 只在双页模式中才会出现，在稍后的布局里你将会看到。然后在 ListView 的点击事件里我们就可以判断，如果当前是单页模式，就启动一个新的活动去显示新闻内容，如果当前是双页模式，就更新新闻内容碎片里的数据。

剩下工作就非常简单了，修改 activity_main.xml 中的代码，如下所示：

```
<LinearLayout xmlns:android="http://schemas.android.com/apk/res/android"
    android:layout_width="match_parent"
    android:layout_height="match_parent" >

    <fragment
        android:id="@+id/news_title_fragment"
        android:name="com.example.fragmentbestpractice.NewsTitleFragment"
```

```
        android:layout_width="match_parent"
        android:layout_height="match_parent"
        />

</LinearLayout>
```

上述代码表示，在单页模式下，只会加载一个新闻标题的碎片。然后新建 layout-sw600dp 文件夹，在这个文件夹下再新建一个 activity_main.xml 文件，代码如下所示：

```
<LinearLayout xmlns:android="http://schemas.android.com/apk/res/android"
    android:layout_width="match_parent"
    android:layout_height="match_parent" >

    <fragment
        android:id="@+id/news_title_fragment"
        android:name="com.example.fragmentbestpractice.NewsTitleFragment"
        android:layout_width="0dp"
        android:layout_height="match_parent"
        android:layout_weight="1" />

    <FrameLayout
        android:id="@+id/news_content_layout"
        android:layout_width="0dp"
        android:layout_height="match_parent"
        android:layout_weight="3" >

        <fragment
            android:id="@+id/news_content_fragment"
            android:name="com.example.fragmentbestpractice.
NewsContentFragment"
            android:layout_width="match_parent"
            android:layout_height="match_parent" />
    </FrameLayout>

</LinearLayout>
```

可以看出，在双页模式下我们同时引入了两个碎片，并将新闻内容的碎片放在了一个 FrameLayout 布局下，而这个布局的 id 正是 news_content_layout。因此，能够找到这个 id 的时候就是双页模式，否则就是单面模式。

最后再将 MainActivity 稍作修改，把标题栏去除掉，代码如下所示：

```
public class MainActivity extends Activity {

    @Override
    protected void onCreate(Bundle savedInstanceState) {
        super.onCreate(savedInstanceState);
        requestWindowFeature(Window.FEATURE_NO_TITLE);
        setContentView(R.layout.activity_main);
    }

}
```

这样我们所有的编写工作就已经完成了，赶快来运行一下吧！首先在手机模拟器上运行，效果如图 4.15 所示。

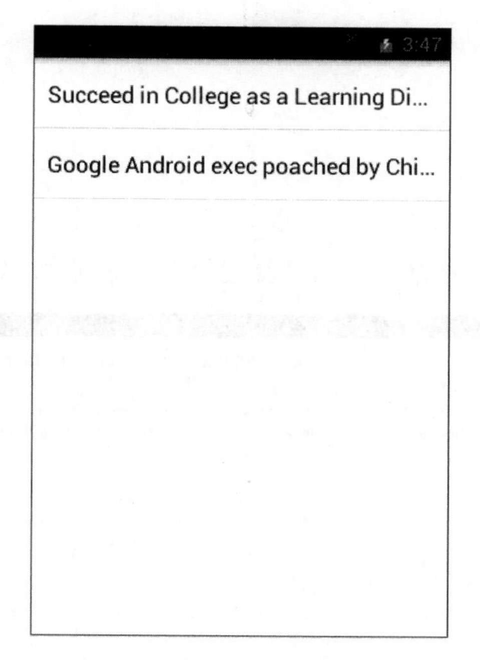

图　4.15

可以看到两条新闻的标题，并且超出屏幕部分的文字是在尾部使用省略号代替的。

然后点击第二条新闻，会启动一个新的活动来显示新闻的内容，效果如图 4.16 所示。

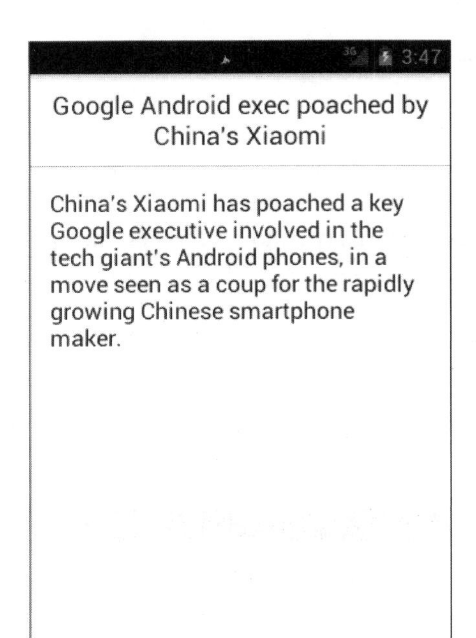

图 4.16

接下来将程序在平板模拟器上运行，同样点击第二条新闻，效果如图 4.17 所示。

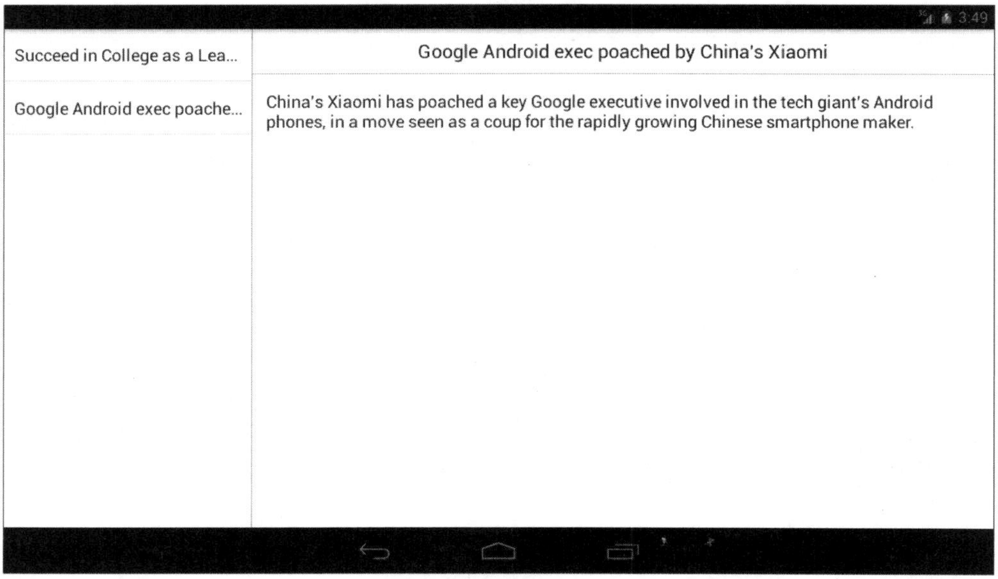

图 4.17

怎么样？同样的一份代码，在手机和平板上运行却分别是两种完全不同的效果，说明我们程序的兼容性已经写得相当不错了。通过这个例子，我相信你对碎片的理解一定又加深了很多，现在就让我们一起来总结一下吧。

4.6　小结与点评

你应该可以感觉到，上一节中我们开发的新闻应用，代码复杂度还是有点高的，比起只需要兼容一个终端的应用，我们要考虑的东西多了很多。不过开发的过程中多付出一些，在以后的代码维护中就可以轻松很多。因此，有时候提前的付出还是很值得的。

我们再来回顾一下本章所学的内容吧，首先你了解了碎片的基本概念以及使用场景，接着通过几个实例掌握了碎片的常见用法，随后又学习了碎片生命周期的相关内容以及动态加载布局的技巧，最后在本章的最佳实践部分将前面所学的内容综合运用了一遍，相信你已经将碎片相关知识点都牢记在心，并可以较为熟练地应用了。

本章其实是有一个里程碑式的纪念意义的，因为到这里为止，我们已经将 Android UI 相关的重要知识点全部讲完了。后面将不会再系统性地介绍 UI 方面的知识，而是将结合前面所学的 UI 知识来更好地讲解相应章节的内容。那么我们下一章将要学习什么呢？还记得在第一章里介绍过的 Android 四大组件吧，目前我们只掌握了活动这一个组件，那么下一章就来学习广播接收器吧。跟上脚步，准备继续前进！

经验值：+3500　　　　目前经验值：16905

级别：鸟

赢得宝物：在大战 300 回合，双方把所有下三烂的手段都用完后，我终于战胜了碎片最佳实践兽。拾取碎片最佳实践兽掉落的宝物，一块当下在神界特别流行的 iPad，由神界设计新秀小乔主导设计。

第 5 章　全局大喇叭，详解广播机制

记得在我上学的时候，每个班级的教室里都会装有一个喇叭，这些喇叭都是接入到学校的广播室的，一旦有什么重要的通知，就会播放一条广播来告知全校的师生。类似的工作机制其实在计算机领域也有很广泛的应用，如果你了解网络通信原理应该会知道，在一个 IP 网络范围中最大的 IP 地址是被保留作为广播地址来使用的。比如某个网络的 IP 范围是 192.168.0.XXX，子网掩码是 255.255.255.0，那么这个网络的广播地址就是 192.168.0.255。广播数据包会被发送到同一网络上的所有端口，这样在该网络中的每台主机都将会收到这条广播。

为了方便于进行系统级别的消息通知，Android 也引入了一套类似的广播消息机制。相比于我前面举出的两个例子，Android 中的广播机制会显得更加的灵活，本章就将对这一机制的方方面面进行详细的讲解。

5.1　广播机制简介

为什么说 Android 中的广播机制更加灵活呢？这是因为 Android 中的每个应用程序都可以对自己感兴趣的广播进行注册，这样该程序就只会接收到自己所关心的广播内容，这些广播可能是来自于系统的，也可能是来自于其他应用程序的。Android 提供了一套完整的 API，允许应用程序自由地发送和接收广播。发送广播的方法其实之前稍微有提到过一下，如果你记性好的话可能还会有印象，就是借助我们第 2 章学过的 Intent。而接收广播的方法则需要引入一个新的概念，广播接收器（Broadcast Receiver）。

广播接收器的具体用法将会在下一节中做介绍，这里我们先来了解一下广播的类型。Android 中的广播主要可以分为两种类型，标准广播和有序广播。

标准广播（Normal broadcasts）是一种完全异步执行的广播，在广播发出之后，所有的广播接收器几乎都会在同一时刻接收到这条广播消息，因此它们之间没有任何先后顺序可言。这种广播的效率会比较高，但同时也意味着它是无法被截断的。标准广播的工作流程如图 5.1 所示。

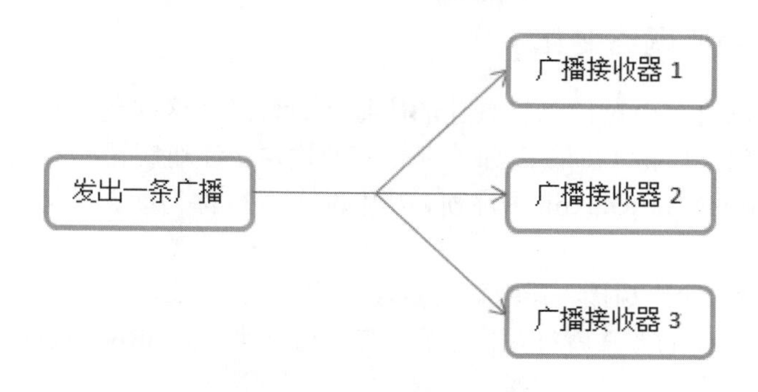

图　5.1

有序广播（Ordered broadcasts）则是一种同步执行的广播，在广播发出之后，同一时刻只会有一个广播接收器能够收到这条广播消息，当这个广播接收器中的逻辑执行完毕后，广播才会继续传递。所以此时的广播接收器是有先后顺序的，优先级高的广播接收器就可以先收到广播消息，并且前面的广播接收器还可以截断正在传递的广播，这样后面的广播接收器就无法收到广播消息了。有序广播的工作流程如图 5.2 所示。

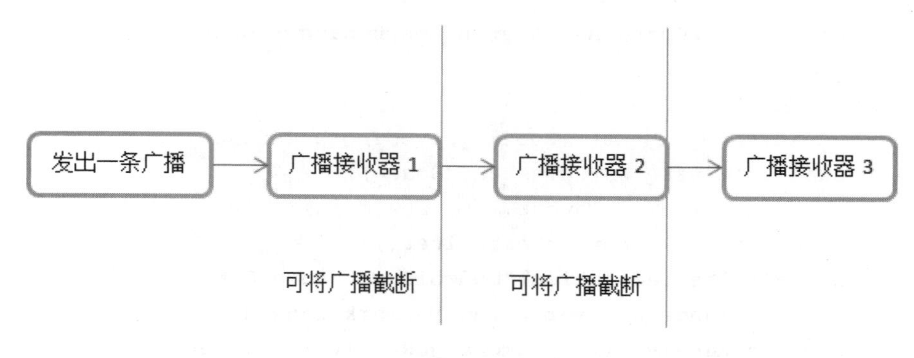

图　5.2

掌握了这些基本概念后，我们就可以来尝试一下广播的用法了，首先就从接收系统广播开始吧。

5.2　接收系统广播

Android 内置了很多系统级别的广播，我们可以在应用程序中通过监听这些广播来得到各种系统的状态信息。比如手机开机完成后会发出一条广播，电池的电量发生变化会发出一条广播，时间或时区发生改变也会发出一条广播等等。如果想要接收到这些广播，就需要使用广播接收器，下面我们就来看一下它的具体用法。

5.2.1 动态注册监听网络变化

广播接收器可以自由地对自己感兴趣的广播进行注册，这样当有相应的广播发出时，广播接收器就能够收到该广播，并在内部处理相应的逻辑。注册广播的方式一般有两种，在代码中注册和在 AndroidManifest.xml 中注册，其中前者也被称为动态注册，后者也被称为静态注册。

那么该如何创建一个广播接收器呢？其实只需要新建一个类，让它继承自 BroadcastReceiver，并重写父类的 onReceive()方法就行了。这样当有广播到来时，onReceive()方法就会得到执行，具体的逻辑就可以在这个方法中处理。

那我们就先通过动态注册的方式编写一个能够监听网络变化的程序，借此学习一下广播接收器的基本用法吧。新建一个 BroadcastTest 项目，然后修改 MainActivity 中的代码，如下所示：

```
public class MainActivity extends Activity {

    private IntentFilter intentFilter;

    private NetworkChangeReceiver networkChangeReceiver;

    @Override
    protected void onCreate(Bundle savedInstanceState) {
        super.onCreate(savedInstanceState);
        setContentView(R.layout.activity_main);
        intentFilter = new IntentFilter();
        intentFilter.addAction("android.net.conn.CONNECTIVITY_CHANGE");
        networkChangeReceiver = new NetworkChangeReceiver();
        registerReceiver(networkChangeReceiver, intentFilter);
    }

    @Override
    protected void onDestroy() {
        super.onDestroy();
        unregisterReceiver(networkChangeReceiver);
    }

    class NetworkChangeReceiver extends BroadcastReceiver {

        @Override
        public void onReceive(Context context, Intent intent) {
```

```
            Toast.makeText(context, "network changes",
Toast.LENGTH_SHORT).show();
        }

    }

}
```

可以看到，我们在 MainActivity 中定义了一个内部类 NetworkChangeReceiver，这个类是继承自 BroadcastReceiver 的，并重写了父类的 onReceive()方法。这样每当网络状态发生变化时，onReceive()方法就会得到执行，这里只是简单地使用 Toast 提示了一段文本信息。

然后观察 onCreate()方法，首先我们创建了一个 IntentFilter 的实例，并给它添加了一个值为 android.net.conn.CONNECTIVITY_CHANGE 的 action，为什么要添加这个值呢？因为当网络状态发生变化时，系统发出的正是一条值为 android.net.conn.CONNECTIVITY_CHANGE 的广播，也就是说我们的广播接收器想要监听什么广播，就在这里添加相应的 action 就行了。接下来创建了一个 NetworkChangeReceiver 的实例，然后调用 registerReceiver()方法进行注册，将 NetworkChangeReceiver 的实例和 IntentFilter 的实例都传了进去，这样 NetworkChangeReceiver 就会收到所有值为 android.net.conn.CONNECTIVITY_CHANGE 的广播，也就实现了监听网络变化的功能。

最后要记得，动态注册的广播接收器一定都要取消注册才行，这里我们是在 onDestroy()方法中通过调用 unregisterReceiver()方法来实现的。

整体来说，代码还是非常简单的，现在运行一下程序。首先你会在注册完成的时候收到一条广播，然后按下 Home 键回到主界面（注意不能按 Back 键，否则 onDestroy()方法会执行），接着按下 Menu 键→System settings→Data usage 进入到数据使用详情界面，然后尝试着开关 Mobile Data 来启动和禁用网络，你就会看到有 Toast 提醒你网络发生了变化。

不过只是提醒网络发生了变化还不够人性化，最好是能准确地告诉用户当前是有网络还是没有网络，因此我们还需要对上面的代码进行进一步的优化。修改 MainActivity 中的代码，如下所示：

```
public class MainActivity extends Activity {
    ……
    class NetworkChangeReceiver extends BroadcastReceiver {

        @Override
        public void onReceive(Context context, Intent intent) {
            ConnectivityManager connectionManager = (ConnectivityManager)
                  getSystemService(Context.CONNECTIVITY_SERVICE);
            NetworkInfo networkInfo = connectionManager.getActiveNetworkInfo();
```

```
                if (networkInfo != null && networkInfo.isAvailable()) {
                    Toast.makeText(context, "network is available",
                            Toast.LENGTH_SHORT).show();
                } else {
                    Toast.makeText(context, "network is unavailable",
                            Toast.LENGTH_SHORT).show();
                }
            }

        }
    }
```

在 onReceive()方法中，首先通过 getSystemService()方法得到了 ConnectivityManager 的实例，这是一个系统服务类，专门用于管理网络连接的。然后调用它的 getActiveNetworkInfo()方法可以得到 NetworkInfo 的实例，接着调用 NetworkInfo 的 isAvailable()方法，就可以判断出当前是否有网络了，最后我们还是通过 Toast 的方式对用户进行提示。

另外，这里有非常重要的一点需要说明，Android 系统为了保证应用程序的安全性做了规定，如果程序需要访问一些系统的关键性信息，必须在配置文件中声明权限才可以，否则程序将会直接崩溃，比如这里查询系统的网络状态就是需要声明权限的。打开 AndroidManifest.xml 文件，在里面加入如下权限就可以查询系统网络状态了：

```
<manifest xmlns:android="http://schemas.android.com/apk/res/android"
    package="com.example.broadcasttest"
    android:versionCode="1"
    android:versionName="1.0" >
    <uses-sdk
        android:minSdkVersion="14"
        android:targetSdkVersion="19" />
    <uses-permission android:name="android.permission.ACCESS_NETWORK_STATE"/>
    ......
</manifest>
```

访问 http://developer.android.com/reference/android/Manifest.permission.html 可以查看 Android 系统所有可声明的权限。

现在重新运行程序，然后按下 Home 键→按下 Menu 键→System settings→Data usage 进入到数据使用详情界面，关闭 Mobile Data 会弹出无网络可用的提示，如图 5.3 所示。

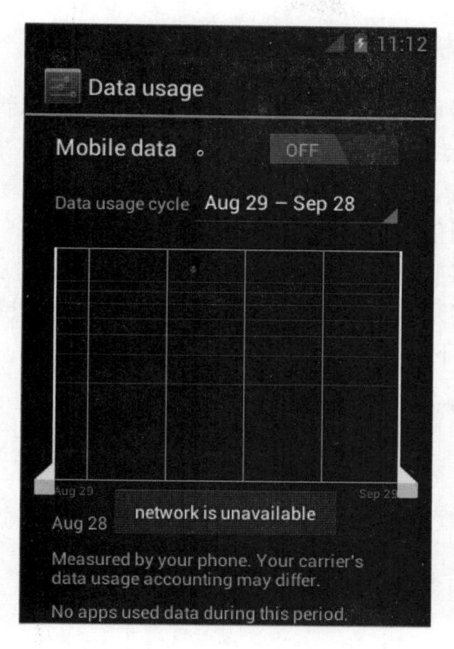

图　5.3

然后重新打开 Mobile Data 又会弹出网络可用的提示，如图 5.4 所示。

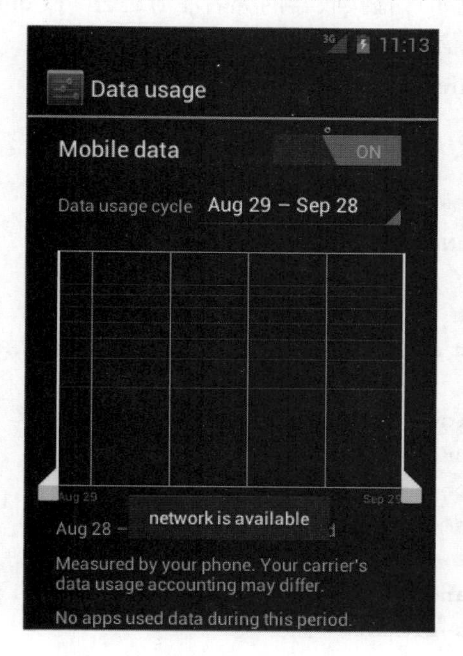

图　5.4

5.2.2 静态注册实现开机启动

动态注册的广播接收器可以自由地控制注册与注销，在灵活性方面有很大的优势，但是它也存在着一个缺点，即必须要在程序启动之后才能接收到广播，因为注册的逻辑是写在onCreate()方法中的。那么有没有什么办法可以让程序在未启动的情况下就能接收到广播呢？这就需要使用静态注册的方式了。

这里我们准备让程序接收一条开机广播，当收到这条广播时就可以在onReceive()方法里执行相应的逻辑，从而实现开机启动的功能。新建一个 BootCompleteReceiver 继承自BroadcastReceiver，代码如下所示：

```
public class BootCompleteReceiver extends BroadcastReceiver {

    @Override
    public void onReceive(Context context, Intent intent) {
        Toast.makeText(context, "Boot Complete", Toast.LENGTH_LONG).show();
    }

}
```

可以看到，这里不再使用内部类的方式来定义广播接收器，因为稍后我们需要在AndroidManifest.xml 中将这个广播接收器的类名注册进去。在 onReceive()方法中，还是简单地使用 Toast 弹出一段提示信息。

然后修改 AndroidManifest.xml 文件，代码如下所示：

```
<manifest xmlns:android="http://schemas.android.com/apk/res/android"
    package="com.example.broadcasttest"
    android:versionCode="1"
    android:versionName="1.0" >
    ……
    <uses-permission android:name="android.permission.ACCESS_NETWORK_STATE" />
    <uses-permission android:name="android.permission.RECEIVE_BOOT_COMPLETED" />
    <application
        android:allowBackup="true"
        android:icon="@drawable/ic_launcher"
        android:label="@string/app_name"
        android:theme="@style/AppTheme" >
        ……
        <receiver android:name=".BootCompleteReceiver" >
            <intent-filter>
                <action android:name="android.intent.action.BOOT_COMPLETED" />
```

```
            </intent-filter>
        </receiver>
    </application>
</manifest>
```

终于，<application>标签内出现了一个新的标签<receiver>，所有静态注册的广播接收器都是在这里进行注册的。它的用法其实和<activity>标签非常相似，首先通过 android:name 来指定具体注册哪一个广播接收器，然后在<intent-filter>标签里加入想要接收的广播就行了，由于 Android 系统启动完成后会发出一条值为 android.intent.action.BOOT_COMPLETED 的广播，因此我们在这里添加了相应的 action。

另外，监听系统开机广播也是需要声明权限的，可以看到，我们使用<uses-permission>标签又加入了一条 android.permission.RECEIVE_BOOT_COMPLETED 权限。

现在重新运行程序后，我们的程序就已经可以接收开机广播了，首先打开到应用程序管理界面来查看一下当前程序所拥有的权限。在桌面按下 Menu 键→System settings→Apps，然后点击 BroadcastTest，如图 5.5 所示。

图　5.5

可以看到，我们的程序目前拥有访问网络状态和开机自动启动的权限。然后将模拟器关闭并重新启动，在启动完成之后就会收到开机广播了，如图 5.6 所示。

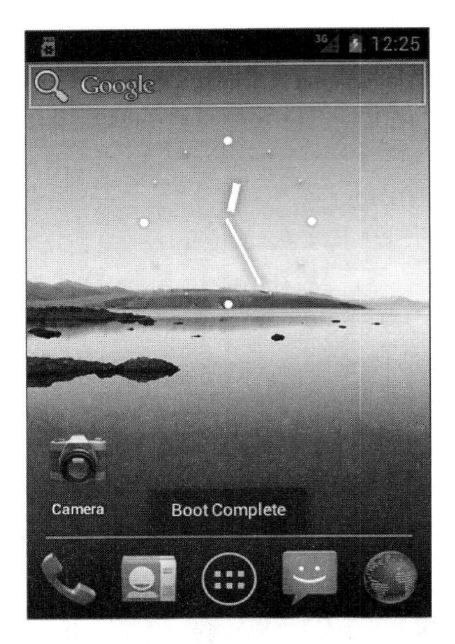

图 5.6

到目前为止，我们在广播接收器的 onReceive()方法中都只是简单地使用 Toast 提示了一段文本信息，当你真正在项目中使用到它的时候，就可以在里面编写自己的逻辑。需要注意的是，不要在 onReceive()方法中添加过多的逻辑或者进行任何的耗时操作，因为在广播接收器中是不允许开启线程的，当 onReceive()方法运行了较长时间而没有结束时，程序就会报错。因此广播接收器更多的是扮演一种打开程序其他组件的角色，比如创建一条状态栏通知，或者启动一个服务等，这几个概念我们会在后面的章节中学到。

经验值：+3000　　　　目前经验值：19905

级别：鸟

赢得宝物：战胜广播尊者。拾取广播尊者掉落的宝物，一台小的调频收音机，还有一个在神界乡村常用的那种大喇叭头子，主要用来向那些乡下神广播神界的惠农政策。说到乡下神，乡下牛是他们的好伙伴，乡下牛并不是乡下神养殖的家畜，他们之间完全是平等的合作关系，同属神族公民，农忙时互相配合。广播尊者虽身为尊者，但特别喜欢干农活，一天到晚活跃在田间地头，为乡下神带去最新的农业技术，以及城里神的新鲜事。

5.3 发送自定义广播

现在你已经学会了通过广播接收器来接收系统广播，接下来我们就要学习一下如何在应用程序中发送自定义的广播。前面已经介绍过了，广播主要分为两种类型，标准广播和有序广播，在本节中我们就将通过实践的方式来看下这两种广播具体的区别。

5.3.1　发送标准广播

在发送广播之前，我们还是需要先定义一个广播接收器来准备接收此广播才行，不然发出去也是白发。因此新建一个 MyBroadcastReceiver 继承自 BroadcastReceiver，代码如下所示：

```
public class MyBroadcastReceiver extends BroadcastReceiver {

    @Override
    public void onReceive(Context context, Intent intent) {
        Toast.makeText(context, "received in MyBroadcastReceiver",
Toast.LENGTH_SHORT).show();
    }

}
```

这里当 MyBroadcastReceiver 收到自定义的广播时，就会弹出 received in MyBroadcastReceiver 的提示。然后在 AndroidManifest.xml 中对这个广播接收器进行注册：

```
<manifest xmlns:android="http://schemas.android.com/apk/res/android"
    package="com.example.broadcasttest"
    android:versionCode="1"
    android:versionName="1.0" >
    ......
    <application
        android:allowBackup="true"
        android:icon="@drawable/ic_launcher"
        android:label="@string/app_name"
        android:theme="@style/AppTheme" >
        ......
        <receiver android:name=".MyBroadcastReceiver">
            <intent-filter>
                <action android:name="com.example.broadcasttest.MY_BROADCAST"/>
            </intent-filter>
        </receiver>
    </application>
</manifest>
```

可以看到，这里让 MyBroadcastReceiver 接收一条值为 com.example.broadcasttest.MY_BROADCAST 的广播，因此待会儿在发送广播的时候，我们就需要发出这样的一条广播。

接下来修改 activity_main.xml 中的代码，如下所示：

```
<LinearLayout xmlns:android="http://schemas.android.com/apk/res/android"
    android:layout_width="match_parent"
    android:layout_height="match_parent" >

   <Button
       android:id="@+id/button"
       android:layout_width="match_parent"
       android:layout_height="wrap_content"
       android:text="Send Broadcast"
       />

</LinearLayout>
```

这里在布局文件中定义了一个按钮，用于作为发送广播的触发点。然后修改 MainActivity 中的代码，如下所示：

```
public class MainActivity extends Activity {
    ……
    @Override
    protected void onCreate(Bundle savedInstanceState) {
        super.onCreate(savedInstanceState);
        setContentView(R.layout.activity_main);
        Button button = (Button) findViewById(R.id.button);
        button.setOnClickListener(new OnClickListener() {
            @Override
            public void onClick(View v) {
                Intent intent = new Intent("com.example.broadcasttest.
MY_BROADCAST");
                sendBroadcast(intent);
            }
        });
        ……
    }
    ……
}
```

可以看到，我们在按钮的点击事件里面加入了发送自定义广播的逻辑。首先构建出了一个 Intent 对象，并把要发送的广播的值传入，然后调用了 Context 的 sendBroadcast()方法将广播发送出去，这样所有监听 com.example.broadcasttest.MY_BROADCAST 这条广播的广播接收器就会收到消息。此时发出去的广播就是一条标准广播。

重新运行程序，并点击一下 Send Broadcast 按钮，效果如图 5.7 所示。

图　5.7

这样我们就成功完成了发送自定义广播的功能。另外，由于广播是使用 Intent 进行传递的，因此你还可以在 Intent 中携带一些数据传递给广播接收器。

5.3.2　发送有序广播

广播是一种可以跨进程的通信方式，这一点从前面接收系统广播的时候就可以看出来了。因此在我们应用程序内发出的广播，其他的应用程序应该也是可以收到的。为了验证这一点，我们需要再新建一个 BroadcastTest2 项目。

将项目创建好之后，还需要在这个项目下定义一个广播接收器，用于接收上一小节中的自定义广播。新建 AnotherBroadcastReceiver 继承自 BroadcastReceiver，代码如下所示：

```
public class AnotherBroadcastReceiver extends BroadcastReceiver {

    @Override
    public void onReceive(Context context, Intent intent) {
        Toast.makeText(context, "received in AnotherBroadcastReceiver",
                Toast.LENGTH_SHORT).show();
    }

}
```

这里仍然是在广播接收器的 onReceive()方法中弹出了一段文本信息。然后在 AndroidManifest.xml 中对这个广播接收器进行注册，代码如下所示：

```
<manifest xmlns:android="http://schemas.android.com/apk/res/android"
    package="com.example.broadcasttest2"
    android:versionCode="1"
    android:versionName="1.0" >
    ......
    <application
        android:allowBackup="true"
        android:icon="@drawable/ic_launcher"
        android:label="@string/app_name"
        android:theme="@style/AppTheme" >
        ......
        <receiver android:name=".AnotherBroadcastReceiver" >
            <intent-filter>
                <action android:name="com.example.broadcasttest.MY_BROADCAST" />
            </intent-filter>
        </receiver>
    </application>
</manifest>
```

可以看到，AnotherBroadcastReceiver 同样接收的是 com.example.broadcasttest.MY_BROADCAST 这条广播。现在运行 BroadcastTest2 项目将这个程序安装到模拟器上，然后重新回到 BroadcastTest 项目的主界面，并点击一下 Send Broadcast 按钮，就会分别弹出两次提示信息，如图 5.8 所示。

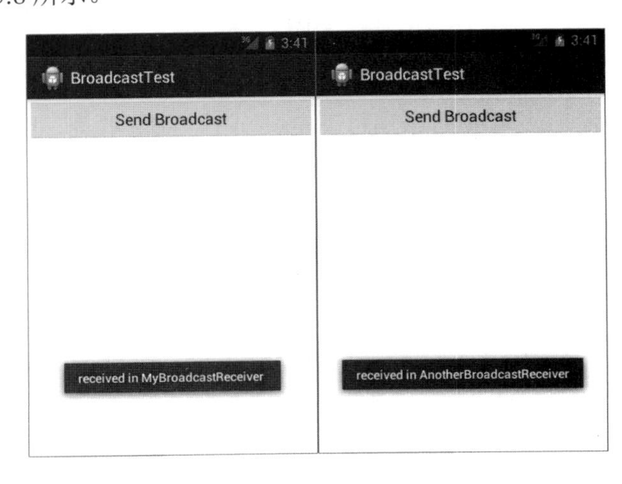

图 5.8

这样就强有力地证明了，我们的应用程序发出的广播是可以被其他的应用程序接收到的。

不过到目前为止，程序里发出的都还是标准广播，现在我们来尝试一下发送有序广播。关闭 BroadcastTest2 项目，然后修改 MainActivity 中的代码，如下所示：

```
public class MainActivity extends Activity {
    ……
    @Override
    protected void onCreate(Bundle savedInstanceState) {
        super.onCreate(savedInstanceState);
        setContentView(R.layout.activity_main);
        Button button = (Button) findViewById(R.id.button);
        button.setOnClickListener(new OnClickListener() {
            @Override
            public void onClick(View v) {
                Intent intent = new Intent("com.example.broadcasttest.
MY_BROADCAST");
                sendOrderedBroadcast(intent, null);
            }
        });
        ……
    }
    ……
}
```

可以看到，发送有序广播只需要改动一行代码，即将 sendBroadcast()方法改成 sendOrderedBroadcast()方法。sendOrderedBroadcast()方法接收两个参数，第一个参数仍然是 Intent，第二个参数是一个与权限相关的字符串，这里传入 null 就行了。现在重新运行程序，并点击 Send Broadcast 按钮，你会发现，两个应用程序仍然都可以接收到这条广播。

看上去好像和标准广播没什么区别嘛，不过别忘了，这个时候的广播接收器是有先后顺序的，而且前面的广播接收器还可以将广播截断，以阻止其继续传播。

那么该如何设定广播接收器的先后顺序呢？当然是在注册的时候进行设定的了，修改 AndroidManifest.xml 中的代码，如下所示：

```
<manifest xmlns:android="http://schemas.android.com/apk/res/android"
    package="com.example.broadcasttest"
    android:versionCode="1"
    android:versionName="1.0" >
   ……
    <application
        android:allowBackup="true"
```

```
            android:icon="@drawable/ic_launcher"
            android:label="@string/app_name"
            android:theme="@style/AppTheme" >
            ......
            <receiver android:name=".MyBroadcastReceiver">
                <intent-filter android:priority="100" >
                    <action android:name="com.example.broadcasttest.MY_BROADCAST"/>
                </intent-filter>
            </receiver>
        </application>
    </manifest>
```

可以看到，我们通过 android:priority 属性给广播接收器设置了优先级，优先级比较高的广播接收器就可以先收到广播。这里将 MyBroadcastReceiver 的优先级设成了 100，以保证它一定会在 AnotherBroadcastReceiver 之前收到广播。

既然已经获得了接收广播的优先权，那么 MyBroadcastReceiver 就可以选择是否允许广播继续传递了。修改 MyBroadcastReceiver 中的代码，如下所示：

```
public class MyBroadcastReceiver extends BroadcastReceiver {

    @Override
    public void onReceive(Context context, Intent intent) {
        Toast.makeText(context, "received in MyBroadcastReceive",
Toast.LENGTH_SHORT).show();
        abortBroadcast();
    }

}
```

如果在 onReceive()方法中调用了 abortBroadcast()方法，就表示将这条广播截断，后面的广播接收器将无法再接收到这条广播。现在重新运行程序，并点击一下 Send Broadcast 按钮，你会发现，只有 MyBroadcastReceiver 中的 Toast 信息能够弹出，说明这条广播经过 MyBroadcastReceiver 之后确实是终止传递了。

5.4 使用本地广播

前面我们发送和接收的广播全部都是属于系统全局广播，即发出的广播可以被其他任何应用程序接收到，并且我们也可以接收来自于其他任何应用程序的广播。这样就很容易会引起安全性的问题，比如说我们发送的一些携带关键性数据的广播有可能被其他的应用程序截获，或者其他的程序不停地向我们的广播接收器里发送各种垃圾广播。

为了能够简单地解决广播的安全性问题，Android 引入了一套本地广播机制，使用这个机制发出的广播只能够在应用程序的内部进行传递，并且广播接收器也只能接收来自本应用程序发出的广播，这样所有的安全性问题就都不存在了。

本地广播的用法并不复杂，主要就是使用了一个 LocalBroadcastManager 来对广播进行管理，并提供了发送广播和注册广播接收器的方法。下面我们就通过具体的实例来尝试一下它的用法，修改 MainActivity 中的代码，如下所示：

```
public class MainActivity extends Activity {

    private IntentFilter intentFilter;

    private LocalReceiver localReceiver;

    private LocalBroadcastManager localBroadcastManager;

    @Override
    protected void onCreate(Bundle savedInstanceState) {
        super.onCreate(savedInstanceState);
        setContentView(R.layout.activity_main);
        localBroadcastManager = LocalBroadcastManager.getInstance(this);
// 获取实例
        Button button = (Button) findViewById(R.id.button);
        button.setOnClickListener(new OnClickListener() {
            @Override
            public void onClick(View v) {
                Intent intent = new Intent("com.example.broadcasttest.
LOCAL_BROADCAST");
                localBroadcastManager.sendBroadcast(intent); // 发送本地广播
            }
        });
        intentFilter = new IntentFilter();
        intentFilter.addAction("com.example.broadcasttest.LOCAL_BROADCAST");
        localReceiver = new LocalReceiver();
        localBroadcastManager.registerReceiver(localReceiver, intentFilter);
// 注册本地广播监听器
    }
    @Override
    protected void onDestroy() {
        super.onDestroy();
```

```
            localBroadcastManager.unregisterReceiver(localReceiver);
        }

        class LocalReceiver extends BroadcastReceiver {

            @Override
            public void onReceive(Context context, Intent intent) {
                Toast.makeText(context, "received local broadcast",
    Toast.LENGTH_SHORT).show();
            }

        }

    }
```

有没有感觉这些代码很熟悉？没错，其实这基本上就和我们前面所学的动态注册广播接收器以及发送广播的代码是一样。只不过现在首先是通过 LocalBroadcastManager 的 getInstance()方法得到了它的一个实例，然后在注册广播接收器的时候调用的是 LocalBroadcastManager 的 registerReceiver()方法，在发送广播的时候调用的是 LocalBroadcastManager 的 sendBroadcast()方法，仅此而已。这里我们在按钮的点击事件里面发出了一条 com.example.broadcasttest.LOCAL_BROADCAST 广播，然后在 LocalReceiver 里去接收这条广播。重新运行程序，并点击 Send Broadcast 按钮，效果如图 5.9 所示。

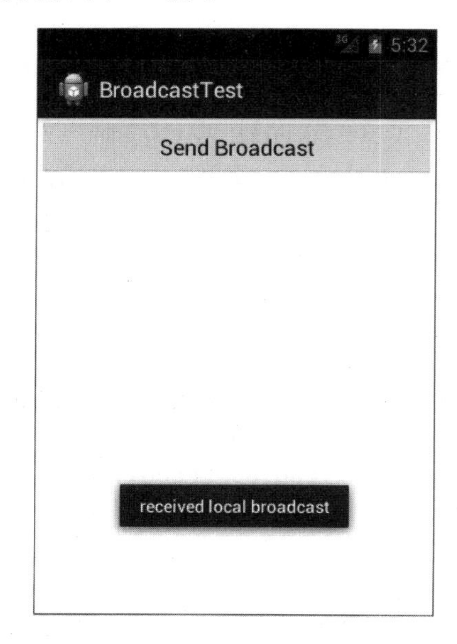

图 5.9

可以看到，LocalReceiver 成功接收到了这条本地广播，并通过 Toast 提示了出来。如果你还有兴趣进行实验，可以尝试在 BroadcastTest2 中也去接收 com.example.broadcasttest.LOCAL_BROADCAST 这条广播，答案是显而易见的，肯定无法收到，因为这条广播只会在 BroadcastTest 程序内传播。

另外还有一点需要说明，本地广播是无法通过静态注册的方式来接收的。其实这也完全可以理解，因为静态注册主要就是为了让程序在未启动的情况下也能收到广播，而发送本地广播时，我们的程序肯定是已经启动了，因此也完全不需要使用静态注册的功能。

最后我们再来盘点一下使用本地广播的几点优势吧。

1. 可以明确地知道正在发送的广播不会离开我们的程序，因此不需要担心机密数据泄漏的问题。
2. 其他的程序无法将广播发送到我们程序的内部，因此不需要担心会有安全漏洞的隐患。
3. 发送本地广播比起发送系统全局广播将会更加高效。

5.5　广播的最佳实践——实现强制下线功能

本章的内容不是非常多，因此相信你也一定学得很轻松吧。现在我们就准备通过一个完整例子的实践，来综合运用一下本章中所学到的知识。

强制下线功能应该算是比较常见的了，很多的应用程序都具备这个功能，比如你的 QQ 号在别处登录了，就会将你强制挤下线。其实实现强制下线功能的思路也比较简单，只需要在界面上弹出一个对话框，让用户无法进行任何其他操作，必须要点击对话框中的确定按钮，然后回到登录界面即可。可是这样就存在着一个问题，因为我们被通知需要强制下线时可能正处于任何一个界面，难道需要在每个界面上都编写一个弹出对话框的逻辑？如果你真的这么想，那思维就偏远了，我们完全可以借助本章中所学的广播知识，来非常轻松地实现这一功能。新建一个 BroadcastBestPractice 项目，然后开始动手吧。

强制下线功能需要先关闭掉所有的活动，然后回到登录界面。如果你的反应足够快的话，应该会想到我们在第 2 章的最佳实践部分早就已经实现过关闭所有活动的功能了，因此这里只需要使用同样的方案即可。先创建一个 ActivityCollector 类用于管理所有的活动，代码如下所示：

```
public class ActivityCollector {

    public static List<Activity> activities = new ArrayList<Activity>();

    public static void addActivity(Activity activity) {
        activities.add(activity);
```

```
    }

    public static void removeActivity(Activity activity) {
        activities.remove(activity);
    }

    public static void finishAll() {
        for (Activity activity : activities) {
            if (!activity.isFinishing()) {
                activity.finish();
            }
        }
    }

}
```

然后创建 BaseActivity 类作为所有活动的父类，代码如下所示：

```
public class BaseActivity extends Activity {

    @Override
    protected void onCreate(Bundle savedInstanceState) {
        super.onCreate(savedInstanceState);
        ActivityCollector.addActivity(this);
    }

    @Override
    protected void onDestroy() {
        super.onDestroy();
        ActivityCollector.removeActivity(this);
    }

}
```

接着需要创建一个登录界面的布局，还记得我们在 3.3.4 节里编写的登录界面吗？这里也是直接拿来用就好了，这下可省了我们不少的功夫。新建布局文件 login.xml，代码如下所示：

```
<TableLayout xmlns:android="http://schemas.android.com/apk/res/android"
    android:layout_width="match_parent"
    android:layout_height="match_parent"
    android:stretchColumns="1" >
```

```
    <TableRow>

        <TextView
            android:layout_height="wrap_content"
            android:text="Account:" />

        <EditText
            android:id="@+id/account"
            android:layout_height="wrap_content"
            android:hint="Input your account" />
    </TableRow>

    <TableRow>

        <TextView
            android:layout_height="wrap_content"
            android:text="Password:" />

        <EditText
            android:id="@+id/password"
            android:layout_height="wrap_content"
            android:inputType="textPassword" />
    </TableRow>

    <TableRow>

        <Button
            android:id="@+id/login"
            android:layout_height="wrap_content"
            android:layout_span="2"
            android:text="Login" />
    </TableRow>

</TableLayout>
```

以上代码都是直接复用之前写好的内容，非常开心。不过从这里开始，我们又需要靠自己去动手实现了。现在登录界面的布局已经完成，那么接下来就应该去编写登录界面的活动了，新建 LoginActivity 继承自 BaseActivity，代码如下所示：

```
public class LoginActivity extends BaseActivity {

    private EditText accountEdit;

    private EditText passwordEdit;

    private Button login;

    @Override
    protected void onCreate(Bundle savedInstanceState) {
        super.onCreate(savedInstanceState);
        setContentView(R.layout.login);
        accountEdit = (EditText) findViewById(R.id.account);
        passwordEdit = (EditText) findViewById(R.id.password);
        login = (Button) findViewById(R.id.login);
        login.setOnClickListener(new OnClickListener() {
            @Override
            public void onClick(View v) {
                String account = accountEdit.getText().toString();
                String password = passwordEdit.getText().toString();
                // 如果账号是admin且密码是123456，就认为登录成功
                if (account.equals("admin") && password.equals("123456")) {
                    Intent intent = new Intent(LoginActivity.this,
MainActivity.class);
                    startActivity(intent);
                    finish();
                } else {
                    Toast.makeText(LoginActivity.this, "account or password
is invalid",
                            Toast.LENGTH_SHORT).show();
                }
            }
        });
    }

}
```

可以看到，这里我们模拟了一个非常简单的登录功能。首先使用 setContentView()方法将 login 布局加载进来，并调用 findViewById()方法分别获取到账号输入框、密码输入框以及

登录按钮的实例。然后在登录按钮的点击事件里面对输入的账号和密码进行判断，如果账号是 admin 并且密码是 123456，就认为登录成功并跳转到 MainActivity，否则就提示用户账号或密码错误。

因此，你就可以将 MainActivity 理解成是登录成功后进入的程序主界面了，这里我们并不需要在主界面里提供什么花哨的功能，只需要加入强制下线功能就可以了，修改 activity_main.xml 中的代码，如下所示：

```
<LinearLayout xmlns:android="http://schemas.android.com/apk/res/android"
    android:layout_width="match_parent"
    android:layout_height="match_parent" >

    <Button
        android:id="@+id/force_offline"
        android:layout_width="match_parent"
        android:layout_height="wrap_content"
        android:text="Send force offline broadcast" />

</LinearLayout>
```

非常简单，只有一个按钮而已。然后修改 MainActivity 中的代码，如下所示：

```
public class MainActivity extends BaseActivity {

    @Override
    protected void onCreate(Bundle savedInstanceState) {
        super.onCreate(savedInstanceState);
        setContentView(R.layout.activity_main);
        Button forceOffline = (Button) findViewById(R.id.force_offline);
        forceOffline.setOnClickListener(new OnClickListener() {
            @Override
            public void onClick(View v) {
                Intent intent = new Intent("com.example.broadcastbestpractice.
FORCE_OFFLINE ");
                sendBroadcast(intent);
            }
        });
    }

}
```

同样非常简单，不过这里有个重点，我们在按钮的点击事件里面发送了一条广播，广播的值为 com.example.broadcastbestpractice.FORCE_OFFLINE，这条广播就是用于通知程序强制用户下线的。也就是说强制用户下线的逻辑并不是写在 MainActivity 里的，而是应该写在接收这条广播的广播接收器里面，这样强制下线的功能就不会依附于任何的界面，不管是在程序的任何地方，只需要发出这样一条广播，就可以完成强制下线的操作了。

那么毫无疑问，接下来我们就需要创建一个广播接收器了，新建 ForceOfflineReceiver 继承自 BroadcastReceiver，代码如下所示：

```
public class ForceOfflineReceiver extends BroadcastReceiver {

    @Override
    public void onReceive(final Context context, Intent intent) {
        AlertDialog.Builder dialogBuilder = new AlertDialog.Builder(context);
        dialogBuilder.setTitle("Warning");
        dialogBuilder.setMessage("You are forced to be offline. Please try
to login again.");
        dialogBuilder.setCancelable(false);
        dialogBuilder.setPositiveButton("OK",
                new DialogInterface.OnClickListener() {
                    @Override
                    public void onClick(DialogInterface dialog, int which) {
                        ActivityCollector.finishAll(); // 销毁所有活动
                        Intent intent = new Intent(context,
LoginActivity.class);
                        intent.addFlags(Intent.FLAG_ACTIVITY_NEW_TASK);
                        context.startActivity(intent); // 重新启动LoginActivity
                    }
                });
        AlertDialog alertDialog = dialogBuilder.create();
        // 需要设置AlertDialog的类型，保证在广播接收器中可以正常弹出

    alertDialog.getWindow().setType(WindowManager.LayoutParams.TYPE_SYSTE
M_ALERT);
        alertDialog.show();
    }

}
```

这次 onReceive()方法里可不再是仅仅弹出一个 Toast 了，而是加入了较多的代码，那我们就来仔细地看一下吧。首先肯定是使用 AlertDialog.Builder 来构建一个对话框，注意这里一定要调用 setCancelable()方法将对话框设为不可取消，否则用户按一下 Back 键就可以关闭

对话框继续使用程序了。然后使用 setPositiveButton()方法来给对话框注册确定按钮，当用户点击了确定按钮时，就调用 ActivityCollector 的 finishAll()方法来销毁掉所有活动，并重新启动 LoginActivity 这个活动。另外，由于我们是在广播接收器里启动活动的，因此一定要给 Intent 加入 FLAG_ACTIVITY_NEW_TASK 这个标志。最后，还需要把对话框的类型设为 TYPE_SYSTEM_ALERT，不然它将无法在广播接收器里弹出。

这样的话，所有强制下线的逻辑就已经完成了，接下来我们还需要对 AndroidManifest.xml 文件进行配置，代码如下所示：

```
<manifest xmlns:android="http://schemas.android.com/apk/res/android"
    package="com.example.broadcastbestpractice"
    android:versionCode="1"
    android:versionName="1.0" >
    <uses-sdk
        android:minSdkVersion="14"
        android:targetSdkVersion="19" />

    <uses-permission android:name="android.permission.SYSTEM_ALERT_WINDOW" />

    <application
        android:allowBackup="true"
        android:icon="@drawable/ic_launcher"
        android:label="@string/app_name"
        android:theme="@style/AppTheme" >
        <activity
            android:name=".LoginActivity"
            android:label="@string/app_name" >
            <intent-filter>
                <action android:name="android.intent.action.MAIN" />
                <category android:name="android.intent.category.LAUNCHER" />
            </intent-filter>
        </activity>
        <activity android:name=".MainActivity" >
        </activity>
        <receiver android:name=".ForceOfflineReceiver" >
            <intent-filter>
                <action android:name="com.example.broadcastbestpractice.
FORCE_OFFLINE" />
            </intent-filter>
        </receiver>
```

```
    </application>
</manifest>
```

这里有几点内容需要注意，首先由于我们在 ForceOfflineReceiver 里弹出了一个系统级别的对话框，因此必须要声明 android.permission.SYSTEM_ALERT_WINDOW 权限。然后对 LoginActivity 进行注册，并把它设置为主活动，因为肯定不能让用户启动程序就直接进入 MainActivity 吧。最后再对 ForceOfflineReceiver 进行注册，并指定它接收 com.example.broadcastbestpractice.FORCE_OFFLINE 这条广播。

好了，现在来尝试运行一下程序吧，首先会进入到登录界面，并可以在这里输入账号和密码，如图 5.10 所示。

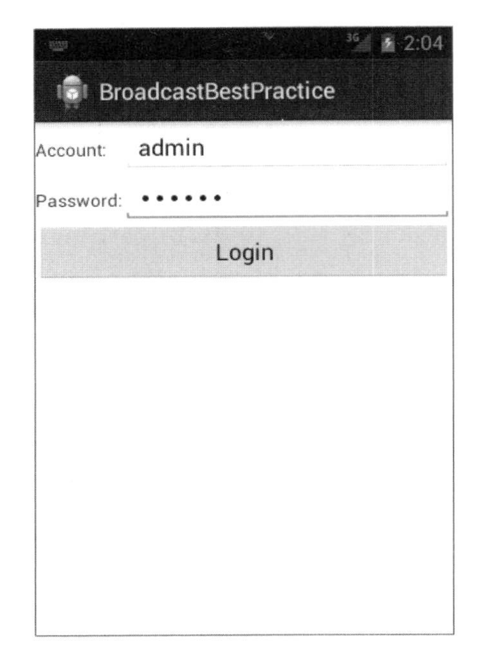

图 5.10

如果输入的账号是 admin，密码是 123456，点击登录按钮就会进入到程序的主界面，如图 5.11 所示。

图　5.11

这时点击一下发送广播的按钮，就会发出一条强制下线的广播，ForceOfflineReceiver 里收到这条广播后会弹出一个对话框提示用户已被强制下线，如图 5.12 所示。

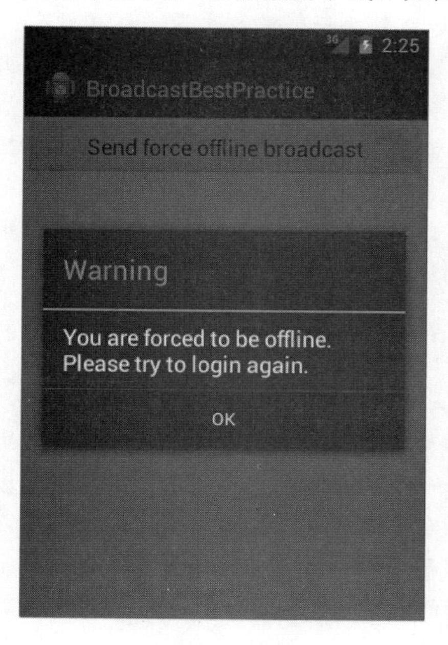

图　5.12

这时用户将无法再对界面的任何元素进行操作，只能点击确定按钮，然后会重新回到登录界面。这样，强制下线功能就已经完整地实现了。

结束了本章的最佳实践部分，接下来我们要进入一个特殊的环节。相信你一定也知道，几乎所有出色的项目都不会是由一个人单枪匹马完成的，而是由一个团队共同合作开发完成的。这个时候多人之间代码同步的问题就显得异常重要，因此版本控制工具也是应运而生。常见的版本控制工具主要有 svn 和 Git，本书中将会对 Git 的使用方法进行全面的讲解，并且讲解的内容是穿插于一些章节当中的。那么今天，我们就先来看一看关于 Git 最基本的用法。

经验值：+5000　　　　目前经验值：24905

级别：鸟

赢得宝物：来神界已经有些时日了，回想过去数周发生的事情，我感慨万千，我，一个人界的小白，无意中拾取了一张神界的 Android 前辈遗失的修行卡，而误打误撞穿过了人神界面来到神界，修行这意味着无上荣光的 Android 开发技术，从最初的萌级小菜鸟，到小菜鸟，到菜鸟，到如今的鸟，我走过了怎样的路，我吃尽了多少苦，服用了多少带有副作用的大力丸，还有为了打败那些庞大的对手（它们的屁股看起来比我家的房子都大），我吞下了多少味道不佳的恢复剂、怒吼丸、鄙视丸……，想想它们都是用什么做的，我就想吐，这些，所有这些，只有我自己知道。想到这里，我热泪盈眶，我被我自己感动了。因此，面对着眼前的这张张牙舞爪的告示，我决定要挑战一下自己，这是神界最大的程序员开发组织 TNND 发布的一张 Android 开发挑战赛的告示，奖品丰厚、极其嚣张，特等奖是三界意念扭曲场发生器、一等奖是核聚变级大脑编程能力增强器、二等奖是行星级代码重构卡车一辆，三等奖是超高速 bug 修复加特林机关枪。纪念品也很丰富，说都是有益身心、可增强编程能力的好东西，但为了保持神秘感，暂不透露。我一开始盯住的是纪念品，上面写着凡报名者均可领取，报名条件是要求达到菜鸟级，这个我很有把握，但我转念一想，难道我就只配领个纪念品么，不，我来就是为了大奖而来的。我对自己说，你行滴！我交了不算便宜的报名费，领到了纪念品，一颗大型信心增强大力丸、一个双肩包（印有“TNND，你身边的好伙伴”字样）、2 瓶恢复剂、3 颗怒吼丸，面对着这一坨东西，我情绪有些低落，赶紧服下了大型信心增强大力丸，平复了一下心情，踏进了赛场。赛场内人山人海，你绝想不到在神界也有这么多玩 Android 的，大部分都是菜鸟、小菜鸟和萌级小菜鸟，因为他们脸上都带着刚服用了大型信心增强大力丸后特有的那种相当僵硬的喜悦之情。比赛过程就不细说了，总之，经过两轮搏命厮杀，我成功干掉了一只资深鸟，但随即被一只头领鸟毫无悬念的拿下，我写的程序在他面前根本走不上一个回合。大部分和我一起参赛的鸟级以下选手都迅速被淘汰出局，大家垂头丧气熙熙攘攘地走出了赛场，药效已过，出来的时候人很多，但当我走出镇子时身边已几乎没有人。出发时同行的人再多，最终也都会分道扬镳。前路漫漫，我提了提手中的哨棒（这又谁啊？又给我塞哨棒！靠）。已好久没有出现的那只怪松鼠又再次出现在路旁，它小爪子握成拳头样，然后猛地往下一顿，这是在对我加油么？这个怪松鼠已经跟了我很久了，我决定上前问问它到底想干嘛，但它打了个响指就消失了。我没有停，继续走到了它刚才出现的位置，在那儿坐了一会儿，吃了点干粮，喝了点水，我感觉体力恢复了些。继续前进。

5.6　Git 时间，初识版本控制工具

Git 是一个开源的分布式版本控制工具，它的开发者就是鼎鼎大名的 Linux 操作系统的作者 Linus Torvalds。Git 被开发出来的初衷本是为了更好地管理 Linux 内核，而现在却早已被广泛应用于全球各种大中小型的项目中。今天是我们关于 Git 的第一堂课，主要是讲解一下它最基本的用法，那么就从安装 Git 开始吧。

5.6.1　安装 Git

由于 Git 和 Linux 操作系统都是同一个作者，因此不用我说你也应该猜到 Git 在 Linux 上的安装是最简单方便的。比如你使用的是 Ubuntu 系统，只需要打开 shell 界面，并输入：

```
sudo apt-get install git-core
```

按下回车后输入密码，即可完成 Git 的安装。

不过我相信你更有可能使用的还是 Windows 操作系统，因此本小节的重点是教会你如何在 Windows 上安装 Git。不同于 Linux，Windows 上可无法通过一行命令就完成安装了，我们需要先把 Git 的安装包下载下来。访问网址 http://msysgit.github.io/，可以看到如图 5.13 所示的页面。

图　5.13

点击网页中央的 Downloads 链接会跳转到 Google Code 的下载列表页面，如图 5.14 所示。

Git-1.8.4-preview20130916.exe	Full installer for official Git for Windows 1.8.4 Beta
Git-1.8.3-preview20130601.exe	Full installer for official Git for Windows 1.8.3 Beta
Git-1.8.1.2-preview20130201.exe	Full installer for official Git for Windows 1.8.1.2 Beta
Git-1.8.0-preview20121022.exe	Full installer for official Git for Windows 1.8.0 Beta
Git-1.7.11-preview20120710.exe	Full installer for official Git for Windows 1.7.11 Beta
Git-1.7.11-preview20120704.exe	Full installer for official Git for Windows 1.7.11 Beta
Git-1.7.10-preview20120409.exe	Full installer for official Git for Windows 1.7.10 Beta
Git-1.7.9-preview20120201.exe	Full installer for official Git for Windows 1.7.9 Beta
Git-1.7.8-preview20111206.exe	Full installer for official Git for Windows 1.7.8 Beta

图 5.14

这里目前最新的 Git 版本是 1.8.4，我就准备使用这一版本了，如果你下载的时候发现又有新的版本，可以尝试一下最新版本的 Git。点击左侧的向下箭头按钮可以开始下载，下载完成后双击安装包进行安装，之后一直点击下一步就可以完成安装了。

5.6.2 创建代码仓库

虽然在 Windows 上安装的 Git 是可以在图形界面上进行操作的，但是这里我并不建议你使用这一功能，因为 Git 的各种命令才是你应该掌握的核心技能，并且不管你是在哪个操作系统中，使用命令来操作 Git 肯定都是通用的。

那么我们现在就来尝试一下如何通过命令来使用 Git，如果你使用的是 Linux 系统，就先打开 shell 界面，如果使用的是 Windows 系统，就从开始里找到 Git Bash 并打开。

首先应该配置一下你的身份，这样在提交代码的时候 Git 就可以知道是谁提交的了，命令如下所示：

```
git config --global user.name "Tony"
git config --global user.email "tony@gmail.com"
```

配置完成后你还可以使用同样的命令来查看是否配置成功，只需要将最后的名字和邮箱地址去掉即可，如图 5.15 所示。

图 5.15

然后我们就可以开始创建代码仓库了，仓库（Repository）是用于保存版本管理所需信息的地方，所有本地提交的代码都会被提交到代码仓库中，如果有需要还可以再推送到远程仓库中。

这里我们尝试着给 BroadcastBestPractice 项目建立一个代码仓库。先进入到 BroadcastBestPractice 项目的目录下面，如图 5.16 所示。

```
Tony@TONY-PC /f
$ cd f:

Tony@TONY-PC /f
$ cd codes/AndroidFirstLine/BroadcastBestPractice/

Tony@TONY-PC /f/codes/AndroidFirstLine/BroadcastBestPractice
$
```

图　5.16

然后在这个目录下面输入如下命令：

```
git init
```

很简单吧！只需要一行命令就可以完成创建代码仓库的操作，如图 5.17 所示。

```
Tony@TONY-PC /f/codes/AndroidFirstLine/BroadcastBestPractice
$ git init
Initialized empty Git repository in f:/codes/AndroidFirstLine/BroadcastBestPract
ice/.git/
```

图　5.17

仓库创建完成后，会在 BroadcastBestPractice 项目的根目录下生成一个隐藏的.git 文件夹，这个文件夹就是用来记录本地所有的 Git 操作的，可以通过 ls -al 命令来查看一下，如图 5.18 所示。

```
Tony@TONY-PC /f/codes/AndroidFirstLine/BroadcastBestPractice (master)
$ ls -al
total 39
drwxr-xr-x    15 Tony     Administ     4096 Sep 15 17:52 .
drwxr-xr-x    17 Tony     Administ     4096 Sep 12 20:19 ..
-rw-r--r--     1 Tony     Administ      475 Sep 12 20:20 .classpath
drwxr-xr-x    12 Tony     Administ     4096 Sep 15 17:52 .git
-rw-r--r--     1 Tony     Administ      857 Sep 12 20:19 .project
-rw-r--r--     1 Tony     Administ     1223 Sep 14 21:38 AndroidManifest.xml
drwxr-xr-x     2 Tony     Administ        0 Sep 12 20:19 assets
drwxr-xr-x    10 Tony     Administ     4096 Sep 14 22:02 bin
drwxr-xr-x     3 Tony     Administ        0 Sep 12 20:20 gen
-rw-r--r--     1 Tony     Administ    51394 Sep 12 20:19 ic_launcher-web.png
drwxr-xr-x     3 Tony     Administ        0 Sep 12 20:19 libs
-rw-r--r--     1 Tony     Administ      781 Sep 12 20:19 proguard-project.txt
-rw-r--r--     1 Tony     Administ      563 Sep 14 21:38 project.properties
drwxr-xr-x    14 Tony     Administ     4096 Sep 12 20:19 res
drwxr-xr-x     3 Tony     Administ        0 Sep 12 20:19 src
```

图　5.18

如果你想要删除本地仓库，只需要删除这个文件夹就行了。

5.6.3 提交本地代码

代码仓库建立完之后就可以提交代码了，其实提交代码的方法也非常简单，只需要使用 add 和 commit 命令就可以了。add 是用于把想要提交的代码先添加进来，而 commit 则是真正地去执行提交操作。比如我们想添加 AndroidManifest.xml 文件，就可以输入如下命令：

```
git add AndroidManifest.xml
```

这是添加单个文件的方法，那如果我们想添加某个目录呢？其实只需要在 add 后面加上目录名就可以了。比如将整个 src 目录下的所有文件都进行添加，就可以输入如下命令：

```
git add src
```

可是这样一个个地添加感觉还是有些复杂，有没有什么办法可以一次性就把所有的文件都添加好呢？当然可以，只需要在 add 的后面加上一个点，就表示添加所有的文件了，命令如下所示：

```
git add .
```

现在 BroadcastBestPractice 项目下所有的文件都已经添加好了，我们可以来提交一下了，输入如下命令：

```
git commit -m "First commit."
```

注意在 commit 命令的后面我们一定要通过-m 参数来加上提交的描述信息，没有描述信息的提交被认为是不合法的。这样所有的代码就已经成功提交了！

好了，关于 Git 的内容，今天我们就学到这里，虽然内容并不多，但是你已经将 Git 最基本的用法都掌握了，不是吗？在本书后面的章节，还会穿插一些 Git 的讲解，到时候你将学会更多关于 Git 的使用技巧，现在就让我们来总结一下吧。

5.7 小结与点评

本章中我们主要是对 Android 的广播机制进行了深入的研究，不仅了解了广播的理论知识、还掌握了接收广播、发送自定义广播以及本地广播的使用方法。广播接收器是属于 Android 四大组件之一，在不知不觉中你已经掌握了四大组件中的两个了。

在最佳实践环节中你一定也收获了不少，不仅运用到了本章所学的广播知识，还将前面章节所学到的技巧综合运用到了一起。经过这个例子之后，相信你对所涉及到的每个知识点都有了更深一层的认识。另外，本章还添加了一个最最特殊的环节，即 Git 时间。在这个环节中我们对 Git 这个版本控制工具进行了初步的学习，后面还会学习关于它的更多内容。

下一章我们本应该继续学习 Android 中剩余的四大组件，不过由于学习内容提供器之前需要先掌握 Android 中的持久化技术，因此下一章我们就先对这一主题展开讨论。

经验值：+4000　　升级！（由鸟升级至资深鸟）　　目前经验值：23905

级别：资深鸟

获赠宝物：拜访 Git 领主。获赠智能版本控制器一个、犀牛皮 Android 战袍一套。Git 领主是一位明君，将整个领地治理得井井有条，并且热情好客，极有古风，对走在神界 Android 开发之路上的途经此地的后辈们总会慷慨解囊，给予帮助。就在我升级成资深鸟后，我突然发现我周围亮了一点，原来一旦达到资深鸟级别，身体会开始微微发光！作为一个人界的普通人，一名屌丝，作为众多每日挤地铁、挤公交，造就女神送给土豪的屌丝中的一员，我被自己这一身皮囊竟然能发出光芒这一事实惊得呆立当场，十几秒钟之后才慢慢回过神来，此时夜已深，我突然想起了什么，我掏出了《算法本源》，我自身的光芒照在上面，虽然很微弱，但隐约能分辨字迹，我发现我能够读懂了。以前毫无头绪的表述现在开始产生意义了。虽然只能发出一点点亮光，虽然只在周围很暗的情况下才能看到这光芒，但毕竟这是我自身发出的光芒啊！在最黑暗处我照亮了自己。我相信，随着我级别的提升，我还可以照亮他人。从这一刻开始，我要重新认识自己。满天星斗。我继续前进。

第 6 章　数据存储全方案，详解持久化技术

任何一个应用程序其实说白了就是在不停地和数据打交道，我们聊 QQ、看新闻、刷微博所关心的都是里面的数据，没有数据的应用程序就变成了一个空壳子，对用户来说没有任何实际用途。那么这些数据都是从哪来的呢？现在多数的数据基本都是由用户产生的了，比如你发微博、评论新闻，其实都是在产生数据。

而我们前面章节所编写的众多例子中也有用到各种各样的数据，例如第 3 章最佳实践部分在聊天界面编写的聊天内容，第 5 章最佳实践部分在登录界面输入的账号和密码。这些数据都有一个共同点，即它们都是属于瞬时数据。那么什么是瞬时数据呢？就是指那些存储在内存当中，有可能会因为程序关闭或其他原因导致内存被回收而丢失的数据。这对于一些关键性的数据信息来说是绝对不能容忍的，谁都不希望自己刚发出去的一条微博，刷新一下就没了吧。那么怎样才能保证让一些关键性的数据不会丢失呢？这就需要用到数据持久化技术了。

6.1　持久化技术简介

数据持久化就是指将那些内存中的瞬时数据保存到存储设备中，保证即使在手机或电脑关机的情况下，这些数据仍然不会丢失。保存在内存中的数据是处于瞬时状态的，而保存在存储设备中的数据是处于持久状态的，持久化技术则是提供了一种机制可以让数据在瞬时状态和持久状态之间进行转换。

持久化技术被广泛应用于各种程序设计的领域当中，而本书中要探讨的自然是 Android 中的数据持久化技术。Android 系统中主要提供了三种方式用于简单地实现数据持久化功能，即文件存储、SharedPreference 存储以及数据库存储。当然，除了这三种方式之外，你还可以将数据保存在手机的 SD 卡中，不过使用文件、SharedPreference 或数据库来保存数据会相对更简单一些，而且比起将数据保存在 SD 卡中会更加的安全。

那么下面我就将对这三种数据持久化的方式一一进行详细的讲解。

6.2 文件存储

文件存储是 Android 中最基本的一种数据存储方式，它不对存储的内容进行任何的格式化处理，所有数据都是原封不动地保存到文件当中的，因而它比较适合用于存储一些简单的文本数据或二进制数据。如果你想使用文件存储的方式来保存一些较为复杂的文本数据，就需要定义一套自己的格式规范，这样方便于之后将数据从文件中重新解析出来。

那么首先我们就来看一看，Android 中是如何通过文件来保存数据的。

6.2.1 将数据存储到文件中

Context 类中提供了一个 openFileOutput ()方法，可以用于将数据存储到指定的文件中。这个方法接收两个参数，第一个参数是文件名，在文件创建的时候使用的就是这个名称，注意这里指定的文件名不可以包含路径，因为所有的文件都是默认存储到/data/data/<package name>/files/目录下的。第二个参数是文件的操作模式，主要有两种模式可选，MODE_PRIVATE 和 MODE_APPEND。其中 MODE_PRIVATE 是默认的操作模式，表示当指定同样文件名的时候，所写入的内容将会覆盖原文件中的内容，而 MODE_APPEND 则表示如果该文件已存在就往文件里面追加内容，不存在就创建新文件。其实文件的操作模式本来还有另外两种，MODE_WORLD_READABLE 和 MODE_WORLD_WRITEABLE，这两种模式表示允许其他的应用程序对我们程序中的文件进行读写操作，不过由于这两种模式过于危险，很容易引起应用的安全性漏洞，现已在 Android 4.2 版本中被废弃。

openFileOutput ()方法返回的是一个 FileOutputStream 对象，得到了这个对象之后就可以使用 Java 流的方式将数据写入到文件中了。以下是一段简单的代码示例，展示了如何将一段文本内容保存到文件中：

```
public void save() {
    String data = "Data to save";
    FileOutputStream out = null;
    BufferedWriter writer = null;
    try {
        out = openFileOutput("data", Context.MODE_PRIVATE);
        writer = new BufferedWriter(new OutputStreamWriter(out));
        writer.write(data);
    } catch (IOException e) {
        e.printStackTrace();
    } finally {
        try {
            if (writer != null) {
```

```
                writer.close();
            }
        } catch (IOException e) {
            e.printStackTrace();
        }
    }
}
```

如果你已经比较熟悉 Java 流了，理解上面的代码一定轻而易举吧。这里通过 openFileOutput()方法能够得到一个 FileOutputStream 对象，然后再借助它构建出一个 OutputStreamWriter 对象，接着再使用 OutputStreamWriter 构建出一个 BufferedWriter 对象，这样你就可以通过 BufferedWriter 来将文本内容写入到文件中了。

下面我们就编写一个完整的例子，借此学习一下如何在 Android 项目中使用文件存储的技术。首先创建一个 FilePersistenceTest 项目，并修改 activity_main.xml 中的代码，如下所示：

```
<LinearLayout xmlns:android="http://schemas.android.com/apk/res/android"
    android:layout_width="match_parent"
    android:layout_height="match_parent" >

    <EditText
        android:id="@+id/edit"
        android:layout_width="match_parent"
        android:layout_height="wrap_content"
        android:hint="Type something here"
        />

</LinearLayout>
```

这里只是在布局中加入了一个 EditText，用于输入文本内容。其实现在你就可以运行一下程序了，界面上肯定会有一个文本输入框。然后在文本输入框中随意输入点什么内容，再按下 Back 键，这时输入的内容肯定就已经丢失了，因为它只是瞬时数据，在活动被销毁后就会被回收。而这里我们要做的，就是在数据被回收之前，将它存储到文件当中。修改 MainActivity 中的代码，如下所示：

```
public class MainActivity extends Activity {

    private EditText edit;

    @Override
    protected void onCreate(Bundle savedInstanceState) {
        super.onCreate(savedInstanceState);
```

```
        setContentView(R.layout.activity_main);
        edit = (EditText) findViewById(R.id.edit);
    }

    @Override
    protected void onDestroy() {
        super.onDestroy();
        String inputText = edit.getText().toString();
        save(inputText);
    }

    public void save(String inputText) {
        FileOutputStream out = null;
        BufferedWriter writer = null;
        try {
            out = openFileOutput("data", Context.MODE_PRIVATE);
            writer = new BufferedWriter(new OutputStreamWriter(out));
            writer.write(inputText);
        } catch (IOException e) {
            e.printStackTrace();
        } finally {
            try {
                if (writer != null) {
                    writer.close();
                }
            } catch (IOException e) {
                e.printStackTrace();
            }
        }
    }

}
```

可以看到，首先我们在 onCreate()方法中获取了 EditText 的实例，然后重写了 onDestroy()方法，这样就可以保证在活动销毁之前一定会调用这个方法。在 onDestroy()方法中我们获取了 EditText 中输入的内容，并调用 save()方法把输入的内容存储到文件中，文件命名为 data。save()方法中的代码和之前的示例基本相同，这里就不再做解释了。现在重新运行一下程序，并在 Editext 中输入一些内容，如图 6.1 所示。

图 6.1

然后按下 Back 键关闭程序，这时我们输入的内容就已经保存到文件中了。那么如何才能证实数据确实已经保存成功了呢？我们可以借助 DDMS 的 File Explorer 来查看一下。切换到 DDMS 视图，并点击 File Explorer 切换卡，在这里进入到/data/data/com.example.filepersistencetest/files/目录下，可以看到生成了一个 data 文件，如图 6.2 所示。

Threads | Heap | Allocation Tracker | Network Statistics | File Explorer | Emulator Control | System Information

Name	Size	Date	Time	Permissions	Info
com.example.broadcastbestpractice		2013-09-12	14:12	drwxr-x--x	
com.example.broadcasttest		2013-09-07	05:58	drwxr-x--x	
com.example.broadcasttest2		2013-09-07	15:07	drwxr-x--x	
com.example.filepersistencetest		2013-09-20	03:03	drwxr-x--x	
files		2013-09-20	03:03	drwxrwx--x	
data	7	2013-09-20	04:26	-rw-rw----	
lib		2013-09-20	02:40	drwxr-xr-x	
com.example.fragmentbestpractice		2013-08-30	13:02	drwxr-x--x	
com.example.fragmenttest		2013-08-29	13:46	drwxr-x--x	
com.example.photoswalldemo		2013-08-01	12:43	drwxr-x--x	
com.example.photowallfallsdemo		2013-09-03	13:24	drwxr-x--x	
com.example.uibestpractice		2013-08-14	13:36	drwxr-x--x	
com.example.uicustomviews		2013-08-12	13:16	drwxr-x--x	
com.example.uilayouttest		2013-08-08	13:05	drwxr-x--x	
com.example.uilistviewtest		2013-08-09	11:52	drwxr-x--x	
com.example.uisizetest		2013-08-13	12:59	drwxr-x--x	

图 6.2

然后点击图 6.3 中最左边的按钮可以将这个文件导出到电脑上。

图　6.3

使用记事本打开这个文件，里面的内容如图 6.4 所示。

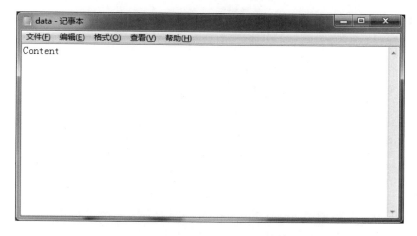

图　6.4

这样就证实了，在 EditText 中输入的内容确实已经成功保存到文件中了。

不过只是成功将数据保存下来还不够，我们还需要想办法在下次启动程序的时候让这些数据能够还原到 EditText 中，因此接下来我们就要学习一下，如何从文件中读取数据。

6.2.2　从文件中读取数据

类似于将数据存储到文件中，Context 类中还提供了一个 openFileInput()方法，用于从文件中读取数据。这个方法要比 openFileOutput()简单一些，它只接收一个参数，即要读取的文件名，然后系统会自动到/data/data/<package name>/files/目录下去加载这个文件，并返回一个 FileInputStream 对象，得到了这个对象之后再通过 Java 流的方式就可以将数据读取出来了。

以下是一段简单的代码示例，展示了如何从文件中读取文本数据：

```
public String load() {
    FileInputStream in = null;
    BufferedReader reader = null;
    StringBuilder content = new StringBuilder();
    try {
        in = openFileInput("data");
        reader = new BufferedReader(new InputStreamReader(in));
        String line = "";
```

```
        while ((line = reader.readLine()) != null) {
            content.append(line);
        }
    } catch (IOException e) {
        e.printStackTrace();
    } finally {
        if (reader != null) {
            try {
                reader.close();
            } catch (IOException e) {
                e.printStackTrace();
            }
        }
    }
    return content.toString();
}
```

在这段代码中，首先通过 openFileInput()方法获取到了一个 FileInputStream 对象，然后借助它又构建出了一个 InputStreamReader 对象，接着再使用 InputStreamReader 构建出一个 BufferedReader 对象，这样我们就可以通过 BufferedReader 进行一行行地读取，把文件中所有的文本内容全部读取出来并存放在一个 StringBuilder 对象中，最后将读取到的内容返回就可以了。

了解了从文件中读取数据的方法，那么我们就来继续完善上一小节中的例子，使得重新启动程序时 EditText 中能够保留我们上次输入的内容。修改 MainActivity 中的代码，如下所示：

```
public class MainActivity extends Activity {

    private EditText edit;

    @Override
    protected void onCreate(Bundle savedInstanceState) {
        super.onCreate(savedInstanceState);
        setContentView(R.layout.activity_main);
        edit = (EditText) findViewById(R.id.edit);
        String inputText = load();
        if (!TextUtils.isEmpty(inputText)) {
            edit.setText(inputText);
            edit.setSelection(inputText.length());
            Toast.makeText(this, "Restoring succeeded",
Toast.LENGTH_SHORT).show();
```

```
        }
    }
    ......
    public String load() {
        FileInputStream in = null;
        BufferedReader reader = null;
        StringBuilder content = new StringBuilder();
        try {
            in = openFileInput("data");
            reader = new BufferedReader(new InputStreamReader(in));
            String line = "";
            while ((line = reader.readLine()) != null) {
                content.append(line);
            }
        } catch (IOException e) {
            e.printStackTrace();
        } finally {
            if (reader != null) {
                try {
                    reader.close();
                } catch (IOException e) {
                    e.printStackTrace();
                }
            }
        }
        return content.toString();
    }

}
```

可以看到，这里的思路非常简单，在 onCreate()方法中调用 load()方法来读取文件中存储的文本内容，如果读到的内容不为空，就调用 EditText 的 setText()方法将内容填充到 EditText 里，并调用 setSelection 方法将输入光标移动到文本的末尾位置以便于继续输入，然后弹出一句还原成功的提示。load()方法中的细节我们前面已经讲过了，这里就不再赘述。

注意上述代码在对字符串进行非空判断的时候使用了 TextUtils.isEmpty()方法，这是一个非常好用的方法，它可以一次性进行两种空值的判断。当传入的字符串等于 null 或者等于空字符串的时候，这个方法都会返回 true，从而使得我们不需要单独去判断这两种空值，再使用逻辑运算符连接起来了。

现在重新运行一下程序，刚才保存的 Content 字符串肯定会被填充到 EditText 中，然后编写一点其他的内容，比如在 EditText 中输入 Hello，接着按下 Back 键退出程序，再重新启动程序，这时刚才输入的内容并不会丢失，而是还原到了 EditText 中，如图 6.5 所示。

图　6.5

这样我们就已经把文件存储方面的知识学习完了，其实所用到的核心技术就是 Context 类中提供的 openFileInput()和 openFileOutput()方法，之后就是利用 Java 的各种流来进行读写操作就可以了。

不过正如我前面所说，文件存储的方式并不适合用于保存一些较为复杂的文本数据，因此，下面我们就来学习一下 Android 中另一种数据持久化的方式，它比文件存储更加简单易用，而且可以很方便地对某一指定的数据进行读写操作。

6.3　SharedPreferences 存储

不同于文件的存储方式，SharedPreferences 是使用键值对的方式来存储数据的。也就是说当保存一条数据的时候，需要给这条数据提供一个对应的键，这样在读取数据的时候就可以通过这个键把相应的值取出来。而且 SharedPreferences 还支持多种不同的数据类型存储，如果存储的数据类型是整型，那么读取出来的数据也是整型的，存储的数据是一个字符串，读取出来的数据仍然是字符串。

这样你应该就能明显地感觉到，使用 SharedPreferences 来进行数据持久化要比使用文件方便很多，下面我们就来看一下它的具体用法吧。

6.3.1 将数据存储到 SharedPreferences 中

要想使用 SharedPreferences 来存储数据，首先需要获取到 SharedPreferences 对象。Android 中主要提供了三种方法用于得到 SharedPreferences 对象。

1. Context 类中的 getSharedPreferences()方法

   此方法接收两个参数，第一个参数用于指定 SharedPreferences 文件的名称，如果指定的文件不存在则会创建一个，SharedPreferences 文件都是存放在/data/data/<package name>/shared_prefs/目录下的。第二个参数用于指定操作模式，主要有两种模式可以选择，MODE_PRIVATE 和 MODE_MULTI_PROCESS。MODE_PRIVATE 仍然是默认的操作模式，和直接传入 0 效果是相同的，表示只有当前的应用程序才可以对这个 SharedPreferences 文件进行读写。MODE_MULTI_PROCESS 则一般是用于会有多个进程中对同一个 SharedPreferences 文件进行读写的情况。类似地，MODE_WORLD_READABLE 和 MODE_WORLD_WRITEABLE 这两种模式已在 Android 4.2 版本中被废弃。

2. Activity 类中的 getPreferences()方法

   这个方法和 Context 中的 getSharedPreferences()方法很相似，不过它只接收一个操作模式参数，因为使用这个方法时会自动将当前活动的类名作为 SharedPreferences 的文件名。

3. PreferenceManager 类中的 getDefaultSharedPreferences()方法

   这是一个静态方法，它接收一个 Context 参数，并自动使用当前应用程序的包名作为前缀来命名 SharedPreferences 文件。

得到了 SharedPreferences 对象之后，就可以开始向 SharedPreferences 文件中存储数据了，主要可以分为三步实现。

1. 调用 SharedPreferences 对象的 edit()方法来获取一个 SharedPreferences.Editor 对象。
2. 向 SharedPreferences.Editor 对象中添加数据，比如添加一个布尔型数据就使用 putBoolean 方法，添加一个字符串则使用 putString()方法，以此类推。
3. 调用 commit()方法将添加的数据提交，从而完成数据存储操作。

不知不觉中已经将理论知识介绍得挺多了，那我们就赶快通过一个例子来体验一下 SharedPreferences 存储的用法吧。新建一个 SharedPreferencesTest 项目，然后修改 activity_main.xml 中的代码，如下所示：

```
<LinearLayout xmlns:android="http://schemas.android.com/apk/res/android"
    android:layout_width="match_parent"
    android:layout_height="match_parent"
    android:orientation="vertical" >
```

```
    <Button
        android:id="@+id/save_data"
        android:layout_width="match_parent"
        android:layout_height="wrap_content"
        android:text="Save data"
        />

</LinearLayout>
```

这里我们不做任何复杂的功能，只是简单地放置了一个按钮，用于将一些数据存储到 SharedPreferences 文件当中。然后修改 MainActivity 中的代码，如下所示：

```
public class MainActivity extends Activity {

    private Button saveData;

    @Override
    protected void onCreate(Bundle savedInstanceState) {
        super.onCreate(savedInstanceState);
        setContentView(R.layout.activity_main);
        saveData = (Button) findViewById(R.id.save_data);
        saveData.setOnClickListener(new OnClickListener() {
            @Override
            public void onClick(View v) {
                SharedPreferences.Editor editor = getSharedPreferences("data",
                        MODE_PRIVATE).edit();
                editor.putString("name", "Tom");
                editor.putInt("age", 28);
                editor.putBoolean("married", false);
                editor.commit();
            }
        });
    }

}
```

可以看到，这里首先给按钮注册了一个点击事件，然后在点击事件中通过 getSharedPreferences()方法指定 SharedPreferences 的文件名为 data，并得到了 SharedPreferences.Editor 对象。接着向这个对象中添加了三条不同类型的数据，最后调用 commit()方法进行提交，从而完成了数据存储的操作。

很简单吧？现在就可以运行一下程序了，进入程序的主界面后，点击一下 Save data 按钮。这时的数据应该已经保存成功了，不过为了要证实一下，我们还是要借助 File Explorer 来进行查看。切换到 DDMS 视图，并点击 File Explorer 切换卡，然后进入到/data/data/com.example.sharedpreferencestest/shared_prefs /目录下，可以看到生成了一个 data.xml 文件，如图 6.6 所示。

Threads | Heap | Allocation Tracker | Network Statistics | File Explorer | Emulator Control | System Information

Name	Size	Date	Time	Permissions	Info
com.example.android.softkeyboard		2013-06-29	15:25	drwxr-x--x	
com.example.broadcastbestpractice		2013-09-12	14:12	drwxr-x--x	
com.example.broadcasttest		2013-09-07	05:58	drwxr-x--x	
com.example.broadcasttest2		2013-09-07	15:07	drwxr-x--x	
com.example.filepersistencetest		2013-09-20	03:03	drwxr-x--x	
com.example.fragmentbestpractice		2013-08-30	13:02	drwxr-x--x	
com.example.fragmenttest		2013-08-29	13:46	drwxr-x--x	
com.example.photoswalldemo		2013-08-01	12:43	drwxr-x--x	
com.example.photowallfallsdemo		2013-09-03	13:24	drwxr-x--x	
com.example.sharedpreferencestest		2013-09-20	13:06	drwxr-x--x	
lib		2013-09-20	13:06	drwxr-xr-x	
shared_prefs		2013-09-20	13:06	drwxrwx--x	
data.xml	174	2013-09-20	13:06	-rw-rw----	
com.example.uibestpractice		2013-08-14	13:36	drwxr-x--x	
com.example.uicustomviews		2013-08-12	13:16	drwxr-x--x	
com.example.uilayouttest		2013-08-08	13:05	drwxr-x--x	

图　6.6

接下来同样是点击导出按钮将这个文件导出到电脑上，并用记事本进行查看，里面的内容如图 6.7 所示。

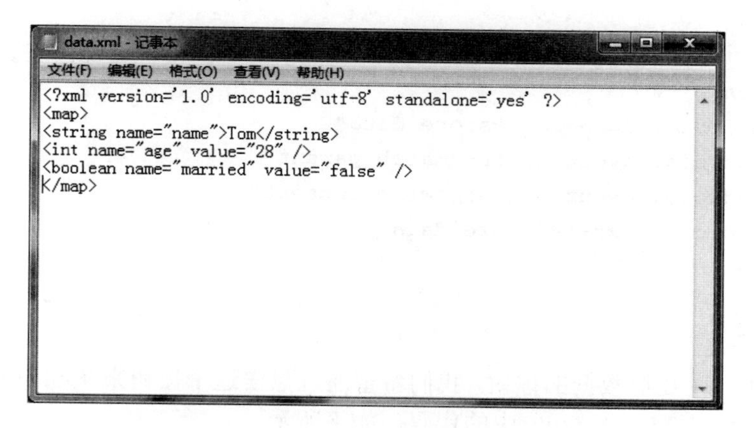


```
<?xml version='1.0' encoding='utf-8' standalone='yes' ?>
<map>
<string name="name">Tom</string>
<int name="age" value="28" />
<boolean name="married" value="false" />
</map>
```

图　6.7

可以看到，我们刚刚在按钮的点击事件中添加的所有数据都已经成功保存下来了，并且 SharedPreferences 文件是使用 XML 格式来对数据进行管理的。

那么接下来我们自然要看一看，如何从 SharedPreferences 文件中去读取这些数据了。

6.3.2 从 SharedPreferences 中读取数据

你应该已经感觉到了，使用 SharedPreferences 来存储数据是非常简单的，不过下面还有更好的消息，其实从 SharedPreferences 文件中读取数据更加的简单。SharedPreferences 对象中提供了一系列的get方法用于对存储的数据进行读取，每种get方法都对应了SharedPreferences.Editor 中的一种 put 方法，比如读取一个布尔型数据就使用 getBoolean()方法，读取一个字符串就使用 getString()方法。这些 get 方法都接收两个参数，第一个参数是键，传入存储数据时使用的键就可以得到相应的值了，第二个参数是默认值，即表示当传入的键找不到对应的值时，会以什么样的默认值进行返回。

我们还是通过例子来实际体验一下吧，仍然是在 SharedPreferencesTest 项目的基础上继续开发，修改 activity_main.xml 中的代码，如下所示：

```
<LinearLayout xmlns:android="http://schemas.android.com/apk/res/android"
    android:layout_width="match_parent"
    android:layout_height="match_parent"
    android:orientation="vertical" >

    <Button
        android:id="@+id/save_data"
        android:layout_width="match_parent"
        android:layout_height="wrap_content"
        android:text="Save data"
        />

    <Button
        android:id="@+id/restore_data"
        android:layout_width="match_parent"
        android:layout_height="wrap_content"
        android:text="Restore data"
        />

</LinearLayout>
```

这里增加了一个还原数据的按钮，我们希望通过点击这个按钮来从 SharedPreferences 文件中读取数据。修改 MainActivity 中的代码，如下所示：

```
public class MainActivity extends Activity {

    private Button saveData;
```

```
    private Button restoreData;

    @Override
    protected void onCreate(Bundle savedInstanceState) {
        super.onCreate(savedInstanceState);
        setContentView(R.layout.activity_main);
        saveData = (Button) findViewById(R.id.save_data);
        restoreData = (Button) findViewById(R.id.restore_data);
        ……
        restoreData.setOnClickListener(new OnClickListener() {
            @Override
            public void onClick(View v) {
                SharedPreferences pref = getSharedPreferences("data",
MODE_PRIVATE);
                String name = pref.getString("name", "");
                int age = pref.getInt("age", 0);
                boolean married = pref.getBoolean("married", false);
                Log.d("MainActivity", "name is " + name);
                Log.d("MainActivity", "age is " + age);
                Log.d("MainActivity", "married is " + married);
            }
        });
    }

}
```

可以看到，我们在还原数据按钮的点击事件中首先通过 getSharedPreferences()方法得到了 SharedPreferences 对象，然后分别调用它的 getString()、getInt()和 getBoolean()方法去获取前面所存储的姓名、年龄和是否已婚，如果没有找到相应的值就会使用方法中传入的默认值来代替，最后通过 Log 将这些值打印出来。

现在重新运行一下程序，并点击界面上的 Restore data 按钮，然后查看 LogCat 中的打印信息，如图 6.8 所示。

Tag	Text
MainActivity	name is Tom
MainActivity	age is 28
MainActivity	married is false

图　6.8

所有之前存储的数据都成功读取出来了！通过这个例子，我们就把 SharedPreferences 存储的知识也学习完了。相比之下，SharedPreferences 存储确实要比文本存储简单方便了许多，应用场景也多了不少，比如很多应用程序中的偏好设置功能其实都使用到了 SharedPreferences 技术。那么下面我们就来编写一个记住密码的功能，相信通过这个例子能够加深你对 SharedPreferences 的理解。

6.3.3 实现记住密码功能

既然是实现记住密码的功能，那么我们就不需要从头去写了，因为在上一章中的最佳实践部分已经编写过一个登录界面了，有可以重用的代码为什么不用呢？那就首先打开 BroadcastBestPractice 项目，来编辑一下登录界面的布局。修改 login.xml 中的代码，如下所示：

```
<TableLayout xmlns:android="http://schemas.android.com/apk/res/android"
    android:layout_width="match_parent"
    android:layout_height="match_parent"
    android:stretchColumns="1" >
   ……
    <TableRow>
        <CheckBox
            android:id="@+id/remember_pass"
            android:layout_height="wrap_content" />

        <TextView
            android:layout_height="wrap_content"
            android:text="Remember password" />
    </TableRow>

    <TableRow>
        <Button
            android:id="@+id/login"
            android:layout_height="wrap_content"
            android:layout_span="2"
            android:text="Login" />
    </TableRow>
</TableLayout>
```

这里使用到了一个新控件，CheckBox。这是一个复选框控件，用户可以通过点击的方式来进行选中和取消，我们就使用这个控件来表示用户是否需要记住密码。

然后修改 LoginActivity 中的代码，如下所示：

```
public class LoginActivity extends BaseActivity {

    private SharedPreferences pref;

    private SharedPreferences.Editor editor;

    private EditText accountEdit;

    private EditText passwordEdit;

    private Button login;

    private CheckBox rememberPass;

    @Override
    protected void onCreate(Bundle savedInstanceState) {
        super.onCreate(savedInstanceState);
        setContentView(R.layout.login);
        pref = PreferenceManager.getDefaultSharedPreferences(this);
        accountEdit = (EditText) findViewById(R.id.account);
        passwordEdit = (EditText) findViewById(R.id.password);
        rememberPass = (CheckBox) findViewById(R.id.remember_pass);
        login = (Button) findViewById(R.id.login);
        boolean isRemember = pref.getBoolean("remember_password", false);
        if (isRemember) {
            // 将账号和密码都设置到文本框中
            String account = pref.getString("account", "");
            String password = pref.getString("password", "");
            accountEdit.setText(account);
            passwordEdit.setText(password);
            rememberPass.setChecked(true);
        }
        login.setOnClickListener(new OnClickListener() {
            @Override
            public void onClick(View v) {
                String account = accountEdit.getText().toString();
                String password = passwordEdit.getText().toString();
                if (account.equals("admin") && password.equals("123456")) {
                    editor = pref.edit();
                    if (rememberPass.isChecked()) { // 检查复选框是否被选中
```

```
                        editor.putBoolean("remember_password", true);
                        editor.putString("account", account);
                        editor.putString("password", password);
                    } else {
                        editor.clear();
                    }
                    editor.commit();
                    Intent intent = new Intent(LoginActivity.this,
MainActivity.class);
                    startActivity(intent);
                    finish();
                } else {
                    Toast.makeText(LoginActivity.this, "account or password
is invalid", Toast.LENGTH_SHORT).show();
                }
            }
        });
    }

}
```

可以看到，这里首先在 onCreate()方法中获取到了 SharedPreferences 对象，然后调用它的 getBoolean()方法去获取 remember_password 这个键对应的值，一开始当然不存在对应的值了，所以会使用默认值 false，这样就什么都不会发生。接着在登录成功之后，会调用 CheckBox 的 isChecked()方法来检查复选框是否被选中，如果被选中了表示用户想要记住密码，这时将 remember_password 设置为 true，然后把 account 和 password 对应的值都存入到 SharedPreferences 文件当中并提交。如果没有被选中，就简单地调用一下 clear()方法，将 SharedPreferences 文件中的数据全部清除掉。

当用户选中了记住密码复选框，并成功登录一次之后，remember_password 键对应的值就是 true 了，这个时候如果再重新启动登录界面，就会从 SharedPreferences 文件中将保存的账号和密码都读取出来，并填充到文本输入框中，然后把记住密码复选框选中，这样就完成记住密码的功能了。

现在重新运行一下程序，可以看到界面上多出了一个记住密码复选框，如图 6.9 所示。

图　6.9

然后账号输入 admin，密码输入 123456，并选中记住密码复选框，点击登录，就会跳转到 MainActivity。接着在 MainActivity 中发出一条强制下线广播会让程序重新回到登录界面，此时你会发现，账号密码都已经自动填充到界面上了，如图 6.10 所示。

图　6.10

这样我们就使用 SharedPreferences 技术将记住密码功能成功实现了，你是不是对 SharedPreferences 理解得更加深刻了呢？

不过需要注意，这里实现的记住密码功能仍然还只是个简单的示例，并不能在实际的项目中直接使用。因为将密码以明文的形式存储在 SharedPreferences 文件中是非常不安全的，很容易就会被别人盗取，因此在正式的项目里还需要结合一定的加密算法来对密码进行保护才行。

好了，关于 SharedPreferences 的内容就讲到这里，接下来我们要学习一下本章的重头戏，Android 中的数据库技术。

经验值：+3000　　　　目前经验值：26905

级别：资深鸟

赢得宝物：战胜初级存储王。拾取初级存储王掉落的宝物，全新 100TB 固态硬盘一个、冥狼皮 Android 战袍一套、强力记忆提升剂一瓶。初级存储王名叫闻见，是一位武学大师，擅长轻功和存储掌，步态轻盈、敏捷，吃了一颗鄙视丸后我瞪了他两眼，发现他文科不行，换句话说智力不够。所以我要求与他比文的，我考了他两道脑筋急转弯，“一头公牛加一头母牛，猜三个字？”、“一本书放在什么地方你跨不过去？”题目很简单，但初级存储王都没有答出来，只得甘拜下风。在我告诉他答案后，他对这两道的解题思路非常震惊，我不禁再次为他的智力和前途担忧。拜别了初级存储王，我继续前进。

6.4 SQLite 数据库存储

在刚开始接触 Android 的时候，我甚至都不敢相信，Android 系统竟然是内置了数据库的！好吧，是我太孤陋寡闻了。SQLite 是一款轻量级的关系型数据库，它的运算速度非常快，占用资源很少，通常只需要几百 K 的内存就足够了，因而特别适合在移动设备上使用。SQLite 不仅支持标准的 SQL 语法，还遵循了数据库的 ACID 事务，所以只要你以前使用过其他的关系型数据库，就可以很快地上手 SQLite。而 SQLite 又比一般的数据库要简单得多，它甚至不用设置用户名和密码就可以使用。Android 正是把这个功能极为强大的数据库嵌入到了系统当中，使得本地持久化的功能有了一次质的飞跃。

前面我们所学的文件存储和 SharedPreferences 存储毕竟只适用于去保存一些简单的数据和键值对，当需要存储大量复杂的关系型数据的时候，你就会发现以上两种存储方式很难应付得了。比如我们手机的短信程序中可能会有很多个会话，每个会话中又包含了很多条信息内容，并且大部分会话还可能各自对应了电话簿中的某个联系人。很难想象如何用文件或者 SharedPreferences 来存储这些数据量大、结构性复杂的数据吧？但是使用数据库就可以做得到。那么我们就赶快来看一看，Android 中的 SQLite 数据库到底是如何使用的。

6.4.1　创建数据库

Android 为了让我们能够更加方便地管理数据库，专门提供了一个 SQLiteOpenHelper 帮助类，借助这个类就可以非常简单地对数据库进行创建和升级。既然有好东西可以直接使用，那我们自然要尝试一下了，下面我就将对 SQLiteOpenHelper 的基本用法进行介绍。

首先你要知道 SQLiteOpenHelper 是一个抽象类，这意味着如果我们想要使用它的话，就需要创建一个自己的帮助类去继承它。SQLiteOpenHelper 中有两个抽象方法，分别是 onCreate()和 onUpgrade()，我们必须在自己的帮助类里面重写这两个方法，然后分别在这两个方法中去实现创建、升级数据库的逻辑。

SQLiteOpenHelper 中还有两个非常重要的实例方法，getReadableDatabase() 和 getWritableDatabase()。这两个方法都可以创建或打开一个现有的数据库（如果数据库已存在则直接打开，否则创建一个新的数据库），并返回一个可对数据库进行读写操作的对象。不同的是，当数据库不可写入的时候（如磁盘空间已满）getReadableDatabase()方法返回的对象将以只读的方式去打开数据库，而 getWritableDatabase()方法则将出现异常。

SQLiteOpenHelper 中有两个构造方法可供重写，一般使用参数少一点的那个构造方法即可。这个构造方法中接收四个参数，第一个参数是 Context，这个没什么好说的，必须要有它才能对数据库进行操作。第二个参数是数据库名，创建数据库时使用的就是这里指定的名称。第三个参数允许我们在查询数据的时候返回一个自定义的 Cursor，一般都是传入 null。第四个参数表示当前数据库的版本号，可用于对数据库进行升级操作。构建出 SQLiteOpenHelper 的实例之后，再调用它的 getReadableDatabase()或 getWritableDatabase()方法就能够创建数据库了，数据库文件会存放在/data/data/<package name>/databases/目录下。此时，重写的 onCreate()方法也会得到执行，所以通常会在这里去处理一些创建表的逻辑。

接下来还是让我们通过例子的方式来更加直观地体会 SQLiteOpenHelper 的用法吧，首先新建一个 DatabaseTest 项目。

这里我们希望创建一个名为 BookStore.db 的数据库，然后在这个数据库中新建一张 Book 表，表中有 id（主键）、作者、价格、页数和书名等列。创建数据库表当然还是需要用建表语句的，这里也是要考验一下你的 SQL 基本功了，Book 表的建表语句如下所示：

```
create table Book (
    id integer primary key autoincrement,
    author text,
    price real,
    pages integer,
    name text)
```

只要你对 SQL 方面的知识稍微有一些了解，上面的建表语句对你来说应该都不难吧。SQLite 不像其他的数据库拥有众多繁杂的数据类型，它的数据类型很简单，integer 表示整型，

real 表示浮点型，text 表示文本类型，blob 表示二进制类型。另外，上述建表语句中我们还使用了 primary key 将 id 列设为主键，并用 autoincrement 关键字表示 id 列是自增长的。

然后需要在代码中去执行这条 SQL 语句，才能完成创建表的操作。新建 MyDatabaseHelper 类继承自 SQLiteOpenHelper，代码如下所示：

```
public class MyDatabaseHelper extends SQLiteOpenHelper {

    public static final String CREATE_BOOK = "create table Book ("
            + "id integer primary key autoincrement, "
            + "author text, "
            + "price real, "
            + "pages integer, "
            + "name text)";

    private Context mContext;

    public MyDatabaseHelper(Context context, String name, CursorFactory
factory, int version) {
        super(context, name, factory, version);
        mContext = context;
    }

    @Override
    public void onCreate(SQLiteDatabase db) {
        db.execSQL(CREATE_BOOK);
        Toast.makeText(mContext, "Create succeeded", Toast.LENGTH_SHORT).show();
    }

    @Override
    public void onUpgrade(SQLiteDatabase db, int oldVersion, int newVersion) {
    }

}
```

可以看到，我们把建表语句定义成了一个字符串常量，然后在 onCreate()方法中又调用了 SQLiteDatabase 的 execSQL()方法去执行这条建表语句，并弹出一个 Toast 提示创建成功，这样就可以保证在数据库创建完成的同时还能成功创建 Book 表。

现在修改 activity_main.xml 中的代码，如下所示：

```
<LinearLayout xmlns:android="http://schemas.android.com/apk/res/android"
    android:layout_width="match_parent"
    android:layout_height="match_parent"
    android:orientation="vertical" >

    <Button
        android:id="@+id/create_database"
        android:layout_width="match_parent"
        android:layout_height="wrap_content"
        android:text="Create database"
         />

</LinearLayout>
```

布局文件很简单，就是加入了一个按钮，用于创建数据库。最后修改 MainActivity 中的代码，如下所示：

```
public class MainActivity extends Activity {

    private MyDatabaseHelper dbHelper;

    @Override
    protected void onCreate(Bundle savedInstanceState) {
        super.onCreate(savedInstanceState);
        setContentView(R.layout.activity_main);
        dbHelper = new MyDatabaseHelper(this, "BookStore.db", null, 1);
        Button createDatabase = (Button) findViewById(R.id.create_database);
        createDatabase.setOnClickListener(new OnClickListener() {
            @Override
            public void onClick(View v) {
                dbHelper.getWritableDatabase();
            }
        });
    }

}
```

这里我们在 onCreate()方法中构建了一个 MyDatabaseHelper 对象，并且通过构造函数的参数将数据库名指定为 BookStore.db，版本号指定为 1，然后在 Create database 按钮的点击事件里调用了 getWritableDatabase()方法。这样当第一次点击 Create database 按钮时，就会检测到当前程序中并没有 BookStore.db 这个数据库，于是会创建该数据库并调用 MyDatabaseHelper

中的 onCreate()方法，这样 Book 表也就得到了创建，然后会弹出一个 Toast 提示创建成功。再次点击 Create database 按钮时，会发现此时已经存在 BookStore.db 数据库了，因此不会再创建一次。

现在就可以运行一下代码了，在程序主界面点击 Create database 按钮，结果如图 6.11 所示。

图 6.11

此时 BookStore.db 数据库和 Book 表应该都已经创建成功了，因为当你再次点击 Create database 按钮时不会再有 Toast 弹出。可是又回到了之前的那个老问题，怎样才能证实它们的确是创建成功了？如果还是使用 File Explorer，那么最多你只能看到 databases 目录下出现了一个 BookStore.db 文件，Book 表是无法通过 File Explorer 看到的。因此这次我们准备换一种查看方式，使用 adb shell 来对数据库和表的创建情况进行检查。

adb 是 Android SDK 中自带的一个调试工具，使用这个工具可以直接对连接在电脑上的手机或模拟器进行调试操作。它存放在 sdk 的 platform-tools 目录下，如果想要在命令行中使用这个工具，就需要先把它的路径配置到环境变量里。

如果你使用的是 Windows 系统，可以右击我的电脑→属性→高级→环境变量，然后在系统变量里找到 Path 并点击编辑，将 platform-tools 目录配置进去，如图 6.12 所示。

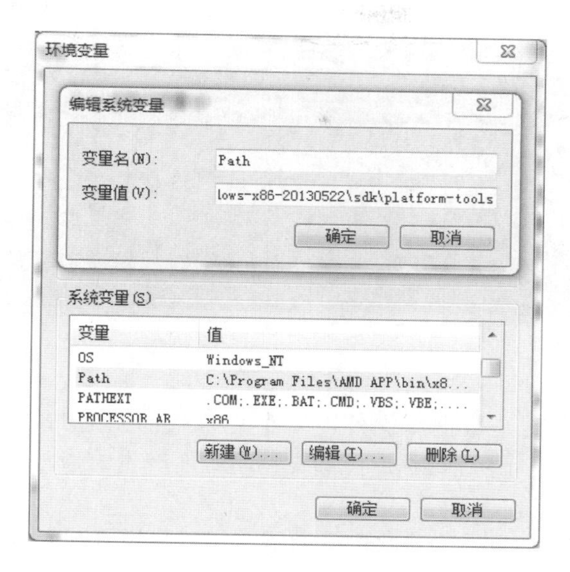

图　6.12

如果你使用的是 Linux 系统，可以在 home 路径下编辑.bash_profile 文件，将 platform-tools 目录配置进去即可，如图 6.13 所示：

图　6.13

配置好了环境变量之后，就可以使用 adb 工具了。打开命令行界面，输入 adb shell，就会进入到设备的控制台，如图 6.14 所示。

图　6.14

然后使用 cd 命令进行到/data/data/com.example.databasetest/databases/目录下，并使用 ls 命令查看到该目录里的文件，如图 6.15 所示。

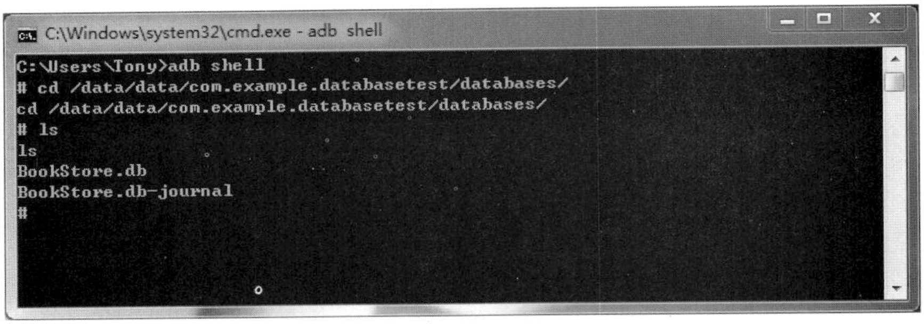

```
C:\Windows\system32\cmd.exe - adb shell
C:\Users\Tony>adb shell
# cd /data/data/com.example.databasetest/databases/
cd /data/data/com.example.databasetest/databases/
# ls
ls
BookStore.db
BookStore.db-journal
#
```

图 6.15

这个目录下出现了两个数据库文件，一个正是我们创建的 BookStore.db，而另一个 BookStore.db-journal 则是为了让数据库能够支持事务而产生的临时日志文件，通常情况下这个文件的大小都是 0 字节。

接下来我们就要借助 sqlite 命令来打开数据库了，只需要键入 sqlite3，后面加上数据库名即可，如图 6.16 所示。

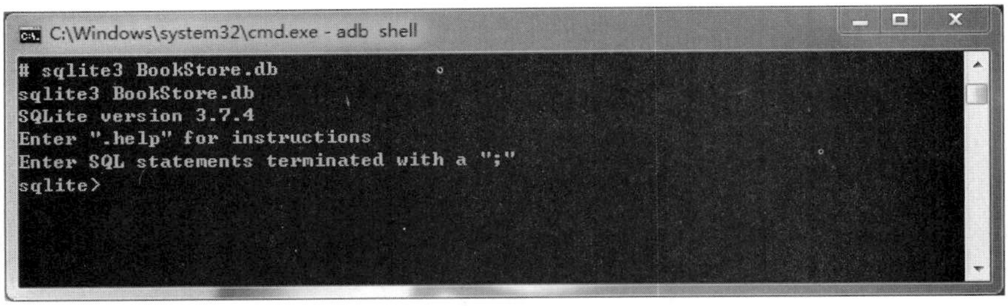

```
C:\Windows\system32\cmd.exe - adb shell
# sqlite3 BookStore.db
sqlite3 BookStore.db
SQLite version 3.7.4
Enter ".help" for instructions
Enter SQL statements terminated with a ";"
sqlite>
```

图 6.16

这时就已经打开了 BookStore.db 数据库，现在就可以对这个数据库中的表进行管理了。首先来看一下目前数据库中有哪些表，键入.table 命令，如图 6.17 所示。

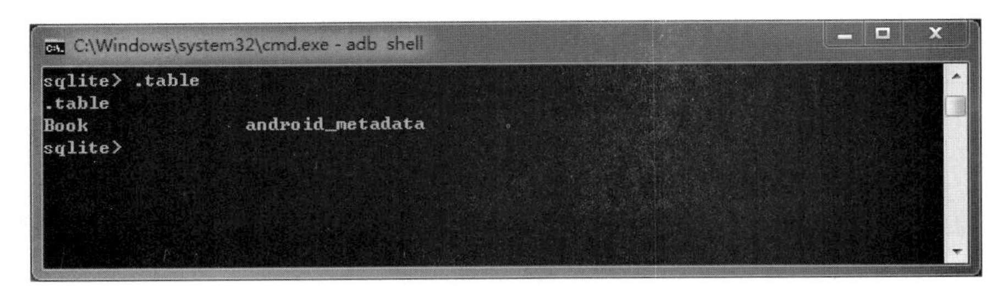

图 6.17

可以看到，此时数据库中有两张表，android_metadata 表是每个数据库中都会自动生成的，不用管它，而另外一张 Book 表就是我们在 MyDatabaseHelper 中创建的了。这里还可以通过.schema 命令来查看它们的建表语句，如图 6.18 所示。

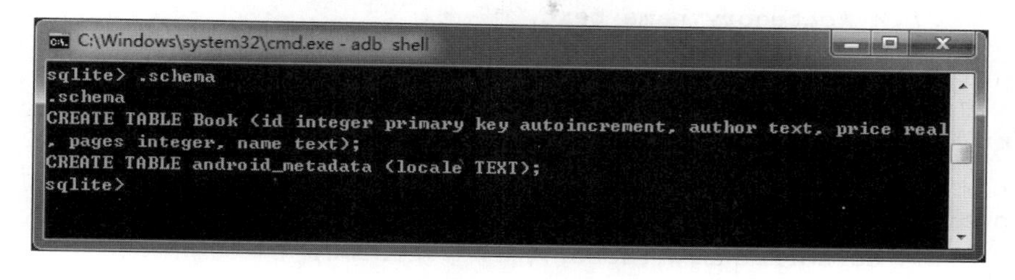

图　6.18

由此证明，BookStore.db 数据库和 Book 表确实已经是创建成功了。之后键入.exit 或.quit 命令可以退出数据库的编辑，再键入 exit 命令就可以退出设备控制台了。

6.4.2　升级数据库

如果你足够细心，一定会发现 MyDatabaseHelper 中还有一个空方法呢！没错，onUpgrade()方法是用于对数据库进行升级的，它在整个数据库的管理工作当中起着非常重要的作用，可千万不能忽视它哟。

目前 DatabaseTest 项目中已经有一张 Book 表用于存放书的各种详细数据，如果我们想再添加一张 Category 表用于记录书籍的分类该怎么做呢？

比如 Category 表中有 id（主键）、分类名和分类代码这几个列，那么建表语句就可以写成：

```
create table Category (
    id integer primary key autoincrement,
    category_name text,
    category_code integer)
```

接下来我们将这条建表语句添加到 MyDatabaseHelper 中，代码如下所示：

```
public class MyDatabaseHelper extends SQLiteOpenHelper {

    public static final String CREATE_BOOK = "create table Book ("
            + "id integer primary key autoincrement, "
            + "author text, "
            + "price real, "
            + "pages integer, "
            + "name text)";
```

```
    public static final String CREATE_CATEGORY = "create table Category ("
            + "id integer primary key autoincrement, "
            + "category_name text, "
            + "category_code integer)";

    private Context mContext;

    public MyDatabaseHelper(Context context, String name,
            CursorFactory factory, int version) {
        super(context, name, factory, version);
        mContext = context;
    }

    @Override
    public void onCreate(SQLiteDatabase db) {
        db.execSQL(CREATE_BOOK);
        db.execSQL(CREATE_CATEGORY);
        Toast.makeText(mContext, "Create succeeded", Toast.LENGTH_SHORT).
show();
    }

    @Override
    public void onUpgrade(SQLiteDatabase db, int oldVersion, int newVersion) {
    }

}
```

看上去好像都挺对的吧，现在我们重新运行一下程序，并点击 Create database 按钮，咦？竟然没有弹出创建成功的提示。当然，你也可以通过 adb 工具到数据库中再去检查一下，这样你会更加地确认，Category 表没有创建成功！

其实没有创建成功的原因不难思考，因为此时 BookStore.db 数据库已经存在了，之后不管我们怎样点击 Create database 按钮，MyDatabaseHelper 中的 onCreate()方法都不会再次执行，因此新添加的表也就无法得到创建了。

解决这个问题的办法也相当简单，只需要先将程序卸载掉，然后重新运行，这时 BookStore.db 数据库已经不存在了，如果再点击 Create database 按钮，MyDatabaseHelper 中的 onCreate()方法就会执行，这时 Category 表就可以创建成功了。

不过通过卸载程序的方式来新增一张表毫无疑问是很极端的做法，其实我们只需要巧妙地运用 SQLiteOpenHelper 的升级功能就可以很轻松地解决这个问题。修改 MyDatabaseHelper

中的代码，如下所示：

```
public class MyDatabaseHelper extends SQLiteOpenHelper {
    ......
    @Override
    public void onUpgrade(SQLiteDatabase db, int oldVersion, int newVersion) {
        db.execSQL("drop table if exists Book");
        db.execSQL("drop table if exists Category");
        onCreate(db);
    }
}
```

可以看到，我们在 onUpgrade()方法中执行了两条 DROP 语句，如果发现数据库中已经存在 Book 表或 Category 表了，就将这两张表删除掉，然后再调用 onCreate()方法去重新创建。这里先将已经存在的表删除掉，是因为如果在创建表时发现这张表已经存在了，就会直接报错。

接下来的问题就是如何让 onUpgrade()方法能够执行了，还记得 SQLiteOpenHelper 的构造方法里接收的第四个参数吗？它表示当前数据库的版本号，之前我们传入的是 1，现在只要传入一个比 1 大的数，就可以让 onUpgrade()方法得到执行了。修改 MainActivity 中的代码，如下所示：

```
public class MainActivity extends Activity {

    private MyDatabaseHelper dbHelper;

    @Override
    protected void onCreate(Bundle savedInstanceState) {
        super.onCreate(savedInstanceState);
        setContentView(R.layout.activity_main);
        dbHelper = new MyDatabaseHelper(this, "BookStore.db", null, 2);
        Button createDatabase = (Button) findViewById(R.id.create_database);
        createDatabase.setOnClickListener(new OnClickListener() {
            @Override
            public void onClick(View v) {
                dbHelper.getWritableDatabase();
            }
        });
    }

}
```

这里将数据库版本号指定为 2，表示我们对数据库进行升级了。现在重新运行程序，并点击 Create database 按钮，这时就会再次弹出创建成功的提示。为了验证一下 Category 表是不是已经创建成功了，我们在 adb shell 中打开 BookStore.db 数据库，然后键入.table 命令，结果如图 6.19 所示。

图 6.19

接着键入.schema 命令查看一下建表语句，结果如图 6.20 所示。

```
C:\Windows\system32\cmd.exe - adb shell
sqlite> .schema
.schema
CREATE TABLE Book (id integer primary key autoincrement, author text, price real
, pages integer, name text);
CREATE TABLE Category (id integer primary key autoincrement, category_name text,
 category_code integer);
CREATE TABLE android_metadata (locale TEXT);
sqlite>
```

图 6.20

由此可以看出，Category 表已经创建成功了，同时也说明我们的升级功能的确起到了作用。

6.4.3 添加数据

现在你已经掌握了创建和升级数据库的方法，接下来就该学习一下如何对表中的数据进行操作了。其实我们可以对数据进行的操作也就无非四种，即 CRUD。其中 C 代表添加（Create），R 代表查询（Retrieve），U 代表更新（Update），D 代表删除（Delete）。每一种操作又各自对应了一种 SQL 命令，如果你比较熟悉 SQL 语言的话，一定会知道添加数据时使用 insert，查询数据时使用 select，更新数据时使用 update，删除数据时使用 delete。但是开发者的水平总会是参差不齐的，未必每一个人都能非常熟悉地使用 SQL 语言，因此 Android 也是提供了一系列的辅助性方法，使得在 Android 中即使不去编写 SQL 语句，也能轻松完成所有的 CRUD 操作。

前面我们已经知道，调用 SQLiteOpenHelper 的 getReadableDatabase()或 getWritableDatabase()

方法是可以用于创建和升级数据库的，不仅如此，这两个方法还都会返回一个 SQLiteDatabase 对象，借助这个对象就可以对数据进行 CRUD 操作了。

那么我们一个一个功能地看，首先学习一下如何向数据库的表中添加数据吧。SQLiteDatabase 中提供了一个 insert()方法，这个方法就是专门用于添加数据的。它接收三个参数，第一个参数是表名，我们希望向哪张表里添加数据，这里就传入该表的名字。第二个参数用于在未指定添加数据的情况下给某些可为空的列自动赋值 NULL，一般我们用不到这个功能，直接传入 null 即可。第三个参数是一个 ContentValues 对象，它提供了一系列的 put() 方法重载，用于向 ContentValues 中添加数据，只需要将表中的每个列名以及相应的待添加数据传入即可。

介绍完了基本用法，接下来还是让我们通过例子的方式来亲身体验一下如何添加数据吧。修改 activity_main.xml 中的代码，如下所示：

```
<LinearLayout xmlns:android="http://schemas.android.com/apk/res/android"
    android:layout_width="match_parent"
    android:layout_height="match_parent"
    android:orientation="vertical" >

    ......

    <Button
        android:id="@+id/add_data"
        android:layout_width="match_parent"
        android:layout_height="wrap_content"
        android:text="Add data"
        />
</LinearLayout>
```

可以看到，我们在布局文件中又新增了一个按钮，稍后就会在这个按钮的点击事件里编写添加数据的逻辑。接着修改 MainActivity 中的代码，如下所示：

```
public class MainActivity extends Activity {

    private MyDatabaseHelper dbHelper;

    @Override
    protected void onCreate(Bundle savedInstanceState) {
        super.onCreate(savedInstanceState);
        setContentView(R.layout.activity_main);
        dbHelper = new MyDatabaseHelper(this, "BookStore.db", null, 2);
        ......
```

```
        Button addData = (Button) findViewById(R.id.add_data);
        addData.setOnClickListener(new OnClickListener() {
            @Override
            public void onClick(View v) {
                SQLiteDatabase db = dbHelper.getWritableDatabase();
                ContentValues values = new ContentValues();
                // 开始组装第一条数据
                values.put("name", "The Da Vinci Code");
                values.put("author", "Dan Brown");
                values.put("pages", 454);
                values.put("price", 16.96);
                db.insert("Book", null, values); // 插入第一条数据
                values.clear();
                // 开始组装第二条数据
                values.put("name", "The Lost Symbol");
                values.put("author", "Dan Brown");
                values.put("pages", 510);
                values.put("price", 19.95);
                db.insert("Book", null, values); // 插入第二条数据
            }
        });
    }

}
```

在添加数据按钮的点击事件里面，我们先获取到了 SQLiteDatabase 对象，然后使用 ContentValues 来对要添加的数据进行组装。如果你比较细心的话应该会发现，这里只对 Book 表里其中四列的数据进行了组装，id 那一列没并没给它赋值。这是因为在前面创建表的时候我们就将 id 列设置为自增长了，它的值会在入库的时候自动生成，所以不需要手动给它赋值了。接下来调用了 insert()方法将数据添加到表当中，注意这里我们实际上添加了两条数据，上述代码中使用 ContentValues 分别组装了两次不同的内容，并调用了两次 insert()方法。

好了，现在可以重新运行一下程序了，界面如图 6.21 所示。

3:44
DatabaseTest
Create database
Add data

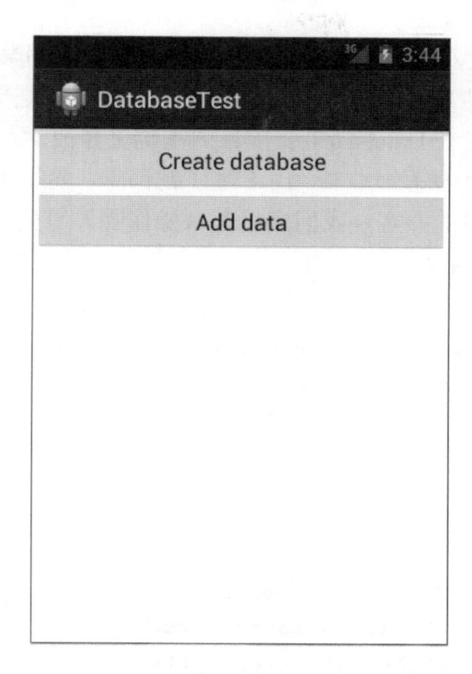

图　6.21

点击一下 Add data 按钮，此时两条数据应该都已经添加成功了，不过为了证实一下，我们还是打开 BookStore.db 数据库瞧一瞧。输入 SQL 查询语句 select * from Book，结果如图 6.22 所示。

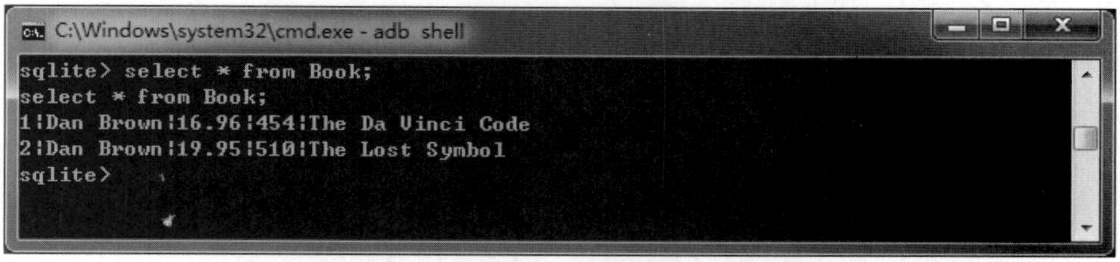

C:\Windows\system32\cmd.exe - adb shell
sqlite> select * from Book;
select * from Book;
1|Dan Brown|16.96|454|The Da Vinci Code
2|Dan Brown|19.95|510|The Lost Symbol
sqlite>

图　6.22

由此可以看出，我们刚刚组装的两条数据，都已经准确无误地添加到 Book 表中了。

6.4.4　更新数据

学习完了如何向表中添加数据，接下来我们看看怎样才能修改表中已有的数据。SQLiteDatabase 中也是提供了一个非常好用的 update()方法用于对数据进行更新，这个方法接收四个参数，第一个参数和 insert()方法一样，也是表名，在这里指定去更新哪张表里的数据。第二个参数是 ContentValues 对象，要把更新数据在这里组装进去。第三、第四个参数用于去约束更新某一行或某几行中的数据，不指定的话默认就是更新所有行。

那么接下来我们仍然是在 DatabaseTest 项目的基础上修改，看一下更新数据的具体用法。比如说刚才添加到数据库里的第一本书，由于过了畅销季，卖得不是很火了，现在需要通过降低价格的方式来吸引更多的顾客，我们应该怎么操作呢？首先修改 activity_main.xml 中的代码，如下所示：

```
<LinearLayout xmlns:android="http://schemas.android.com/apk/res/android"
    android:layout_width="match_parent"
    android:layout_height="match_parent"
    android:orientation="vertical" >

    ......

    <Button
        android:id="@+id/update_data"
        android:layout_width="match_parent"
        android:layout_height="wrap_content"
        android:text="Update data"
        />
</LinearLayout>
```

布局文件中的代码就已经非常简单了，就是添加了一个用于更新数据的按钮。然后修改 MainActivity 中的代码，如下所示：

```
public class MainActivity extends Activity {

    private MyDatabaseHelper dbHelper;

    @Override
    protected void onCreate(Bundle savedInstanceState) {
        super.onCreate(savedInstanceState);
        setContentView(R.layout.activity_main);
        dbHelper = new MyDatabaseHelper(this, "BookStore.db", null, 2);
        ......
        Button updateData = (Button) findViewById(R.id.update_data);
        updateData.setOnClickListener(new OnClickListener() {
            @Override
            public void onClick(View v) {
                SQLiteDatabase db = dbHelper.getWritableDatabase();
```

```
                ContentValues values = new ContentValues();
                values.put("price", 10.99);
                db.update("Book", values, "name = ?", new String[] { "The Da
Vinci Code" });
            }
        });
    }

}
```

这里在更新数据按钮的点击事件里面构建了一个 ContentValues 对象，并且只给它指定了一组数据，说明我们只是想把价格这一列的数据更新成 10.99。然后调用了 SQLiteDatabase 的 update()方法去执行具体的更新操作，可以看到，这里使用了第三、第四个参数来指定具体更新哪几行。第三个参数对应的是 SQL 语句的 where 部分，表示去更新所有 name 等于?的行，而?是一个占位符，可以通过第四个参数提供的一个字符串数组为第三个参数中的每个占位符指定相应的内容。因此上述代码想表达的意图就是，将名字是 The Da Vinci Code 的这本书的价格改成 10.99。

现在重新运行一下程序，界面如图 6.23 所示。

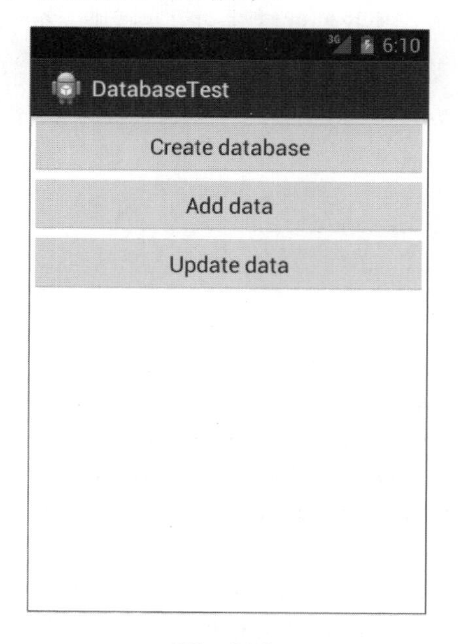

图　6.23

点击一下 Update data 按钮后，再次输入查询语句查看表中的数据情况，结果如图 6.24 所示。

```
C:\Windows\system32\cmd.exe - adb shell
sqlite> select * from Book;
select * from Book;
1|Dan Brown|10.99|454|The Da Vinci Code
2|Dan Brown|19.95|510|The Lost Symbol
sqlite>
```

图 6.24

可以看到，The Da Vinci Code 这本书的价格已经被成功改为 10.99 了。

6.4.5 删除数据

怎么样？添加和更新数据的功能都还挺简单的吧，代码也不多，理解起来又容易，那么我们要马不停蹄地开始学习下一种操作了，即如何从表中删除数据。

删除数据对你来说应该就更简单了，因为它所需要用到的知识点你全部已经学过了。SQLiteDatabase 中提供了一个 delete()方法专门用于删除数据，这个方法接收三个参数，第一个参数仍然是表名，这个已经没什么好说的了，第二、第三个参数又是用于去约束删除某一行或某几行的数据，不指定的话默认就是删除所有行。

是不是理解起来很轻松了？那我们就继续动手实践吧，修改 activity_main.xml 中的代码，如下所示：

```
<LinearLayout xmlns:android="http://schemas.android.com/apk/res/android"
    android:layout_width="match_parent"
    android:layout_height="match_parent"
    android:orientation="vertical" >

    ......

    <Button
        android:id="@+id/delete_data"
        android:layout_width="match_parent"
        android:layout_height="wrap_content"
        android:text="Delete data"
        />
</LinearLayout>
```

仍然是在布局文件中添加了一个按钮，用于删除数据。然后修改 MainActivity 中的代码，如下所示：

```
public class MainActivity extends Activity {
```

```
    private MyDatabaseHelper dbHelper;

    @Override
    protected void onCreate(Bundle savedInstanceState) {
        super.onCreate(savedInstanceState);
        setContentView(R.layout.activity_main);
        dbHelper = new MyDatabaseHelper(this, "BookStore.db", null, 2);
        ……
        Button deleteButton = (Button) findViewById(R.id.delete_data);
        deleteButton.setOnClickListener(new OnClickListener() {
            @Override
            public void onClick(View v) {
                SQLiteDatabase db = dbHelper.getWritableDatabase();
                db.delete("Book", "pages > ?", new String[] { "500" });
            }
        });
    }

}
```

可以看到，我们在删除按钮的点击事件里指明去删除 Book 表中的数据，并且通过第二、第三个参数来指定仅删除那些页数超过 500 页的书籍。当然这个需求很奇怪，这里也仅仅是为了做个测试。你可以先查看一下当前 Book 表里的数据，其中 The Lost Symbol 这本书的页数超过了 500 页，也就是说当我们点击删除按钮时，这条记录应该会被删除掉。

现在重新运行一下程序，界面如图 6.25 所示。

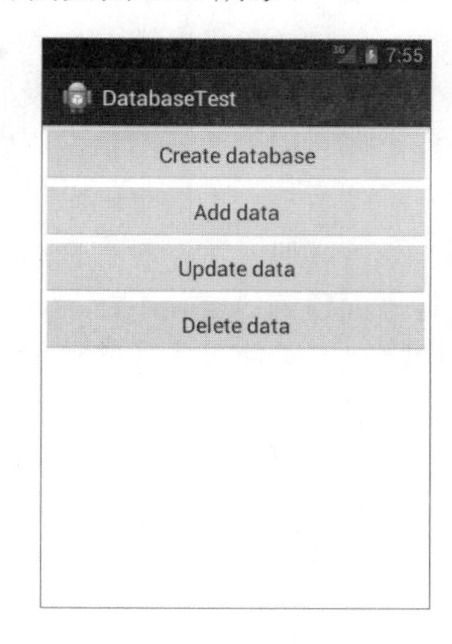

图　6.25

点击一下 Delete data 按钮后，再次输入查询语句查看表中的数据情况，结果如图 6.26 所示。

图 6.26

这样就可以明显地看出，The Lost Symbol 这本书的数据已经被删除了。

6.4.6 查询数据

终于到了最后一种操作了，掌握了查询数据的方法之后，你也就将数据库的 CRUD 操作全部学完了。不过千万不要因此而放松，因为查询数据也是在 CRUD 中最复杂的一种操作。

我们都知道 SQL 的全称是 Structured Query Language，翻译成中文就是结构化查询语言。它的大部分功能都是体现在“查”这个字上的，而“增删改”只是其中的一小部分功能。由于 SQL 查询涉及的内容实在是太多了，因此在这里我不准备对它展开来讲解，而是只会介绍 Android 上的查询功能。如果你对 SQL 语言非常感兴趣，可以找一本专门介绍 SQL 的书进行学习。

相信你已经猜到了，SQLiteDatabase 中还提供了一个 query()方法用于对数据进行查询。这个方法的参数非常复杂，最短的一个方法重载也需要传入七个参数。那我们就先来看一下这七个参数各自的含义吧，第一个参数不用说，当然还是表名，表示我们希望从哪张表中查询数据。第二个参数用于指定去查询哪几列，如果不指定则默认查询所有列。第三、第四个参数用于去约束查询某一行或某几行的数据，不指定则默认是查询所有行的数据。第五个参数用于指定需要去 group by 的列，不指定则表示不对查询结果进行 group by 操作。第六个参数用于对 group by 之后的数据进行进一步的过滤，不指定则表示不进行过滤。第七个参数用于指定查询结果的排序方式，不指定则表示使用默认的排序方式。更多详细的内容可以参考下表。其他几个 query()方法的重载其实也大同小异，你可以自己去研究一下，这里就不再进行介绍了。

query()方法参数	对应 SQL 部分	描述
table	from table_name	指定查询的表名
columns	select column1, column2	指定查询的列名
selection	where column = value	指定 where 的约束条件
selectionArgs	-	为 where 中的占位符提供具体的值
groupBy	group by column	指定需要 group by 的列
having	having column = value	对 group by 后的结果进一步约束
orderBy	order by column1, column2	指定查询结果的排序方式

虽然 query()方法的参数非常多，但是不要对它产生畏惧，因为我们不必为每条查询语句都指定上所有的参数，多数情况下只需要传入少数几个参数就可以完成查询操作了。调用 query()方法后会返回一个 Cursor 对象，查询到的所有数据都将从这个对象中取出。

下面还是让我们通过例子的方式来体验一下查询数据的具体用法，修改 activity_main.xml 中的代码，如下所示：

```
<LinearLayout xmlns:android="http://schemas.android.com/apk/res/android"
    android:layout_width="match_parent"
    android:layout_height="match_parent"
    android:orientation="vertical" >

    ......

    <Button
        android:id="@+id/query_data"
        android:layout_width="match_parent"
        android:layout_height="wrap_content"
        android:text="Query data"
        />
</LinearLayout>
```

这个已经没什么好说的了，添加了一个按钮用于查询数据。然后修改 MainActivity 中的代码，如下所示：

```
public class MainActivity extends Activity {

    private MyDatabaseHelper dbHelper;

    @Override
```

```
    protected void onCreate(Bundle savedInstanceState) {
        super.onCreate(savedInstanceState);
        setContentView(R.layout.activity_main);
        dbHelper = new MyDatabaseHelper(this, "BookStore.db", null, 2);
        ……
        Button queryButton = (Button) findViewById(R.id.query_data);
        queryButton.setOnClickListener(new OnClickListener() {
            @Override
            public void onClick(View v) {
                SQLiteDatabase db = dbHelper.getWritableDatabase();
                // 查询Book表中所有的数据
                Cursor cursor = db.query("Book", null, null, null, null, null, null);
                if (cursor.moveToFirst()) {
                    do {
                        // 遍历Cursor对象，取出数据并打印
                        String name = cursor.getString(cursor.
getColumnIndex("name"));
                        String author = cursor.getString(cursor.
getColumnIndex("author"));
                        int pages = cursor.getInt(cursor.getColumnIndex
("pages"));
                        double price = cursor.getDouble(cursor.
getColumnIndex("price"));
                        Log.d("MainActivity", "book name is " + name);
                        Log.d("MainActivity", "book author is " + author);
                        Log.d("MainActivity", "book pages is " + pages);
                        Log.d("MainActivity", "book price is " + price);
                    } while (cursor.moveToNext());
                }
                cursor.close();
            }
        });
    }

}
```

可以看到，我们首先在查询按钮的点击事件里面调用了 SQLiteDatabase 的 query()方法去查询数据。这里的 query()方法非常简单，只是使用了第一个参数指明去查询 Book 表，后面的参数全部为 null。这就表示希望查询这张表中的所有数据，虽然这张表中目前只剩下一条数据了。查询完之后就得到了一个 Cursor 对象，接着我们调用它的 moveToFirst()方法将数

据的指针移动到第一行的位置，然后进入了一个循环当中，去遍历查询到的每一行数据。在这个循环中可以通过 Cursor 的 getColumnIndex()方法获取到某一列在表中对应的位置索引，然后将这个索引传入到相应的取值方法中，就可以得到从数据库中读取到的数据了。接着我们使用 Log 的方式将取出的数据打印出来，借此来检查一下读取工作有没有成功完成。最后别忘了调用 close()方法来关闭 Cursor。

好了，现在再次重新运行程序，界面如图 6.27 所示。

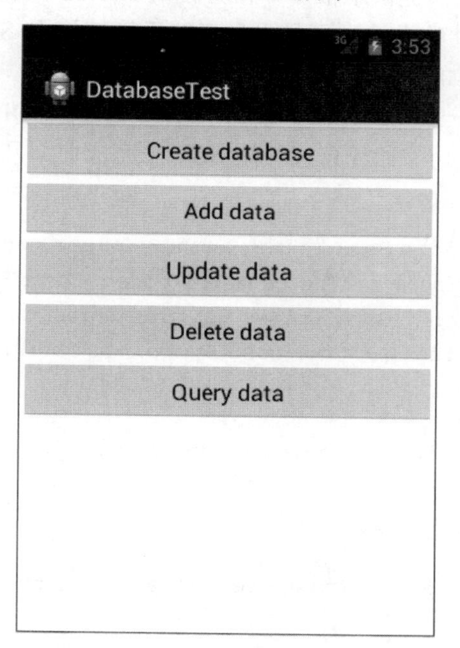

图　6.27

点击一下 Query data 按钮后，查看 LogCat 的打印内容，结果如图 6.28 所示。

Tag	Text
MainActivity	book name is The Da Vinci Code
MainActivity	book author is Dan Brown
MainActivity	book pages is 454
MainActivity	book price is 10.99

图　6.28

可以看到，这里已经将 Book 表中唯一的一条数据成功地读取出来了。

当然这个例子只是对查询数据的用法进行了最简单的示范，在真正的项目中你可能会遇到比这要复杂得多的查询功能，更多高级的用法还需要你自己去慢慢摸索，毕竟 query()方法中还有那么多的参数我们都还没用到呢。

6.4.7 使用 SQL 操作数据库

虽然 Android 已经给我们提供了很多非常方便的 API 用于操作数据库，不过总会有一些人不习惯去使用这些辅助性的方法，而是更加青睐于直接使用 SQL 来操作数据库。这种人一般都是属于 SQL 大牛，如果你也是其中之一的话，那么恭喜，Android 充分考虑到了你们的编程习惯，同样提供了一系列的方法，使得可以直接通过 SQL 来操作数据库。

下面我就来简略演示一下，如何直接使用 SQL 来完成前面几小节中学过的 CRUD 操作。

添加数据的方法如下：

```
db.execSQL("insert into Book (name, author, pages, price) values(?, ?, ?, ?)",
            new String[] { "The Da Vinci Code", "Dan Brown", "454", "16.96" });
db.execSQL("insert into Book (name, author, pages, price) values(?, ?, ?, ?)",
            new String[] { "The Lost Symbol", "Dan Brown", "510", "19.95" });
```

更新数据的方法如下：

```
db.execSQL("update Book set price = ? where name = ?", new String[] { "10.99",
"The Da Vinci Code" });
```

删除数据的方法如下：

```
db.execSQL("delete from Book where pages > ?", new String[] { "500" });
```

查询数据的方法如下：

```
db.rawQuery("select * from Book", null);
```

可以看到，除了查询数据的时候调用的是 SQLiteDatabase 的 rawQuery()方法，其他的操作都是调用的 execSQL()方法。以上演示的几种方式，执行结果会和前面几小节中我们学习的 CRUD 操作的结果完全相同，选择使用哪一种方式就看你个人的喜好了。

6.5 SQLite 数据库的最佳实践

在上一节里我们只能算是学习了 SQLite 数据库的基本用法，如果你想继续深入钻研，SQLite 数据库中可拓展的知识就太多了。既然还有那么多的高级技巧在等着我们，自然又要进入到本章的最佳实践环节了。

6.5.1　使用事务

前面我们已经知道，SQLite 数据库是支持事务的，事务的特性可以保证让某一系列的操作要么全部完成，要么一个都不会完成。那么在什么情况下才需要使用事务呢？想象以下场景，比如你正在进行一次转账操作，银行会将转账的金额先从你的账户中扣除，然后再向收款方的账户中添加等量的金额。看上去好像没什么问题吧？可是，如果当你账户中的金额刚刚被扣除，这时由于一些异常原因导致对方收款失败，这一部分钱就凭空消失了！当然银行肯定已经充分考虑到了这种情况，它会保证扣钱和收款的操作要么一起成功，要么都不会成功，而使用的技术当然就是事务了。

接下来我们看一看如何在 Android 中使用事务吧，仍然是在 DatabaseTest 项目的基础上进行修改。比如 Book 表中的数据都已经很老了，现在准备全部废弃掉替换成新数据，可以先使用 delete()方法将 Book 表中的数据删除，然后再使用 insert()方法将新的数据添加到表中。我们要保证的是，删除旧数据和添加新数据的操作必须一起完成，否则就还要继续保留原来的旧数据。修改 activity_main.xml 中的代码，如下所示：

```
<LinearLayout xmlns:android="http://schemas.android.com/apk/res/android"
    android:layout_width="match_parent"
    android:layout_height="match_parent"
    android:orientation="vertical" >

    ……

    <Button
        android:id="@+id/replace_data"
        android:layout_width="match_parent"
        android:layout_height="wrap_content"
        android:text="Replace data"
        />
</LinearLayout>
```

可以看到，这里又添加了一个按钮，用于进行数据替换操作。然后修改 MainActivity 中的代码，如下所示：

```
public class MainActivity extends Activity {

    private MyDatabaseHelper dbHelper;

    @Override
    protected void onCreate(Bundle savedInstanceState) {
        super.onCreate(savedInstanceState);
```

```
        setContentView(R.layout.activity_main);
        dbHelper = new MyDatabaseHelper(this, "BookStore.db", null, 2);
        ......
        Button replaceData = (Button) findViewById(R.id.replace_data);
        replaceData.setOnClickListener(new OnClickListener() {
            @Override
            public void onClick(View v) {
                SQLiteDatabase db = dbHelper.getWritableDatabase();
                db.beginTransaction(); // 开启事务
                try {
                    db.delete("Book", null, null);
                    if (true) {
                        // 在这里手动抛出一个异常，让事务失败
                        throw new NullPointerException();
                    }
                    ContentValues values = new ContentValues();
                    values.put("name", "Game of Thrones");
                    values.put("author", "George Martin");
                    values.put("pages", 720);
                    values.put("price", 20.85);
                    db.insert("Book", null, values);
                    db.setTransactionSuccessful(); // 事务已经执行成功
                } catch (Exception e) {
                    e.printStackTrace();
                } finally {
                    db.endTransaction(); // 结束事务
                }
            }
        });
    }

}
```

上述代码就是Android中事务的标准用法，首先调用SQLiteDatabase的beginTransaction()方法来开启一个事务，然后在一个异常捕获的代码块中去执行具体的数据库操作，当所有的操作都完成之后，调用 setTransactionSuccessful()表示事务已经执行成功了，最后在 finally 代码块中调用 endTransaction()来结束事务。注意观察，我们在删除旧数据的操作完成后手动抛出了一个 NullPointerException，这样添加新数据的代码就执行不到了。不过由于事务的存在，中途出现异常会导致事务的失败，此时旧数据应该是删除不掉的。

现在可以运行一下程序并点击 Replace data 按钮，你会发现，Book 表中存在的还是之前的旧数据。然后将手动抛出异常的那行代码去除，再重新运行一下程序，此时点击一下 Replace data 按钮就会将 Book 表中的数据替换成新数据了。

6.5.2 升级数据库的最佳写法

在 6.4.2 节中我们学习的升级数据库的方式是非常粗暴的，为了保证数据库中的表是最新的，我们只是简单地在 onUpgrade()方法中删除掉了当前所有的表，然后强制重新执行了一遍 onCreate()方法。这种方式在产品的开发阶段确实可以用，但是当产品真正上线了之后就绝对不行了。想象以下场景，比如你编写的某个应用已经成功上线，并且还拥有了不错的下载量。现在由于添加新功能的原因，使得数据库也需要一起升级，然后用户更新了这个版本之后发现以前程序中存储的本地数据全部丢失了！那么很遗憾，你的用户群体可能已经流失一大半了。

听起来好像挺恐怖的样子，难道说在产品发布出去之后还不能升级数据库了？当然不是，其实只需要进行一些合理的控制，就可以保证在升级数据库的时候数据并不会丢失了。

下面我们就来学习一下如何实现这样的功能，你已经知道，每一个数据库版本都会对应一个版本号，当指定的数据库版本号大于当前数据库版本号的时候，就会进入到 onUpgrade()方法中去执行更新操作。这里需要为每一个版本号赋予它各自改变的内容，然后在 onUpgrade()方法中对当前数据库的版本号进行判断，再执行相应的改变就可以了。

接着就让我们来模拟一个数据库升级的案例，还是由 MyDatabaseHelper 类来对数据库进行管理。第一版的程序要求非常简单，只需要创建一张 Book 表，MyDatabaseHelper 中的代码如下所示：

```
public class MyDatabaseHelper extends SQLiteOpenHelper {

    public static final String CREATE_BOOK = "create table Book ("
            + "id integer primary key autoincrement, "
            + "author text, "
            + "price real, "
            + "pages integer, "
            + "name text)";

    public MyDatabaseHelper(Context context, String name, CursorFactory
factory, int version) {
        super(context, name, factory, version);
    }

    @Override
```

```
    public void onCreate(SQLiteDatabase db) {
        db.execSQL(CREATE_BOOK);
    }

    @Override
    public void onUpgrade(SQLiteDatabase db, int oldVersion, int newVersion) {
    }

}
```

不过，几星期之后又有了新需求，这次需要向数据库中再添加一张 Category 表。于是，修改 MyDatabaseHelper 中的代码，如下所示：

```
public class MyDatabaseHelper extends SQLiteOpenHelper {

    public static final String CREATE_BOOK = "create table Book ("
            + "id integer primary key autoincrement, "
            + "author text, "
            + "price real, "
            + "pages integer, "
            + "name text)";

    public static final String CREATE_CATEGORY = "create table Category ("
            + "id integer primary key autoincrement, "
            + "category_name text, "
            + "category_code integer)";

    public MyDatabaseHelper(Context context, String name,
            CursorFactory factory, int version) {
        super(context, name, factory, version);
    }

    @Override
    public void onCreate(SQLiteDatabase db) {
        db.execSQL(CREATE_BOOK);
        db.execSQL(CREATE_CATEGORY);
    }

    @Override
    public void onUpgrade(SQLiteDatabase db, int oldVersion, int newVersion) {
        switch (oldVersion) {
```

```
            case 1:
                db.execSQL(CREATE_CATEGORY);
            default:
            }
        }

    }
```

可以看到，在 onCreate()方法里我们新增了一条建表语句，然后又在 onUpgrade()方法中添加了一个 switch 判断，如果用户当前数据库的版本号是 1，就只会创建一张 Category 表。这样当用户是直接安装的第二版的程序时，就会将两张表一起创建。而当用户是使用第二版的程序覆盖安装第一版的程序时，就会进入到升级数据库的操作中，此时由于 Book 表已经存在了，因此只需要创建一张 Category 表即可。

但是没过多久，新的需求又来了，这次要给 Book 表和 Category 表之间建立关联，需要在 Book 表中添加一个 category_id 的字段。再次修改 MyDatabaseHelper 中的代码，如下所示：

```
public class MyDatabaseHelper extends SQLiteOpenHelper {

    public static final String CREATE_BOOK = "create table Book ("
            + "id integer primary key autoincrement, "
            + "author text, "
            + "price real, "
            + "pages integer, "
            + "name text, "
            + "category_id integer)";

    public static final String CREATE_CATEGORY = "create table Category ("
            + "id integer primary key autoincrement, "
            + "category_name text, "
            + "category_code integer)";

    public MyDatabaseHelper(Context context, String name,
            CursorFactory factory, int version) {
        super(context, name, factory, version);
    }

    @Override
    public void onCreate(SQLiteDatabase db) {
        db.execSQL(CREATE_BOOK);
        db.execSQL(CREATE_CATEGORY);
```

```
    }

    @Override
    public void onUpgrade(SQLiteDatabase db, int oldVersion, int newVersion) {
        switch (oldVersion) {
        case 1:
            db.execSQL(CREATE_CATEGORY);
        case 2:
            db.execSQL("alter table Book add column category_id integer");
        default:
        }
    }

}
```

可以看到，首先我们在 Book 表的建表语句中添加了一个 category_id 列，这样当用户直接安装第三版的程序时，这个新增的列就已经自动添加成功了。然而，如果用户之前已经安装了某一版本的程序，现在需要覆盖安装，就会进入到升级数据库的操作中。在 onUpgrade() 方法里，我们添加了一个新的 case，如果当前数据库的版本号是 2，就会执行 alter 命令来为 Book 表新增一个 category_id 列。

这里请注意一个非常重要的细节，switch 中每一个 case 的最后都是没有使用 break 的，为什么要这么做呢？这是为了保证在跨版本升级的时候，每一次的数据库修改都能被全部执行到。比如用户当前是从第二版程序升级到第三版程序的，那么 case 2 中的逻辑就会执行。而如果用户是直接从第一版程序升级到第三版程序的，那么 case 1 和 case 2 中的逻辑都会执行。使用这种方式来维护数据库的升级，不管版本怎样更新，都可以保证数据库的表结构是最新的，而且表中的数据也完全不会丢失了。

6.6 小结与点评

经过了一章漫长地学习，我们终于可以缓解一下疲劳，对本章所学的知识进行梳理和总结了。本章主要是对 Android 常用的数据持久化方式进行了详细的讲解，包括文件存储、SharedPreferences 存储以及数据库存储。其中文件适用于存储一些简单的文本数据或者二进制数据，SharedPreferences 适用于存储一些键值对，而数据库则适用于存储那些复杂的关系型数据。虽然目前你已经掌握了这三种数据持久化方式的用法，但是能够根据项目的实际需求来选择最合适的方式也是你未来需要继续探索的。

那么正如上一章小结里提到的，既然现在我们已经掌握了 Android 中的数据持久化技术，接下来就应该继续学习 Android 中剩余的四大组件了。放松一下自己，然后一起踏上内容提供器的学习之旅。

经验值：+10000　　　　目前经验值：36905

级别：资深鸟

赢得宝物：战胜高级存储王。拾取高级存储王掉落的宝物，超高速 500PB 硬盘一块。剑齿虎皮 Android 战袍一套、强力大脑永久扩容丸一颗。高级存储王名叫术巨酷，是一位哲学大湿，神界为数很少的长期定居的人族，同时也是一个在神界很难见到的十分虚伪的家伙，在神界非常不招人待见。他有两个大脑，其中一个擅长面利都学派，另一个则信奉牛克思什么主义哲学。我平生最受不了就是这种装逼的家伙，我一个箭步冲上去，一拳将他打翻在地，然后坐在他身上足足 K 了他十分钟。我相信我已经成功地在他的两个脑子中植入了某种我还没来得及起名的新学派。好吧，也许可以叫“你大爷学派”。我整了整战袍。继续前进。

第7章　跨程序共享数据，探究内容提供器

在上一章中我们学了 Android 数据持久化的技术，包括文件存储、SharedPreferences 存储、以及数据库存储。不知道你有没有发现，使用这些持久化技术所保存的数据都只能在当前应用程序中访问。虽然文件和 SharedPreferences 存储中提供了 MODE_WORLD_READABLE 和 MODE_WORLD_WRITEABLE 这两种操作模式，用于供给其他的应用程序访问当前应用的数据，但这两种模式在 Android 4.2 版本中都已被废弃了。为什么呢？因为 Android 官方已经不再推荐使用这种方式来实现跨程序数据共享的功能，而是应该使用更加安全可靠的内容提供器技术。

可能你会有些疑惑，为什么要将我们程序中的数据共享给其他程序呢？当然，这个要视情况而定的，比如说账号和密码这样的隐私数据显然是不能共享给其他程序的，不过一些可以让其他程序进行二次开发的基础性数据，我们还是可以选择将其共享的。例如系统的电话簿程序，它的数据库中保存了很多的联系人信息，如果这些数据都不允许第三方的程序进行访问的话，恐怕很多应用的功能都要大打折扣了。除了电话簿之外，还有短信、媒体库等程序都实现了跨程序数据共享的功能，而使用的技术当然就是内容提供器了，下面我们就来对这一技术进行深入的探讨。

7.1　内容提供器简介

内容提供器（Content Provider）主要用于在不同的应用程序之间实现数据共享的功能，它提供了一套完整的机制，允许一个程序访问另一个程序中的数据，同时还能保证被访数据的安全性。目前，使用内容提供器是 Android 实现跨程序共享数据的标准方式。

不同于文件存储和 SharedPreferences 存储中的两种全局可读写操作模式，内容提供器可以选择只对哪一部分数据进行共享，从而保证我们程序中的隐私数据不会有泄漏的风险。

内容提供器的用法一般有两种，一种是使用现有的内容提供器来读取和操作相应程序中的数据，另一种是创建自己的内容提供器给我们程序的数据提供外部访问接口。那么接下来我们就一个一个开始学习吧，首先从使用现有的内容提供器开始。

7.2　访问其他程序中的数据

当一个应用程序通过内容提供器对其数据提供了外部访问接口，任何其他的应用程序就都可以对这部分数据进行访问。Android 系统中自带的电话簿、短信、媒体库等程序都提供了类似的访问接口，这就使得第三方应用程序可以充分地利用这部分数据来实现更好的功能。下面我们就来看一看，内容提供器到底是如何使用的。

7.2.1　ContentResolver 的基本用法

对于每一个应用程序来说，如果想要访问内容提供器中共享的数据，就一定要借助 ContentResolver 类，可以通过 Context 中的 getContentResolver()方法获取到该类的实例。ContentResolver 中提供了一系列的方法用于对数据进行 CRUD 操作，其中 insert()方法用于添加数据，update()方法用于更新数据，delete()方法用于删除数据，query()方法用于查询数据。有没有似曾相识的感觉？没错，SQLiteDatabase 中也是使用的这几个方法来进行 CRUD 操作的，只不过它们在方法参数上稍微有一些区别。

不同于 SQLiteDatabase，ContentResolver 中的增删改查方法都是不接收表名参数的，而是使用一个 Uri 参数代替，这个参数被称为内容 URI。内容 URI 给内容提供器中的数据建立了唯一标识符，它主要由两部分组成，权限（authority）和路径（path）。权限是用于对不同的应用程序做区分的，一般为了避免冲突，都会采用程序包名的方式来进行命名。比如某个程序的包名是 com.example.app，那么该程序对应的权限就可以命名为 com.example.app.provider。路径则是用于对同一应用程序中不同的表做区分的，通常都会添加到权限的后面。比如某个程序的数据库里存在两张表，table1 和 table2，这时就可以将路径分别命名为/table1 和/table2，然后把权限和路径进行组合，内容 URI 就变成了 com.example.app.provider/table1 和 com.example.app.provider/table2。不过，目前还很难辨认出这两个字符串就是两个内容 URI，我们还需要在字符串的头部加上协议声明。因此，内容 URI 最标准的格式写法如下：

```
content://com.example.app.provider/table1
content://com.example.app.provider/table2
```

有没有发现，内容 URI 可以非常清楚地表达出我们想要访问哪个程序中哪张表里的数据。也正是因此，ContentResolver 中的增删改查方法才都接收 Uri 对象作为参数，因为使用表名的话系统将无法得知我们期望访问的是哪个应用程序里的表。

在得到了内容 URI 字符串之后，我们还需要将它解析成 Uri 对象才可以作为参数传入。解析的方法也相当简单，代码如下所示：

```
Uri uri = Uri.parse("content://com.example.app.provider/table1")
```

只需要调用 Uri.parse()方法，就可以将内容 URI 字符串解析成 Uri 对象了。

现在我们就可以使用这个 Uri 对象来查询 table1 表中的数据了，代码如下所示：

```
Cursor cursor = getContentResolver().query(
    uri,
        projection,
        selection,
        selectionArgs,
        sortOrder);
```

这些参数和 SQLiteDatabase 中 query()方法里的参数很像，但总体来说要简单一些，毕竟这是在访问其他程序中的数据，没必要构建过于复杂的查询语句。下表对使用到的这部分参数进行了详细的解释。

query()方法参数	对应 SQL 部分	描述
uri	from table_name	指定查询某个应用程序下的某一张表
projection	select column1, column2	指定查询的列名
selection	where column = value	指定 where 的约束条件
selectionArgs	-	为 where 中的占位符提供具体的值
orderBy	order by column1, column2	指定查询结果的排序方式

查询完成后返回的仍然是一个 Cursor 对象，这时我们就可以将数据从 Cursor 对象中逐个读取出来了。读取的思路仍然是通过移动游标的位置来遍历 Cursor 的所有行，然后再取出每一行中相应列的数据，代码如下所示：

```
if (cursor != null) {
    while (cursor.moveToNext()) {
        String column1 = cursor.getString(cursor.getColumnIndex("column1"));
        int column2 = cursor.getInt(cursor.getColumnIndex("column2"));
    }
    cursor.close();
}
```

掌握了最难的查询操作，剩下的增加、修改、删除操作就更不在话下了。我们先来看看如何向 table1 表中添加一条数据，代码如下所示：

```
ContentValues values = new ContentValues();
values.put("column1", "text");
values.put("column2", 1);
getContentResolver().insert(uri, values);
```

可以看到，仍然是将待添加的数据组装到 ContentValues 中，然后调用 ContentResolver

的 insert()方法，将 Uri 和 ContentValues 作为参数传入即可。

现在如果我们想要更新这条新添加的数据，把 column1 的值清空，可以借助 ContentResolver 的 update()方法实现，代码如下所示：

```
ContentValues values = new ContentValues();
values.put("column1", "");
getContentResolver().update(uri, values, "column1 = ? and column2 = ?", new String[] {"text", "1"});
```

注意上述代码使用了 selection 和 selectionArgs 参数来对想要更新的数据进行约束，以防止所有的行都会受影响。

最后，可以调用 ContentResolver 的 delete()方法将这条数据删除掉，代码如下所示：

```
getContentResolver().delete(uri, "column2 = ?", new String[] { "1" });
```

到这里为止，我们就把 ContentResolver 中的增删改查方法全部学完了。是不是感觉非常简单？因为这些知识早在上一章中学习 SQLiteDatabase 的时候你就已经掌握了，所需特别注意的就只有 uri 这个参数而已。那么接下来，我们就利用目前所学的知识，看一看如何读取系统电话簿中的联系人信息。

7.2.2　读取系统联系人

由于我们之前一直使用的都是模拟器，电话簿里面并没有联系人存在，所以现在需要自己手动添加几个，以便稍后进行读取。打开电话簿程序，界面如图 7.1 所示。

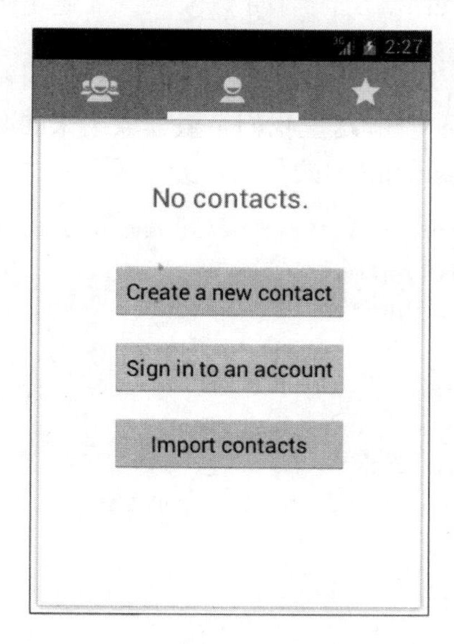

图　7.1

可以看到，目前电话簿里是没有任何联系人的，我们可以通过点击 Create a new contact 按钮来对联系人进行创建。这里就先创建两个联系人吧，分别填入他们的姓名和手机号，如图 7.2 所示。

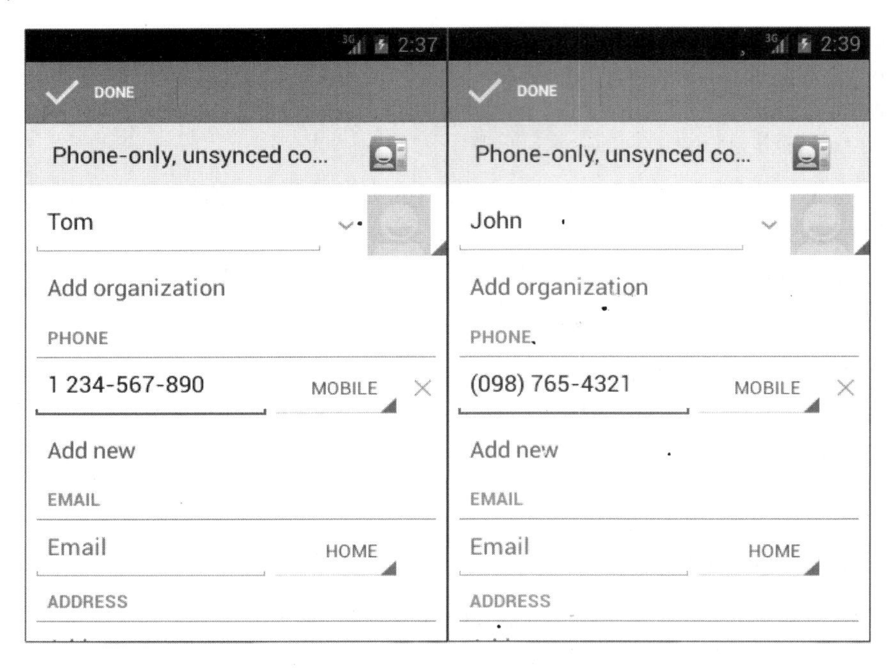

图 7.2

这样准备工作就做好了，现在新建一个 ContactsTest 项目，让我们开始动手吧。

首先还是来编写一下布局文件，这里我们希望读取出来的联系人信息能够在 ListView 中显示，因此，修改 activity_main.xml 中的代码，如下所示：

```
<LinearLayout xmlns:android="http://schemas.android.com/apk/res/android"
    android:layout_width="match_parent"
    android:layout_height="match_parent" >

    <ListView
        android:id="@+id/contacts_view"
        android:layout_width="match_parent"
        android:layout_height="match_parent" >
    </ListView>

</LinearLayout>
```

简单起见，LinearLayout 里就只放置了一个 ListView。接着修改 MainActivity 中的代码，如下所示：

```
public class MainActivity extends Activity {

    ListView contactsView;

    ArrayAdapter<String> adapter;

    List<String> contactsList = new ArrayList<String>();

    @Override
    protected void onCreate(Bundle savedInstanceState) {
        super.onCreate(savedInstanceState);
        setContentView(R.layout.activity_main);
        contactsView = (ListView) findViewById(R.id.contacts_view);
        adapter = new ArrayAdapter<String>(this, android.R.layout.
simple_list_item_1, contactsList);
        contactsView.setAdapter(adapter);
        readContacts();
    }

    private void readContacts() {
        Cursor cursor = null;
        try {
            // 查询联系人数据
            cursor = getContentResolver().query(
                    ContactsContract.CommonDataKinds.Phone.CONTENT_URI,
                    null, null, null, null);
            while (cursor.moveToNext()) {
                // 获取联系人姓名
                String displayName = cursor.getString(cursor.getColumnIndex(
                        ContactsContract.CommonDataKinds.Phone.DISPLAY_NAME));
                // 获取联系人手机号
                String number = cursor.getString(cursor.getColumnIndex(
                        ContactsContract.CommonDataKinds.Phone.NUMBER));
                contactsList.add(displayName + "\n" + number);
            }
        } catch (Exception e) {
            e.printStackTrace();
```

```
        } finally {
            if (cursor != null) {
                cursor.close();
            }
        }
    }

}
```

在 onCreate()方法中，我们首先获取了 ListView 控件的实例，并给它设置好了适配器，然后就去调用 readContacts()方法。下面重点看下 readContacts()方法，可以看到，这里使用了 ContentResolver 的 query()方法来查询系统的联系人数据。不过传入的 Uri 参数怎么有些奇怪啊，为什么没有调用 Uri.parse()方法去解析一个内容 URI 字符串呢？这是因为 ContactsContract.CommonDataKinds.Phone 类已经帮我们做好了封装，提供了一个 CONTENT_URI 常量，而这个常量就是使用 Uri.parse()方法解析出来的结果。接着我们对 Cursor 对象进行遍历，将联系人姓名和手机号这些数据逐个取出，联系人姓名这一列对应的常量是 ContactsContract.CommonDataKinds.Phone.DISPLAY_NAME，联系人手机号这一列对应的常量是 ContactsContract.CommonDataKinds.Phone.NUMBER。两个数据都取出之后，将它们进行拼接，并且中间加上换行符，然后将拼接后的数据添加到 ListView 里。最后千万不要忘记将 Cursor 对象关闭掉。

这样就结束了吗？还差一点点，读取系统联系人也是需要声明权限的，因此修改 AndroidManifest.xml 中的代码，如下所示：

```
<manifest xmlns:android="http://schemas.android.com/apk/res/android"
    package="com.example.contactstest"
    android:versionCode="1"
    android:versionName="1.0" >
    ……
    <uses-permission android:name="android.permission.READ_CONTACTS" />
    ……
</manifest>
```

加入了 android.permission.READ_CONTACTS 权限，这样我们的程序就可以访问到系统的联系人数据了。现在才算是大功告成，让我们来运行一下程序吧，效果如图 7.3 所示。

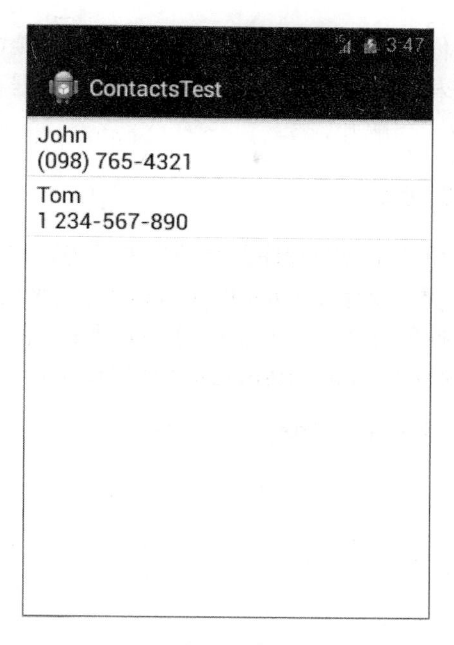

图　7.3

刚刚添加的两个联系人的数据都成功读取出来了！说明跨程序访问数据的功能确实是实现了。

经验值：+5000　　　　目前经验值：41905

级别：资深鸟

赢得宝物：战胜内容提供猪。拾取内容提供猪掉落的宝物，一小瓶具有舒缓神经作用的烧酒、猪皮 Android 战袍一套、大号搓澡巾一条、神肤佳一块、神柔洗发露一瓶、神洁士牙膏和牙刷一套，还有一个看起来质量不错的小杯子（应该是漱口用的）。我很惊讶，作为一头猪，居然会随身携带这些东西，即使作为人，随身携带这些东西也是让人侧目的。不过这并不让人讨厌，因为这显然说明它是一头很讲卫生的猪。一头如此讲卫生的猪显然是应该认真对待的，所以我决定将这些东西还给它。后来我才知道，内容提供猪不仅讲卫生，而且非常懂礼貌，是神界公认的好孩子，它热衷社区义工，常利用周末时间去给上了年纪的爷爷奶奶们念报纸。

7.3　创建自己的内容提供器

在上一节当中，我们学习了如何在自己的程序中访问其他应用程序的数据。总体来说思路还是非常简单的，只需要获取到该应用程序的内容 URI，然后借助 ContentResolver 进行

CRUD 操作就可以了。可是你有没有想过，那些提供外部访问接口的应用程序都是如何实现这种功能的呢？它们又是怎样保证数据的安全性，使得隐私数据不会泄漏出去？学习完本节的知识后，你的疑惑将会被一一解开。

7.3.1 创建内容提供器的步骤

前面已经提到过，如果想要实现跨程序共享数据的功能，官方推荐的方式就是使用内容提供器，可以通过新建一个类去继承 ContentProvider 的方式来创建一个自己的内容提供器。ContentProvider 类中有六个抽象方法，我们在使用子类继承它的时候，需要将这六个方法全部重写。新建 MyProvider 继承自 ContentProvider，代码如下所示：

```
public class MyProvider extends ContentProvider {

    @Override
    public boolean onCreate() {
        return false;
    }

    @Override
    public Cursor query(Uri uri, String[] projection, String selection,
String[] selectionArgs, String sortOrder) {
        return null;
    }

    @Override
    public Uri insert(Uri uri, ContentValues values) {
        return null;
    }

    @Override
    public int update(Uri uri, ContentValues values, String selection,
String[] selectionArgs) {
        return 0;
    }

    @Override
    public int delete(Uri uri, String selection, String[] selectionArgs) {
        return 0;
    }
```

```
    @Override
    public String getType(Uri uri) {
        return null;
    }

}
```

在这六个方法中，相信大多数你都已经非常熟悉了，我再来简单介绍一下吧。

1. onCreate()

初始化内容提供器的时候调用。通常会在这里完成对数据库的创建和升级等操作，返回 true 表示内容提供器初始化成功，返回 false 则表示失败。注意，只有当存在 ContentResolver 尝试访问我们程序中的数据时，内容提供器才会被初始化。

2. query()

从内容提供器中查询数据。使用 uri 参数来确定查询哪张表，projection 参数用于确定查询哪些列，selection 和 selectionArgs 参数用于约束查询哪些行，sortOrder 参数用于对结果进行排序，查询的结果存放在 Cursor 对象中返回。

3. insert()

向内容提供器中添加一条数据。使用 uri 参数来确定要添加到的表，待添加的数据保存在 values 参数中。添加完成后，返回一个用于表示这条新记录的 URI。

4. update()

更新内容提供器中已有的数据。使用 uri 参数来确定更新哪一张表中的数据，新数据保存在 values 参数中，selection 和 selectionArgs 参数用于约束更新哪些行，受影响的行数将作为返回值返回。

5. delete()

从内容提供器中删除数据。使用 uri 参数来确定删除哪一张表中的数据，selection 和 selectionArgs 参数用于约束删除哪些行，被删除的行数将作为返回值返回。

6. getType()

根据传入的内容 URI 来返回相应的 MIME 类型。

可以看到，几乎每一个方法都会带有 Uri 这个参数，这个参数也正是调用 ContentResolver 的增删改查方法时传递过来的。而现在，我们需要对传入的 Uri 参数进行解析，从中分析出调用方期望访问的表和数据。

回顾一下，一个标准的内容 URI 写法是这样的：

```
content://com.example.app.provider/table1
```

这就表示调用方期望访问的是 com.example.app 这个应用的 table1 表中的数据。除此之外，我们还可以在这个内容 URI 的后面加上一个 id，如下所示：

```
content://com.example.app.provider/table1/1
```

这就表示调用方期望访问的是 com.example.app 这个应用的 table1 表中 id 为 1 的数据。

内容 URI 的格式主要就只有以上两种，以路径结尾就表示期望访问该表中所有的数据，以 id 结尾就表示期望访问该表中拥有相应 id 的数据。我们可以使用通配符的方式来分别匹配这两种格式的内容 URI，规则如下。

1. *：表示匹配任意长度的任意字符
2. #：表示匹配任意长度的数字

所以，一个能够匹配任意表的内容 URI 格式就可以写成：

```
content://com.example.app.provider/*
```

而一个能够匹配 table1 表中任意一行数据的内容 URI 格式就可以写成：

```
content://com.example.app.provider/table1/#
```

接着，我们再借助 UriMatcher 这个类就可以轻松地实现匹配内容 URI 的功能。UriMatcher 中提供了一个 addURI()方法，这个方法接收三个参数，可以分别把权限、路径和一个自定义代码传进去。这样，当调用 UriMatcher 的 match()方法时，就可以将一个 Uri 对象传入，返回值是某个能够匹配这个 Uri 对象所对应的自定义代码，利用这个代码，我们就可以判断出调用方期望访问的是哪张表中的数据了。修改 MyProvider 中的代码，如下所示：

```
public class MyProvider extends ContentProvider {

    public static final int TABLE1_DIR = 0;

    public static final int TABLE1_ITEM = 1;

    public static final int TABLE2_DIR = 2;

    public static final int TABLE2_ITEM = 3;

    private static UriMatcher uriMatcher;

    static {
        uriMatcher = new UriMatcher(UriMatcher.NO_MATCH);
        uriMatcher.addURI("com.example.app.provider", "table1", TABLE1_DIR);
        uriMatcher.addURI("com.example.app.provider ", "table1/#", TABLE1_ITEM);
        uriMatcher.addURI("com.example.app.provider ", "table2", TABLE2_DIR);
        uriMatcher.addURI("com.example.app.provider ", "table2/#", TABLE2_ITEM);
    }
    ……
```

```
    @Override
    public Cursor query(Uri uri, String[] projection, String selection,
String[] selectionArgs, String sortOrder) {
        switch (uriMatcher.match(uri)) {
        case TABLE1_DIR:
            // 查询table1表中的所有数据
            break;
        case TABLE1_ITEM:
            // 查询table1表中的单条数据
            break;
        case TABLE2_DIR:
            // 查询table2表中的所有数据
            break;
        case TABLE2_ITEM:
            // 查询table2表中的单条数据
            break;
        default:
            break;
        }
        ……
    }
    ……
}
```

可以看到，MyProvider 中新增了四个整型常量，其中 TABLE1_DIR 表示访问 table1 表中的所有数据，TABLE1_ITEM 表示访问 table1 表中的单条数据，TABLE2_DIR 表示访问 table2 表中的所有数据，TABLE2_ITEM 表示访问 table2 表中的单条数据。接着在静态代码块里我们创建了 UriMatcher 的实例，并调用 addURI()方法，将期望匹配的内容 URI 格式传递进去，注意这里传入的路径参数是可以使用通配符的。然后当 query()方法被调用的时候，就会通过 UriMatcher 的 match()方法对传入的 Uri 对象进行匹配，如果发现 UriMatcher 中某个内容 URI 格式成功匹配了该 Uri 对象，则会返回相应的自定义代码，然后我们就可以判断出调用方期望访问的到底是什么数据了。

上述代码只是以 query()方法为例做了个示范，其实 insert()、update()、delete()这几个方法的实现也是差不多的，它们都会携带 Uri 这个参数，然后同样利用 UriMatcher 的 match()方法判断出调用方期望访问的是哪张表，再对该表中的数据进行相应的操作就可以了。

除此之外，还有一个方法你会比较陌生，即 getType()方法。它是所有的内容提供器都必须提供的一个方法，用于获取 Uri 对象所对应的 MIME 类型。一个内容 URI 所对应的 MIME 字符串主要由三部分组成，Android 对这三个部分做了如下格式规定。

1. 必须以 vnd 开头。
2. 如果内容 URI 以路径结尾，则后接 android.cursor.dir/，如果内容 URI 以 id 结尾，则后接 android.cursor.item/。
3. 最后接上 vnd.<authority>.<path>。

所以，对于 content://com.example.app.provider/table1 这个内容 URI，它所对应的 MIME 类型就可以写成：

```
vnd.android.cursor.dir/vnd.com.example.app.provider.table1
```

对于 content://com.example.app.provider/table1/1 这个内容 URI，它所对应的 MIME 类型就可以写成：

```
vnd.android.cursor.item/vnd.com.example.app.provider.table1
```

现在我们可以继续完善 MyProvider 中的内容了，这次来实现 getType()方法中的逻辑，代码如下所示：

```
public class MyProvider extends ContentProvider {
    ……
    @Override
    public String getType(Uri uri) {
        switch (uriMatcher.match(uri)) {
        case TABLE1_DIR:
            return "vnd.android.cursor.dir/vnd.com.example.app.provider.
table1";
        case TABLE1_ITEM:
            return "vnd.android.cursor.item/vnd.com.example.app.provider.
table1";
        case TABLE2_DIR:
            return "vnd.android.cursor.dir/vnd.com.example.app.provider.
table2";
        case TABLE2_ITEM:
            return "vnd.android.cursor.item/vnd.com.example.app.provider.
table2";
        default:
            break;
        }
        return null;
    }
}
```

到这里，一个完整的内容提供器就创建完成了，现在任何一个应用程序都可以使用 ContentResolver 来访问我们程序中的数据。那么前面所提到的，如何才能保证隐私数据不会泄漏出去呢？其实多亏了内容提供器的良好机制，这个问题在不知不觉中已经被解决了。因为所有的 CRUD 操作都一定要匹配到相应的内容 URI 格式才能进行的，而我们当然不可能向 UriMatcher 中添加隐私数据的 URI，所以这部分数据根本无法被外部程序访问到，安全问题也就不存在了。

好了，创建内容提供器的步骤你也已经清楚了，下面就来实战一下，真正体验一回跨程序数据共享的功能。

7.3.2　实现跨程序数据共享

简单起见，我们还是在上一章中 DatabaseTest 项目的基础上继续开发，通过内容提供器来给它加入外部访问接口。打开 DatabaseTest 项目，首先将 MyDatabaseHelper 中使用 Toast 弹出创建数据库成功的提示去除掉，因为跨程序访问时我们不能直接使用 Toast。然后添加一个 DatabaseProvider 类，代码如下所示：

```
public class DatabaseProvider extends ContentProvider {

    public static final int BOOK_DIR = 0;

    public static final int BOOK_ITEM = 1;

    public static final int CATEGORY_DIR = 2;

    public static final int CATEGORY_ITEM = 3;

    public static final String AUTHORITY = "com.example.databasetest.provider";

    private static UriMatcher uriMatcher;

    private MyDatabaseHelper dbHelper;

    static {
        uriMatcher = new UriMatcher(UriMatcher.NO_MATCH);
        uriMatcher.addURI(AUTHORITY, "book", BOOK_DIR);
        uriMatcher.addURI(AUTHORITY, "book/#", BOOK_ITEM);
        uriMatcher.addURI(AUTHORITY, "category", CATEGORY_DIR);
        uriMatcher.addURI(AUTHORITY, "category/#", CATEGORY_ITEM);
    }
```

```
    @Override
    public boolean onCreate() {
        dbHelper = new MyDatabaseHelper(getContext(), "BookStore.db", null, 2);
        return true;
    }

    @Override
    public Cursor query(Uri uri, String[] projection, String selection,
String[] selectionArgs, String sortOrder) {
        // 查询数据
        SQLiteDatabase db = dbHelper.getReadableDatabase();
        Cursor cursor = null;
        switch (uriMatcher.match(uri)) {
        case BOOK_DIR:
            cursor = db.query("Book", projection, selection, selectionArgs,
null, null, sortOrder);
            break;
        case BOOK_ITEM:
            String bookId = uri.getPathSegments().get(1);
            cursor = db.query("Book", projection, "id = ?", new String[]
{ bookId }, null, null, sortOrder);
            break;
        case CATEGORY_DIR:
            cursor = db.query("Category", projection, selection,
selectionArgs, null, null, sortOrder);
            break;
        case CATEGORY_ITEM:
            String categoryId = uri.getPathSegments().get(1);
            cursor = db.query("Category", projection, "id = ?", new String[]
{ categoryId }, null, null, sortOrder);
            break;
        default:
            break;
        }
        return cursor;
    }

    @Override
    public Uri insert(Uri uri, ContentValues values) {
```

```
        // 添加数据
        SQLiteDatabase db = dbHelper.getWritableDatabase();
        Uri uriReturn = null;
        switch (uriMatcher.match(uri)) {
        case BOOK_DIR:
        case BOOK_ITEM:
            long newBookId = db.insert("Book", null, values);
            uriReturn = Uri.parse("content://" + AUTHORITY + "/book/" +
newBookId);
            break;
        case CATEGORY_DIR:
        case CATEGORY_ITEM:
            long newCategoryId = db.insert("Category", null, values);
            uriReturn = Uri.parse("content://" + AUTHORITY + "/category/" +
newCategoryId);
            break;
        default:
            break;
        }
        return uriReturn;
    }

    @Override
    public int update(Uri uri, ContentValues values, String selection,
String[] selectionArgs) {
        // 更新数据
        SQLiteDatabase db = dbHelper.getWritableDatabase();
        int updatedRows = 0;
        switch (uriMatcher.match(uri)) {
        case BOOK_DIR:
            updatedRows = db.update("Book", values, selection, selectionArgs);
            break;
        case BOOK_ITEM:
            String bookId = uri.getPathSegments().get(1);
            updatedRows = db.update("Book", values, "id = ?", new String[]
{ bookId });
            break;
        case CATEGORY_DIR:
            updatedRows = db.update("Category", values, selection,
selectionArgs);
```

```
                break;
            case CATEGORY_ITEM:
                String categoryId = uri.getPathSegments().get(1);
                updatedRows = db.update("Category", values, "id = ?", new String[]
{ categoryId });
                break;
            default:
                break;
            }
            return updatedRows;
        }

        @Override
        public int delete(Uri uri, String selection, String[] selectionArgs) {
            // 删除数据
            SQLiteDatabase db = dbHelper.getWritableDatabase();
            int deletedRows = 0;
            switch (uriMatcher.match(uri)) {
            case BOOK_DIR:
                deletedRows = db.delete("Book", selection, selectionArgs);
                break;
            case BOOK_ITEM:
                String bookId = uri.getPathSegments().get(1);
                deletedRows = db.delete("Book", "id = ?", new String[] { bookId });
                break;
            case CATEGORY_DIR:
                deletedRows = db.delete("Category", selection, selectionArgs);
                break;
            case CATEGORY_ITEM:
                String categoryId = uri.getPathSegments().get(1);
                deletedRows = db.delete("Category", "id = ?", new String[]
{ categoryId });
                break;
            default:
                break;
            }
            return deletedRows;
        }
```

```
    @Override
    public String getType(Uri uri) {
        switch (uriMatcher.match(uri)) {
        case BOOK_DIR:
            return "vnd.android.cursor.dir/vnd.com.example.databasetest.
provider.book";
        case BOOK_ITEM:
            return "vnd.android.cursor.item/vnd.com.example.databasetest.
provider.book";
        case CATEGORY_DIR:
            return "vnd.android.cursor.dir/vnd.com.example.databasetest.
provider.category";
        case CATEGORY_ITEM:
            return "vnd.android.cursor.item/vnd.com.example.databasetest.
provider.category";
        }
        return null;
    }

}
```

代码虽然很长，不过不用担心，这些内容都非常容易理解，因为使用到的全部都是上一小节中我们学到的知识。首先在类的一开始，同样是定义了四个常量，分别用于表示访问 Book 表中的所有数据、访问 Book 表中的单条数据、访问 Category 表中的所有数据和访问 Category 表中的单条数据。然后在静态代码块里对 UriMatcher 进行了初始化操作，将期望匹配的几种 URI 格式添加了进去。

接下来就是每个抽象方法的具体实现了，先来看下 onCreate()方法，这个方法的代码很短，就是创建了一个 MyDatabaseHelper 的实例，然后返回 true 表示内容提供器初始化成功，这时数据库就已经完成了创建或升级操作。

接着看一下 query()方法，在这个方法中先获取到了 SQLiteDatabase 的实例，然后根据传入的 Uri 参数判断出用户想要访问哪张表，再调用 SQLiteDatabase 的 query()进行查询，并将 Cursor 对象返回就好了。注意当访问单条数据的时候有一个细节，这里调用了 Uri 对象的 getPathSegments()方法，它会将内容 URI 权限之后的部分以“/”符号进行分割，并把分割后的结果放入到一个字符串列表中，那这个列表的第 0 个位置存放的就是路径，第 1 个位置存放的就是 id 了。得到了 id 之后，再通过 selection 和 selectionArgs 参数进行约束，就实现了查询单条数据的功能。

再往后就是 insert()方法，同样它也是先获取到了 SQLiteDatabase 的实例，然后根据传入的 Uri 参数判断出用户想要往哪张表里添加数据，再调用 SQLiteDatabase 的 insert()方法进行添加就可以了。注意 insert()方法要求返回一个能够表示这条新增数据的 URI，所以我们还需要调用 Uri.parse()方法来将一个内容 URI 解析成 Uri 对象，当然这个内容 URI 是以新增数据的 id 结尾的。

接下来就是 update()方法了，相信这个方法中的代码已经完全难不倒你了。也是先获取 SQLiteDatabase 的实例，然后根据传入的 Uri 参数判断出用户想要更新哪张表里的数据，再调用 SQLiteDatabase 的 update()方法进行更新就好了，受影响的行数将作为返回值返回。

下面是 delete()方法，是不是感觉越到后面越轻松了？因为你已经渐入佳境，真正地找到窍门了。这里仍然是先获取到 SQLiteDatabase 的实例，然后根据传入的 Uri 参数判断出用户想要删除哪张表里的数据，再调用 SQLiteDatabase 的 delete()方法进行删除就好了，被删除的行数将作为返回值返回。

最后是 getType()方法，这个方法中的代码完全是按照上一节中介绍的格式规则编写的，相信已经没有什么解释的必要了。

这样我们就将内容提供器中的代码全部编写完了，不过离实现跨程序数据共享的功能还差了一小步，因为还需要将内容提供器在 AndroidManifest.xml 文件中注册才可以，如下所示：

```
<manifest xmlns:android="http://schemas.android.com/apk/res/android"
    package="com.example.databasetest"
    android:versionCode="1"
    android:versionName="1.0" >
    ……
    <application
        android:allowBackup="true"
        android:icon="@drawable/ic_launcher"
        android:label="@string/app_name"
        android:theme="@style/AppTheme" >
        ……
        <provider
            android:name="com.example.databasetest.DatabaseProvider"
            android:authorities="com.example.databasetest.provider"
            android:exported="true">
        </provider>
    </application>
</manifest>
```

可以看到，这里我们使用了<provider>标签来对 DatabaseProvider 这个内容提供器进行注册，在 android:name 属性中指定了该类的全名，又在 android:authorities 属性中指定了该内容提供器的权限，然后通过 android:exported 属性指定了这个内容提供器是可以被其他应用程序访问的。

现在 DatabaseTest 这个项目就已经拥有了跨程序共享数据的功能了，我们赶快来尝试一下。首先需要将 DatabaseTest 程序从模拟器中删除掉，以防止上一章中产生的遗留数据对我们造成干扰。然后运行一下项目，将 DatabaseTest 程序重新安装在模拟器上了。接着关闭掉 DatabaseTest 这个项目，并创建一个新项目 ProviderTest，我们就将通过这个程序去访问 DatabaseTest 中的数据。

还是先来编写一下布局文件吧，修改 activity_main.xml 中的代码，如下所示：

```
<LinearLayout xmlns:android="http://schemas.android.com/apk/res/android"
    android:layout_width="match_parent"
    android:layout_height="match_parent"
    android:orientation="vertical" >

    <Button
        android:id="@+id/add_data"
        android:layout_width="match_parent"
        android:layout_height="wrap_content"
        android:text="Add To Book" />

    <Button
        android:id="@+id/query_data"
        android:layout_width="match_parent"
        android:layout_height="wrap_content"
        android:text="Query From Book" />

    <Button
        android:id="@+id/update_data"
        android:layout_width="match_parent"
        android:layout_height="wrap_content"
        android:text="Update Book" />

    <Button
        android:id="@+id/delete_data"
        android:layout_width="match_parent"
        android:layout_height="wrap_content"
        android:text="Delete From Book" />

</LinearLayout>
```

布局文件很简单，里面放置了四个按钮，分别用于添加、查询、修改和删除数据的。然后修改 MainActivity 中的代码，如下所示：

```
public class MainActivity extends Activity {

    private String newId;

    @Override
    protected void onCreate(Bundle savedInstanceState) {
        super.onCreate(savedInstanceState);
        setContentView(R.layout.activity_main);
        Button addData = (Button) findViewById(R.id.add_data);
        addData.setOnClickListener(new OnClickListener() {
            @Override
            public void onClick(View v) {
                // 添加数据
                Uri uri = Uri.parse("content://com.example.databasetest.
provider/book");
                ContentValues values = new ContentValues();
                values.put("name", "A Clash of Kings");
                values.put("author", "George Martin");
                values.put("pages", 1040);
                values.put("price", 22.85);
                Uri newUri = getContentResolver().insert(uri, values);
                newId = newUri.getPathSegments().get(1);
            }
        });
        Button queryData = (Button) findViewById(R.id.query_data);
        queryData.setOnClickListener(new OnClickListener() {
            @Override
            public void onClick(View v) {
                // 查询数据
                Uri uri = Uri.parse("content://com.example.databasetest.
provider/book");
                Cursor cursor = getContentResolver().query(uri, null, null,
null, null);
                if (cursor != null) {
                    while (cursor.moveToNext()) {
                        String name = cursor.getString(cursor.
getColumnIndex("name"));
                        String author = cursor.getString(cursor.
getColumnIndex("author"));
                        int pages = cursor.getInt(cursor.getColumnIndex
("pages"));
```

```
                        double price = cursor.getDouble(cursor.
getColumnIndex("price"));
                        Log.d("MainActivity", "book name is " + name);
                        Log.d("MainActivity", "book author is " + author);
                        Log.d("MainActivity", "book pages is " + pages);
                        Log.d("MainActivity", "book price is " + price);
                    }
                    cursor.close();
                }
            }
        });
        Button updateData = (Button) findViewById(R.id.update_data);
        updateData.setOnClickListener(new OnClickListener() {
            @Override
            public void onClick(View v) {
                // 更新数据
                Uri uri = Uri.parse("content://com.example.databasetest.
provider/book/" + newId);
                ContentValues values = new ContentValues();
                values.put("name", "A Storm of Swords");
                values.put("pages", 1216);
                values.put("price", 24.05);
                getContentResolver().update(uri, values, null, null);
            }
        });
        Button deleteData = (Button) findViewById(R.id.delete_data);
        deleteData.setOnClickListener(new OnClickListener() {
            @Override
            public void onClick(View v) {
                // 删除数据
                Uri uri = Uri.parse("content://com.example.databasetest.
provider/book/" + newId);
                getContentResolver().delete(uri, null, null);
            }
        });
    }

}
```

可以看到，我们分别在这四个按钮的点击事件里面处理了增删改查的逻辑。添加数据的时候，首先调用了 Uri.parse()方法将一个内容 URI 解析成 Uri 对象，然后把要添加的数据都存放到 ContentValues 对象中，接着调用 ContentResolver 的 insert()方法执行添加操作就可以了。注意 insert()方法会返回一个 Uri 对象，这个对象中包含了新增数据的 id，我们通过 getPathSegments()方法将这个 id 取出，稍后会用到它。

查询数据的时候，同样是调用了 Uri.parse()方法将一个内容 URI 解析成 Uri 对象，然后调用 ContentResolver 的 query()方法去查询数据，查询的结果当然还是存放在 Cursor 对象中的。之后对 Cursor 进行遍历，从中取出查询结果，并一一打印出来。

更新数据的时候，也是先将内容 URI 解析成 Uri 对象，然后把想要更新的数据存放到 ContentValues 对象中，再调用 ContentResolver 的 update()方法执行更新操作就可以了。注意这里我们为了不想让 Book 表中其他的行受到影响，在调用 Uri.parse()方法时，给内容 URI 的尾部增加了一个 id，而这个 id 正是添加数据时所返回的。这就表示我们只希望更新刚刚添加的那条数据，Book 表中的其他行都不会受影响。

删除数据的时候，也是使用同样的方法解析了一个以 id 结尾的内容 URI，然后调用 ContentResolver 的 delete()方法执行删除操作就可以了。由于我们在内容 URI 里指定了一个 id，因此只会删掉拥有相应 id 的那行数据，Book 表中的其他数据都不会受影响。

现在运行一下 ProviderTest 项目，会显示如图 7.4 所示的界面。

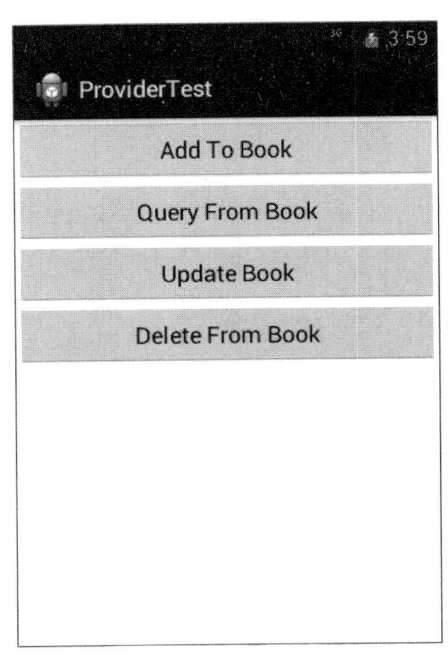

图 7.4

点击一下 Add To Book 按钮，此时数据就应该已经添加到 DatabaseTest 程序的数据库中了，我们可以通过点击 Query From Book 按钮来检查一下，打印日志如图 7.5 所示。

Tag	Text
MainActivity	book name is A Clash of Kings
MainActivity	book author is George Martin
MainActivity	book pages is 1040
MainActivity	book price is 22.85

图 7.5

然后点击一下 Update Book 按钮来更新数据，再点击一下 Query From Book 按钮进行检查，结果如图 7.6 所示。

Tag	Text
MainActivity	book name is A Storm of Swords
MainActivity	book author is George Martin
MainActivity	book pages is 1216
MainActivity	book price is 24.05

图 7.6

最后点击 Delete From Book 按钮删除数据，此时再点击 Query From Book 按钮就查询不到数据了。

由此可以看出，我们的跨程序共享数据功能已经成功实现了！现在不仅是 ProviderTest 程序，任何一个程序都可以轻松访问 DatabaseTest 中的数据，而且我们还丝毫不用担心隐私数据泄漏的问题。

到这里，与内容提供器相关的重要内容就基本全部介绍完了，下面就让我们再次进入本书的特殊环节，学习一下关于 Git 更多的用法。

经验值：+7000　　　目前经验值：48905

级别：资深鸟

获赠宝物：拜会自定义内容提供猪。自定义内容提供猪是内容提供猪的堂兄，有着和内容提供猪一样的好脾气，友善、爱干净、助人为乐。唯一的不同是自定义内容提供猪喜欢神飞丝牌子的洗发露。自定义内容提供猪善于经商，在乡下开了一个连锁的便民小超市，已在周边神县开了 5 家连锁店。他向我赠送了全套神洁品牌的洗漱用品。说实话，我确实好多天没洗澡了，差不多已经有一个多星期没有洗澡了，倒不是住不起店，事实上我现在比较富有，一路上斩获的物资让我换了不少盘缠，没有住店，日夜兼程的原因是想早点实现目标，成为Android 开发高手。但现在望着手中的洗浴用品，我突然感到我累了，于是我当下选择住店，洗个澡，也干净一下，不能让猪兄瞧不起不是。洗完澡后，我惊讶地发现我身体的光芒比拜别 Git 领主时已增亮了许多。酣睡一夜。继续前进。

7.4 Git 时间，版本控制工具进阶

在上一次的 Git 时间里，我们学习了关于 Git 最基本的用法，包括安装 Git、创建代码仓库，以及提交本地代码。本节中我们将要学习更多的使用技巧，不过在开始之前先要把准备工作做好。

所谓的准备工作就是要给一个项目创建代码仓库，这里就选择在 ProviderTest 项目中创建吧，打开 Git Bash，进入到这个项目的根目录下面，然后执行 git init 命令，如图 7.7 所示。

```
Tony@TONY-PC ~
$ cd f:

Tony@TONY-PC /f
$ cd codes/AndroidFirstLine/ProviderTest

Tony@TONY-PC /f/codes/AndroidFirstLine/ProviderTest
$ git init
Initialized empty Git repository in f:/codes/AndroidFirstLine/ProviderTest/.git/
```

图 7.7

这样准备工作就已经完成了，让我们继续开始 Git 之旅吧。

7.4.1 忽略文件

代码仓库现在已经是创建好了，接下来我们应该去提交 ProviderTest 项目中的代码。不过在提交之前你也许应该思考一下，是不是所有的文件都需要加入到版本控制当中呢？

在第一章介绍 Android 项目结构的时候有提到过，bin 目录和 gen 目录下的文件都是会自动生成的，我们不应该将这部分文件添加到版本控制当中，否则有可能会对文件的自动生成造成影响，那么如何才能实现这样的效果呢？

Git 提供了一种可配性很强的机制来允许用户将指定的文件或目录排除在版本控制之外，它会检查代码仓库的根目录下是否存在一个名为.gitignore 的文件，如果存在的话就去一行行读取这个文件中的内容，并把每一行指定的文件或目录排除在版本控制之外。注意.gitignore 中指定的文件或目录是可以使用“*”通配符的。

现在，我们在 ProviderTest 项目的根目录下创建一个名为.gitignore 的文件，然后编辑这个文件中的内容，如图 7.8 所示。

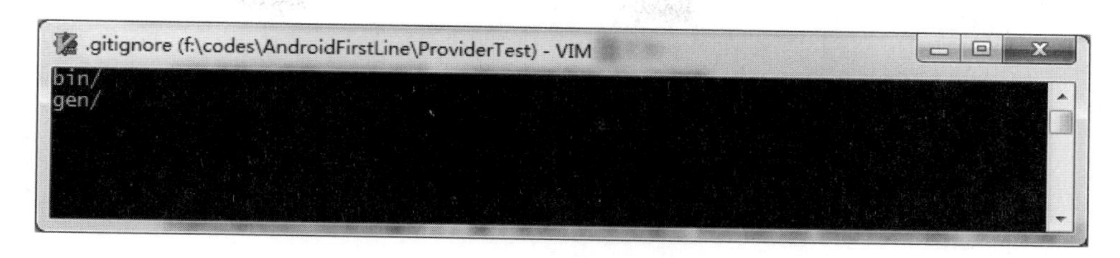

图　7.8

这样就表示把 bin 目录和 gen 目录下的所有文件都忽略掉，从而使用得它们不会加入到版本控制当中。

排除了 bin 和 gen 这两个目录以后，我们就可以提交代码了，先使用 add 命令将所有的文件进行添加，如下所示：

```
git add .
```

然后执行 commit 命令完成提交，如下所示：

```
git commit -m "First commit."
```

7.4.2　查看修改内容

在进行了第一次代码提交之后，我们后面还可能会对项目不断地进行维护，添加新功能等。比较理想的情况是每当完成了一小块功能，就执行一次提交。但是当某个功能牵扯到的代码比较多的时候，有可能写到后面的时候我们就已经忘记前面修改了什么东西了。遇到这种情况时不用担心，Git 全部都帮你记着呢！下面我们就来学习一下，如何使用 Git 来查看自上次提交后文件修改的内容。

查看文件修改情况的方法非常简单，只需要使用 status 命令就可以了，在项目的根目录下输入如下命令：

```
git status
```

然后 Git 会提示目前项目中没有任何可提交的文件，因为我们刚刚才提交过嘛。现在对 ProviderTest 项目中的代码稍做一下改动，修改 MainActivity 中的代码，如下所示：

```
public class MainActivity extends Activity {
    ……
    @Override
    protected void onCreate(Bundle savedInstanceState) {
        ……
        addData.setOnClickListener(new OnClickListener() {
            @Override
            public void onClick(View v) {
```

```
                ......
                values.put("price", 55.55);
                ......
            }
        });
        ......
    }
}
```

这里仅仅是在添加数据的时候，将书的价格由22.85改成了55.55。然后重新输入git status命令，这次结果如图7.9所示。

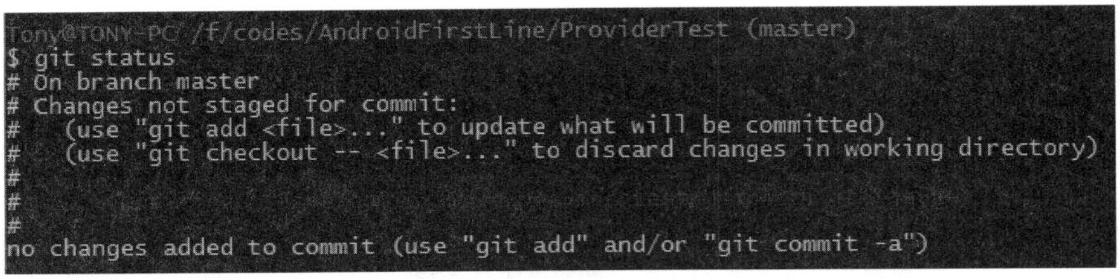

```
Tony@TONY-PC /f/codes/AndroidFirstLine/ProviderTest (master)
$ git status
# On branch master
# Changes not staged for commit:
#   (use "git add <file>..." to update what will be committed)
#   (use "git checkout -- <file>..." to discard changes in working directory)
#
#
#
no changes added to commit (use "git add" and/or "git commit -a")
```

图 7.9

可以看到，Git提醒我们MainActivity.java这个文件已经发生了更改，那么如何才能看到更改的内容呢？这就需要借助diff命令了，用法如下所示：

```
git diff
```

这样可以查看到所有文件的更改内容，如果你只想查看MainActivity.java这个文件的更改内容，可以使用如下命令：

```
git diff src/com/example/providertest/MainActivity.java
```

命令的执行结果如图7.10所示。

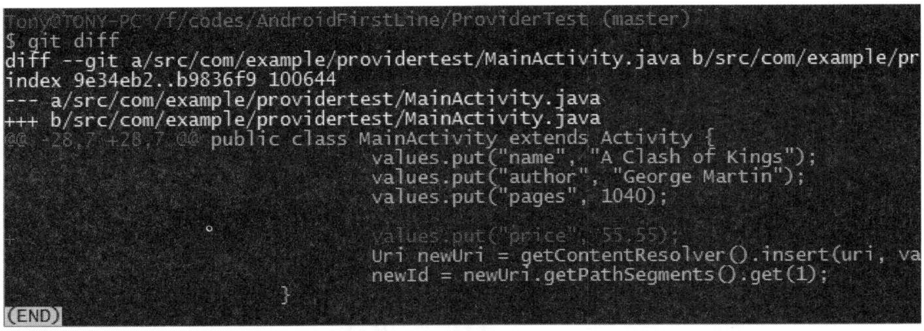

```
Tony@TONY-PC /f/codes/AndroidFirstLine/ProviderTest (master)
$ git diff
diff --git a/src/com/example/providertest/MainActivity.java b/src/com/example/pr
index 9e34eb2..b9836f9 100644
--- a/src/com/example/providertest/MainActivity.java
+++ b/src/com/example/providertest/MainActivity.java
@@ -28,7 +28,7 @@ public class MainActivity extends Activity {
                         values.put("name", "A Clash of Kings");
                         values.put("author", "George Martin");
                         values.put("pages", 1040);

+                        values.put("price", 55.55);
                         Uri newUri = getContentResolver().insert(uri, va
                         newId = newUri.getPathSegments().get(1);
                 }
(END)
```

图 7.10

其中，减号代表删除的部分，加号代表添加的部分。从图中我们就可以明显地看出，书的价格由 22.85 被修改成了 55.55。

7.4.3　撤销未提交的修改

有的时候我们代码可能会写得过于草率，以至于原本正常的功能，结果反倒被我们改出了问题。遇到这种情况时也不用着急，因为只要代码还未提交，所有修改的内容都是可以撤销的。

比如在上一小节中我们修改了 MainActivity 里一本书的价格，现在如果想要撤销这个修改就可以使用 checkout 命令，用法如下所示：

```
git checkout src/com/example/providertest/MainActivity.java
```

执行了这个命令之后，我们对 MainActivity.java 这个文件所做的一切修改就应该都被撤销了。重新运行 git status 命令检查一下，结果如图 7.11 所示。

```
Tony@TONY-PC /f/codes/AndroidFirstLine/ProviderTest (master)
$ git status
# On branch master
nothing to commit, working directory clean
```

图　7.11

可以看到，当前项目中没有任何可提交的文件，说明撤销操作确实是成功了。

不过这种撤销方式只适用于那些还没有执行过 add 命令的文件，如果某个文件已经被添加过了，这种方式就无法撤销其更改的内容，我们来做个试验瞧一瞧。

首先仍然是将 MainActivity 中那本书的价格改成 55.55，然后输入如下命令：

```
git add .
```

这样就把所有修改的文件都进行了添加，可以输入 git status 来检查一下，结果如图 7.12 所示。

```
Tony@TONY-PC /f/codes/AndroidFirstLine/ProviderTest (master)
$ git status
# On branch master
# Changes to be committed:
#   (use "git reset HEAD <file>..." to unstage)
#
#       modified:   src/com/example/providertest/MainActivity.java
#
```

图　7.12

现在我们再执行一遍 checkout 命令，你会发现 MainActivity 仍然是处于添加状态，所修改的内容无法撤销掉。

这种情况应该怎么办？难道我们还没法后悔了？当然不是，只不过对于已添加的文件我们应该先对其取消添加，然后才可以撤回提交。取消添加使用的是 reset 命令，用法如下所示：

```
git reset HEAD src/com/example/providertest/MainActivity.java
```

然后再运行一遍 git status 命令，你就会发现 MainActivity.java 这个文件重新变回了未添加状态，此时就可以使用 checkout 命令来将修改的内容进行撤销了。

7.4.4 查看提交记录

当 ProviderTest 这个项目开发了几个月之后，我们可能已经执行过上百次的提交操作了，这个时候估计你早就已经忘记每次提交都修改了哪些内容。不过没关系，忠实的 Git 一直都帮我们清清楚楚地记录着呢！可以使用 log 命令查看历史提交信息，用法如下所示：

```
git log
```

由于目前我们只执行过一次提交，所以能看到的信息很少，如图 7.13 所示。

```
Tony@TONY-PC /f/codes/AndroidFirstLine/ProviderTest (master)
$ git log
commit 26419f990c50a9f0708808321cd8af0904d500fc
Author: Tony <tony@gmail.com>
Date:   Tue Oct 15 22:31:34 2013 +0800

    First commit.
```

图 7.13

可以看到，每次提交记录都会包含提交 id、提交人、提交日期，以及提交描述这四个信息。那么我们再次将书价修改成 55.55，然后执行一次提交操作，如下所示：

```
git add .
git commit - m "Change price."
```

现在重新执行 git log 命令，结果如图 7.14 所示。

```
Tony@TONY-PC /f/codes/AndroidFirstLine/ProviderTest (master)
$ git log
commit 2e7c0547af28cc1e9f303a4a1126fddbb704281b
Author: Tony <tony@gmail.com>
Date:   Wed Oct 16 21:45:15 2013 +0800

    Change price.

commit 26419f990c50a9f0708808321cd8af0904d500fc
Author: Tony <tony@gmail.com>
Date:   Tue Oct 15 22:31:34 2013 +0800

    First commit.
```

图 7.14

当提交记录非常多的时候，如果我们只想查看其中一条记录，可以在命令中指定该记录的 id，并加上-1 参数表示我们只想看到一行记录，如下所示：

```
git log 2e7c0547af28cc1e9f303a4a1126fddbb704281b -1
```

而如果想要查看这条提交记录具体修改了什么内容，可以在命令中加入-p 参数，命令如下：

```
git log 2e7c0547af28cc1e9f303a4a1126fddbb704281b -1 -p
```

查询出的结果如图 7.15 所示，其中减号代表删除的部分，加号代表添加的部分。

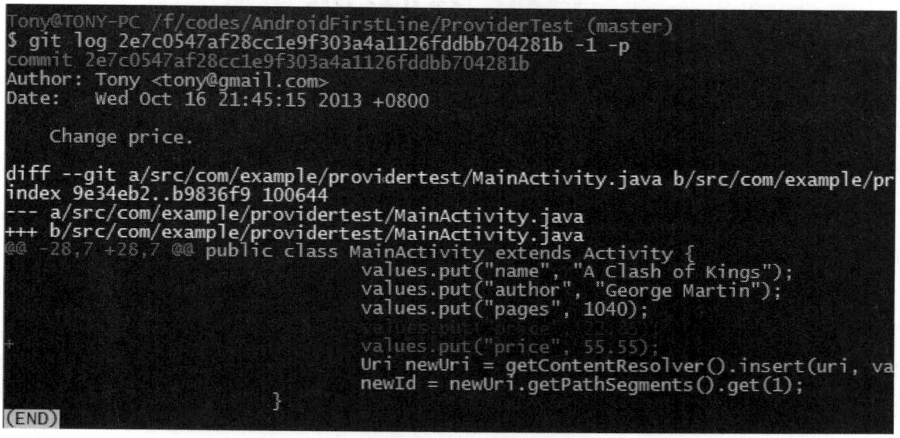

```
Tony@TONY-PC /f/codes/AndroidFirstLine/ProviderTest (master)
$ git log 2e7c0547af28cc1e9f303a4a1126fddbb704281b -1 -p
commit 2e7c0547af28cc1e9f303a4a1126fddbb704281b
Author: Tony <tony@gmail.com>
Date:   Wed Oct 16 21:45:15 2013 +0800

    Change price.

diff --git a/src/com/example/providertest/MainActivity.java b/src/com/example/pr
index 9e34eb2..b9836f9 100644
--- a/src/com/example/providertest/MainActivity.java
+++ b/src/com/example/providertest/MainActivity.java
@@ -28,7 +28,7 @@ public class MainActivity extends Activity {
                                values.put("name", "A Clash of Kings");
                                values.put("author", "George Martin");
                                values.put("pages", 1040);
                                values.put("price", [illegible]);
+                               values.put("price", 55.55);
                                Uri newUri = getContentResolver().insert(uri, va
                                newId = newUri.getPathSegments().get(1);
                        }
(END)
```

图　7.15

好了，本次的 Git 时间就到这里，下面我们来对本章中所学的知识做个回顾吧。

7.5　小结与点评

本章的内容比较少，而且很多时候都是在使用上一章中学习的数据库知识，所以理解这部分内容对你来说应该是比较轻松的吧。在本章中，我们主要学习了内容提供器的相关内容，以实现跨程序数据共享的功能。现在你不仅知道了如何去访问其他程序中的数据，还学会了怎样创建自己的内容提供器来共享数据，收获还是挺大的吧。

不过每次在创建内容提供器的时候，你都需要提醒一下自己，我是不是应该这么做？因为只有真正需要将数据共享出去的时候我们才应该创建内容提供器，仅仅是用于程序内部访问的数据就没有必要这么做，所以千万别对它进行滥用。

在连续学了几章系统机制方面的内容之后是不是感觉有些枯燥？那么下一章中我们就来换换口味，学习一下 Android 多媒体方面的知识吧。

经验值：+3000　　　　目前经验值：51905
级别：资深鸟
获赠宝物：拜会 Git 领主儿子的属地。获赠不少盘缠。

第 8 章　丰富你的程序，运用手机多媒体

在过去，手机的功能都比较单调，仅仅就是用来打电话和发短信的。而如今，手机在我们生活中正扮演着越来越重要的角色，各种娱乐方式都可以在手机上进行。上班的路上太无聊，可以带着耳机听音乐。外出旅行的时候，可以在手机上看电影。无论走到哪里，遇到喜欢的事物都可以随手拍下来。

众多的娱乐方式少不了强大的多媒体功能的支持，而 Android 在这一方面也是做得非常出色。它提供了一系列的 API，使得我们可以在程序中调用很多手机的多媒体资源，从而编写出更加丰富多彩的应用程序。本章我们就将对 Android 中一些常用的多媒体功能的使用技巧进行学习。

8.1　使用通知

通知（Notification）是 Android 系统中比较有特色的一个功能，当某个应用程序希望向用户发出一些提示信息，而该应用程序又不在前台运行时，就可以借助通知来实现。发出一条通知后，手机最上方的状态栏中会显示一个通知的图标，下拉状态栏后可以看到通知的详细内容。Android 的通知功能获得了大量用户的认可和喜爱，就连 iOS 系统也在 5.0 版本之后加入了类似的功能。

8.1.1　通知的基本用法

了解了通知的基本概念，下面我们就来看一下通知的使用方法吧。通知的用法还是比较灵活的，既可以在活动里创建，也可以在广播接收器里创建，当然还可以在下一章中我们即将学习的服务里创建。相比于广播接收器和服务，在活动里创建通知的场景还是比较少的，因为一般只有当程序进入到后台的时候我们才需要使用通知。

不过，无论是在哪里创建通知，整体的步骤都是相同的，下面我们就来学习一下创建通知的详细步骤。首先需要一个 NotificationManager 来对通知进行管理，可以调用 Context 的 getSystemService()方法获取到。getSystemService()方法接收一个字符串参数用于确定获取系统的哪个服务，这里我们传入 Context.NOTIFICATION_SERVICE 即可。因此，获取 NotificationManager 的实例就可以写成：

```
NotificationManager manager = (NotificationManager)

getSystemService(Context.NOTIFICATION_SERVICE);
```

接下来需要创建一个 Notification 对象，这个对象用于存储通知所需的各种信息，我们可以使用它的有参构造函数来进行创建。Notification 的有参构造函数接收三个参数，第一个参数用于指定通知的图标，比如项目的 res/drawable 目录下有一张 icon.png 图片，那么这里就可以传入 R.drawable.icon。第二个参数用于指定通知的 ticker 内容，当通知刚被创建的时候，它会在系统的状态栏一闪而过，属于一种瞬时的提示信息。第三个参数用于指定通知被创建的时间，以毫秒为单位，当下拉系统状态栏时，这里指定的时间会显示在相应的通知上。因此，创建一个 Notification 对象就可以写成：

```
Notification notification = new Notification(R.drawable.icon, "This is ticker text",
                                             System.currentTimeMillis());
```

创建好了 Notification 对象后，我们还需要对通知的布局进行设定，这里只需要调用 Notification 的 setLatestEventInfo()方法就可以给通知设置一个标准的布局。这个方法接收四个参数，第一个参数是 Context，这个没什么好解释的。第二个参数用于指定通知的标题内容，下拉系统状态栏就可以看到这部分内容。第三个参数用于指定通知的正文内容，同样下拉系统状态栏就可以看到这部分内容。第四个参数我们暂时还用不到，可以先传入 null。因此，对通知的布局进行设定就可以写成：

```
notification.setLatestEventInfo(context, "This is content title", "This is
content text", null);
```

以上工作都完成之后，只需要调用 NotificationManager 的 notify()方法就可以让通知显示出来了。notify()方法接收两个参数，第一个参数是 id，要保证为每个通知所指定的 id 都是不同的。第二个参数则是 Notification 对象，这里直接将我们刚刚创建好的 Notification 对象传入即可。因此，显示一个通知就可以写成：

```
manager.notify(1, notification);
```

到这里就已经把创建通知的每一个步骤都分析完了，下面就让我们通过一个具体的例子来看一看通知到底是长什么样的。

新建一个 NotificationTest 项目，并修改 activity_main.xml 中的代码，如下所示：

```
<LinearLayout xmlns:android="http://schemas.android.com/apk/res/android"
    xmlns:tools="http://schemas.android.com/tools"
    android:layout_width="match_parent"
    android:layout_height="match_parent"
    android:orientation="vertical" >
```

```
    <Button
        android:id="@+id/send_notice"
        android:layout_width="match_parent"
        android:layout_height="wrap_content"
        android:text="Send notice"
        />

</LinearLayout>
```

布局文件非常简单，里面只有一个 Send notice 按钮，用于发出一条通知。接下来修改 MainActivity 中的代码，如下所示：

```
public class MainActivity extends Activity implements OnClickListener {

    private Button sendNotice;

    @Override
    protected void onCreate(Bundle savedInstanceState) {
        super.onCreate(savedInstanceState);
        setContentView(R.layout.activity_main);
        sendNotice = (Button) findViewById(R.id.send_notice);
        sendNotice.setOnClickListener(this);
    }

    @Override
    public void onClick(View v) {
        switch (v.getId()) {
        case R.id.send_notice:
            NotificationManager manager = (NotificationManager)
getSystemService(NOTIFICATION_SERVICE);
            Notification notification = new Notification(R.drawable.
ic_launcher, "This is ticker text", System.currentTimeMillis());
            notification.setLatestEventInfo(this, "This is content title",
"This is content text", null);
            manager.notify(1, notification);
            break;
        default:
            break;
        }
    }

}
```

可以看到，我们在 Send notice 按钮的点击事件里面完成了通知的创建工作，创建的过程正如前面所描述的一样。现在就可以来运行一下程序了，点击 Send notice 按钮，就会看到有一条通知在系统状态栏显示出来，如图 8.1 所示。

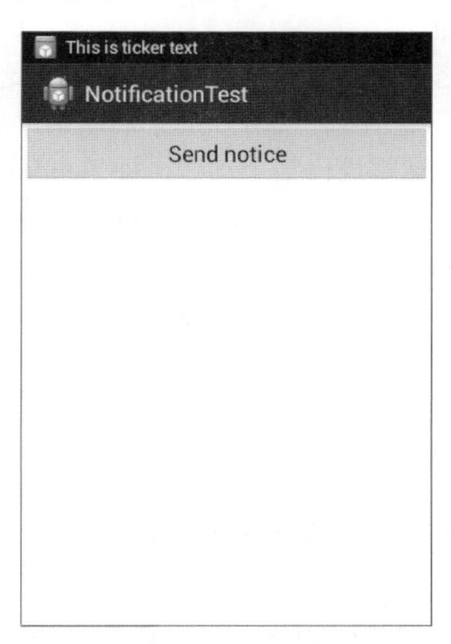

图　8.1

下拉系统状态栏可以看到该通知的详细信息，如图 8.2 所示。

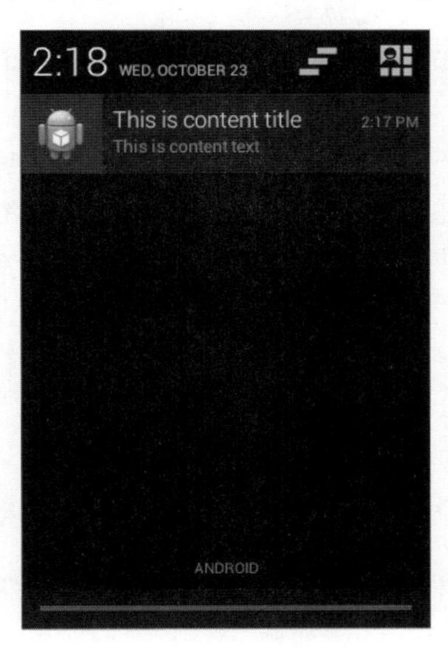

图　8.2

如果你使用过 Android 手机，此时应该会下意识地认为这条通知是可以点击的。但是当你去点击它的时候，你会发现没有任何效果。不对啊，好像每条通知点击之后都应该会有反应的呀？其实要想实现通知的点击效果，我们还需要在代码中进行相应的设置，这就涉及到了一个新的概念，PendingIntent。

PendingIntent 从名字上看起来就和 Intent 有些类似，它们之间也确实存在着不少共同点。比如它们都可以去指明某一个“意图”，都可以用于启动活动、启动服务以及发送广播等。不同的是，Intent 更加倾向于去立即执行某个动作，而 PendingIntent 更加倾向于在某个合适的时机去执行某个动作。所以，也可以把 PendingIntent 简单地理解为延迟执行的 Intent。

PendingIntent 的用法同样很简单，它主要提供了几个静态方法用于获取 PendingIntent 的实例，可以根据需求来选择是使用 getActivity()方法、getBroadcast()方法、还是 getService()方法。这几个方法所接收的参数都是相同的，第一个参数依旧是 Context，不用多做解释。第二个参数一般用不到，通常都是传入 0 即可。第三个参数是一个 Intent 对象，我们可以通过这个对象构建出 PendingIntent 的“意图”。第四个参数用于确定 PendingIntent 的行为，有 FLAG_ONE_SHOT、FLAG_NO_CREATE、FLAG_CANCEL_CURRENT 和 FLAG_UPDATE_CURRENT 这四种值可选，每种值的含义你可以查看文档，我就不一一进行解释了。

对 PendingIntent 有了一定的了解后，我们再回过头来看一下 Notification 的 setLatestEventInfo()方法。刚才我们将 setLatestEventInfo()方法的第四个参数忽略掉了，直接传入了 null，现在仔细观察一下，发现第四个参数正是一个 PendingIntent 对象。因此，这里就可以通过 PendingIntent 构建出一个延迟执行的“意图”，当用户点击这条通知时就会执行相应的逻辑。

现在我们来优化一下 NotificationTest 项目，给刚才的通知加上点击功能，让用户点击它的时候可以启动另一个活动。

首先需要准备好另一个活动，这里新建布局文件 notification_layout.xml，代码如下所示：

```
<RelativeLayout xmlns:android="http://schemas.android.com/apk/res/android"
    android:layout_width="match_parent"
    android:layout_height="match_parent" >

    <TextView
        android:layout_width="wrap_content"
        android:layout_height="wrap_content"
        android:layout_centerInParent="true"
        android:textSize="24sp"
        android:text="This is notification layout"
        />

</RelativeLayout>
```

布局文件的内容非常简单，只有一个居中显示的 TextView，用于展示一段文本信息。然后新建 NotificationActivity 继承自 Activity，在这里加载刚才定义的布局文件，代码如下所示：

```
public class NotificationActivity extends Activity {

    @Override
    protected void onCreate(Bundle savedInstanceState) {
        super.onCreate(savedInstanceState);
        setContentView(R.layout.notification_layout);
    }

}
```

接着修改 AndroidManifest.xml 中的代码，在里面加入 NotificationActivity 的注册声明，如下所示：

```
<manifest xmlns:android="http://schemas.android.com/apk/res/android"
    package="com.example.notificationtest"
    android:versionCode="1"
    android:versionName="1.0" >
    ……
    <application
        android:allowBackup="true"
        android:icon="@drawable/ic_launcher"
        android:label="@string/app_name"
        android:theme="@style/AppTheme" >
        ……
        <activity android:name=".NotificationActivity" >
        </activity>
    </application>

</manifest>
```

这样就把 NotificationActivity 这个活动准备好了，下面我们修改 MainActivity 中的代码，给通知加入点击功能，如下所示：

```
public class MainActivity extends Activity implements OnClickListener {
    ……
    @Override
    public void onClick(View v) {
        switch (v.getId()) {
        case R.id.send_notice:
```

```
                NotificationManager manager = (NotificationManager)
getSystemService(NOTIFICATION_SERVICE);
                Notification notification = new Notification(R.drawable.
ic_launcher, "This is ticker text", System.currentTimeMillis());
                Intent intent = new Intent(this, NotificationActivity.class);
                PendingIntent pi = PendingIntent.getActivity(this, 0, intent,
PendingIntent.FLAG_CANCEL_CURRENT);
                notification.setLatestEventInfo(this, "This is content title",
"This is content text", pi);
                manager.notify(1, notification);
                break;
            default:
                break;
            }
        }

}
```

可以看到，这里先是使用 Intent 表达出我们想要启动 NotificationActivity 的“意图”，然后将构建好的 Intent 对象传入到 PendingIntent 的 getActivity()方法里，以得到 PendingIntent 的实例，接着把它作为第四个参数传入到 Notification 的 setLatestEventInfo()方法中。

现在重新运行一下程序，并点击 Send notice 按钮，依旧会发出一条通知。然后下拉系统状态栏，点击一下该通知，就会看到 NotificationActivity 这个活动的界面了，如图 8.3 所示。

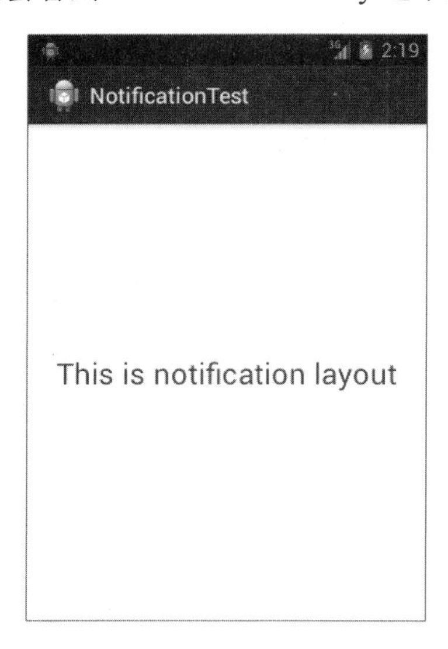

图 8.3

咦？怎么系统状态上的通知图标还没有消失呢？是这样的，如果我们没有在代码中对该通知进行取消，它就会一直显示在系统的状态栏上。解决的方法也很简单，调用 NotificationManager 的 cancel()方法就可以取消通知了。修改 NotificationActivity 中的代码，如下所示：

```
public class NotificationActivity extends Activity {

    @Override
    protected void onCreate(Bundle savedInstanceState) {
        super.onCreate(savedInstanceState);
        setContentView(R.layout.notification_layout);
        NotificationManager manager = (NotificationManager)
getSystemService(NOTIFICATION_SERVICE);
        manager.cancel(1);
    }

}
```

可以看到，这里我们在 cancel()方法中传入了 1，这个 1 是什么意思呢？还记得在创建通知的时候给每条通知指定的 id 吗？当时我们给这条通知设置的 id 就是 1。因此，如果你想要取消哪一条通知，就在 cancel()方法中传入该通知的 id 就行了。

8.1.2　通知的高级技巧

现在你已经掌握了创建和取消通知的方法，并且知道了如何去响应通知的点击事件。不过通知的用法并不仅仅是这些呢，那么本节中我们就来探究一下通知更多的高级技巧。

观察 Notification 这个类，你会发现里面还有很多我们没有使用过的属性。先来看看 sound 这个属性吧，它可以在通知发出的时候播放一段音频，这样就能够更好地告知用户有通知到来。sound 这个属性是一个 Uri 对象，所以在指定音频文件的时候还需要先获取到音频文件对应的 URI。比如说，我们手机的/system/media/audio/ringtones 目录下有一个 Basic_tone.ogg 音频文件，那么在代码中这样就可以这样指定：

```
Uri soundUri = Uri.fromFile(new File("/system/media/audio/ringtones/
Basic_tone.ogg"));
notification.sound = soundUri;
```

除了允许播放音频外，我们还可以在通知到来的时候让手机进行振动，使用的是 vibrate 这个属性。它是一个长整型的数组，用于设置手机静止和振动的时长，以毫秒为单位。下标为 0 的值表示手机静止的时长，下标为 1 的值表示手机振动的时长，下标为 2 的值又表示手机静止的时长，以此类推。所以，如果想要让手机在通知到来的时候立刻振动 1 秒，然后静止 1 秒，再振动 1 秒，代码就可以写成：

```
long[] vibrates = {0, 1000, 1000, 1000};
notification.vibrate = vibrates;
```

不过，想要控制手机振动还需要声明权限的。因此，我们还得编辑 AndroidManifest.xml 文件，加入如下声明：

```
<manifest xmlns:android="http://schemas.android.com/apk/res/android"
    package="com.example.notificationtest"
    android:versionCode="1"
    android:versionName="1.0" >
    ......
    <uses-permission android:name="android.permission.VIBRATE" />
    ......
</manifest>
```

学会了控制通知的声音和振动，下面我们来看一下如何在通知到来时控制手机 LED 灯的显示。

现在的手机基本上都会前置一个 LED 灯，当有未接电话或未读短信，而此时手机又处于锁屏状态时，LED 灯就会不停地闪烁，提醒用户去查看。我们可以使用 ledARGB、ledOnMS、ledOffMS 以及 flags 这几个属性来实现这种效果。ledARGB 用于控制 LED 灯的颜色，一般有红绿蓝三种颜色可选。ledOnMS 用于指定 LED 灯亮起的时长，以毫秒为单位。ledOffMS 用于指定 LED 灯暗去的时长，也是以毫秒为单位。flags 可用于指定通知的一些行为，其中就包括显示 LED 灯这一选项。所以，当通知到来时，如果想要实现 LED 灯以绿色的灯光一闪一闪的效果，就可以写成：

```
notification.ledARGB = Color.GREEN;
notification.ledOnMS = 1000;
notification.ledOffMS = 1000;
notification.flags = Notification.FLAG_SHOW_LIGHTS;
```

当然，如果你不想进行那么多繁杂的设置，也可以直接使用通知的默认效果，它会根据当前手机的环境来决定播放什么铃声，以及如何振动，写法如下：

```
notification.defaults = Notification.DEFAULT_ALL;
```

注意，以上所涉及的这些高级技巧都要在手机上运行才能看得到效果，模拟器是无法表现出振动、以及 LED 灯闪烁等功能的。

经验值：+10000　　　目前经验值：61905

级别：资深鸟

赢得宝物：战胜通知神。拾取通知神掉落的宝物，一只巨大的橡皮鸭子、一把巨大的神界长老赠送的长命锁。因为宝物巨大，无法携带，所以我在当地低价处理了。通知神是体型极其巨大的神兽，即使在身形普遍壮硕的神界也绝对可以当得起“哇！真大”这个词，通知神的外形像短鼻子小耳朵的大象，但比大象大得多得多，其体长可达 30 米，身高超 20 米，重达 200 多吨，尽管其身型巨大，但生性胆小，性情单纯敏感，喜群居，每当受到惊吓，就会拼命用大粗脚跺地以缓解紧张情绪，同时也会以地面的震动通知同伴有可怕的情况发生，而同伴一旦收到震动信号也立马会吓得拼命跺地，结果十几头通知神一起跺地常常让周围数百平方公里的大地震颤不已，地下的穴居小动物们也被震得苦不堪言。神界的巨兽部长老已派人研究如何缓解通知神与生俱来的易受惊吓的性格，并取得了一定成效，现在大家伙们已经不再对偶然飘落到地面的树叶感到害怕。通知神最喜欢的事情是在水里泡澡。

8.2　接收和发送短信

收发短信应该是每个手机最基本的功能之一了，即使是许多年前的老手机也都会具备这项功能，而 Android 作为出色的智能手机操作系统，自然也少不了在这方面的支持。每个 Android 手机都会内置一个短信应用程序，使用它就可以轻松地完成收发短信的操作，如图 8.4 所示。

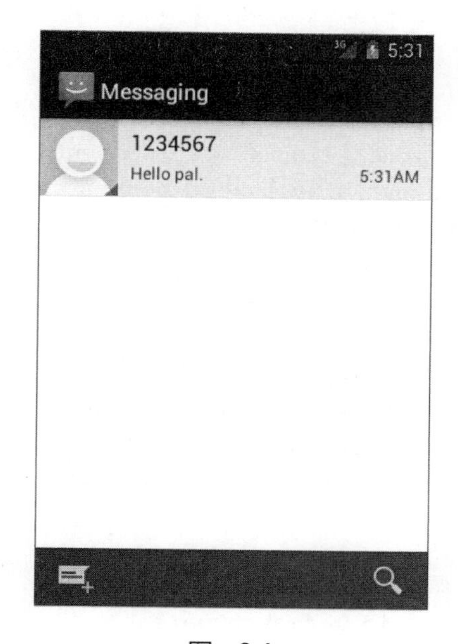

图　8.4

不过作为一名开发者，仅仅满足于此显然是不够的。你要知道，Android 还提供了一系列的 API，使得我们甚至可以在自己的应用程序里接收和发送短信。也就是说，只要你有足够的信心，完全可以自己实现一个短信应用来替换掉 Android 系统自带的短信应用。那么下面我们就来看一看，如何才能在自己的应用程序里接收和发送短信。

8.2.1 接收短信

其实接收短信主要是利用了我们在第 5 章学习过的广播机制。当手机接收到一条短信的时候，系统会发出一条值为 android.provider.Telephony.SMS_RECEIVED 的广播，这条广播里携带着与短信相关的所有数据。每个应用程序都可以在广播接收器里对它进行监听，收到广播时再从中解析出短信的内容即可。

让我们通过一个具体的例子来实践一下吧，新建一个 SMSTest 项目，首先修改 activity_main.xml 中的代码，如下所示：

```
<LinearLayout xmlns:android="http://schemas.android.com/apk/res/android"
    android:layout_width="match_parent"
    android:layout_height="match_parent"
    android:orientation="vertical" >

    <LinearLayout
        android:layout_width="match_parent"
        android:layout_height="50dp" >

        <TextView
            android:layout_width="wrap_content"
            android:layout_height="wrap_content"
            android:layout_gravity="center_vertical"
            android:padding="10dp"
            android:text="From:" />

        <TextView
            android:id="@+id/sender"
            android:layout_width="wrap_content"
            android:layout_height="wrap_content"
            android:layout_gravity="center_vertical" />
    </LinearLayout>

    <LinearLayout
        android:layout_width="match_parent"
        android:layout_height="50dp" >
```

```
        <TextView
            android:layout_width="wrap_content"
            android:layout_height="wrap_content"
            android:layout_gravity="center_vertical"
            android:padding="10dp"
            android:text="Content:" />

        <TextView
            android:id="@+id/content"
            android:layout_width="wrap_content"
            android:layout_height="wrap_content"
            android:layout_gravity="center_vertical" />
    </LinearLayout>

</LinearLayout>
```

这个布局文件里，我们在根元素下面放置了两个 LinearLayout，用于显示两行数据。第一个 LinearLayout 中有两个 TextView，用于显示短信的发送方。第二个 LinearLayout 中也有两个 TextView，用于显示短信的内容。

接着修改 MainActivity 中的代码，在 onCreate()方法中获取到两个 TextView 的实例，如下所示：

```
public class MainActivity extends Activity {

    private TextView sender;

    private TextView content;

    @Override
    protected void onCreate(Bundle savedInstanceState) {
        super.onCreate(savedInstanceState);
        setContentView(R.layout.activity_main);
        sender = (TextView) findViewById(R.id.sender);
        content = (TextView) findViewById(R.id.content);
    }

}
```

然后我们需要创建一个广播接收器来接收系统发出的短信广播。在 MainActivity 中新建 MessageReceiver 内部类继承自 BroadcastReceiver，并在 onReceive()方法中编写获取短信数据的逻辑，代码如下所示：

```
public class MainActivity extends Activity {

    ......

    class MessageReceiver extends BroadcastReceiver {

        @Override
        public void onReceive(Context context, Intent intent) {
            Bundle bundle = intent.getExtras();
            Object[] pdus = (Object[]) bundle.get("pdus"); // 提取短信消息
            SmsMessage[] messages = new SmsMessage[pdus.length];
            for (int i = 0; i < messages.length; i++) {
                messages[i] = SmsMessage.createFromPdu((byte[]) pdus[i]);
            }
            String address = messages[0].getOriginatingAddress(); // 获取发
送方号码
            String fullMessage = "";
            for (SmsMessage message : messages) {
                fullMessage += message.getMessageBody(); // 获取短信内容
            }
            sender.setText(address);
            content.setText(fullMessage);
        }

    }
}
```

可以看到，首先我们从 Intent 参数中取出了一个 Bundle 对象，然后使用 pdu 密钥来提取一个 SMS pdus 数组，其中每一个 pdu 都表示一条短信消息。接着使用 SmsMessage 的 createFromPdu()方法将每一个 pdu 字节数组转换为 SmsMessage 对象，调用这个对象的 getOriginatingAddress()方法就可以获取到短信的发送方号码，调用 getMessageBody()方法就可以获取到短信的内容，然后将每一个 SmsMessage 对象中的短信内容拼接起来，就组成了一条完整的短信。最后将获取到的发送方号码和短信内容显示在 TextView 上。

完成了 MessageReceiver 之后，我们还需要对它进行注册才能让它接收到短信广播，代码如下所示：

```
public class MainActivity extends Activity {
```

```
    private TextView sender;

    private TextView content;

    private IntentFilter receiveFilter;

    private MessageReceiver messageReceiver;

    @Override
    protected void onCreate(Bundle savedInstanceState) {
        super.onCreate(savedInstanceState);
        setContentView(R.layout.activity_main);
        sender = (TextView) findViewById(R.id.sender);
        content = (TextView) findViewById(R.id.content);
        receiveFilter = new IntentFilter();
        receiveFilter.addAction("android.provider.Telephony.SMS_RECEIVED");
        messageReceiver = new MessageReceiver();
        registerReceiver(messageReceiver, receiveFilter);
    }

    @Override
    protected void onDestroy() {
        super.onDestroy();
        unregisterReceiver(messageReceiver);
    }
    ……
}
```

这些代码你应该都已经非常熟悉了，使用的就是动态注册广播的技术。在 onCreate()方法中对 MessageReceiver 进行注册，在 onDestroy()方法中再对它取消注册。

代码到这里就已经完成得差不多了，不过最后我们还需要给程序声明一个接收短信的权限才行，修改 AndroidManifest.xml 中的代码，如下所示：

```
<manifest xmlns:android="http://schemas.android.com/apk/res/android"
    package="com.example.smstest"
    android:versionCode="1"
    android:versionName="1.0" >
    <uses-permission android:name="android.permission.RECEIVE_SMS" />
    ……
</manifest>
```

现在可以来运行一下程序了，界面如图 8.5 所示。

5:27
SMSTest
From:
Content:

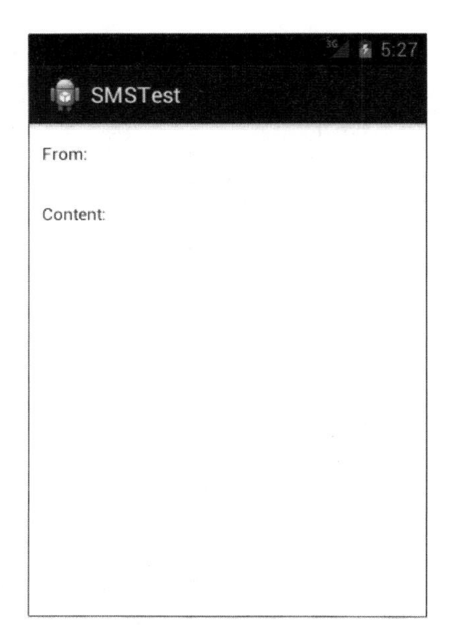

图 8.5

当有短信到来时，短信的发送方和内容就会显示在界面上。不过话说回来，我们使用的是模拟器，模拟器上怎么可能会收得到短信呢？不用担心，DDMS 提供了非常充分的模拟环境，使得我们不需要支付真正的短信费用也可以模拟收发短信的场景。将 Eclipse 切换到 DDMS 视图下，然后点击 Emulator Control 切换卡，在这里就可以向模拟器发送短信了，如图 8.6 所示。

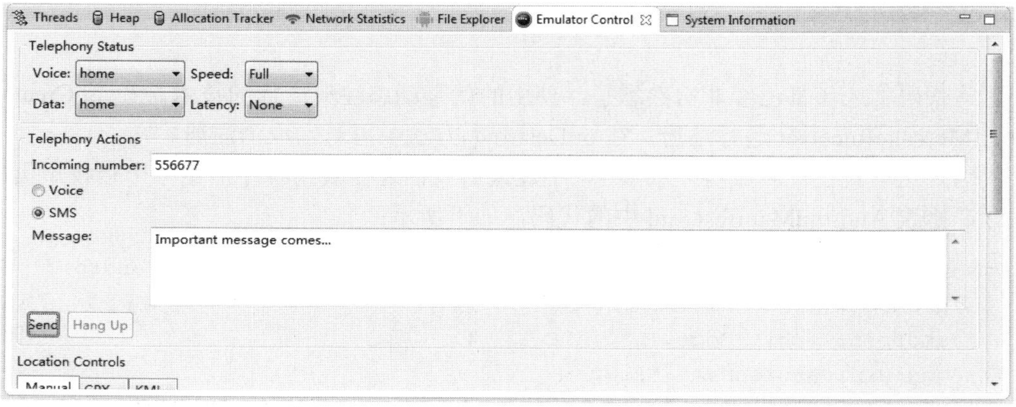

Threads
Heap
Allocation Tracker
Network Statistics
File Explorer
Emulator Control
System Information
Telephony Status
Voice: home
Speed: Full
Data: home
Latency: None
Telephony Actions
Incoming number: 556677
Voice
SMS
Message:
Important message comes...
Send
Hang Up
Location Controls

图 8.6

可以看到，我们指定发送方的号码是 556677，并填写了一段短信内容，然后点击 Send

按钮，这样短信就发送成功了。接着我们立马查看一下 SMSTest 这个程序，结果如图 8.7 所示。

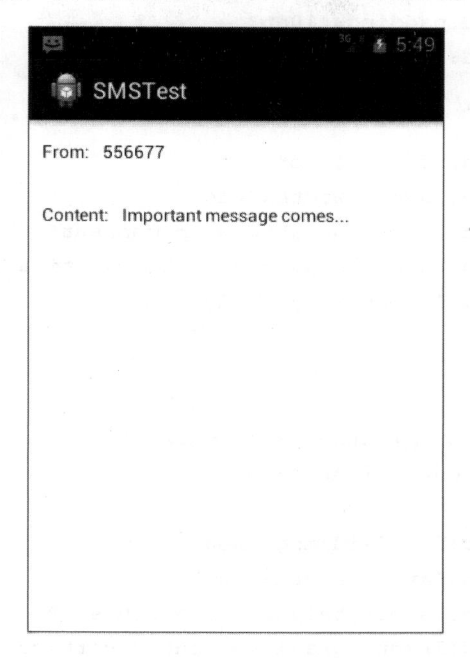

图　8.7

可以看到，短信的发送方号码和短信内容都显示到界面上了，说明接收短信的功能成功实现了。

8.2.2　发送短信

下面我们继续对 SMSTest 项目进行扩展，给它加上发送短信的功能。那么还是先来编写一下布局文件吧，修改 activity_main.xml 中的代码，如下所示：

```
<LinearLayout xmlns:android="http://schemas.android.com/apk/res/android"
    android:layout_width="match_parent"
    android:layout_height="match_parent"
    android:orientation="vertical" >
    ……
    <LinearLayout
        android:layout_width="match_parent"
        android:layout_height="50dp" >
        <TextView
            android:layout_width="wrap_content"
            android:layout_height="wrap_content"
```

```
            android:layout_gravity="center_vertical"
            android:padding="10dp"
            android:text="To:" />

        <EditText
            android:id="@+id/to"
            android:layout_width="0dp"
            android:layout_height="wrap_content"
            android:layout_gravity="center_vertical"
            android:layout_weight="1" />
    </LinearLayout>

    <LinearLayout
        android:layout_width="match_parent"
        android:layout_height="50dp" >
        <EditText
            android:id="@+id/msg_input"
            android:layout_width="0dp"
            android:layout_height="wrap_content"
            android:layout_gravity="center_vertical"
            android:layout_weight="1" />

        <Button
            android:id="@+id/send"
            android:layout_width="wrap_content"
            android:layout_height="wrap_content"
            android:layout_gravity="center_vertical"
            android:text="Send" />
    </LinearLayout>

</LinearLayout>
```

这里我们又新增了两个 LinearLayout，分别处于第三和第四行的位置。第三行中放置了一个 EditText，用于输入接收方的手机号码。第四行中放置了一个 EditText 和一个 Button，分别用于输入短信内容和发送短信。

然后修改 MainActivity 中的代码，在里面加入发送短信的处理逻辑，代码如下所示：

```
public class MainActivity extends Activity {
    ……
    private EditText to;
```

```
    private EditText msgInput;

    private Button send;

    @Override
    protected void onCreate(Bundle savedInstanceState) {
        super.onCreate(savedInstanceState);
        setContentView(R.layout.activity_main);
        ……
        to = (EditText) findViewById(R.id.to);
        msgInput = (EditText) findViewById(R.id.msg_input);
        send = (Button) findViewById(R.id.send);
        send.setOnClickListener(new OnClickListener() {
            @Override
            public void onClick(View v) {
                SmsManager smsManager = SmsManager.getDefault();
                smsManager.sendTextMessage(to.getText().toString(), null,
                                    msgInput.getText().toString(), null, null);
            }
        });
    }
    ……
}
```

可以看到，首先我们获取到了布局文件中新增控件的实例，然后在 Send 按钮的点击事件里面处理了发送短信的具体逻辑。当 Send 按钮被点击时，会先调用 SmsManager 的 getDefault()方法获取到 SmsManager 的实例，然后再调用它的 sendTextMessage()方法就可以去发送短信了。sendTextMessage()方法接收五个参数，其中第一个参数用于指定接收人的手机号码，第三个参数用于指定短信的内容，其他的几个参数我们暂时用不到，直接传入 null 就可以了。

接下来也许你已经猜到了，发送短信也是需要声明权限的，因此修改 AndroidManifest.xml 中的代码，如下所示：

```
<manifest xmlns:android="http://schemas.android.com/apk/res/android"
    package="com.example.smstest"
    android:versionCode="1"
    android:versionName="1.0" >
    <uses-permission android:name="android.permission.RECEIVE_SMS" />
    <uses-permission android:name="android.permission.SEND_SMS" />
```

```
    ……
</manifest>
```

现在重新运行程序之后，SMSTest 就拥有了发送短信的能力。不过点击 Send 按钮虽然可以将短信发送出去，但是我们并不知道到底发送成功了没有，这个时候就可以利用 sendTextMessage()方法的第四个参数来对短信的发送状态进行监控。修改 MainActivity 中的代码，如下所示：

```
public class MainActivity extends Activity {
    ……
    private IntentFilter sendFilter;

    private SendStatusReceiver sendStatusReceiver;

    @Override
    protected void onCreate(Bundle savedInstanceState) {
        super.onCreate(savedInstanceState);
        setContentView(R.layout.activity_main);
        ……
        sendFilter = new IntentFilter();
        sendFilter.addAction("SENT_SMS_ACTION");
        sendStatusReceiver = new SendStatusReceiver();
        registerReceiver(sendStatusReceiver, sendFilter);
        send.setOnClickListener(new OnClickListener() {
            @Override
            public void onClick(View v) {
                SmsManager smsManager = SmsManager.getDefault();
                Intent sentIntent = new Intent("SENT_SMS_ACTION");
                PendingIntent pi = PendingIntent.getBroadcast
(MainActivity.this, 0, sentIntent, 0);
                smsManager.sendTextMessage(to.getText().toString(), null,
msgInput.getText().toString(), pi, null);
            }
        });
    }

    @Override
    protected void onDestroy() {
        super.onDestroy();
        unregisterReceiver(messageReceiver);
```

```
            unregisterReceiver(sendStatusReceiver);
        }
        ……
        class SendStatusReceiver extends BroadcastReceiver {

            @Override
            public void onReceive(Context context, Intent intent) {
                if (getResultCode() == RESULT_OK) {
                    // 短信发送成功
                    Toast.makeText(context, "Send succeeded",
Toast.LENGTH_LONG).show();
                } else {
                    // 短信发送失败
                    Toast.makeText(context, "Send failed",
Toast.LENGTH_LONG).show();
                }
            }

        }
    }
```

可以看到，在 Send 按钮的点击事件里面我们调用了 PendingIntent 的 getBroadcast()方法获取到了一个 PendingIntent 对象，并将它作为第四个参数传递到 sendTextMessage()方法中。然后又注册了一个新的广播接收器 SendStatusReceiver，这个广播接收器就是专门用于监听短信发送状态的，当 getResultCode()的值等于 RESULT_OK 就会提示发送成功，否则提示发送失败。

现在重新运行一下程序，在文本输入框里输入接收方的手机号码以及短信内容，然后点击 Send 按钮，结果如图 8.8 所示。

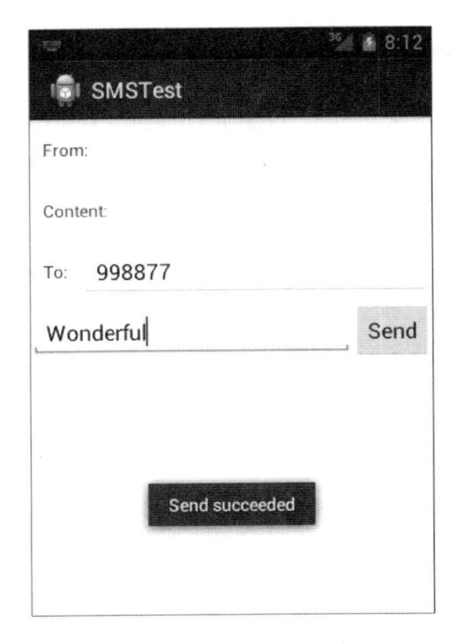

图 8.8

注意，这里虽然提示发送成功了，但实际上使用模拟器来发送短信对方是不可能收得到的，只有把这个项目运行在手机上，才能真正地实现发送短信的功能。

另外，根据国际标准，每条短信的长度不得超过 160 个字符，如果想要发送超出这个长度的短信，则需要将这条短信分割成多条短信来发送，使用 SmsManager 的 sendMultipart-TextMessage()方法就可以实现上述功能。它的用法和 sendTextMessage()方法也基本类似，感兴趣的话你可以自己研究一下，这里就不再展开讲解了。

经验值：+15000　　　目前经验值：76905

级别：资深鸟

赢得宝物：战胜短信鸟。拾取短信鸟掉落的宝物，神界 50 元 1 万条短信套餐一份、头戴式短信鸟专用信息输出器一个、三界飞行专用导航仪一个。短信鸟是一种小型鸟类，在神族分类学上属于通信科文字属短信种。所有的短信鸟之间都具有瞬间通讯能力（类似于人界的量子缠绕现象，但比那先进得多），而且短信鸟能看懂三界的所有语种的文字，这在神界低等神兽中是不多见的，至于短信鸟是怎么学会这些语种的，原因很简单，只是上古时代一位甚高阶天神在某一天关闭了短信鸟大脑中的“不能看懂所有语种文字”的开关。因为短信鸟不知道它应该看不懂这些语种的文字，因此它也就顺理成章地看懂了所有这些语种的文字。每只短信鸟都有一个唯一的名字，只要你把你要传递的信息写到纸上，然后写上远方另一只短信鸟的名字，让身边的短信鸟瞄上一眼，它就能把信息传递给名字所指定的远方的那只短信鸟，而远方的那只短信鸟可以用头戴式短信鸟专用信息输出器将信息显示到屏幕上供接受方阅读。神界的通讯工具有很多，但以生物形式存在的通讯工具唯有短信鸟，而且使用起来很有趣，很多家庭都拥有不只一只短信鸟。事实上，所有高级生物的大脑中都有一个“不能看懂所有语种文字”的开关，出生时是被开启的。但它可以被关闭。只是如何关闭它的方法早已失传，即使在神界这也是个未解之谜。尽管神们可以通过其他一些方法逐渐学会三界的所有语言，但无疑费时费力，而最好用的关闭开关法却已失传，不得不说是十分遗憾的事情。

8.3　调用摄像头和相册

前面两节所学习的知识当中，都涉及到了一些必须要在真正的 Android 手机上运行才看得到效果的功能。本节即将学习的知识也是，比如模拟器对摄像头的支持并不友好。你会发现，当涉及到多媒体这一领域的时候，模拟器多多少少会有些力不从心。因此，下面我们就先来学习一下，如何使用 Android 手机来运行程序。

8.3.1　将程序运行到手机上

不必我多说，首先你需要拥有一部 Android 手机。现在 Android 手机早就不是什么稀罕物，几乎已经是人手一部了，如果你还没有的话，赶紧去购买吧。

想要将程序运行到手机上，我们需要先通过数据线把手机连接到电脑上。然后进入到设置→开发者选项界面，并在这个界面中勾选中 USB 调试选项，如图 8.9 所示。注意从 Android 4.2 版本开始，系统默认是把开发者选项隐藏掉的，你需要先进入到关于手机界面，然后对着最下面的版本号那一栏连击四次，就会让开发者选项显示出来。

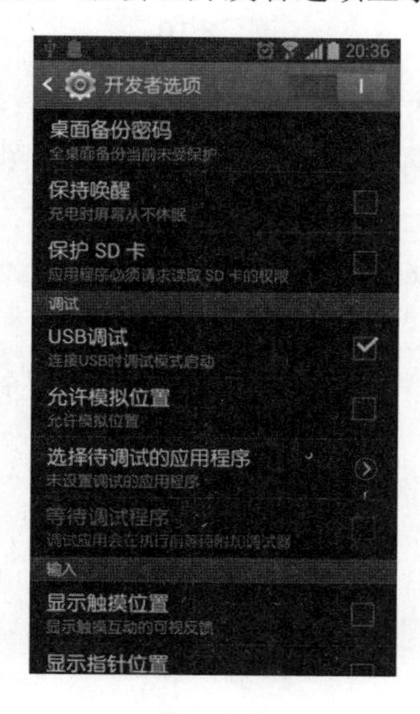

图　8.9

然后如果你使用的是 Windows 操作系统，还需要在电脑上安装手机的驱动。一般借助 91 手机助手或豌豆荚等工具都可以快速地进行安装，安装完成后就可以看到手机已经连接到电脑上了，如图 8.10 所示。

图 8.10

现在进入到 Eclipse 的 DDMS 视图，你会发现当前是有两个设备在线的，一个是我们一直使用的模拟器，另外一个则是刚刚连接上的手机了，如图 8.11 所示。

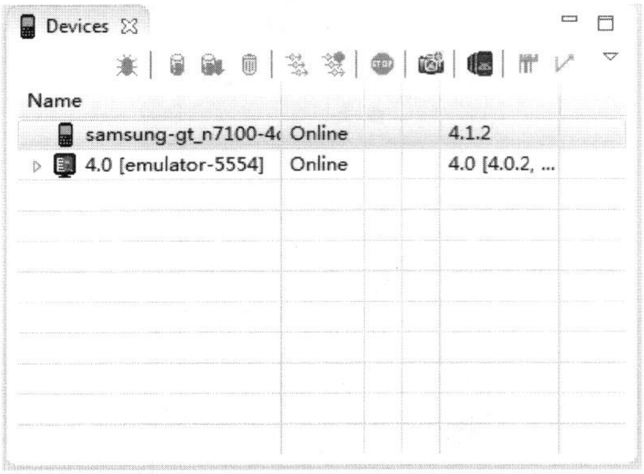

Name		
samsung-gt_n7100-4(	Online	4.1.2
4.0 [emulator-5554]	Online	4.0 [4.0.2, ...

图 8.11

然后，对着 Eclipse 中的任何一个项目右击→Run As→Android Application，这时不会直接将程序运行到模拟器或者手机上，而是会弹出一个对话框让你进行选择，如图 8.12 所示。

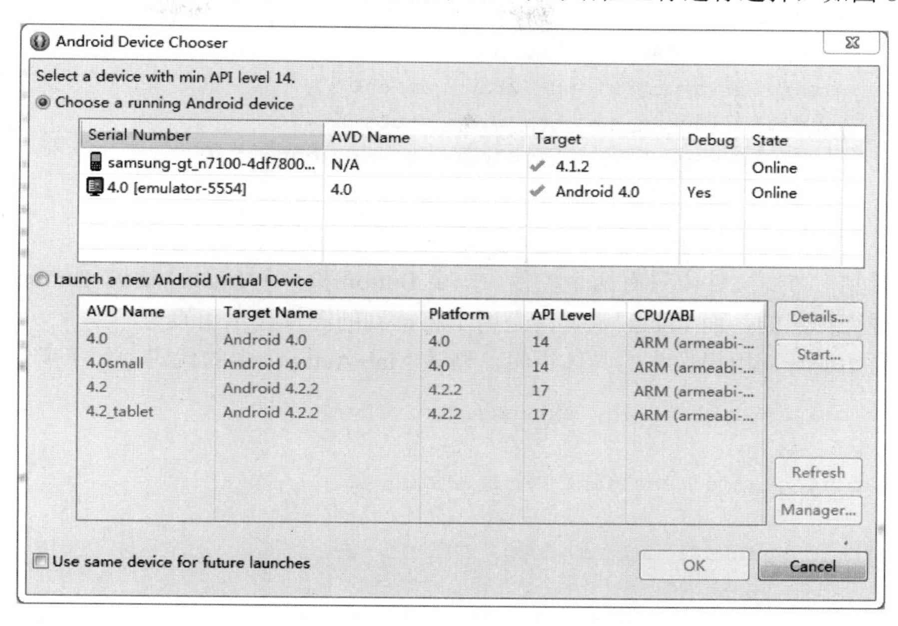

图　8.12

选择第一行的那个设备后点击 OK，就会将程序运行到手机上了。

8.3.2　调用摄像头拍照

很多应用程序都可能会使用到调用摄像头拍照的功能，比如说程序里需要上传一张图片作为用户的头像，这时打开摄像头拍张照是最简单快捷的。下面就让我们通过一个例子来学习一下，如何才能在应用程序里调用手机的摄像头进行拍照。

新建一个 ChoosePicTest 项目，然后修改 activity_main.xml 中的代码，如下所示：

```
<LinearLayout xmlns:android="http://schemas.android.com/apk/res/android"
    android:layout_width="match_parent"
    android:layout_height="match_parent"
    android:orientation="vertical" >

    <Button
        android:id="@+id/take_photo"
        android:layout_width="match_parent"
        android:layout_height="wrap_content"
```

```
        android:text="Take Photo" />

    <ImageView
        android:id="@+id/picture"
        android:layout_width="wrap_content"
        android:layout_height="wrap_content"
        android:layout_gravity="center_horizontal" />

</LinearLayout>
```

可以看到，布局文件中只有两个控件，一个 Button 和一个 ImageView。Button 是用于打开摄像头进行拍照的，而 ImageView 则是用于将拍到的图片显示出来。

然后开始编写调用摄像头的具体逻辑，修改 MainActivity 中的代码，如下所示：

```
public class MainActivity extends Activity {

    public static final int TAKE_PHOTO = 1;

    public static final int CROP_PHOTO = 2;

    private Button takePhoto;

    private ImageView picture;

    private Uri imageUri;

    @Override
    protected void onCreate(Bundle savedInstanceState) {
        super.onCreate(savedInstanceState);
        setContentView(R.layout.activity_main);
        takePhoto = (Button) findViewById(R.id.take_photo);
        picture = (ImageView) findViewById(R.id.picture);
        takePhoto.setOnClickListener(new OnClickListener() {
            @Override
            public void onClick(View v) {
                // 创建File对象，用于存储拍照后的图片
                File outputImage = new File(Environment.
getExternalStorageDirectory(), "output_image.jpg");
                try {
                    if (outputImage.exists()) {
```

```
                outputImage.delete();
            }
            outputImage.createNewFile();
        } catch (IOException e) {
            e.printStackTrace();
        }
        imageUri = Uri.fromFile(outputImage);
        Intent intent = new Intent("android.media.action.IMAGE_CAPTURE");
        intent.putExtra(MediaStore.EXTRA_OUTPUT, imageUri);
        startActivityForResult(intent, TAKE_PHOTO); // 启动相机程序
    }
  });
}

@Override
protected void onActivityResult(int requestCode, int resultCode, Intent data) {
    switch (requestCode) {
    case TAKE_PHOTO:
        if (resultCode == RESULT_OK) {
            Intent intent = new Intent("com.android.camera.action.CROP");
            intent.setDataAndType(imageUri, "image/*");
            intent.putExtra("scale", true);
            intent.putExtra(MediaStore.EXTRA_OUTPUT, imageUri);
            startActivityForResult(intent, CROP_PHOTO); // 启动裁剪程序
        }
        break;
    case CROP_PHOTO:
        if (resultCode == RESULT_OK) {
            try {
                Bitmap bitmap = BitmapFactory.decodeStream
(getContentResolver().openInputStream(imageUri));
                picture.setImageBitmap(bitmap); // 将裁剪后的照片显示出来
            } catch (FileNotFoundException e) {
                e.printStackTrace();
            }
        }
        break;
    default:
```

```
                break;
            }
        }

    }
```

上述代码稍微有点复杂，我们来仔细地分析一下。在 MainActivity 中要做的第一件事自然是分别获取到 Button 和 ImageView 的实例，并给 Button 注册上点击事件，然后在 Button 的点击事件里开始处理调用摄像头的逻辑，我们重点看下这部分代码。

首先这里创建了一个 File 对象，用于存储摄像头拍下的图片，这里我们把图片命名为 output_image.jpg，并将它存放在手机 SD 卡的根目录下，调用 Environment 的 getExternalStorageDirectory()方法获取到的就是手机 SD 卡的根目录。然后再调用 Uri 的 fromFile()方法将 File 对象转换成 Uri 对象，这个 Uri 对象标识着 output_image.jpg 这张图片的唯一地址。接着构建出一个 Intent 对象，并将这个 Intent 的 action 指定为 android.media.action.IMAGE_CAPTURE，再调用 Intent 的 putExtra()方法指定图片的输出地址，这里填入刚刚得到的 Uri 对象，最后调用 startActivityForResult()来启动活动。由于我们使用的是一个隐式 Intent，系统会找出能够响应这个 Intent 的活动去启动，这样照相机程序就会被打开，拍下的照片将会输出到 output_image.jpg 中。

注意刚才我们是使用 startActivityForResult()来启动活动的，因此拍完照后会有结果返回到 onActivityResult()方法中。如果发现拍照成功，则会再次构建出一个 Intent 对象，并把它的 action 指定为 com.android.camera.action.CROP。这个 Intent 是用于对拍出的照片进行裁剪的，因为摄像头拍出的照片都比较大，而我们可能只希望截取其中的一小部分。然后给这个 Intent 设置上一些必要的属性，并再次调用 startActivityForResult()来启动裁剪程序。裁剪后的照片同样会输出到 output_image.jpg 中。

裁剪操作完成之后，程序又会回调到 onActivityResult()方法中，这个时候我们就可以调用 BitmapFactory 的 decodeStream()方法将 output_image.jpg 这张照片解析成 Bitmap 对象，然后把它设置到 ImageView 中显示出来。

由于这个项目涉及到了向 SD 卡中写数据的操作，因此我们还需要在 AndroidManifest.xml 中声明权限：

```
<manifest xmlns:android="http://schemas.android.com/apk/res/android"
    package="com.example.choosepictest"
    android:versionCode="1"
    android:versionName="1.0" >
    <uses-permission android:name="android.permission.WRITE_EXTERNAL_STORAGE" />
    ......
</manifest>
```

这样代码就都编写完了，现在将程序运行到手机上，然后点击 Take Photo 按钮就可以进行拍照了，如图 8.13 所示。

图　8.13

拍照完成后点击确定则可以对照片进行裁剪，如图 8.14 所示。

图　8.14

点击完成，就会回到我们程序的界面。同时，裁剪后的照片当然也会显示出来了，如图 8.15 所示。

图 8.15

8.3.3 从相册中选择照片

虽然调用摄像头拍照既方便又快捷，但并不是每一次我们都需要去当场拍一张照片的。因为每个人的手机相册里应该都会存有许许多多张照片，直接从相册里选取一张现有的照片会比打开相机拍一张照片更加常用。一个优秀的应用程序应该将这两种选择方式都提供给用户，由用户来决定使用哪一种。下面我们就来看一下，如何才能实现从相册中选择照片的功能。

还是在 ChoosePicTest 项目的基础上进行修改，不过这里我们首先要修改一下 project.properties 文件，把项目编译的版本号改成 android-19 或以上。因为 Android 从 4.4 版本开始将从相册中选取图片返回的 Uri 进行了改动，我们需要对这个改动进行适配。

接下来编辑 activity_main.xml 文件，在布局中添加一个按钮用于从相册中选择照片，代码如下所示：

```
<LinearLayout xmlns:android="http://schemas.android.com/apk/res/android"
    android:layout_width="match_parent"
    android:layout_height="match_parent"
```

```
    android:orientation="vertical" >

    <Button
        android:id="@+id/take_photo"
        android:layout_width="match_parent"
        android:layout_height="wrap_content"
        android:text="Take Photo" />

    <Button
        android:id="@+id/choose_from_album"
        android:layout_width="match_parent"
        android:layout_height="wrap_content"
        android:text="Choose From Album" />

    <ImageView
        android:id="@+id/picture"
        android:layout_width="wrap_content"
        android:layout_height="wrap_content"
        android:layout_gravity="center_horizontal" />

</LinearLayout>
```

然后修改 MainActivity 中的代码，加入从相册选择照片的逻辑，代码如下所示：

```
public class MainActivity extends Activity {

    ……
    public static final int CHOOSE_PHOTO = 3;

    private Button chooseFromAlbum;

    @Override
    protected void onCreate(Bundle savedInstanceState) {
        ……
        chooseFromAlbum.setOnClickListener(new OnClickListener() {
            @Override
            public void onClick(View v) {
                Intent intent = new Intent(
                    "android.intent.action.GET_CONTENT");
                intent.setType("image/*");
                startActivityForResult(intent, CHOOSE_PHOTO); // 打开相册
```

```
            }
        });
    }

    @Override
    protected void onActivityResult(int requestCode, int resultCode, Intent
data) {
        switch (requestCode) {
        ……
        case CHOOSE_PHOTO:
            if (resultCode == RESULT_OK) {
                // 判断手机系统版本号
                if (Build.VERSION.SDK_INT >= 19) {
                    // 4.4及以上系统使用这个方法处理图片
                    handleImageOnKitKat(data);
                } else {
                    // 4.4以下系统使用这个方法处理图片
                    handleImageBeforeKitKat(data);
                }
            }
            break;
        default:
            break;
        }
    }

    @TargetApi(19)
    private void handleImageOnKitKat(Intent data) {
        String imagePath = null;
        Uri uri = data.getData();
        if (DocumentsContract.isDocumentUri(this, uri)) {
            // 如果是document类型的Uri，则通过document id处理
            String docId = DocumentsContract.getDocumentId(uri);
            if("com.android.providers.media.documents".equals(
                    uri.getAuthority())) {
                String id = docId.split(":")[1]; // 解析出数字格式的id
                String selection = MediaStore.Images.Media._ID + "=" + id;
                imagePath = getImagePath(
                MediaStore.Images.Media.EXTERNAL_CONTENT_URI, selection);
            } else if ("com.android.providers.downloads.documents".equals(
```

```
                uri.getAuthority())) {
            Uri contentUri = ContentUris.withAppendedId(
                Uri.parse("content://downloads/public_downloads"),
                    Long.valueOf(docId));
            imagePath = getImagePath(contentUri, null);
        }
    } else if ("content".equalsIgnoreCase(uri.getScheme())) {
        // 如果不是document类型的Uri，则使用普通方式处理
        imagePath = getImagePath(uri, null);
    }
    displayImage(imagePath); // 根据图片路径显示图片
}

private void handleImageBeforeKitKat(Intent data) {
    Uri uri = data.getData();
    String imagePath = getImagePath(uri, null);
    displayImage(imagePath);
}

private String getImagePath(Uri uri, String selection) {
    String path = null;
    // 通过Uri和selection来获取真实的图片路径
    Cursor cursor = getContentResolver().query(
                        uri, null, selection, null, null);
    if (cursor != null) {
        if (cursor.moveToFirst()) {
            path = cursor.getString(
                        cursor.getColumnIndex(Media.DATA));
        }
        cursor.close();
    }
    return path;
}

private void displayImage(String imagePath) {
    if (imagePath != null) {
        Bitmap bitmap = BitmapFactory.decodeFile(imagePath);
        picture.setImageBitmap(bitmap);
    } else {
        Toast.makeText(this, "failed to get image",
```

```
                                Toast.LENGTH_SHORT).show();
                }
            }
        }
```

可以看到，在 Choose From Album 按钮的点击事件里我们先是构建出了一个 Intent 对象，并将它的 action 指定为 android.intent.action.GET_CONTENT。接着给这个 Intent 对象设置一些必要的参数，然后调用 startActivityForResult()方法就可以打开相册程序选择照片了。注意在调用 startActivityForResult()方法的时候，我们给第二个参数传入的值变成了 CHOOSE_PHOTO，这样当从相册选择完图片回到 onActivityResult()方法时，就会进入 CHOOSE_PHOTO 的 case 来处理图片。接下来的逻辑就比较复杂了，首先为了兼容新老版本的手机，我们做了一个判断，如果是 4.4 及以上系统的手机就调用 handleImageOnKitKat()方法来处理图片，否则就调用 handleImageBeforeKitKat()方法来处理图片。之所以要这样做，是因为 Android 系统从 4.4 版本开始，选取相册中的图片不再返回图片真实的 Uri 了，而是一个封装过的 Uri，因此如果是 4.4 版本以上的手机就需要对这个 Uri 进行解析才行。

那么 handleImageOnKitKat()方法中的逻辑就基本是如何解析这个封装过的 Uri 了。这里有好几种判断情况，如果返回的 Uri 是 document 类型的话，那就取出 document id 进行处理，如果不是的话那就使用普通的方式处理。另外，如果 Uri 的 authority 是 media 格式的话，document id 还需要再进行一次解析，要通过字符串分割的方式取出后半部分才能得到真正的数字 id。取出的 id 用于构建新的 Uri 和条件语句，然后把这些值作为参数传入到 getImagePath()方法当中，就可以获取到图片的真实路径了。拿到图片的路径之后，再调用 displayImage()方法将图片显示到界面上。

相比于 handleImageOnKitKat()方法，handleImageBeforeKitKat()方法中的逻辑就要简单得多了，因为它的 Uri 是没有封装过的，不需要任何解析，直接将 Uri 传入到 getImagePath()方法当中就能获取到图片的真实路径了，最后同样是调用 displayImage()方法来让图片显示到界面上。

现在将程序重新运行到手机上，然后点击一下 Choose From Album 按钮，就会打开相册程序，如图 8.16 所示。

然后随意选择一张照片，回到我们程序的界面，选中的照片应该就会显示出来了，如图 8.17 所示。

图 8.16

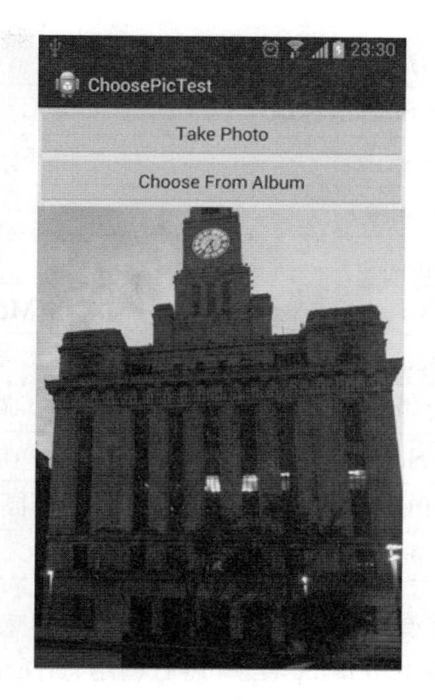

图 8.17

调用摄像头拍照以及从相册中选择照片是很多 Android 应用都会带有的功能，现在你已经将这两种技术都学会了，将来在工作中如果需要开发类似的功能，相信你一定能轻松完成吧。不过目前我们的实现还不算完美，因为某些照片即使经过裁剪后体积仍然很大，直接加载到内存中有可能会导致程序崩溃。更好的做法是根据项目的需求先对照片进行适当的压缩，然后再加载到内存中。至于如何对照片进行压缩，就要考验你查阅资料的能力了，这里就不再展开进行讲解。

8.4 播放多媒体文件

手机上最常见的休闲方式毫无疑问就是听音乐和看电影了，随着移动设备的普及，越来越多人都可以随时享受优美的音乐，以及观看精彩的电影。而 Android 在播放音频和视频方面也是做了相当不错的支持，它提供了一套较为完整的 API，使得开发者可以很轻松地编写出一个简易的音频或视频播放器，下面我们就来具体地学习一下。

8.4.1 播放音频

在 Android 中播放音频文件一般都是使用 MediaPlayer 类来实现的，它对多种格式的音频文件提供了非常全面的控制方法，从而使得播放音乐的工作变得十分简单。下表列出了 MediaPlayer 类中一些较为常用的控制方法。

方法名	功能描述
setDataSource()	设置要播放的音频文件的位置。
prepare()	在开始播放之前调用这个方法完成准备工作。
start()	开始或继续播放音频。
pause()	暂停播放音频。
reset()	将 MediaPlayer 对象重置到刚刚创建的状态。
seekTo()	从指定的位置开始播放音频。
stop()	停止播放音频。调用这个方法后的 MediaPlayer 对象无法再播放音频。
release()	释放掉与 MediaPlayer 对象相关的资源。
isPlaying()	判断当前 MediaPlayer 是否正在播放音频。
getDuration()	获取载入的音频文件的时长。

简单了解了上述方法后，我们再来梳理一下 MediaPlayer 的工作流程。首先需要创建出一个 MediaPlayer 对象，然后调用 setDataSource()方法来设置音频文件的路径，再调用 prepare()方法使 MediaPlayer 进入到准备状态，接下来调用 start()方法就可以开始播放音频，调用 pause()方法就会暂停播放，调用 reset()方法就会停止播放。

下面就让我们通过一个具体的例子来学习一下吧，新建一个 PlayAudioTest 项目，然后修改 activity_main.xml 中的代码，如下所示：

```
<LinearLayout xmlns:android="http://schemas.android.com/apk/res/android"
    android:layout_width="match_parent"
    android:layout_height="match_parent" >

    <Button
        android:id="@+id/play"
        android:layout_width="0dp"
        android:layout_height="wrap_content"
        android:layout_weight="1"
        android:text="Play" />

    <Button
        android:id="@+id/pause"
        android:layout_width="0dp"
        android:layout_height="wrap_content"
        android:layout_weight="1"
        android:text="Pause" />
```

```
    <Button
        android:id="@+id/stop"
        android:layout_width="0dp"
        android:layout_height="wrap_content"
        android:layout_weight="1"
        android:text="Stop" />

</LinearLayout>
```

布局文件中横向放置了三个按钮，分别用于对音频文件进行播放、暂停和停止操作。然后修改 MainActivity 中的代码，如下所示：

```
public class MainActivity extends Activity implements OnClickListener {

    private Button play;

    private Button pause;

    private Button stop;

    private MediaPlayer mediaPlayer = new MediaPlayer();

    @Override
    protected void onCreate(Bundle savedInstanceState) {
        super.onCreate(savedInstanceState);
        setContentView(R.layout.activity_main);
        play = (Button) findViewById(R.id.play);
        pause = (Button) findViewById(R.id.pause);
        stop = (Button) findViewById(R.id.stop);
        play.setOnClickListener(this);
        pause.setOnClickListener(this);
        stop.setOnClickListener(this);
        initMediaPlayer(); // 初始化MediaPlayer
    }

    private void initMediaPlayer() {
        try {
            File file = new File(Environment.getExternalStorageDirectory(),
"music.mp3");
            mediaPlayer.setDataSource(file.getPath()); // 指定音频文件的路径
            mediaPlayer.prepare(); // 让MediaPlayer进入到准备状态
```

```
        } catch (Exception e) {
            e.printStackTrace();
        }
    }

    @Override
    public void onClick(View v) {
        switch (v.getId()) {
        case R.id.play:
            if (!mediaPlayer.isPlaying()) {
                mediaPlayer.start(); // 开始播放
            }
            break;
        case R.id.pause:
            if (mediaPlayer.isPlaying()) {
                mediaPlayer.pause(); // 暂停播放
            }
            break;
        case R.id.stop:
            if (mediaPlayer.isPlaying()) {
                mediaPlayer.reset(); // 停止播放
                initMediaPlayer();
            }
            break;
        default:
            break;
        }
    }

    @Override
    protected void onDestroy() {
        super.onDestroy();
        if (mediaPlayer != null) {
            mediaPlayer.stop();
            mediaPlayer.release();
        }
    }

}
```

可以看到，在类初始化的时候我们就创建了一个 MediaPlayer 的实例，然后在 onCreate()方法中调用了 initMediaPlayer()方法为 MediaPlayer 对象进行初始化操作。在 initMediaPlayer()方法中，首先是通过创建一个 File 对象来指定音频文件的路径，从这里可以看出，我们需要事先在 SD 卡的根目录下放置一个名为 music.mp3 的音频文件。后面依次调用了 setDataSource()方法和 prepare()方法为 MediaPlayer 做好了播放前的准备。

接下来我们看一下各个按钮的点击事件中的代码。当点击 Play 按钮时会进行判断，如果当前 MediaPlayer 没有正在播放音频，则调用 start()方法开始播放。当点击 Pause 按钮时会判断，如果当前 MediaPlayer 正在播放音频，则调用 pause()方法暂停播放。当点击 Stop 按钮时会判断，如果当前 MediaPlayer 正在播放音频，则调用 reset()方法将 MediaPlayer 重置为刚刚创建的状态，然后重新调用一遍 initMediaPlayer()方法。

最后在 onDestroy()方法中，我们还需要分别调用 stop()和 release()方法，将与 MediaPlayer 相关的资源释放掉。

这样一个简易版的音乐播放器就完成了，现在将程序运行到手机上，界面如图 8.18 所示。

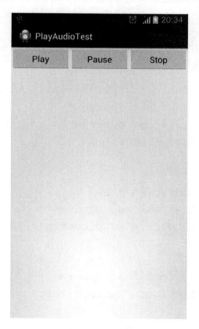

图　8.18

点击一下 Play 按钮就可以听到优美的音乐了，然后点击 Pause 按钮声音会停住，再次点击 Play 按钮会接着暂停之前的位置继续播放。这时如果点击一下 Stop 按钮声音也会停住，但是再次点击 Play 按钮时，音乐就会重头开始播放了。

8.4.2 播放视频

播放视频文件其实并不比播放音频文件复杂，主要是使用 VideoView 类来实现的。这个类将视频的显示和控制集于一身，使得我们仅仅借助它就可以完成一个简易的视频播放器。VideoView 的用法和 MediaPlayer 也比较类似，主要有以下常用方法：

方法名	功能描述
setVideoPath()	设置要播放的视频文件的位置。
start()	开始或继续播放视频。
pause()	暂停播放视频。
resume()	将视频重头开始播放。
seekTo()	从指定的位置开始播放视频。
isPlaying()	判断当前是否正在播放视频。
getDuration()	获取载入的视频文件的时长。

那么我们还是通过一个实际的例子来学习一下吧，新建 PlayVideoTest 项目，然后修改 activity_main.xml 中的代码，如下所示：

```
<LinearLayout xmlns:android="http://schemas.android.com/apk/res/android"
    android:layout_width="match_parent"
    android:layout_height="match_parent"
    android:orientation="vertical" >

    <VideoView
        android:id="@+id/video_view"
        android:layout_width="match_parent"
        android:layout_height="wrap_content" />

    <LinearLayout
        android:layout_width="match_parent"
        android:layout_height="match_parent" >

        <Button
            android:id="@+id/play"
            android:layout_width="0dp"
            android:layout_height="wrap_content"
            android:layout_weight="1"
            android:text="Play" />
```

```
        <Button
            android:id="@+id/pause"
            android:layout_width="0dp"
            android:layout_height="wrap_content"
            android:layout_weight="1"
            android:text="Pause" />

        <Button
            android:id="@+id/replay"
            android:layout_width="0dp"
            android:layout_height="wrap_content"
            android:layout_weight="1"
            android:text="Replay" />
    </LinearLayout>

</LinearLayout>
```

在这个布局文件中，首先是放置了一个 VideoView，稍后的视频就将在这里显示。然后在 VideoView 的下面又放置了三个按钮，分别用于控制视频的播放、暂停和重新播放。

接下来修改 MainActivity 中的代码，如下所示：

```
public class MainActivity extends Activity implements OnClickListener {

    private VideoView videoView;

    private Button play;

    private Button pause;

    private Button replay;

    @Override
    protected void onCreate(Bundle savedInstanceState) {
        super.onCreate(savedInstanceState);
        setContentView(R.layout.activity_main);
        play = (Button) findViewById(R.id.play);
        pause = (Button) findViewById(R.id.pause);
        replay = (Button) findViewById(R.id.replay);
        videoView = (VideoView) findViewById(R.id.video_view);
        play.setOnClickListener(this);
        pause.setOnClickListener(this);
```

```
        replay.setOnClickListener(this);
        initVideoPath();
    }

    private void initVideoPath() {
        File file = new File(Environment.getExternalStorageDirectory(),
"movie.3gp");
        videoView.setVideoPath(file.getPath()); // 指定视频文件的路径
    }

    @Override
    public void onClick(View v) {
        switch (v.getId()) {
        case R.id.play:
            if (!videoView.isPlaying()) {
                videoView.start(); // 开始播放
            }
            break;
        case R.id.pause:
            if (videoView.isPlaying()) {
                videoView.pause(); // 暂停播放
            }
            break;
        case R.id.replay:
            if (videoView.isPlaying()) {
                videoView.resume(); // 重新播放
            }
            break;
        }
    }

    @Override
    protected void onDestroy() {
        super.onDestroy();
        if (videoView != null) {
            videoView.suspend();
        }
    }

}
```

这部分代码相信你理解起来会很轻松，因为它和前面播放音频的代码非常类似。首先在 onCreate()方法中仍然是去获取一些控件的实例，然后调用了 initVideoPath()方法来设置视频文件的路径，这里我们需要事先在 SD 卡的根目录下放置一个名为 movie.3gp 的视频文件。

下面看一下各个按钮的点击事件中的代码。当点击 Play 按钮时会进行判断，如果当前并没有正在播放视频，则调用 start()方法开始播放。当点击 Pause 按钮时会判断，如果当前视频正在播放，则调用 pause()方法暂停播放。当点击 Replay 按钮时会判断，如果当前视频正在播放，则调用 resume()方法重头播放视频。

最后在 onDestroy()方法中，我们还需要调用一下 suspend()方法，将 VideoView 所占用的资源释放掉。

现在将程序运行到手机上，然后点击一下 Play 按钮，就可以看到视频已经开始播放了，如图 8.19 所示。

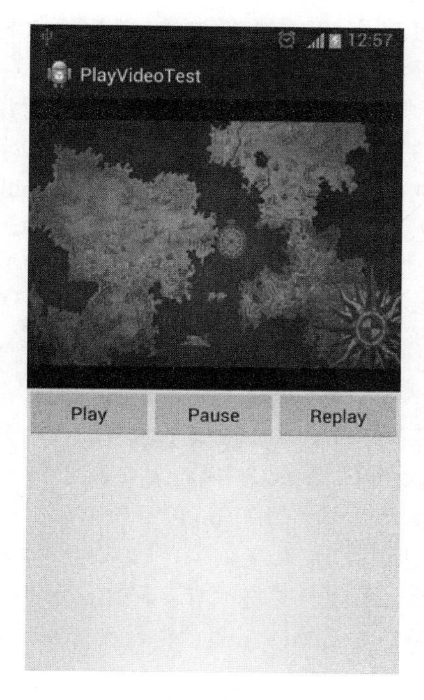

图　8.19

点击 Pause 按钮可以暂停视频的播放，点击 Replay 按钮可以重头播放视频。

这样的话，你就已经将 VideoView 的基本用法掌握得差不多了。不过，为什么它的用法和 MediaPlayer 这么相似呢？其实 VideoView 只是帮我们做了一个很好的封装而已，它的背后仍然是使用 MediaPlayer 来对视频文件进行控制的。另外需要注意，VideoView 并不是一个万能的视频播放工具类，它在视频格式的支持以及播放效率方面都存在着较大的不足。所以，如果想要仅仅使用 VideoView 就编写出一个功能非常强大的视频播放器是不太现实的。但是如果只是用于播放一些游戏的片头动画，或者某个应用的视频宣传，使用 VideoView 还是绰绰有余的。

好了，关于 Android 多媒体方面的知识你已经学得足够多了，下面就让我们一起来总结一下本章所学的内容吧。

8.5 小结与点评

本章我们主要对 Android 系统中的各种多媒体技术进行了学习，其中包括通知的使用技巧、调用摄像头拍照、从相册中选取照片，以及播放音频和视频文件。由于所涉及的多媒体技术在模拟器上很难看得到效果，因此本章中还特意讲解了在 Android 手机上调试程序的方法。此外，我们还学习了如何使用 Android 提供的 API 来接收和发送短信，这使得我们甚至可以编写一个自己的短信程序来替换掉系统的短信程序。

又是充实饱满的一章啊！现在多媒体方面的知识已经学得足够多了，我希望你可以很好地将它们消化掉，尤其是与通知相关的内容，因为在下一章的学习当中我们还会用到它。在进行了一章多媒体相关知识的学习之后，你是否想起来 Android 四大组件中还剩一个没有学过呢，那么下面就让我们进入到 Android 服务的学习旅程之中。

经验值：+15000　　目前经验值：91905

级别：资深鸟

赢得宝物：战胜多媒体神。多媒体神身高 3 米，是一位打扮得非常奇特的潮神，事实上除了亲戚朋友，很少有人知道多媒体神本人到底长啥样，因为每次他出现在众人面前时，总是全副武装的，脑袋上顶着 24 个探照灯，腰部以上安装着 76 个大大小小的显示器，腰部以下则密不透风的挂满了 246 个大大小小的音箱，而且所有的显示器和音箱都在播放完全不同的视频、电影、广告片、流行歌曲，以及交响乐。他声称，作为多媒体神，他一直在努力诠释多媒体的真谛——多！尽管大多数人觉得他有些扰民，但多媒体神脾气很好，他建立了多个慈善组织，帮助人界和魔界的有困难的生灵。神界生活安定富足，故没有慈善组织。

第 9 章　后台默默的劳动者，探究服务

记得在几年前，iPhone 属于少数人才拥有的稀有物品，Android 甚至还没面世，那个时候全球的手机市场是由诺基亚统治着的。当时我觉得诺基亚的 Symbian 操作系统做得特别出色，因为比起一般的手机，它可以支持后台功能。那个时候能够一边打着电话、听着音乐，一边在后台挂着 QQ 是件非常酷的事情。所以我也曾经单纯地认为，支持后台的手机就是智能手机。

而如今，Symbian 已经风光不再，Android 和 iOS 占据了大部分的智能市场份额，Windows Phone 也占据了一部分，目前已是三分天下的局面。在这三大智能手机操作系统中，iOS 是不支持后台的，当应用程序不在前台运行时就会进入到挂起状态。Android 则是沿用了 Symbian 的老习惯，加入了后台功能，这使得应用程序即使在关闭的情况下仍然可以在后台继续运行。而 Windows Phone 则是经历了一个由不支持到支持后台的过程，目前 Windows Phone 8 系统也是具备后台功能的。这里我们不会花时间去辩论到底谁的方案更好，既然 Android 提供了这个功能，而且是一个非常重要的组件，那我们自然要去学习一下它的用法了。

9.1　服务是什么

服务（Service）是 Android 中实现程序后台运行的解决方案，它非常适合用于去执行那些不需要和用户交互而且还要求长期运行的任务。服务的运行不依赖于任何用户界面，即使当程序被切换到后台，或者用户打开了另外一个应用程序，服务仍然能够保持正常运行。

不过需要注意的是，服务并不是运行在一个独立的进程当中的，而是依赖于创建服务时所在的应用程序进程。当某个应用程序进程被杀掉时，所有依赖于该进程的服务也会停止运行。

另外，也不要被服务的后台概念所迷惑，实际上服务并不会自动开启线程，所有的代码都是默认运行在主线程当中的。也就是说，我们需要在服务的内部手动创建子线程，并在这里执行具体的任务，否则就有可能出现主线程被阻塞住的情况。那么本章的第一堂课，我们就先来学习一下关于 Android 多线程编程的知识。

9.2　Android 多线程编程

熟悉 Java 的你，对多线程编程一定不会陌生吧。当我们需要执行一些耗时操作，比如

说发起一条网络请求时，考虑到网速等其他原因，服务器未必会立刻响应我们的请求，如果不将这类操作放在子线程里去运行，就会导致主线程被阻塞住，从而影响用户对软件的正常使用。那么就让我们从线程的基本用法开始学习吧。

9.2.1 线程的基本用法

Android 多线程编程其实并不比 Java 多线程编程特殊，基本都是使用相同的语法。比如说，定义一个线程只需要新建一个类继承自 Thread，然后重写父类的 run()方法，并在里面编写耗时逻辑即可，如下所示：

```
class MyThread extends Thread {

    @Override
    public void run() {
        // 处理具体的逻辑
    }

}
```

那么该如何启动这个线程呢？其实也很简单，只需要 new 出 MyThread 的实例，然后调用它的 start()方法，这样 run()方法中的代码就会在子线程当中运行了，如下所示：

```
new MyThread().start();
```

当然，使用继承的方式耦合性有点高，更多的时候我们都会选择使用实现 Runnable 接口的方式来定义一个线程，如下所示：

```
class MyThread implements Runnable {

    @Override
    public void run() {
        // 处理具体的逻辑
    }

}
```

如果使用了这种写法，启动线程的方法也需要进行相应的改变，如下所示：

```
MyThread myThread = new MyThread();
new Thread(myThread).start();
```

可以看到，Thread 的构造函数接收一个 Runnable 参数，而我们 new 出的 MyThread 正是一个实现了 Runnable 接口的对象，所以可以直接将它传入到 Thread 的构造函数里。接着调用 Thread 的 start()方法，run()方法中的代码就会在子线程当中运行了。

当然，如果你不想专门再定义一个类去实现 Runnable 接口，也可以使用匿名类的方式，这种写法更为常见，如下所示：

```
new Thread(new Runnable() {

    @Override
    public void run() {
        // 处理具体的逻辑
    }

}).start();
```

以上几种线程的使用方式相信你都不会感到陌生，因为在 Java 中创建和启动线程也是使用同样的方式。了解了线程的基本用法后，下面我们来看一下 Android 多线程编程与 Java 多线程编程不同的地方。

9.2.2　在子线程中更新 UI

和许多其他的 GUI 库一样，Android 的 UI 也是线程不安全的。也就是说，如果想要更新应用程序里的 UI 元素，则必须在主线程中进行，否则就会出现异常。

眼见为实，让我们通过一个具体的例子来验证一下吧。新建一个 AndroidThreadTest 项目，然后修改 activity_main.xml 中的代码，如下所示：

```
<RelativeLayout xmlns:android="http://schemas.android.com/apk/res/android"
    android:layout_width="match_parent"
    android:layout_height="match_parent" >

    <Button
        android:id="@+id/change_text"
        android:layout_width="match_parent"
        android:layout_height="wrap_content"
        android:text="Change Text" />

    <TextView
        android:id="@+id/text"
        android:layout_width="wrap_content"
        android:layout_height="wrap_content"
        android:layout_centerInParent="true"
        android:text="Hello world"
```

```
        android:textSize="20sp" />

</RelativeLayout>
```

布局文件中定义了两个控件，TextView 用于在屏幕的正中央显示一个 Hello world 字符串，Button 用于改变 TextView 中显示的内容，我们希望在点击 Button 后可以把 TextView 中显示的字符串改成 Nice to meet you。

接下来修改 MainActivity 中的代码，如下所示：

```
public class MainActivity extends Activity implements OnClickListener {

    private TextView text;

    private Button changeText;

    @Override
    protected void onCreate(Bundle savedInstanceState) {
        super.onCreate(savedInstanceState);
        setContentView(R.layout.activity_main);
        text = (TextView) findViewById(R.id.text);
        changeText = (Button) findViewById(R.id.change_text);
        changeText.setOnClickListener(this);
    }

    @Override
    public void onClick(View v) {
        switch (v.getId()) {
        case R.id.change_text:
            new Thread(new Runnable() {
                @Override
                public void run() {
                    text.setText("Nice to meet you");
                }
            }).start();
            break;
        default:
            break;
        }
    }

}
```

可以看到，我们在 Change Text 按钮的点击事件里面开启了一个子线程，然后在子线程中调用 TextView 的 setText()方法将显示的字符串改成 Nice to meet you。代码的逻辑非常简单，只不过我们是在子线程中更新 UI 的。现在运行一下程序，并点击 Change Text 按钮，你会发现程序果然崩溃了，如图 9.1 所示。

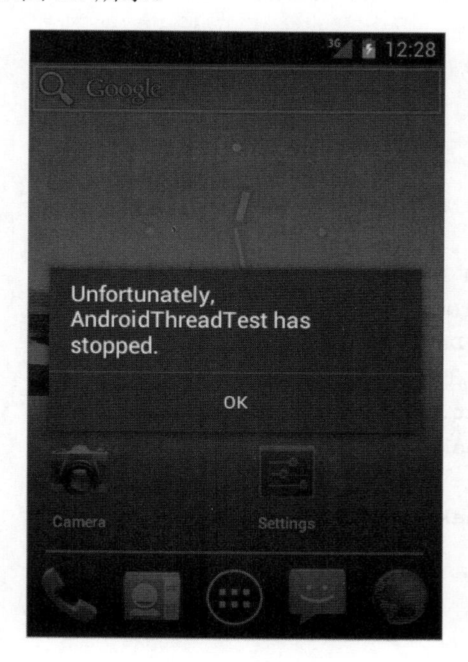

图　9.1

然后观察 LogCat 中的错误日志，可以看出是由于在子线程中更新 UI 所导致的，如图 9.2 所示。

```
android.view.ViewRootImpl$CalledFromWrongThreadException: Only the original thread that
created a view hierarchy can touch its views.
```

图　9.2

由此证实了 Android 确实是不允许在子线程中进行 UI 操作的。但是有些时候，我们必须在子线程里去执行一些耗时任务，然后根据任务的执行结果来更新相应的 UI 控件，这该如何是好呢？

对于这种情况，Android 提供了一套异步消息处理机制，完美地解决了在子线程中进行 UI 操作的问题。本小节中我们先来学习一下异步消息处理的使用方法，下一小节中再去分析它的原理。

修改 MainActivity 中的代码，如下所示：

```
public class MainActivity extends Activity implements OnClickListener {

    public static final int UPDATE_TEXT = 1;

    private TextView text;

    private Button changeText;

    private Handler handler = new Handler() {

        public void handleMessage(Message msg) {
            switch (msg.what) {
            case UPDATE_TEXT:
                // 在这里可以进行UI操作
                text.setText("Nice to meet you");
                break;
            default:
                break;
            }
        }

    };
    ......
    @Override
    public void onClick(View v) {
        switch (v.getId()) {
        case R.id.change_text:
            new Thread(new Runnable() {
                @Override
                public void run() {
                    Message message = new Message();
                    message.what = UPDATE_TEXT;
                    handler.sendMessage(message); // 将Message对象发送出去
                }
            }).start();
            break;
        default:
            break;
```

```
            }
        }

    }
```

这里我们先是定义了一个整型常量 UPDATE_TEXT，用于表示更新 TextView 这个动作。然后新增一个 Handler 对象，并重写父类的 handleMessage 方法，在这里对具体的 Message 进行处理。如果发现 Message 的 what 字段的值等于 UPDATE_TEXT，就将 TextView 显示的内容改成 Nice to meet you。

下面再来看一下 Change Text 按钮的点击事件中的代码。可以看到，这次我们并没有在子线程里直接进行 UI 操作，而是创建了一个 Message（android.os.Message）对象，并将它的 what 字段的值指定为 UPDATE_TEXT，然后调用 Handler 的 sendMessage()方法将这条 Message 发送出去。很快，Handler 就会收到这条 Message，并在 handleMessage()方法中对它进行处理。注意此时 handleMessage()方法中的代码就是在主线程当中运行的了，所以我们可以放心地在这里进行 UI 操作。接下来对 Message 携带的 what 字段的值进行判断，如果等于 UPDATE_TEXT，就将 TextView 显示的内容改成 Nice to meet you。

现在重新运行程序，可以看到屏幕的正中央显示着 Hello world。然后点击一下 Change Text 按钮，显示的内容就被替换成 Nice to meet you，如图 9.3 所示。

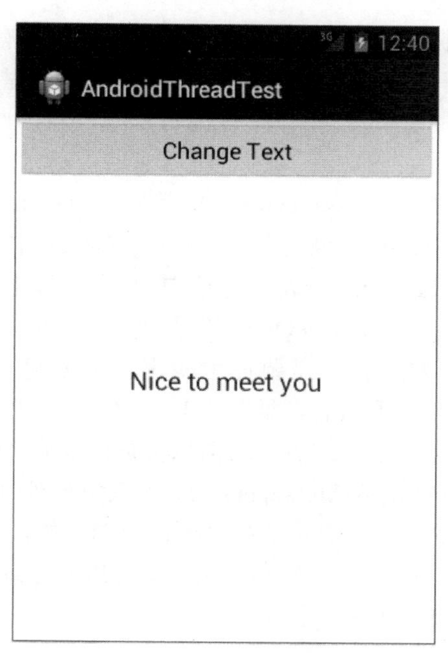

图　9.3

这样你就已经掌握了 Android 异步消息处理的基本用法，使用这种机制就可以出色地解决掉在子线程中更新 UI 的问题。不过恐怕你对它的工作原理还不是很清楚，下面我们就来分析一下 Android 异步消息处理机制到底是如何工作的。

9.2.3 解析异步消息处理机制

Android 中的异步消息处理主要由四个部分组成，Message、Handler、MessageQueue 和 Looper。其中 Message 和 Handler 在上一小节中我们已经接触过了，而 MessageQueue 和 Looper 对于你来说还是全新的概念，下面我就对这四个部分进行一下简要的介绍。

1. Message

   Message 是在线程之间传递的消息，它可以在内部携带少量的信息，用于在不同线程之间交换数据。上一小节中我们使用到了 Message 的 what 字段，除此之外还可以使用 arg1 和 arg2 字段来携带一些整型数据，使用 obj 字段携带一个 Object 对象。

2. Handler

   Handler 顾名思义也就是处理者的意思，它主要是用于发送和处理消息的。发送消息一般是使用 Handler 的 sendMessage()方法，而发出的消息经过一系列地辗转处理后，最终会传递到 Handler 的 handleMessage()方法中。

3. MessageQueue

   MessageQueue 是消息队列的意思，它主要用于存放所有通过 Handler 发送的消息。这部分消息会一直存在于消息队列中，等待被处理。每个线程中只会有一个 MessageQueue 对象。

4. Looper

   Looper 是每个线程中的 MessageQueue 的管家，调用 Looper 的 loop()方法后，就会进入到一个无限循环当中，然后每当发现 MessageQueue 中存在一条消息，就会将它取出，并传递到 Handler 的 handleMessage()方法中。每个线程中也只会有一个 Looper 对象。

了解了 Message、Handler、MessageQueue 以及 Looper 的基本概念后，我们再来对异步消息处理的整个流程梳理一遍。首先需要在主线程当中创建一个 Handler 对象，并重写 handleMessage()方法。然后当子线程中需要进行 UI 操作时，就创建一个 Message 对象，并通过 Handler 将这条消息发送出去。之后这条消息会被添加到 MessageQueue 的队列中等待被处理，而 Looper 则会一直尝试从 MessageQueue 中取出待处理消息，最后分发回 Handler 的 handleMessage()方法中。由于 Handler 是在主线程中创建的，所以此时 handleMessage()方法中的代码也会在主线程中运行，于是我们在这里就可以安心地进行 UI 操作了。整个异步消息处理机制的流程示意图如图 9.4 所示。

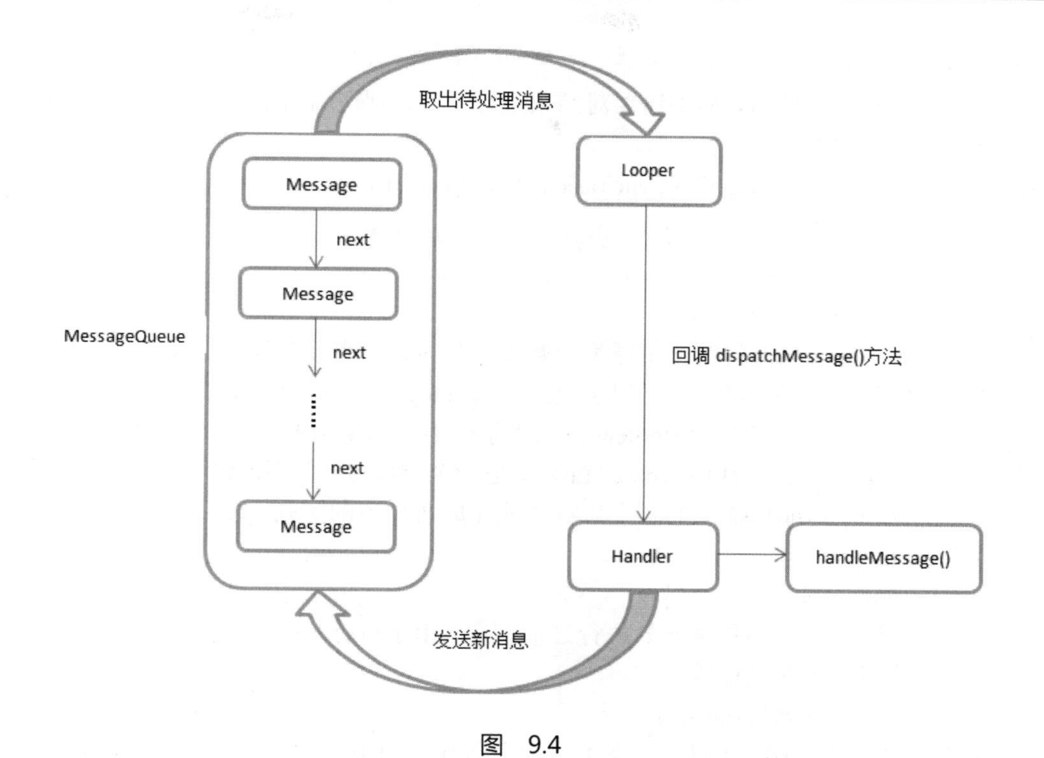

图　9.4

一条 Message 经过这样一个流程的辗转调用后，也就从子线程进入到了主线程，从不能更新 UI 变成了可以更新 UI，整个异步消息处理的核心思想也就是如此。

9.2.4　使用 AsyncTask

不过为了更加方便我们在子线程中对 UI 进行操作，Android 还提供了另外一些好用的工具，AsyncTask 就是其中之一。借助 AsyncTask，即使你对异步消息处理机制完全不了解，也可以十分简单地从子线程切换到主线程。当然，AsyncTask 背后的实现原理也是基于异步消息处理机制的，只是 Android 帮我们做了很好的封装而已。

首先来看一下 AsyncTask 的基本用法，由于 AsyncTask 是一个抽象类，所以如果我们想使用它，就必须要创建一个子类去继承它。在继承时我们可以为 AsyncTask 类指定三个泛型参数，这三个参数的用途如下。

1. Params

   在执行 AsyncTask 时需要传入的参数，可用于在后台任务中使用。

2. Progress

   后台任务执行时，如果需要在界面上显示当前的进度，则使用这里指定的泛型作为进度单位。

3. Result

当任务执行完毕后，如果需要对结果进行返回，则使用这里指定的泛型作为返回值类型。

因此，一个最简单的自定义 AsyncTask 就可以写成如下方式：

```
class DownloadTask extends AsyncTask<Void, Integer, Boolean> {
    ……
}
```

这里我们把 AsyncTask 的第一个泛型参数指定为 Void，表示在执行 AsyncTask 的时候不需要传入参数给后台任务。第二个泛型参数指定为 Integer，表示使用整型数据来作为进度显示单位。第三个泛型参数指定为 Boolean，则表示使用布尔型数据来反馈执行结果。

当然，目前我们自定义的 DownloadTask 还是一个空任务，并不能进行任何实际的操作，我们还需要去重写 AsyncTask 中的几个方法才能完成对任务的定制。经常需要去重写的方法有以下四个。

1. onPreExecute()

这个方法会在后台任务开始执行之前调用，用于进行一些界面上的初始化操作，比如显示一个进度条对话框等。

2. doInBackground(Params...)

这个方法中的所有代码都会在子线程中运行，我们应该在这里去处理所有的耗时任务。任务一旦完成就可以通过 return 语句来将任务的执行结果返回，如果 AsyncTask 的第三个泛型参数指定的是 Void，就可以不返回任务执行结果。注意，在这个方法中是不可以进行 UI 操作的，如果需要更新 UI 元素，比如说反馈当前任务的执行进度，可以调用 publishProgress(Progress...)方法来完成。

3. onProgressUpdate(Progress...)

当在后台任务中调用了 publishProgress(Progress...)方法后，这个方法就会很快被调用，方法中携带的参数就是在后台任务中传递过来的。在这个方法中可以对 UI 进行操作，利用参数中的数值就可以对界面元素进行相应地更新。

4. onPostExecute(Result)

当后台任务执行完毕并通过 return 语句进行返回时，这个方法就很快会被调用。返回的数据会作为参数传递到此方法中，可以利用返回的数据来进行一些 UI 操作，比如说提醒任务执行的结果，以及关闭掉进度条对话框等。

因此，一个比较完整的自定义 AsyncTask 就可以写成如下方式：

```
class DownloadTask extends AsyncTask<Void, Integer, Boolean> {

    @Override
```

```
    protected void onPreExecute() {
        progressDialog.show(); // 显示进度对话框
    }

    @Override
    protected Boolean doInBackground(Void... params) {
        try {
            while (true) {
                int downloadPercent = doDownload(); // 这是一个虚构的方法
                publishProgress(downloadPercent);
                if (downloadPercent >= 100) {
                    break;
                }
            }
        } catch (Exception e) {
            return false;
        }
        return true;
    }

    @Override
    protected void onProgressUpdate(Integer... values) {
        // 在这里更新下载进度
        progressDialog.setMessage("Downloaded " + values[0] + "%");
    }

    @Override
    protected void onPostExecute(Boolean result) {
        progressDialog.dismiss(); // 关闭进度对话框
        // 在这里提示下载结果
        if (result) {
            Toast.makeText(context, "Download succeeded",
Toast.LENGTH_SHORT).show();
        } else {
            Toast.makeText(context, " Download failed",
Toast.LENGTH_SHORT).show();
        }
    }
}
```

在这个 DownloadTask 中，我们在 doInBackground()方法里去执行具体的下载任务。这个方法里的代码都是在子线程中运行的，因而不会影响到主线程的运行。注意这里虚构了一个 doDownload()方法，这个方法用于计算当前的下载进度并返回，我们假设这个方法已经存在了。在得到了当前的下载进度后，下面就该考虑如何把它显示到界面上了，由于 doInBackground()方法是在子线程中运行的，在这里肯定不能进行 UI 操作，所以我们可以调用 publishProgress()方法并将当前的下载进度传进来，这样 onProgressUpdate()方法就会很快被调用，在这里就可以进行 UI 操作了。

当下载完成后，doInBackground()方法会返回一个布尔型变量，这样 onPostExecute()方法就会很快被调用，这个方法也是在主线程中运行的。然后在这里我们会根据下载的结果来弹出相应的 Toast 提示，从而完成整个 DownloadTask 任务。

简单来说，使用 AsyncTask 的诀窍就是，在 doInBackground()方法中去执行具体的耗时任务，在 onProgressUpdate()方法中进行 UI 操作，在 onPostExecute()方法中执行一些任务的收尾工作。

如果想要启动这个任务，只需编写以下代码即可：

```
new DownloadTask().execute();
```

以上就是 AsyncTask 的基本用法，怎么样，是不是感觉简单方便了许多？我们并不需要去考虑什么异步消息处理机制，也不需要专门使用一个 Handler 来发送和接收消息，只需要调用一下 publishProgress()方法就可以轻松地从子线程切换到 UI 线程了。

经验值：+18000　　升级！（由资深鸟升级至头领鸟）　　目前经验值：109905

级别：头领鸟

赢得宝物：战胜百手虫大战神。拾取百手虫大战神掉落的宝物，一把浇花的小水壶、一把小型的园艺铲、一个看起来很普通的魔方，还有一本荣获“震撼三界大奖”的计算机经典图书《设计模式演义》。百手虫大战神姓百手虫，名叫大战。神是他自封的，其实他不是神，只是半神，但神界的人们都很宽容，喜欢让别人 happy，既然人家愿意叫自己神，那为什么不让人家开心一下呢，所以大家也都这么叫他。百手虫大战神虽然不是神，但确实很威武，身长接近 50 米，像巨蟒，但比巨蟒大得多，最粗的地方直径可达 2 米，体重超过 20 吨。百手虫虽然有一百双手，但却只有一个大脑袋，所以它不能同时干一百件复杂的事，但的确可以同时干一百件简单的事情。百手虫大战神热爱花花草草，尤其喜欢绿植，神界每年的植树造林活动都少不了他，因为他一次就能种下 10 棵树。百手虫大战神的本职工作是在神界的神魔合资的软件公司——巨硬公司做程序员，由于体型过于巨大，所以百手虫大战神通常是在自己家里办公，只有需要他面试新小弟时才偶尔来公司。

9.3　服务的基本用法

了解了 Android 多线程编程的技术之后，下面就让我们进入到本章的正题，开始对服务的相关内容进行学习。作为 Android 四大组件之一，服务也少不了有很多非常重要的知识点，那我们自然要从最基本的用法开始学习了。

9.3.1　定义一个服务

首先看一下如何在项目中定义一个服务。新建一个 ServiceTest 项目，然后在这个项目中新增一个名为 MyService 的类，并让它继承自 Service，完成后的代码如下所示：

```
public class MyService extends Service {

    @Override
    public IBinder onBind(Intent intent) {
        return null;
    }

}
```

目前 MyService 中可以算是空空如也，但有一个 onBind()方法特别醒目。这个方法是 Service 中唯一的一个抽象方法，所以必须要在子类里实现。我们会在后面的小节中使用到 onBind()方法，目前可以暂时将它忽略掉。

既然是定义一个服务，自然应该在服务中去处理一些事情了，那处理事情的逻辑应该写在哪里呢？这时就可以重写 Service 中的另外一些方法了，如下所示：

```
public class MyService extends Service {

    @Override
    public IBinder onBind(Intent intent) {
        return null;
    }

    @Override
    public void onCreate() {
        super.onCreate();
    }

    @Override
    public int onStartCommand(Intent intent, int flags, int startId) {
```

```
        return super.onStartCommand(intent, flags, startId);
    }

    @Override
    public void onDestroy() {
        super.onDestroy();
    }

}
```

可以看到，这里我们又重写了 onCreate()、onStartCommand()和 onDestroy()这三个方法，它们是每个服务中最常用到的三个方法了。其中 onCreate()方法会在服务创建的时候调用，onStartCommand()方法会在每次服务启动的时候调用，onDestroy()方法会在服务销毁的时候调用。

通常情况下，如果我们希望服务一旦启动就立刻去执行某个动作，就可以将逻辑写在 onStartCommand()方法里。而当服务销毁时，我们又应该在 onDestroy()方法中去回收那些不再使用的资源。

另外需要注意，每一个服务都需要在 AndroidManifest.xml 文件中进行注册才能生效，不知道你有没有发现，这是 Android 四大组件共有的特点。于是我们还应该修改 AndroidManifest.xml 文件，代码如下所示：

```
<manifest xmlns:android="http://schemas.android.com/apk/res/android"
    package="com.example.servicetest"
    android:versionCode="1"
    android:versionName="1.0" >
    ......
    <application
        android:allowBackup="true"
        android:icon="@drawable/ic_launcher"
        android:label="@string/app_name"
        android:theme="@style/AppTheme" >
        ......
        <service android:name=".MyService" >
        </service>
    </application>
</manifest>
```

这样的话，就已经将一个服务完全定义好了。

9.3.2　启动和停止服务

定义好了服务之后，接下来就应该考虑如何去启动以及停止这个服务。启动和停止的方法当然你也不会陌生，主要是借助 Intent 来实现的，下面就让我们在 ServiceTest 项目中尝试去启动以及停止 MyService 这个服务。

首先修改 activity_main.xml 中的代码，如下所示：

```
<LinearLayout xmlns:android="http://schemas.android.com/apk/res/android"
    android:layout_width="match_parent"
    android:layout_height="match_parent"
    android:orientation="vertical" >

    <Button
        android:id="@+id/start_service"
        android:layout_width="match_parent"
        android:layout_height="wrap_content"
        android:text="Start Service" />

    <Button
        android:id="@+id/stop_service"
        android:layout_width="match_parent"
        android:layout_height="wrap_content"
        android:text="Stop Service" />

</LinearLayout>
```

这里我们在布局文件中加入了两个按钮，分别是用于启动服务和停止服务的。

然后修改 MainActivity 中的代码，如下所示：

```
public class MainActivity extends Activity implements OnClickListener {

    private Button startService;

    private Button stopService;

    @Override
    protected void onCreate(Bundle savedInstanceState) {
        super.onCreate(savedInstanceState);
        setContentView(R.layout.activity_main);
        startService = (Button) findViewById(R.id.start_service);
        stopService = (Button) findViewById(R.id.stop_service);
```

```
        startService.setOnClickListener(this);
        stopService.setOnClickListener(this);
    }

    @Override
    public void onClick(View v) {
        switch (v.getId()) {
        case R.id.start_service:
            Intent startIntent = new Intent(this, MyService.class);
            startService(startIntent); // 启动服务
            break;
        case R.id.stop_service:
            Intent stopIntent = new Intent(this, MyService.class);
            stopService(stopIntent); // 停止服务
            break;
        default:
            break;
        }
    }

}
```

可以看到，这里在 onCreate()方法中分别获取到了 Start Service 按钮和 Stop Service 按钮的实例，并给它们注册了点击事件。然后在 Start Service 按钮的点击事件里，我们构建出了一个 Intent 对象，并调用 startService()方法来启动 MyService 这个服务。在 Stop Serivce 按钮的点击事件里，我们同样构建出了一个 Intent 对象，并调用 stopService()方法来停止 MyService 这个服务。startService()和 stopService()方法都是定义在 Context 类中的，所以我们在活动里可以直接调用这两个方法。注意，这里完全是由活动来决定服务何时停止的，如果没有点击 Stop Service 按钮，服务就会一直处于运行状态。那服务有没有什么办法让自已停止下来呢？当然可以，只需要在 MyService 的任何一个位置调用 stopSelf()方法就能让这个服务停止下来了。

那么接下来又有一个问题需要思考了，我们如何才能证实服务已经成功启动或者停止了呢？最简单的方法就是在 MyService 的几个方法中加入打印日志，如下所示：

```
public class MyService extends Service {

    @Override
    public IBinder onBind(Intent intent) {
        return null;
```

```
    }

    @Override
    public void onCreate() {
        super.onCreate();
        Log.d("MyService", "onCreate executed");
    }

    @Override
    public int onStartCommand(Intent intent, int flags, int startId) {
        Log.d("MyService", "onStartCommand executed");
        return super.onStartCommand(intent, flags, startId);
    }

    @Override
    public void onDestroy() {
        super.onDestroy();
        Log.d("MyService", "onDestroy executed");
    }

}
```

现在可以运行一下程序来进行测试了，程序的主界面如图 9.5 所示。

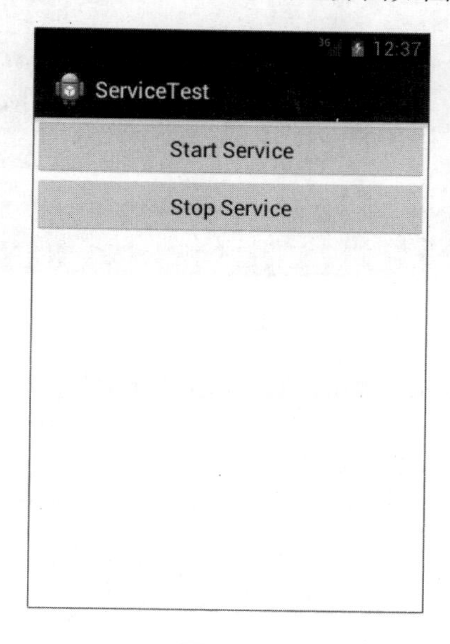

图　9.5

点击一下 Start Service 按钮，观察 LogCat 中的打印日志如图 9.6 所示。

Tag	Text
MyService	onCreate executed
MyService	onStartCommand executed

图 9.6

MyService 中的 onCreate()和 onStartCommand()方法都执行了，说明这个服务确实已经启动成功了，并且你还可以在正在运行的服务列表中找到它，如图 9.7 所示。

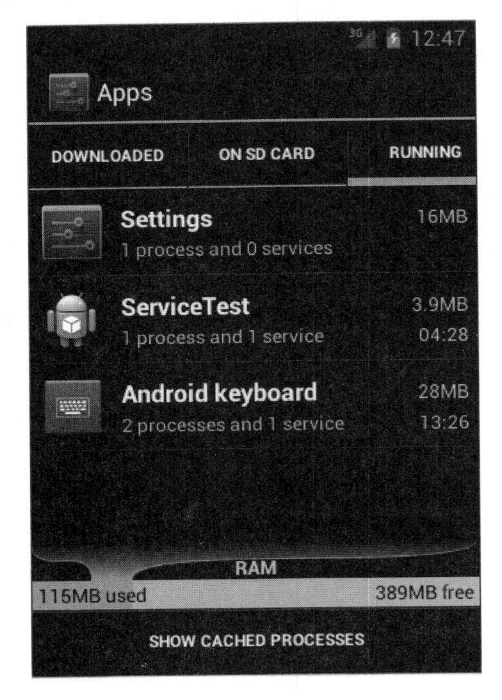

图 9.7

然后再点击一下 Stop Service 按钮，观察 LogCat 中的打印日志如图 9.8 所示。

Tag	Text
MyService	onDestroy executed

图 9.8

由此证明，MyService 确实已经成功停止下来了。

话说回来，虽然我们已经学会了启动服务以及停止服务的方法，不知道你心里现在有没有一个疑惑，那就是 onCreate()方法和 onStartCommand()到底有什么区别呢？因为刚刚点击 Start Service 按钮后两个方法都执行了。

其实 onCreate()方法是在服务第一次创建的时候调用的，而 onStartCommand()方法则在每次启动服务的时候都会调用，由于刚才我们是第一次点击 Start Service 按钮，服务此时还未创建过，所以两个方法都会执行，之后如果你再连续多点击几次 Start Service 按钮，你就会发现只有 onStartCommand()方法可以得到执行了。

9.3.3　活动和服务进行通信

上一小节中我们学习了启动和停止服务的方法，不知道你有没有发现，虽然服务是在活动里启动的，但在启动了服务之后，活动与服务基本就没有什么关系了。确实如此，我们在活动里调用了 startService()方法来启动 MyService 这个服务，然后 MyService 的 onCreate()和 onStartCommand()方法就会得到执行。之后服务会一直处于运行状态，但具体运行的是什么逻辑，活动就控制不了了。这就类似于活动通知了服务一下："你可以启动了！"然后服务就去忙自己的事情了，但活动并不知道服务到底去做了什么事情，以及完成的如何。

那么有没有什么办法能让活动和服务的关系更紧密一些呢？例如在活动中指挥服务去干什么，服务就去干什么。当然可以，这就需要借助我们刚刚忽略的 onBind()方法了。

比如说目前我们希望在 MyService 里提供一个下载功能，然后在活动中可以决定何时开始下载，以及随时查看下载进度。实现这个功能的思路是创建一个专门的 Binder 对象来对下载功能进行管理，修改 MyService 中的代码，如下所示：

```
public class MyService extends Service {

    private DownloadBinder mBinder = new DownloadBinder();

    class DownloadBinder extends Binder {

        public void startDownload() {
            Log.d("MyService", "startDownload executed");
        }

        public int getProgress() {
            Log.d("MyService", "getProgress executed");
            return 0;
        }

    }
```

```
    @Override
    public IBinder onBind(Intent intent) {
        return mBinder;
    }

    ......

}
```

可以看到，这里我们新建了一个 DownloadBinder 类，并让它继承自 Binder，然后在它的内部提供了开始下载以及查看下载进度的方法。当然这只是两个模拟方法，并没有实现真正的功能，我们在这两个方法中分别打印了一行日志。

接着，在 MyService 中创建了 DownloadBinder 的实例，然后在 onBind()方法里返回了这个实例，这样 MyService 中的工作就全部完成了。

下面就要看一看，在活动中如何去调用服务里的这些方法了。首先需要在布局文件里新增两个按钮，修改 activity_main.xml 中的代码，如下所示：

```
<LinearLayout xmlns:android="http://schemas.android.com/apk/res/android"
    android:layout_width="match_parent"
    android:layout_height="match_parent"
    android:orientation="vertical" >
    ......
    <Button
        android:id="@+id/bind_service"
        android:layout_width="match_parent"
        android:layout_height="wrap_content"
        android:text="Bind Service" />

    <Button
        android:id="@+id/unbind_service"
        android:layout_width="match_parent"
        android:layout_height="wrap_content"
        android:text="Unbind Service" />
</LinearLayout>
```

这两个按钮分别是用于绑定服务和取消绑定服务的，那到底谁需要去和服务绑定呢？当然就是活动了。当一个活动和服务绑定了之后，就可以调用该服务里的 Binder 提供的方法了。修改 MainActivity 中的代码，如下所示：

```
public class MainActivity extends Activity implements OnClickListener {

    private Button startService;

    private Button stopService;

    private Button bindService;

    private Button unbindService;

    private MyService.DownloadBinder downloadBinder;

    private ServiceConnection connection = new ServiceConnection() {

        @Override
        public void onServiceDisconnected(ComponentName name) {
        }

        @Override
        public void onServiceConnected(ComponentName name, IBinder service) {
            downloadBinder = (MyService.DownloadBinder) service;
            downloadBinder.startDownload();
            downloadBinder.getProgress();
        }
    };

    @Override
    protected void onCreate(Bundle savedInstanceState) {
        super.onCreate(savedInstanceState);
        setContentView(R.layout.activity_main);
        ……
        bindService = (Button) findViewById(R.id.bind_service);
        unbindService = (Button) findViewById(R.id.unbind_service);
        bindService.setOnClickListener(this);
        unbindService.setOnClickListener(this);
    }

    @Override
    public void onClick(View v) {
        switch (v.getId()) {
```

```
        ......
        case R.id.bind_service:
            Intent bindIntent = new Intent(this, MyService.class);
            bindService(bindIntent, connection, BIND_AUTO_CREATE); // 绑定服务
            break;
        case R.id.unbind_service:
            unbindService(connection); // 解绑服务
            break;
        default:
            break;
        }
    }

}
```

可以看到，这里我们首先创建了一个 ServiceConnection 的匿名类，在里面重写了 onServiceConnected()方法和 onServiceDisconnected()方法，这两个方法分别会在活动与服务成功绑定以及解除绑定的时候调用。在 onServiceConnected()方法中，我们又通过向下转型得到了 DownloadBinder 的实例，有了这个实例，活动和服务之间的关系就变得非常紧密了。现在我们可以在活动中根据具体的场景来调用 DownloadBinder 中的任何 public 方法，即实现了指挥服务干什么，服务就去干什么的功能。这里仍然只是做了个简单的测试，在 onServiceConnected()方法中调用了 DownloadBinder 的 startDownload()和 getProgress()方法。

当然，现在活动和服务其实还没进行绑定呢，这个功能是在 Bind Service 按钮的点击事件里完成的。可以看到，这里我们仍然是构建出了一个 Intent 对象，然后调用 bindService()方法将 MainActivity 和 MyService 进行绑定。bindService()方法接收三个参数，第一个参数就是刚刚构建出的 Intent 对象，第二个参数是前面创建出的 ServiceConnection 的实例，第三个参数则是一个标志位，这里传入 BIND_AUTO_CREATE 表示在活动和服务进行绑定后自动创建服务。这会使得 MyService 中的 onCreate()方法得到执行，但 onStartCommand()方法不会执行。

然后如果我们想解除活动和服务之间的绑定该怎么办呢？调用一下 unbindService()方法就可以了，这也是 Unbind Service 按钮的点击事件里实现的功能。

现在让我们重新运行一下程序吧，界面如图 9.9 所示。

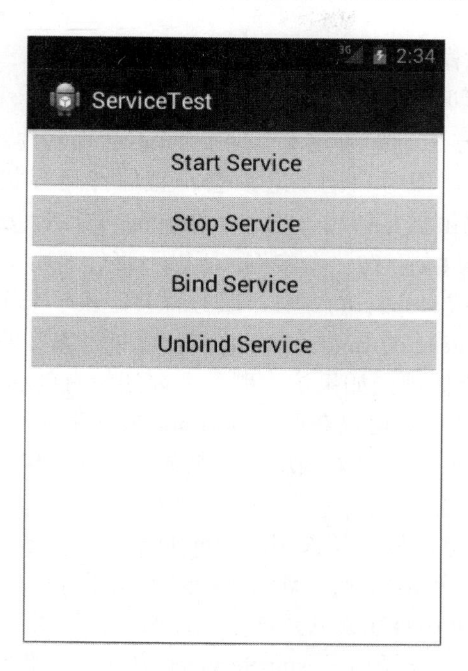

图　9.9

点击一下 Bind Service 按钮，然后观察 LogCat 中的打印日志如图 9.10 所示：

Tag	Text
MyService	onCreate executed
MyService	startDownload executed
MyService	getProgress executed

图　9.10

可以看到，首先是 MyService 的 onCreate()方法得到了执行，然后 startDownload()和 getProgress()方法都得到了执行，说明我们确实已经在活动里成功调用了服务里提供的方法了。

另外需要注意，任何一个服务在整个应用程序范围内都是通用的，即 MyService 不仅可以和 MainActivity 绑定，还可以和任何一个其他的活动进行绑定，而且在绑定完成后它们都可以获取到相同的 DownloadBinder 实例。

9.4　服务的生命周期

之前章节我们学习过了活动以及碎片的生命周期。类似地，服务也有自己的生命周期，前面我们使用到的 onCreate()、onStartCommand()、onBind()和 onDestroy()等方法都是在服务的生命周期内可能回调的方法。

一旦在项目的任何位置调用了 Context 的 startService()方法，相应的服务就会启动起来，并回调 onStartCommand()方法。如果这个服务之前还没有创建过，onCreate()方法会先于 onStartCommand()方法执行。服务启动了之后会一直保持运行状态，直到 stopService()或 stopSelf()方法被调用。注意虽然每调用一次 startService()方法，onStartCommand()就会执行一次，但实际上每个服务都只会存在一个实例。所以不管你调用了多少次 startService()方法，只需调用一次 stopService()或 stopSelf()方法，服务就会停止下来了。

另外，还可以调用 Context 的 bindService()来获取一个服务的持久连接，这时就会回调服务中的 onBind()方法。类似地，如果这个服务之前还没有创建过，onCreate()方法会先于 onBind()方法执行。之后，调用方可以获取到 onBind()方法里返回的 IBinder 对象的实例，这样就能自由地和服务进行通信了。只要调用方和服务之间的连接没有断开，服务就会一直保持运行状态。

当调用了 startService()方法后，又去调用 stopService()方法，这时服务中的 onDestroy()方法就会执行，表示服务已经销毁了。类似地，当调用了 bindService()方法后，又去调用 unbindService()方法，onDestroy()方法也会执行，这两种情况都很好理解。但是需要注意，我们是完全有可能对一个服务既调用了 startService()方法，又调用了 bindService()方法的，这种情况下该如何才能让服务销毁掉呢？根据 Android 系统的机制，一个服务只要被启动或者被绑定了之后，就会一直处于运行状态，必须要让以上两种条件同时不满足，服务才能被销毁。所以，这种情况下要同时调用 stopService()和 unbindService()方法，onDestroy()方法才会执行。

这样你就已经把服务的生命周期完整地走了一遍。

9.5　服务的更多技巧

以上所学的都是关于服务最基本的一些用法和概念，当然也是最常用的。不过，仅仅满足于此显然是不够的，服务的更多高级使用技巧还在等着我们呢，下面就赶快去看一看吧。

9.5.1　使用前台服务

服务几乎都是在后台运行的，一直以来它都是默默地做着辛苦的工作。但是服务的系统优先级还是比较低的，当系统出现内存不足的情况时，就有可能会回收掉正在后台运行的服务。如果你希望服务可以一直保持运行状态，而不会由于系统内存不足的原因导致被回收，就可以考虑使用前台服务。前台服务和普通服务最大的区别就在于，它会一直有一个正在运行的图标在系统的状态栏显示，下拉状态栏后可以看到更加详细的信息，非常类似于通知的效果。当然有时候你也可能不仅仅是为了防止服务被回收掉才使用前台服务的，有些项目由于特殊的需求会要求必须使用前台服务，比如说墨迹天气，它的服务在后台更新天气数据的同时，还会在系统状态栏一直显示当前的天气信息，如图 9.11 所示。

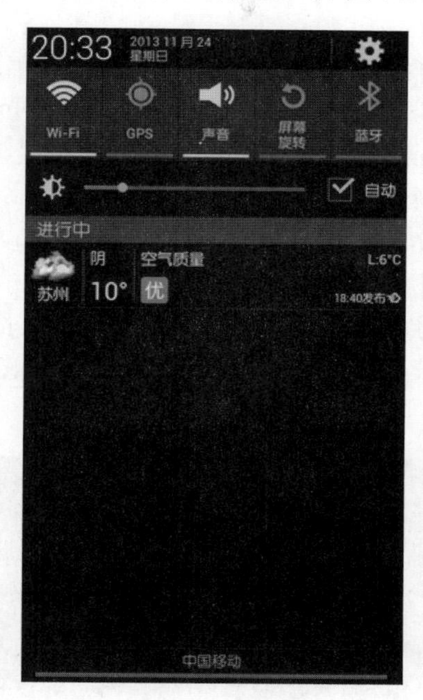

图　9.11

那么我们就来看一下如何才能创建一个前台服务吧，其实并不复杂，修改 MyService 中的代码，如下所示：

```
public class MyService extends Service {
    ......
    @Override
    public void onCreate() {
        super.onCreate();
        Notification notification = new Notification(R.drawable.ic_launcher,
"Notification comes", System. currentTimeMillis());
        Intent notificationIntent = new Intent(this, MainActivity.class);
        PendingIntent pendingIntent = PendingIntent.getActivity(this, 0,
notificationIntent, 0);
        notification.setLatestEventInfo(this, "This is title", "This is
content", pendingIntent);
        startForeground(1, notification);
        Log.d("MyService", "onCreate executed");
```

```
        }
        ……
    }
```

可以看到，这里只是修改了 onCreate()方法中的代码，相信这部分的代码你会非常眼熟。没错！这就是我们在上一章中学习的创建通知的方法。只不过这次在构建出 Notification 对象后并没有使用 NotificationManager 来将通知显示出来，而是调用了 startForeground()方法。这个方法接收两个参数，第一个参数是通知的 id，类似于 notify()方法的第一个参数，第二个参数则是构建出的 Notification 对象。调用 startForeground()方法后就会让 MyService 变成一个前台服务，并在系统状态栏显示出来。

现在重新运行一下程序，并点击 Start Service 或 Bind Service 按钮，MyService 就会以前台服务的模式启动了，并且在系统状态栏会显示一个通知图标，下拉状态栏后可以看到该通知的详细内容，如图 9.12 所示。

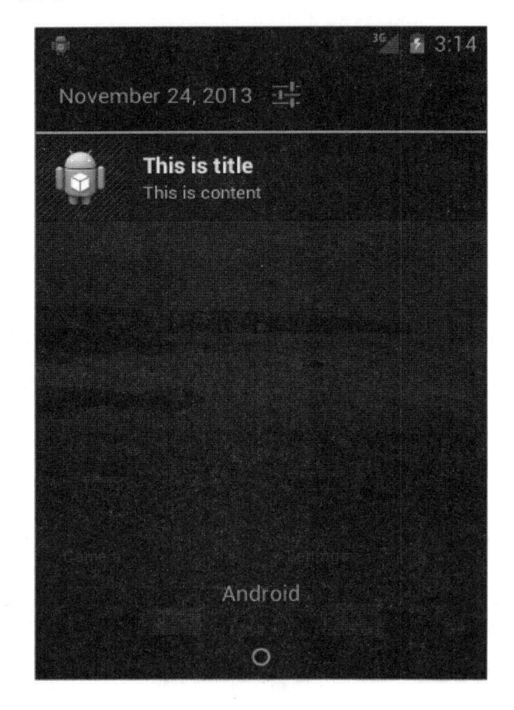

图 9.12

前台服务的用法就这么简单，只要你在上一章中将通知的用法掌握好了，学习本节的知识一定会特别轻松。

9.5.2　使用 IntentService

话说回来，在本章一开始的时候我们就已经知道，服务中的代码都是默认运行在主线程当中的，如果直接在服务里去处理一些耗时的逻辑，就很容易出现 ANR（Application Not Responding）的情况。

所以这个时候就需要用到 Android 多线程编程的技术了，我们应该在服务的每个具体的方法里开启一个子线程，然后在这里去处理那些耗时的逻辑。因此，一个比较标准的服务就可以写成如下形式：

```
public class MyService extends Service {

    @Override
    public IBinder onBind(Intent intent) {
        return null;
    }

    @Override
    public int onStartCommand(Intent intent, int flags, int startId) {
        new Thread(new Runnable() {
            @Override
            public void run() {
                // 处理具体的逻辑
            }
        }).start();
        return super.onStartCommand(intent, flags, startId);
    }

}
```

但是，这种服务一旦启动之后，就会一直处于运行状态，必须调用 stopService()或者 stopSelf()方法才能让服务停止下来。所以，如果想要实现让一个服务在执行完毕后自动停止的功能，就可以这样写：

```
public class MyService extends Service {

    @Override
    public IBinder onBind(Intent intent) {
        return null;
    }
```

```
    @Override
    public int onStartCommand(Intent intent, int flags, int startId) {
        new Thread(new Runnable() {
            @Override
            public void run() {
                // 处理具体的逻辑
                stopSelf();
            }
        }).start();
        return super.onStartCommand(intent, flags, startId);
    }

}
```

虽说这种写法并不复杂，但是总会有一些程序员忘记开启线程，或者忘记调用 stopSelf() 方法。为了可以简单地创建一个异步的、会自动停止的服务，Android 专门提供了一个 IntentService 类，这个类就很好地解决了前面所提到的两种尴尬，下面我们就来看一下它的用法。

新建一个 MyIntentService 类继承自 IntentService，代码如下所示：

```
public class MyIntentService extends IntentService {

    public MyIntentService() {
        super("MyIntentService"); // 调用父类的有参构造函数
    }

    @Override
    protected void onHandleIntent(Intent intent) {
        // 打印当前线程的id
        Log.d("MyIntentService", "Thread id is " + Thread.currentThread().
getId());
    }

    @Override
    public void onDestroy() {
        super.onDestroy();
        Log.d("MyIntentService", "onDestroy executed");
    }

}
```

这里首先是要提供一个无参的构造函数，并且必须在其内部调用父类的有参构造函数。然后要在子类中去实现 onHandleIntent()这个抽象方法，在这个方法中可以去处理一些具体的逻辑，而且不用担心 ANR 的问题，因为这个方法已经是在子线程中运行的了。这里为了证实一下，我们在 onHandleIntent()方法中打印了当前线程的 id。另外根据 IntentService 的特性，这个服务在运行结束后应该是会自动停止的，所以我们又重写了 onDestroy()方法，在这里也打印了一行日志，以证实服务是不是停止掉了。

接下来修改 activity_main.xml 中的代码，加入一个用于启动 MyIntentService 这个服务的按钮，如下所示：

```
<LinearLayout xmlns:android="http://schemas.android.com/apk/res/android"
    android:layout_width="match_parent"
    android:layout_height="match_parent"
    android:orientation="vertical" >
    ......
    <Button
        android:id="@+id/start_intent_service"
        android:layout_width="match_parent"
        android:layout_height="wrap_content"
        android:text="Start IntentService" />
</LinearLayout>
```

然后修改 MainActivity 中的代码，如下所示：

```
public class MainActivity extends Activity implements OnClickListener {
    ......
    private Button startIntentService;

    @Override
    protected void onCreate(Bundle savedInstanceState) {
        super.onCreate(savedInstanceState);
        setContentView(R.layout.activity_main);
        ......
        startIntentService = (Button) findViewById(R.id.start_intent_service);
        startIntentService.setOnClickListener(this);
    }

    @Override
    public void onClick(View v) {
        switch (v.getId()) {
        ......
```

```
        case R.id.start_intent_service:
            // 打印主线程的id
            Log.d("MainActivity", "Thread id is " + Thread.currentThread().
getId());
            Intent intentService = new Intent(this, MyIntentService.class);
            startService(intentService);
            break;
        default:
            break;
        }
    }
}
```

可以看到，我们在 Start IntentService 按钮的点击事件里面去启动 MyIntentService 这个服务，并在这里打印了一下主线程的 id，稍后用于和 IntentService 进行比对。你会发现，其实 IntentService 的用法和普通的服务没什么两样。

最后仍然不要忘记，服务都是需要在 AndroidManifest.xml 里注册的，如下所示：

```
<manifest xmlns:android="http://schemas.android.com/apk/res/android"
    package="com.example.servicetest"
    android:versionCode="1"
    android:versionName="1.0" >
    ……
    <application
        android:allowBackup="true"
        android:icon="@drawable/ic_launcher"
        android:label="@string/app_name"
        android:theme="@style/AppTheme" >
        ……
        <service android:name=".MyIntentService"></service>
    </application>
</manifest>
```

现在重新运行一下程序，界面如图 9.13 所示。

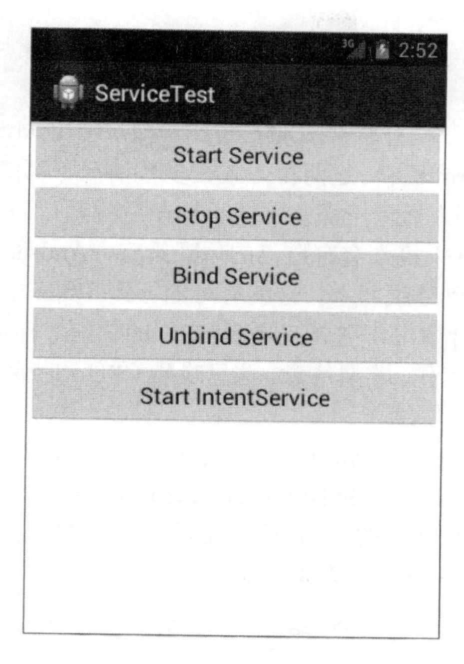

图　9.13

点击 Start IntentService 按钮后，观察 LogCat 中的打印日志，如图 9.14 所示。

Tag	Text
MainActivity	Thread id is 1
MyIntentService	Thread id is 97
MyIntentService	onDestroy executed

图　9.14

可以看到，不仅 MyIntentService 和 MainActivity 所在的线程 id 不一样，而且 onDestroy() 方法也得到了执行，说明 MyIntentService 在运行完毕后确实自动停止了。集开启线程和自动停止于一身，IntentService 还是博得了不少程序员的喜爱。

好了，关于服务的知识点你已经学得够多了，下面就让我们进入到本章的最佳实践环节吧。

9.6　服务的最佳实践——后台执行的定时任务

好久已经没有来到最佳实践环节了，是不是有些想念了呢？本章中你已经掌握了关于服务非常多的使用技巧，但是当在真正的项目里需要用到服务的时候，可能还会有一些棘手的问题让你不知所措。因此，下面我们就来学习一下在服务中经常用到的技术之一，在后台执行定时任务。

Android 中的定时任务一般有两种实现方式，一种是使用 Java API 里提供的 Timer 类，一种是使用 Android 的 Alarm 机制。这两种方式在多数情况下都能实现类似的效果，但 Timer 有一个明显的短板，它并不太适用于那些需要长期在后台运行的定时任务。我们都知道，为了能让电池更加耐用，每种手机都会有自己的休眠策略，Android 手机就会在长时间不操作的情况下自动让 CPU 进入到睡眠状态，这就有可能导致 Timer 中的定时任务无法正常运行。而 Alarm 机制则不存在这种情况，它具有唤醒 CPU 的功能，即可以保证每次需要执行定时任务的时候 CPU 都能正常工作。需要注意，这里唤醒 CPU 和唤醒屏幕完全不是同一个概念，千万不要产生混淆。

那么首先我们来看一下 Alarm 机制的用法吧，其实并不复杂，主要就是借助了 AlarmManager 类来实现的。这个类和 NotificationManager 有点类似，都是通过调用 Context 的 getSystemService()方法来获取实例的，只是这里需要传入的参数是 Context.ALARM_SERVICE。因此，获取一个 AlarmManager 的实例就可以写成：

```
AlarmManager manager = (AlarmManager) getSystemService(Context.ALARM_SERVICE);
```

接下来调用 AlarmManager 的 set()方法就可以设置一个定时任务了，比如说想要设定一个任务在 10 秒钟后执行，就可以写成：

```
long triggerAtTime = SystemClock.elapsedRealtime() + 10 * 1000;
manager.set(AlarmManager.ELAPSED_REALTIME_WAKEUP, triggerAtTime, pendingIntent);
```

上面的两行代码你不一定能看得明白，因为 set()方法中需要传入的三个参数稍微有点复杂，下面我们就来仔细地分析一下。第一个参数是一个整型参数，用于指定 AlarmManager 的工作类型，有四种值可选，分别是 ELAPSED_REALTIME、ELAPSED_REALTIME_WAKEUP、RTC 和 RTC_WAKEUP。其中 ELAPSED_REALTIME 表示让定时任务的触发时间从系统开机开始算起，但不会唤醒 CPU。ELAPSED_REALTIME_WAKEUP 同样表示让定时任务的触发时间从系统开机开始算起，但会唤醒 CPU。RTC 表示让定时任务的触发时间从 1970 年 1 月 1 日 0 点开始算起，但不会唤醒 CPU。RTC_WAKEUP 同样表示让定时任务的触发时间从 1970 年 1 月 1 日 0 点开始算起，但会唤醒 CPU。使用 SystemClock.elapsedRealtime()方法可以获取到系统开机至今所经历时间的毫秒数，使用 System.currentTimeMillis()方法可以获取到 1970 年 1 月 1 日 0 点至今所经历时间的毫秒数。

然后看一下第二个参数，这个参数就好理解多了，就是定时任务触发的时间，以毫秒为单位。如果第一个参数使用的是 ELAPSED_REALTIME 或 ELAPSED_REALTIME_WAKEUP，则这里传入开机至今的时间再加上延迟执行的时间。如果第一个参数使用的是 RTC 或 RTC_WAKEUP，则这里传入 1970 年 1 月 1 日 0 点至今的时间再加上延迟执行的时间。

第三个参数是一个 PendingIntent，对于它你应该已经不会陌生了吧。这里我们一般会调用 getBroadcast()方法来获取一个能够执行广播的 PendingIntent。这样当定时任务被触发的时候，广播接收器的 onReceive()方法就可以得到执行。

了解了 set()方法的每个参数之后，你应该能想到，设定一个任务在 10 秒钟后执行还可以写成：

```
long triggerAtTime = System.currentTimeMillis() + 10 * 1000;
manager.set(AlarmManager.RTC_WAKEUP, triggerAtTime, pendingIntent);
```

好了，现在你已经掌握 Alarm 机制的基本用法，下面我们就来创建一个可以长期在后台执行定时任务的服务。创建一个 ServiceBestPractice 项目，然后新增一个 LongRunningService 类，代码如下所示：

```
public class LongRunningService extends Service {

    @Override
    public IBinder onBind(Intent intent) {
        return null;
    }

    @Override
    public int onStartCommand(Intent intent, int flags, int startId) {
        new Thread(new Runnable() {
            @Override
            public void run() {
                Log.d("LongRunningService", "executed at " + new Date().
toString());
            }
        }).start();
        AlarmManager manager = (AlarmManager) getSystemService(ALARM_SERVICE);
        int anHour = 60 * 60 * 1000;  // 这是一小时的毫秒数
        long triggerAtTime = SystemClock.elapsedRealtime() + anHour;
        Intent i = new Intent(this, AlarmReceiver.class);
        PendingIntent pi = PendingIntent.getBroadcast(this, 0, i, 0);
        manager.set(AlarmManager.ELAPSED_REALTIME_WAKEUP, triggerAtTime, pi);
        return super.onStartCommand(intent, flags, startId);
    }

}
```

我们在 onStartCommand()方法里开启了一个子线程，然后在子线程里就可以执行具体的逻辑操作了。这里简单起见，只是打印了一下当前的时间。

创建线程之后的代码就是我们刚刚讲解的 Alarm 机制的用法了，先是获取到了 AlarmManager 的实例，然后定义任务的触发时间为一小时后，再使用 PendingIntent 指定处理定时任务的广播接收器为 AlarmReceiver，最后调用 set()方法完成设定。

显然，AlarmReceiver 目前还不存在呢，所以下一步就是要新建一个 AlarmReceiver 类，并让它继承自 BroadcastReceiver，代码如下所示：

```
public class AlarmReceiver extends BroadcastReceiver {

    @Override
    public void onReceive(Context context, Intent intent) {
        Intent i = new Intent(context, LongRunningService.class);
        context.startService(i);
    }

}
```

onReceive()方法里的代码非常简单，就是构建出了一个 Intent 对象，然后去启动 LongRunningService 这个服务。那么这里为什么要这样写呢？其实在不知不觉中，这就已经将一个长期在后台定时运行的服务完成了。因为一旦启动 LongRunningService，就会在 onStartCommand()方法里设定一个定时任务，这样一小时后 AlarmReceiver 的 onReceive()方法就将得到执行，然后我们在这里再次启动 LongRunningService，这样就形成了一个永久的循环，保证 LongRunningService 可以每隔一小时就会启动一次，一个长期在后台定时运行的服务自然也就完成了。

接下来的任务也很明确了，就是我们需要在打开程序的时候启动一次 LongRunningService，之后 LongRunningService 就可以一直运行了。修改 MainActivity 中的代码，如下所示：

```
public class MainActivity extends Activity {

    @Override
    protected void onCreate(Bundle savedInstanceState) {
        super.onCreate(savedInstanceState);
        Intent intent = new Intent(this, LongRunningService.class);
        startService(intent);
    }

}
```

最后别忘了，我们所用到的服务和广播接收器都要在 AndroidManifest.xml 中注册才行，代码如下所示：

```
<manifest xmlns:android="http://schemas.android.com/apk/res/android"
    package="com.example.servicebestpractice"
    android:versionCode="1"
    android:versionName="1.0" >
    ......
    <application
        android:allowBackup="true"
        android:icon="@drawable/ic_launcher"
        android:label="@string/app_name"
        android:theme="@style/AppTheme" >
        <activity
            android:name="com.example.servicebestpractice.MainActivity"
            android:label="@string/app_name" >
            <intent-filter>
                <action android:name="android.intent.action.MAIN" />
                <category android:name="android.intent.category.LAUNCHER" />
            </intent-filter>
        </activity>
        <service android:name=".LongRunningService" >
        </service>
        <receiver android:name=".AlarmReceiver" >
        </receiver>
    </application>
</manifest>
```

现在就可以来运行一下程序了。虽然你不会在界面上看到任何有用的信息，但实际上 LongRunningService 已经在后台悄悄地运行起来了。为了能够验证一下运行结果，我将手机闲置了几个小时，然后观察 LogCat 中的打印日志，如图 9.15 所示。

Tag	Text
LongRunningService	executed at Sat Nov 30 16:03:17 GMT+00:00 2013
LongRunningService	executed at Sat Nov 30 17:03:17 GMT+00:00 2013
LongRunningService	executed at Sat Nov 30 18:03:17 GMT+00:00 2013
LongRunningService	executed at Sat Nov 30 19:03:17 GMT+00:00 2013
LongRunningService	executed at Sat Nov 30 20:03:17 GMT+00:00 2013
LongRunningService	executed at Sat Nov 30 21:03:17 GMT+00:00 2013
LongRunningService	executed at Sat Nov 30 22:03:17 GMT+00:00 2013
LongRunningService	executed at Sat Nov 30 23:03:17 GMT+00:00 2013
LongRunningService	executed at Sun Dec 01 00:03:17 GMT+00:00 2013
LongRunningService	executed at Sun Dec 01 01:03:17 GMT+00:00 2013
LongRunningService	executed at Sun Dec 01 02:03:17 GMT+00:00 2013
LongRunningService	executed at Sun Dec 01 03:03:17 GMT+00:00 2013

图　9.15

可以看到，LongRunningService 果然如我们所愿地运行着，每隔一小时都会打印一条日志。这样，当你真正需要去执行某个定时任务的时候，只需要将打印日志替换成具体的任务逻辑就行了。

另外需要注意的是，从 Android 4.4 版本开始，Alarm 任务的触发时间将会变得不准确，有可能会延迟一段时间后任务才能得到执行。这并不是个 bug，而是系统在耗电性方面进行的优化。系统会自动检测目前有多少 Alarm 任务存在，然后将触发时间相近的几个任务放在一起执行，这就可以大幅度地减少 CPU 被唤醒的次数，从而有效延长电池的使用时间。

当然，如果你要求 Alarm 任务的执行时间必须准确无误，Android 仍然提供了解决方案。使用 AlarmManager 的 setExact()方法来替代 set()方法，就可以保证任务准时执行了。

好了，最佳实践部分到此结束，下面我们就来回顾一下本章所学的内容吧。

9.7 小结与点评

在本章中，我们学习了很多与服务相关的重要知识点，包括 Android 多线程编程、服务的基本用法、服务的生命周期、前台服务和 IntentService 等。这些内容已经覆盖了大部分在你日常开发中可能用到的服务技术，再加上最佳实践部分学习的后台定时任务的技巧，相信以后不管遇到什么样的服务难题，你都能从容解决吧。

另外，本章同样是有里程碑式的纪念意义的，因为我们已经将 Android 中的四大组件全部学完，并且本书的内容也学习过半了。对于你来说，现在你已经脱离了 Android 初级开发者的身份，并应该具备了独立完成很多功能的能力了。

那么后面我们应该再接再厉，争取进一步地提升自身的能力，所以现在还不是放松的时候。目前我们所学的所有东西都仅仅是在本地上进行的，而实际上几乎市场上的每个应用都会涉及到网络交互的部分，所以下一章中我们就来学习一下 Android 网络编程方面的内容。

经验值：+20000　　目前经验值：129905

级别：头领鸟

赢得宝物：战胜服务生。拾取服务生掉落的宝物，高能级长老 Android 战袍一套、长老权杖一柄。不要被服务生的称呼所误导，服务生是神界具有甚高地位的一位尊者，一位长老，是神界总共 12 位长老之一。神界的 12 位长老都不叫长老，主要是为了低调，同时也是为了保护神界的低能量生灵（比如神界的小蚂蚁、小蜜蜂等），因为当长老们用长老的称谓对别人讲话时，一股强大的能量场会自动从长老身上发出，从而让周围的低能量生灵感到不适，而不使用长老称谓时则没有这个现象。

第 10 章　看看精彩的世界，使用网络技术

如果你在玩手机的时候不能上网，那你一定会感到特别的枯燥乏味。没错，现在早已不是玩单机的时代了，无论是 PC、手机、平板、还是电视几乎都会具备上网的功能，到未来甚至是手表、眼镜、拖鞋等等设备也可能会逐个加入到这个行列，21 世纪的确是互联网的时代。

那么不用多说，Android 手机肯定也是可以上网的，所以作为开发者的我们就需要考虑如何利用网络来编写出更加出色的应用程序，像 QQ、微博、新闻等常见的应用都会大量地使用到网络技术。本章主要会讲述如何在手机端使用 HTTP 协议和服务器端进行网络交互，并对服务器返回的数据进行解析，这也是 Android 中最常使用到的网络技术了，下面就让我们一起来学习一下吧。

10.1　WebView 的用法

有时候我们可能会碰到一些比较特殊的需求，比如说要求在应用程序里展示一些网页。相信每个人都知道，加载和显示网页通常都是浏览器的任务，但是需求里又明确指出，不允许打开系统浏览器，而我们当然也不可能自己去编写一个浏览器出来，这时应该怎么办呢？

不用担心，Android 早就已经考虑到了这种需求，并提供了一个 WebView 控件，借助它我们就可以在自己的应用程序里嵌入一个浏览器，从而非常轻松地展示各种各样的网页。

WebView 的用法也是相当简单，下面我们就通过一个例子来学习一下吧。新建一个 WebViewTest 项目，然后修改 activity_main.xml 中的代码，如下所示：

```
<LinearLayout xmlns:android="http://schemas.android.com/apk/res/android"
    android:layout_width="match_parent"
    android:layout_height="match_parent" >

    <WebView
        android:id="@+id/web_view"
        android:layout_width="match_parent"
        android:layout_height="match_parent" />

</LinearLayout>
```

可以看到，我们在布局文件中使用到了一个新的控件，WebView。这个控件当然也就是用来显示网页的了，这里的写法很简单，给它设置了一个 id，并让它充满整个屏幕。

然后修改 MainActivity 中的代码，如下所示：

```
public class MainActivity extends Activity {

    private WebView webView;

    @Override
    protected void onCreate(Bundle savedInstanceState) {
        super.onCreate(savedInstanceState);
        setContentView(R.layout.activity_main);
        webView = (WebView) findViewById(R.id.web_view);
        webView.getSettings().setJavaScriptEnabled(true);
        webView.setWebViewClient(new WebViewClient());
        webView.loadUrl("http://www.baidu.com");
    }

}
```

MainActivity 中的代码也很短，首先使用 findViewById()方法获取到了 WebView 的实例，然后调用 WebView 的 getSettings()方法可以去设置一些浏览器的属性，这里我们并不去设置过多的属性，只是调用了 setJavaScriptEnabled()方法来让 WebView 支持 JavaScript 脚本。

接下来是非常重要的一个部分，我们调用了 WebView 的 setWebViewClient()方法，并传入了一个 WebViewClient 的实例。这段代码的作用是，当需要从一个网页跳转到另一个网页时，我们希望目标网页仍然在当前 WebView 中显示，而不是打开系统浏览器。

最后一步就非常简单了，调用 WebView 的 loadUrl()方法，并将网址传入，即可展示相应网页的内容，这里就让我们看一看百度的首页是长什么样的吧。

另外还需要注意，由于本程序使用到了网络功能，而访问网络是需要声明权限的，因此我们还得修改 AndroidManifest.xml 文件，并加入权限声明，如下所示：

```
<manifest xmlns:android="http://schemas.android.com/apk/res/android"
    package="com.example.webviewtest"
    android:versionCode="1"
    android:versionName="1.0" >
    ……
    <uses-permission android:name="android.permission.INTERNET" />
    ……
</manifest>
```

在开始运行之前，首先需要保证你的手机或模拟器是联网的，如果你使用的是模拟器，只需保证电脑能正常上网即可。然后就可以运行一下程序了，效果如图 10.1 所示。

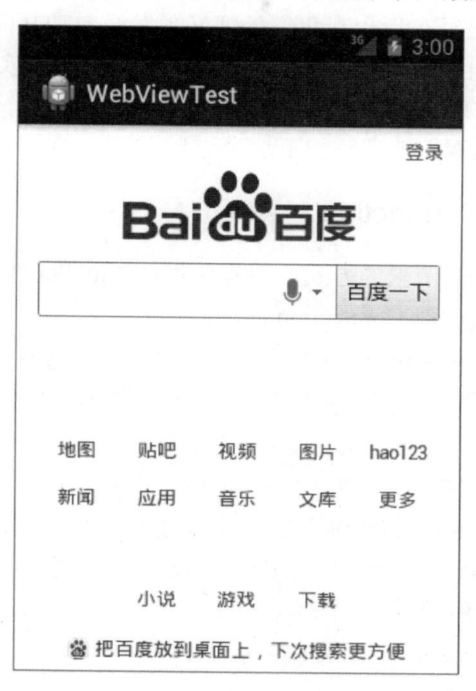

图　10.1

可以看到，WebViewTest 这个程序现在已经具备了一个简易浏览器的功能，不仅成功将百度的首页展示了出来，还可以通过点击链接浏览更多的网页。

当然，WebView 还有很多更加高级的使用技巧，我们就不再继续进行探讨了，因为那不是本章的重点。这里先介绍了一下 WebView 的用法，只是希望你能对 HTTP 协议的使用有一个最基本的认识，接下来我们就要利用这个协议来做一些真正的网络开发工作了。

10.2　使用 HTTP 协议访问网络

如果真的说要去深入分析 HTTP 协议，可能需要花费整整一本书的篇幅。这里我当然不会这么干，因为毕竟你是跟着我学习 Android 开发的，而不是网站开发。对于 HTTP 协议，你只需要稍微了解一些就足够了，它的工作原理特别的简单，就是客户端向服务器发出一条 HTTP 请求，服务器收到请求之后会返回一些数据给客户端，然后客户端再对这些数据进行解析和处理就可以了。是不是非常简单？一个浏览器的基本工作原理也就是如此了。比如说上一节中使用到的 WebView 控件，其实也就是我们向百度的服务器发起了一条 HTTP 请求，接着服务器分析出我们想要访问的是百度的首页，于是会把该网页的 HTML 代码进行返回，然后 WebView 再调用手机浏览器的内核对返回的 HTML 代码进行解析，最终将页面展示出来。

简单来说，WebView 已经在后台帮我们处理好了发送 HTTP 请求、接收服务响应、解析返回数据，以及最终的页面展示这几步工作，不过由于它封装得实在是太好了，反而使得我们不能那么直观地看出 HTTP 协议到底是如何工作的。因此，接下来就让我们通过手动发送 HTTP 请求的方式，来更加深入地理解一下这个过程。

10.2.1 使用 HttpURLConnection

在 Android 上发送 HTTP 请求的方式一般有两种，HttpURLConnection 和 HttpClient，本小节我们先来学习一下 HttpURLConnection 的用法。

首先需要获取到 HttpURLConnection 的实例，一般只需 new 出一个 URL 对象，并传入目标的网络地址，然后调用一下 openConnection()方法即可，如下所示：

```
URL url = new URL("http://www.baidu.com");
HttpURLConnection connection = (HttpURLConnection) url.openConnection();
```

得到了 HttpURLConnection 的实例之后，我们可以设置一下 HTTP 请求所使用的方法。常用的方法主要有两个，GET 和 POST。GET 表示希望从服务器那里获取数据，而 POST 则表示希望提交数据给服务器。写法如下：

```
connection.setRequestMethod("GET");
```

接下来就可以进行一些自由的定制了，比如设置连接超时、读取超时的毫秒数，以及服务器希望得到的一些消息头等。这部分内容根据自己的实际情况进行编写，示例写法如下：

```
connection.setConnectTimeout(8000);
connection.setReadTimeout(8000);
```

之后再调用 getInputStream()方法就可以获取到服务器返回的输入流了，剩下的任务就是对输入流进行读取，如下所示：

```
InputStream in = connection.getInputStream();
```

最后可以调用 disconnect()方法将这个 HTTP 连接关闭掉，如下所示：

```
connection.disconnect();
```

下面就让我们通过一个具体的例子来真正体验一下 HttpURLConnection 的用法。新建一个 NetworkTest 项目，首先修改 activity_main.xml 中的代码，如下所示：

```
<LinearLayout xmlns:android="http://schemas.android.com/apk/res/android"
    android:layout_width="match_parent"
    android:layout_height="match_parent"
    android:orientation="vertical" >
```

```
    <Button
        android:id="@+id/send_request"
        android:layout_width="match_parent"
        android:layout_height="wrap_content"
        android:text="Send Request" />

    <ScrollView
        android:layout_width="match_parent"
        android:layout_height="match_parent" >

        <TextView
            android:id="@+id/response_text"
            android:layout_width="match_parent"
            android:layout_height="wrap_content" />
    </ScrollView>

</LinearLayout>
```

注意这里我们使用了一个新的控件，ScrollView，它是用来做什么的呢？由于手机屏幕的空间一般都比较小，有些时候过多的内容一屏是显示不下的，借助 ScrollView 控件的话就可以允许我们以滚动的形式查看屏幕外的那部分内容。另外，布局中还放置了一个 Button 和一个 TextView，Button 用于发送 HTTP 请求，TextView 用于将服务器返回的数据显示出来。

接着修改 MainActivity 中的代码，如下所示：

```
public class MainActivity extends Activity implements OnClickListener {

    public static final int SHOW_RESPONSE = 0;

    private Button sendRequest;

    private TextView responseText;

    private Handler handler = new Handler() {

        public void handleMessage(Message msg) {
            switch (msg.what) {
            case SHOW_RESPONSE:
                String response = (String) msg.obj;
                // 在这里进行UI操作，将结果显示到界面上
```

```
                responseText.setText(response);
            }
        }

    };

    @Override
    protected void onCreate(Bundle savedInstanceState) {
        super.onCreate(savedInstanceState);
        setContentView(R.layout.activity_main);
        sendRequest = (Button) findViewById(R.id.send_request);
        responseText = (TextView) findViewById(R.id.response_text);
        sendRequest.setOnClickListener(this);
    }

    @Override
    public void onClick(View v) {
        if (v.getId() == R.id.send_request) {
            sendRequestWithHttpURLConnection();
        }
    }

    private void sendRequestWithHttpURLConnection() {
        // 开启线程来发起网络请求
        new Thread(new Runnable() {
            @Override
            public void run() {
                HttpURLConnection connection = null;
                try {
                    URL url = new URL("http://www.baidu.com");
                    connection = (HttpURLConnection) url.openConnection();
                    connection.setRequestMethod("GET");
                    connection.setConnectTimeout(8000);
                    connection.setReadTimeout(8000);
                    InputStream in = connection.getInputStream();
                    // 下面对获取到的输入流进行读取
                    BufferedReader reader = new BufferedReader(new
InputStreamReader(in));
                    StringBuilder response = new StringBuilder();
                    String line;
```

```
                    while ((line = reader.readLine()) != null) {
                        response.append(line);
                    }
                    Message message = new Message();
                    message.what = SHOW_RESPONSE;
                    // 将服务器返回的结果存放到Message中
                    message.obj = response.toString();
                    handler.sendMessage(message);
                } catch (Exception e) {
                    e.printStackTrace();
                } finally {
                    if (connection != null) {
                        connection.disconnect();
                    }
                }
            }
        }).start();
    }

}
```

可以看到，我们在 Send Request 按钮的点击事件里调用了 sendRequestWithHttpURLConnection()方法，在这个方法中先是开启了一个子线程，然后在子线程里使用 HttpURLConnection 发出一条 HTTP 请求，请求的目标地址就是百度的首页。接着利用 BufferedReader 对服务器返回的流进行读取，并将结果存放到了一个 Message 对象中。这里为什么要使用 Message 对象呢？当然是因为子线程中无法对 UI 进行操作了。我们希望可以将服务器返回的内容显示到界面上，所以就创建了一个 Message 对象，并使用 Handler 将它发送出去。之后又在 Handler 的 handleMessage()方法中对这条 Message 进行处理，最终取出结果并设置到 TextView 上。

完整的一套流程就是这样，不过在开始运行之前，仍然别忘了要声明一下网络权限。修改 AndroidManifest.xml 中的代码，如下所示：

```
<manifest xmlns:android="http://schemas.android.com/apk/res/android"
    package="com.example.networktest"
    android:versionCode="1"
    android:versionName="1.0" >
    ……
    <uses-permission android:name="android.permission.INTERNET" />
    ……
</manifest>
```

好了，现在运行一下程序，并点击 Send Request 按钮，结果如图 10.2 所示。

图 10.2

是不是看得头晕眼花？没错，服务器返回给我们的就是这种 HTML 代码，只是通常情况下浏览器都会将这些代码解析成漂亮的网页后再展示出来。

那么如果是想要提交数据给服务器应该怎么办呢？其实也不复杂，只需要将 HTTP 请求的方法改成 POST，并在获取输入流之前把要提交的数据写出即可。注意每条数据都要以键值对的形式存在，数据与数据之间用&符号隔开，比如说我们想要向服务器提交用户名和密码，就可以这样写：

```
connection.setRequestMethod("POST");
DataOutputStream out = new DataOutputStream(connection.getOutputStream());
out.writeBytes("username=admin&password=123456");
```

好了，相信你已经将 HttpURLConnection 的用法很好地掌握了，下面我们来学习一下 HttpClient 的用法吧。

10.2.2　使用 HttpClient

HttpClient 是 Apache 提供的 HTTP 网络访问接口，从一开始的时候就被引入到了 Android API 中。它可以完成和 HttpURLConnection 几乎一模一样的效果，但两者之间的用法却有较大的差别，那么我们自然要看一下 HttpClient 是如何使用的了。

首先你需要知道，HttpClient 是一个接口，因此无法创建它的实例，通常情况下都会创建一个 DefaultHttpClient 的实例，如下所示：

```
HttpClient httpClient = new DefaultHttpClient();
```

接下来如果想要发起一条 GET 请求，就可以创建一个 HttpGet 对象，并传入目标的网络地址，然后调用 HttpClient 的 execute()方法即可：

```
HttpGet httpGet = new HttpGet("http://www.baidu.com");
httpClient.execute(httpGet);
```

如果是发起一条 POST 请求会比 GET 稍微复杂一点，我们需要创建一个 HttpPost 对象，并传入目标的网络地址，如下所示：

```
HttpPost httpPost = new HttpPost("http://www.baidu.com");
```

然后通过一个 NameValuePair 集合来存放待提交的参数，并将这个参数集合传入到一个 UrlEncodedFormEntity 中，然后调用 HttpPost 的 setEntity()方法将构建好的 UrlEncodedFormEntity 传入，如下所示：

```
List<NameValuePair> params = new ArrayList<NameValuePair>();
params.add(new BasicNameValuePair("username", "admin"));
params.add(new BasicNameValuePair("password", "123456"));
UrlEncodedFormEntity entity = new UrlEncodedFormEntity(params, "utf-8");
httpPost.setEntity(entity);
```

接下来的操作就和 HttpGet 一样了，调用 HttpClient 的 execute()方法，并将 HttpPost 对象传入即可：

```
httpClient.execute(httpPost);
```

执行 execute()方法之后会返回一个 HttpResponse 对象，服务器所返回的所有信息就会包含在这里面。通常情况下我们都会先取出服务器返回的状态码，如果等于 200 就说明请求和响应都成功了，如下所示：

```
if (httpResponse.getStatusLine().getStatusCode() == 200) {
    // 请求和响应都成功了
}
```

接下来在这个 if 判断的内部取出服务返回的具体内容，可以调用 getEntity()方法获取到一个 HttpEntity 实例，然后再用 EntityUtils.toString()这个静态方法将 HttpEntity 转换成字符串即可，如下所示：

```
HttpEntity entity = httpResponse.getEntity();
String response = EntityUtils.toString(entity);
```

注意如果服务器返回的数据是带有中文的，直接调用 EntityUtils.toString()方法进行转换会有乱码的情况出现，这个时候只需要在转换的时候将字符集指定成 utf-8 就可以了，如下所示：

```
String response = EntityUtils.toString(entity, "utf-8");
```

好了，基本的用法就是如此，接下来就让我们把 NetworkTest 这个项目改用 HttpClient 的方式再实现一遍吧。

由于布局部分完全不用改动，所以现在直接修改 MainActivity 中的代码，如下所示：

```
public class MainActivity extends Activity implements OnClickListener {
    ......
    @Override
    public void onClick(View v) {
        if (v.getId() == R.id.send_request) {
            sendRequestWithHttpClient();
        }
    }

    private void sendRequestWithHttpClient() {
        new Thread(new Runnable() {
            @Override
            public void run() {
                try {
                    HttpClient httpClient = new DefaultHttpClient();
                    HttpGet httpGet = new HttpGet("http://www.baidu.com");
                    HttpResponse httpResponse = httpClient.execute(httpGet);
                    if (httpResponse.getStatusLine().getStatusCode() == 200) {
                        // 请求和响应都成功了
                        HttpEntity entity = httpResponse.getEntity();
                        String response = EntityUtils.toString(entity,
"utf-8");
                        Message message = new Message();
                        message.what = SHOW_RESPONSE;
                        // 将服务器返回的结果存放到Message中
                        message.obj = response.toString();
```

```
                    handler.sendMessage(message);
                }
            } catch (Exception e) {
                e.printStackTrace();
            }
        }
    }).start();
}
......
}
```

这里我们并没有做太多的改动，只是添加了一个 sendRequestWithHttpClient()方法，并在 Send Request 按钮的点击事件里去调用这个方法。在这个方法中同样还是先开启了一个子线程，然后在子线程里使用 HttpClient 发出一条 HTTP 请求，请求的目标地址还是百度的首页，HttpClient 的用法也正如前面所介绍的一样。然后为了能让结果在界面上显示出来，这里仍然是将服务器返回的数据存放到了 Message 对象中，并用 Handler 将 Message 发送出去。

仅仅只是改了这么多代码，现在我们可以重新运行一下程序了。点击 Send Request 按钮后，你会看到和上一小节中同样的运行结果，由此证明，使用 HttpClient 来发送 HTTP 请求的功能也已经成功实现了。

这样的话，相信你就已经把 HttpURLConnection 和 HttpClient 的基本用法都掌握得差不多了。

经验值：+25000　　　　目前经验值：154905

级别：头领鸟

捡到宝物：以前我就不怕走夜路，自从身体能够发光后我就更不怕了，现在我身体发出的光芒已经可以照亮周围 1 米见方，走夜路时给人的感觉很温暖。唯一的问题是似乎有些影响睡眠，因为睡觉时我也总是亮着，俗话说有一利必有一弊还真不是盖的。我曾试图用意念去关闭光芒，发现不管用，也曾在周围没人的时候试过“芝麻，关灯”，尽管我知道这很蠢，但不试过总是不死心，结果意料之中的不管用。但我隐约记得那次参加 TNND 编程大赛时看到那些或气宇轩昂或牛逼轰轰的高阶选手也并不发光啊，不去想了。人就是个习惯，开着灯不也一样睡么。这天我又一次露宿野外，是一个山洞，事实上自从上次我钉帐篷时发现了上古典籍《算法本源》后，我就有意识地尽量不住旅店，尽量露宿在野外。因为我知道，身处我这种境地，要想捡到什么宝物的话，那只能在野外、深谷、山洞等地方，你指望别人在宾馆里落下一个那么好的大宝物是很不现实的，有谁会带着祖传宝贝到处瞎几吧逛呢（当然那些热衷参加鉴宝栏目的除外）。功夫不负有心人，在这个山洞中我捡到了宝物，也是一本书，书名叫《编译子》，应该是讲述编译原理的，作者名叫有编氏，看书老旧的程度，应该是上古的，但内容很艰深，目前还读不懂。同那本《算法本源》一样，书的前言中也提到，当阅读者的编程级别提升至某个层次时，将更容易看懂这本书，但具体是什么级别，书中也没有说，只说“造化弄人，因人而异”。我现在知道了，想必这句话在上古时期大概就相当于我们人界的书上都喜欢来上这么一句“由于笔者水平所限，书中错误在所难免，敬请读者批评指正。”只不过上古时的书因为作者特别牛逼，所以书中没有错误，因此看不懂都是读者的问题，而今天人界的书，因为受作者水平所限，错误不可避免，因此看不懂都是作者的问题。还是上古的人牛逼啊。想到这里，我心中不禁一阵感慨，大师，我无功受禄，请受后辈一拜。我在山洞里插草为香，对上古大师有编氏祭拜了一番，然后睡下，一夜无梦。清晨。继续前进。

10.3　解析 XML 格式数据

通常情况下，每个需要访问网络的应用程序都会有一个自己的服务器，我们可以向服务器提交数据，也可以从服务器上获取数据。不过这个时候就出现了一个问题，这些数据到底要以什么样的格式在网络上传输呢？随便传递一段文本肯定是不行的，因为另一方根本就不会知道这段文本的用途是什么。因此，一般我们都会在网络上传输一些格式化后的数据，这种数据会有一定的结构规格和语义，当另一方收到数据消息之后就可以按照相同的结构规格进行解析，从而取出他想要的那部分内容。

在网络上传输数据时最常用的格式有两种，XML 和 JSON，下面我们就来一个个地进行学习，本节首先学一下如何解析 XML 格式的数据。

在开始之前我们还需要先解决一个问题，就是从哪儿才能获取一段 XML 格式的数据呢？这里我准备教你搭建一个最简单的 Web 服务器，在这个服务器上提供一段 XML 文本，然后我们在程序里去访问这个服务器，再对得到的 XML 文本进行解析。

搭建 Web 服务器其实非常简单，有很多的服务器类型可供选择，这里我准备使用 Apache 服务器。首先你需要去下载一个 Apache 服务器的安装包，下载地址是：http://httpd.apache.org/download.cgi。

下载完成后双击就可以进行安装了，如图 10.3 所示。

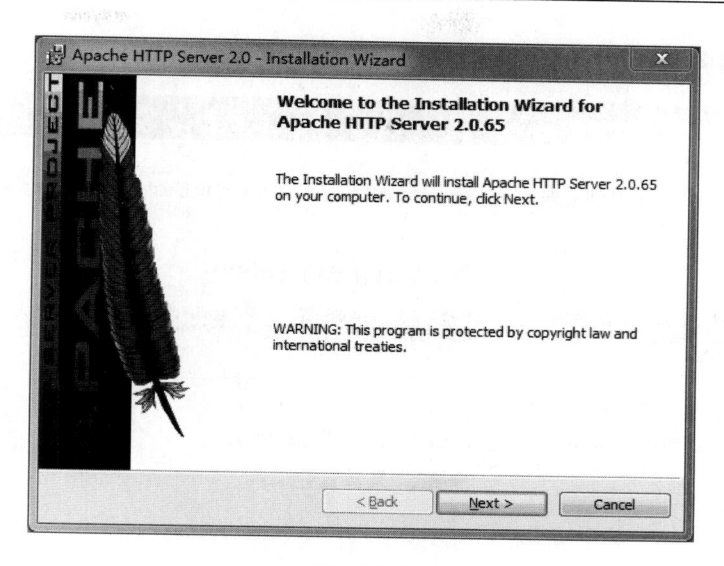

图　10.3

然后一直点击 Next，会提示让你输入自己的域名，我们随便填一个域名就可以了，如图 10.4 所示。

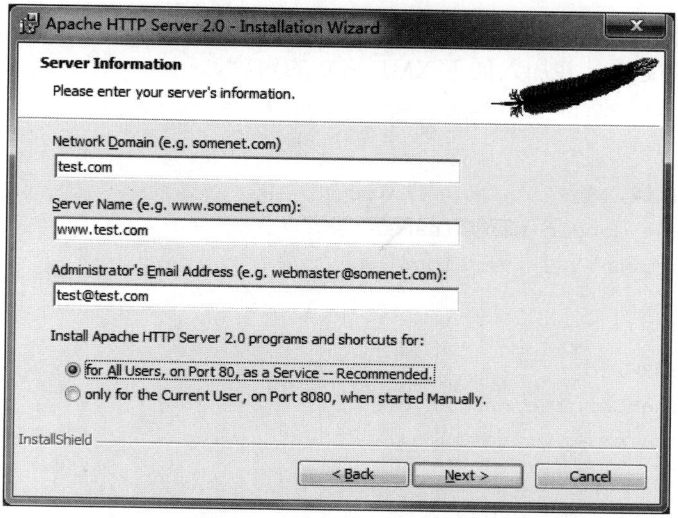

图　10.4

接着继续一直点击 Next 会提示让你选择程序安装的路径，这里我选择安装到 C:\Apache 目录下，之后再继续点击 Next 就可以完成安装了。安装成功后服务器会自动启动起来，你可以打开电脑的浏览器来验证一下。在地址栏输入 127.0.0.1，如果出现了如图 10.5 所示的界面，就说明服务器已经启动成功了。

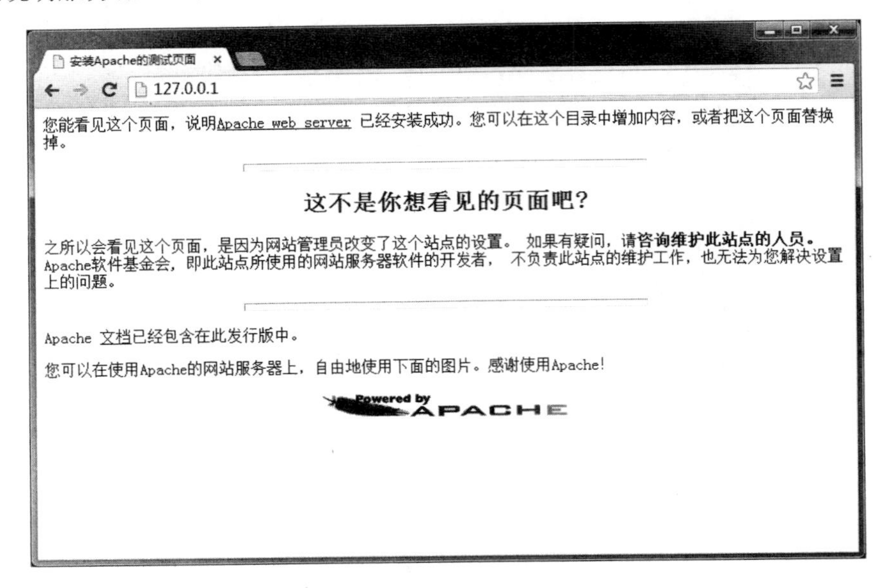

图 10.5

接下来进入到 C:\Apache\Apache2\htdocs 目录下，在这里新建一个名为 get_data.xml 的文件，然后编辑这个文件，并加入如下 XML 格式的内容。

```
<apps>
    <app>
        <id>1</id>
        <name>Google Maps</name>
        <version>1.0</version>
    </app>
    <app>
        <id>2</id>
        <name>Chrome</name>
        <version>2.1</version>
    </app>
    <app>
        <id>3</id>
        <name>Google Play</name>
        <version>2.3</version>
    </app>
</apps>
```

这时在浏览器中访问 http://127.0.0.1/get_data.xml 这个网址，就应该出现如图 10.6 所示的内容。

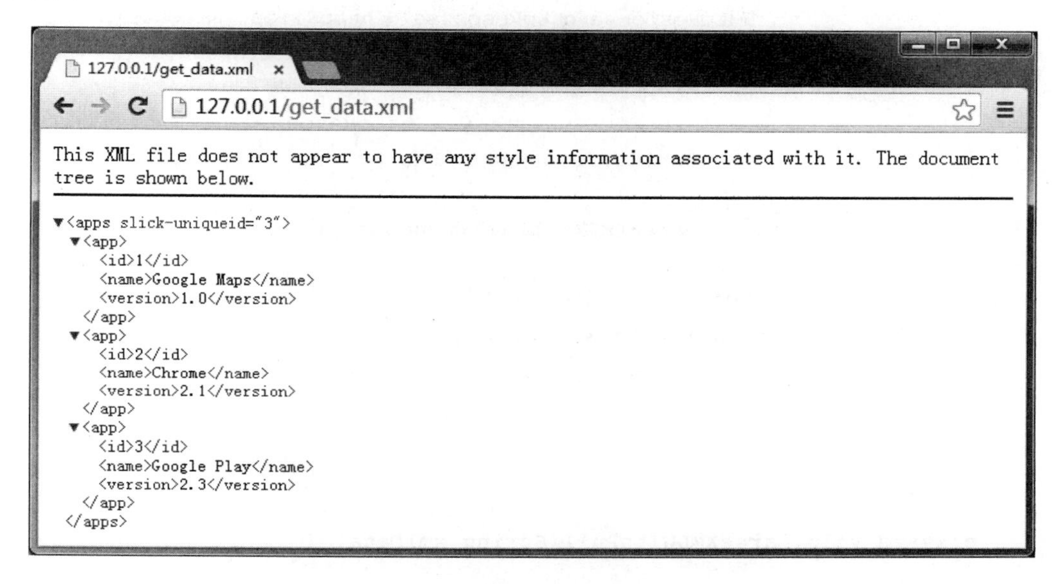

图　10.6

好了，准备工作到此结束，接下来就让我们在 Android 程序里去获取并解析这段 XML 数据吧。

10.3.1　Pull 解析方式

解析 XML 格式的数据其实也有挺多种方式的，本节中我们学习比较常用的两种，Pull 解析和 SAX 解析。那么简单起见，这里仍然是在 NetworkTest 项目的基础上继续开发，这样我们就可以重用之前网络通信部分的代码，从而把工作的重心放在 XML 数据解析上。

既然 XML 格式的数据已经提供好了，现在要做的就是从中解析出我们想要得到的那部分内容。修改 MainActivity 中的代码，如下所示：

```
public class MainActivity extends Activity implements OnClickListener {
    ......
    private void sendRequestWithHttpClient() {
        new Thread(new Runnable() {
            @Override
            public void run() {
                try {
                    HttpClient httpClient = new DefaultHttpClient();
```

```
                    // 指定访问的服务器地址是电脑本机
                    HttpGet httpGet = new HttpGet("http://10.0.2.2/get_data.xml");
                    HttpResponse httpResponse = httpClient.execute(httpGet);
                    if (httpResponse.getStatusLine().getStatusCode() == 200) {
                        // 请求和响应都成功了
                        HttpEntity entity = httpResponse.getEntity();
                        String response = EntityUtils.toString(entity,
"utf-8");
                        parseXMLWithPull(response);
                    }
                } catch (Exception e) {
                    e.printStackTrace();
                }
            }
        }).start();
    }

    private void parseXMLWithPull(String xmlData) {
        try {
            XmlPullParserFactory factory = XmlPullParserFactory.newInstance();
            XmlPullParser xmlPullParser = factory.newPullParser();
            xmlPullParser.setInput(new StringReader(xmlData));
            int eventType = xmlPullParser.getEventType();
            String id = "";
            String name = "";
            String version = "";
            while (eventType != XmlPullParser.END_DOCUMENT) {
                String nodeName = xmlPullParser.getName();
                switch (eventType) {
                // 开始解析某个结点
                case XmlPullParser.START_TAG: {
                    if ("id".equals(nodeName)) {
                        id = xmlPullParser.nextText();
                    } else if ("name".equals(nodeName)) {
                        name = xmlPullParser.nextText();
                    } else if ("version".equals(nodeName)) {
                        version = xmlPullParser.nextText();
                    }
                    break;
                }
```

```
                // 完成解析某个结点
                case XmlPullParser.END_TAG: {
                    if ("app".equals(nodeName)) {
                        Log.d("MainActivity", "id is " + id);
                        Log.d("MainActivity", "name is " + name);
                        Log.d("MainActivity", "version is " + version);
                    }
                    break;
                }
                default:
                    break;
                }
                eventType = xmlPullParser.next();
            }
        } catch (Exception e) {
            e.printStackTrace();
        }
    }
}
```

可以看到，这里首先是将 HTTP 请求的地址改成了 http://10.0.2.2/get_data.xml，10.0.2.2 对于模拟器来说就是电脑本机的 IP 地址。在得到了服务器返回的数据后，我们并不再去发送一条消息，而是调用了 parseXMLWithPull()方法来解析服务器返回的数据。

下面就来仔细看下 parseXMLWithPull()方法中的代码吧。这里首先要获取到一个 XmlPullParserFactory 的实例，并借助这个实例得到 XmlPullParser 对象，然后调用 XmlPullParser 的 setInput()方法将服务器返回的 XML 数据设置进去就可以开始解析了。解析的过程也是非常简单，通过 getEventType()可以得到当前的解析事件，然后在一个 while 循环中不断地进行解析，如果当前的解析事件不等于 XmlPullParser.END_DOCUMENT，说明解析工作还没完成，调用 next()方法后可以获取下一个解析事件。

在 while 循环中，我们通过 getName()方法得到当前结点的名字，如果发现结点名等于 id、name 或 version，就调用 nextText()方法来获取结点内具体的内容，每当解析完一个 app 结点后就将获取到的内容打印出来。

好了，整体的过程就是这么简单，下面就让我们来测试一下吧。运行 NetworkTest 项目，然后点击 Send Request 按钮，观察 LogCat 中的打印日志，如图 10.7 所示。

Tag	Text
MainActivity	id is 1
MainActivity	name is Google Maps
MainActivity	version is 1.0
MainActivity	id is 2
MainActivity	name is Chrome
MainActivity	version is 2.1
MainActivity	id is 3
MainActivity	name is Google Play
MainActivity	version is 2.3

图 10.7

可以看到，我们已经将 XML 数据中的指定内容成功解析出来了。

10.3.2 SAX 解析方式

Pull 解析方式虽然非常的好用，但它并不是我们唯一的选择。SAX 解析也是一种特别常用的 XML 解析方式，虽然它的用法比 Pull 解析要复杂一些，但在语义方面会更加的清楚。

通常情况下我们都会新建一个类继承自 DefaultHandler，并重写父类的五个方法，如下所示：

```
public class MyHandler extends DefaultHandler {

    @Override
    public void startDocument() throws SAXException {
    }

    @Override
    public void startElement(String uri, String localName, String qName,
Attributes attributes) throws SAXException {
    }

    @Override
    public void characters(char[] ch, int start, int length) throws
SAXException {
    }

    @Override
```

```
    public void endElement(String uri, String localName, String qName) throws
SAXException {
    }

    @Override
    public void endDocument() throws SAXException {
    }

}
```

这五个方法一看就很清楚吧？startDocument()方法会在开始 XML 解析的时候调用，startElement()方法会在开始解析某个结点的时候调用，characters()方法会在获取结点中内容的时候调用，endElement()方法会在完成解析某个结点的时候调用，endDocument()方法会在完成整个 XML 解析的时候调用。其中，startElement()、characters()和 endElement()这三个方法是有参数的，从 XML 中解析出的数据就会以参数的形式传入到这些方法中。需要注意的是，在获取结点中的内容时，characters()方法可能会被调用多次，一些换行符也被当作内容解析出来，我们需要针对这种情况在代码中做好控制。

那么下面就让我们尝试用 SAX 解析的方式来实现和上一小节中同样的功能吧。新建一个 ContentHandler 类继承自 DefaultHandler，并重写父类的五个方法，如下所示：

```
public class ContentHandler extends DefaultHandler {

    private String nodeName;

    private StringBuilder id;

    private StringBuilder name;

    private StringBuilder version;

    @Override
    public void startDocument() throws SAXException {
        id = new StringBuilder();
        name = new StringBuilder();
        version = new StringBuilder();
    }

    @Override
    public void startElement(String uri, String localName, String qName,
Attributes attributes) throws SAXException {
```

```
        // 记录当前结点名
        nodeName = localName;
    }

    @Override
    public void characters(char[] ch, int start, int length) throws
SAXException {
        // 根据当前的结点名判断将内容添加到哪一个StringBuilder对象中
        if ("id".equals(nodeName)) {
            id.append(ch, start, length);
        } else if ("name".equals(nodeName)) {
            name.append(ch, start, length);
        } else if ("version".equals(nodeName)) {
            version.append(ch, start, length);
        }
    }

    @Override
    public void endElement(String uri, String localName, String qName) throws
SAXException {
        if ("app".equals(localName)) {
            Log.d("ContentHandler", "id is " + id.toString().trim());
            Log.d("ContentHandler", "name is " + name.toString().trim());
            Log.d("ContentHandler", "version is " + version.toString().trim());
            // 最后要将StringBuilder清空掉
            id.setLength(0);
            name.setLength(0);
            version.setLength(0);
        }
    }

    @Override
    public void endDocument() throws SAXException {
    }

}
```

可以看到，我们首先给 id、name 和 version 结点分别定义了一个 StringBuilder 对象，并在 startDocument()方法里对它们进行了初始化。每当开始解析某个结点的时候，startElement()

方法就会得到调用，其中 localName 参数记录着当前结点的名字，这里我们把它记录下来。接着在解析结点中具体内容的时候就会调用 characters()方法，我们会根据当前的结点名进行判断，将解析出的内容添加到哪一个 StringBuilder 对象中。最后在 endElement()方法中进行判断，如果 app 结点已经解析完成，就打印出 id、name 和 version 的内容。需要注意的是，目前 id、name 和 version 中都可能是包括回车或换行符的，因此在打印之前我们还需要调用一下 trim()方法，并且打印完成后还要将 StringBuilder 的内容清空掉，不然的话会影响下一次内容的读取。

接下来的工作就非常简单了，修改 MainActivity 中的代码，如下所示：

```
public class MainActivity extends Activity implements OnClickListener {
    ......

    private void sendRequestWithHttpClient() {
        new Thread(new Runnable() {
            @Override
            public void run() {
                try {
                    HttpClient httpClient = new DefaultHttpClient();
                    // 指定访问的服务器地址是电脑本机
                    HttpGet httpGet = new HttpGet("http://10.0.2.2:8080/
get_data.xml");
                    HttpResponse httpResponse = httpClient.execute(httpGet);
                    if (httpResponse.getStatusLine().getStatusCode() == 200) {
                        // 请求和响应都成功了
                        HttpEntity entity = httpResponse.getEntity();
                        String response = EntityUtils.toString(entity,
"utf-8");
                        parseXMLWithSAX(response);
                    }
                } catch (Exception e) {
                    e.printStackTrace();
                }
            }
        }).start();
    }
    ......

    private void parseXMLWithSAX(String xmlData) {
        try {
            SAXParserFactory factory = SAXParserFactory.newInstance();
            XMLReader xmlReader = factory.newSAXParser().getXMLReader();
```

```
            ContentHandler handler = new ContentHandler();
            // 将ContentHandler的实例设置到XMLReader中
            xmlReader.setContentHandler(handler);
            // 开始执行解析
            xmlReader.parse(new InputSource(new StringReader(xmlData)));
        } catch (Exception e) {
            e.printStackTrace();
        }
    }
}
```

在得到了服务器返回的数据后，我们这次去调用 parseXMLWithSAX()方法来解析 XML 数据。parseXMLWithSAX()方法中先是创建了一个 SAXParserFactory 的对象，然后再获取到 XMLReader 对象，接着将我们编写的 ContentHandler 的实例设置到 XMLReader 中，最后调用 parse()方法开始执行解析就好了。

现在重新运行一下程序，点击 Send Request 按钮后观察 LogCat 中的打印日志，你会看到和图 10.7 中一样的结果。

除了 Pull 解析和 SAX 解析之外，其实还有一种 DOM 解析方式也算挺常用的，不过这里我们就不再展开进行讲解了，感兴趣的话你可以自己去查阅一下相关资料。

经验值：+26000　　　目前经验值：180905

级别：头领鸟

赢得宝物：战胜魔界使者 XML。拾取 XML 掉落的宝物，XML 智能解析器一套。XML 是那种标准的外强中干类型，看似强大，但你真正出手后，会发现这货其实功力平平，多少有辱使者的称谓。不过作为神界与魔界的官方沟通渠道之一，XML 还是能够完成本职工作的。

10.4 解析 JSON 格式数据

现在你已经掌握了 XML 格式数据的解析方式，那么接下来我们要去学习一下如何解析 JSON 格式的数据了。比起 XML，JSON 的主要优势在于它的体积更小，在网络上传输的时候可以更省流量。但缺点在于，它的语义性较差，看起来不如 XML 直观。

在开始之前，我们还需要在 C:\Apache\Apache2\htdocs 目录中新建一个 get_data.json 的文件，然后编辑这个文件，并加入如下 JSON 格式的内容：

```
[{"id":"5","version":"5.5","name":"Angry Birds"},
{"id":"6","version":"7.0","name":"Clash of Clans"},
{"id":"7","version":"3.5","name":"Hey Day"}]
```

这时在浏览器中访问 http://127.0.0.1/get_data.json 这个网址，就应该出现如图 10.8 所示的内容。

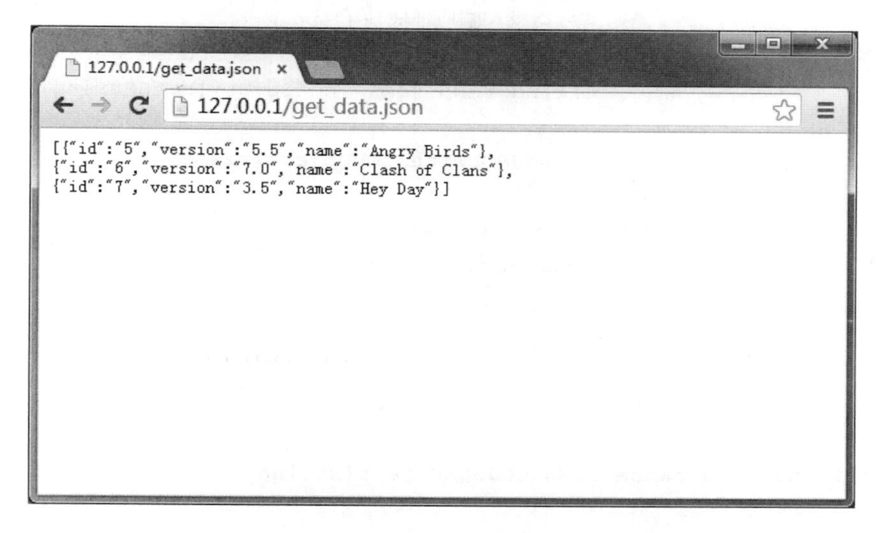

图　10.8

好了，这样我们把 JSON 格式的数据也准备好了，下面就开始学习如何在 Android 程序中解析这些数据吧。

10.4.1　使用 JSONObject

类似地，解析 JSON 数据也有很多种方法，可以使用官方提供的 JSONObject，也可以使用谷歌的开源库 GSON。另外，一些第三方的开源库如 Jackson、FastJSON 等也非常不错。本节中我们就来学习一下前两种解析方式的用法。

修改 MainActivity 中的代码，如下所示：

```
public class MainActivity extends Activity implements OnClickListener {
    ......
    private void sendRequestWithHttpClient() {
        new Thread(new Runnable() {
            @Override
            public void run() {
                try {
                    HttpClient httpClient = new DefaultHttpClient();
                    // 指定访问的服务器地址是电脑本机
                    HttpGet httpGet = new HttpGet("http://10.0.2.2/
get_data.json");
```

```
                    HttpResponse httpResponse = httpClient.execute(httpGet);
                    if (httpResponse.getStatusLine().getStatusCode() == 200) {
                        // 请求和响应都成功了
                        HttpEntity entity = httpResponse.getEntity();
                        String response = EntityUtils.toString(entity,
"utf-8");
                        parseJSONWithJSONObject(response);
                    }
                } catch (Exception e) {
                    e.printStackTrace();
                }
            }
        }).start();
    }
    ......
    private void parseJSONWithJSONObject(String jsonData) {
        try {
            JSONArray jsonArray = new JSONArray(jsonData);
            for (int i = 0; i < jsonArray.length(); i++) {
                JSONObject jsonObject = jsonArray.getJSONObject(i);
                String id = jsonObject.getString("id");
                String name = jsonObject.getString("name");
                String version = jsonObject.getString("version");
                Log.d("MainActivity", "id is " + id);
                Log.d("MainActivity", "name is " + name);
                Log.d("MainActivity", "version is " + version);
            }
        } catch (Exception e) {
            e.printStackTrace();
        }
    }
}
```

首先记得要将 HTTP 请求的地址改成 http://10.0.2.2/get_data.json，然后在得到了服务器返回的数据后调用 parseJSONWithJSONObject()方法来解析数据。可以看到，解析 JSON 的代码真的是非常简单，由于我们在服务器中定义的是一个 JSON 数组，因此这里首先是将服务器返回的数据传入到了一个 JSONArray 对象中。然后循环遍历这个 JSONArray，从中取出的每一个元素都是一个 JSONObject 对象，每个 JSONObject 对象中又会包含 id、name 和 version 这些数据。接下来只需要调用 getString()方法将这些数据取出，并打印出来即可。

好了，就是这么简单！现在重新运行一下程序，并点击 Send Request 按钮，结果如图 10.9 所示。

Tag	Text
MainActivity	id is 5
MainActivity	name is Angry Birds
MainActivity	version is 5.5
MainActivity	id is 6
MainActivity	name is Clash of Clans
MainActivity	version is 7.0
MainActivity	id is 7
MainActivity	name is Hey Day
MainActivity	version is 3.5

图　10.9

10.4.2　使用 GSON

如何你认为使用 JSONObject 来解析 JSON 数据已经非常简单了，那你就太容易满足了。谷歌提供的 GSON 开源库可以让解析 JSON 数据的工作简单到让你不敢想象的地步，那我们肯定是不能错过这个学习机会的。

不过 GSON 并没有被添加到 Android 官方的 API 中，因此如果想要使用这个功能的话，则必须要在项目中添加一个 GSON 的 Jar 包。首先我们需要将 GSON 的资源压缩包下载下来，下载地址是：http://code.google.com/p/google-gson/downloads/list。

然后将资源包进行解压，会看到如图 10.10 所示的几个文件。

名称	类型	大小
gson-2.2.4.jar	Executable Jar File	186 KB
gson-2.2.4-javadoc.jar	Executable Jar File	244 KB
gson-2.2.4-sources.jar	Executable Jar File	125 KB
LICENSE	文件	12 KB
README	文件	1 KB

图　10.10

其中 gson-2.2.4.jar 这个文件就是我们所需要的了，现在将它拷贝到 NetworkTest 项目的 libs 目录下，GSON 库就会自动添加到 NetworkTest 项目中了，如图 10.11 所示。

图 10.11

那么 GSON 库究竟是神奇在哪里呢？其实它主要就是可以将一段 JSON 格式的字符串自动映射成一个对象，从而不需要我们再手动去编写代码进行解析了。

比如说一段 JSON 格式的数据如下所示：

```
{"name":"Tom","age":20}
```

那我们就可以定义一个 Person 类，并加入 name 和 age 这两个字段，然后只需简单地调用如下代码就可以将 JSON 数据自动解析成一个 Person 对象了：

```
Gson gson = new Gson();
Person person = gson.fromJson(jsonData, Person.class);
```

如果需要解析的是一段 JSON 数组会稍微麻烦一点，我们需要借助 TypeToken 将期望解析成的数据类型传入到 fromJson()方法中，如下所示：

```
List<Person> people = gson.fromJson(jsonData, new TypeToken<List<Person>>()
{}.getType());
```

好了，基本的用法就是这样，下面就让我们来真正地尝试一下吧。首先新增一个 App 类，并加入 id、name 和 version 这三个字段，如下所示：

```
public class App {

    private String id;

    private String name;

    private String version;

    public String getId() {
        return id;
    }

    public void setId(String id) {
```

```
        this.id = id;
    }

    public String getName() {
        return name;
    }

    public void setName(String name) {
        this.name = name;
    }

    public String getVersion() {
        return version;
    }

    public void setVersion(String version) {
        this.version = version;
    }

}
```

然后修改 MainActivity 中的代码，如下所示：

```
public class MainActivity extends Activity implements OnClickListener {
    ……
    private void sendRequestWithHttpClient() {
        new Thread(new Runnable() {
            @Override
            public void run() {
                try {
                    HttpClient httpClient = new DefaultHttpClient();
                    // 指定访问的服务器地址是电脑本机
                    HttpGet httpGet = new HttpGet("http://10.0.2.2/
get_data.json");
                    HttpResponse httpResponse = httpClient.execute(httpGet);
                    if (httpResponse.getStatusLine().getStatusCode() == 200) {
                        // 请求和响应都成功了
                        HttpEntity entity = httpResponse.getEntity();
                        String response = EntityUtils.toString(entity,
"utf-8");
                        parseJSONWithGSON(response);
```

```
                }
            } catch (Exception e) {
                e.printStackTrace();
            }
        }
    }).start();
}
......
private void parseJSONWithGSON(String jsonData) {
    Gson gson = new Gson();
    List<App> appList = gson.fromJson(jsonData, new
TypeToken<List<App>>() {}.getType());
    for (App app : appList) {
        Log.d("MainActivity", "id is " + app.getId());
        Log.d("MainActivity", "name is " + app.getName());
        Log.d("MainActivity", "version is " + app.getVersion());
    }
}
}
```

现在重新运行程序，点击 Send Request 按钮后观察 LogCat 中的打印日志，你会看到和图 10.9 中一样的结果。

好了，这样我们就算是把 XML 和 JSON 这两种数据格式最常用的几种解析方法都学习完了，在网络数据的解析方面，你已经成功毕业了。

10.5 网络编程的最佳实践

目前你已经掌握了 HttpURLConnection 和 HttpClient 的用法，知道了如何发起 HTTP 请求，以及解析服务器返回的数据，但也许你还没有发现，之前我们的写法其实是很有问题的。因为一个应用程序很可能会在许多地方都使用到网络功能，而发送 HTTP 请求的代码基本都是相同的，如果我们每次都去编写一遍发送 HTTP 请求的代码，这显然是非常差劲的做法。

没错，通常情况下我们都应该将这些通用的网络操作提取到一个公共的类里，并提供一个静态方法，当想要发起网络请求的时候只需简单地调用一下这个方法即可。比如使用如下的写法：

```
public class HttpUtil {

    public static String sendHttpRequest(String address) {
        HttpURLConnection connection = null;
```

```
        try {
            URL url = new URL(address);
            connection = (HttpURLConnection) url.openConnection();
            connection.setRequestMethod("GET");
            connection.setConnectTimeout(8000);
            connection.setReadTimeout(8000);
            connection.setDoInput(true);
            connection.setDoOutput(true);
            InputStream in = connection.getInputStream();
            BufferedReader reader = new BufferedReader(new
InputStreamReader(in));
            StringBuilder response = new StringBuilder();
            String line;
            while ((line = reader.readLine()) != null) {
                response.append(line);
            }
            return response.toString();
        } catch (Exception e) {
            e.printStackTrace();
            return e.getMessage();
        } finally {
            if (connection != null) {
                connection.disconnect();
            }
        }
    }

}
```

以后每当需要发起一条 HTTP 请求的时候就可以这样写：

```
String address = "http://www.baidu.com";
String response = HttpUtil.sendHttpRequest(address);
```

在获取到服务器响应的数据后我们就可以对它进行解析和处理了。但是需要注意，网络请求通常都是属于耗时操作，而 sendHttpRequest()方法的内部并没有开启线程，这样就有可能导致在调用 sendHttpRequest()方法的时候使得主线程被阻塞住。

你可能会说，很简单嘛，在 sendHttpRequest()方法内部开启一个线程不就解决这个问题了吗？其实不是像你想象中的那么容易，因为如果我们在 sendHttpRequest()方法中开启了一个线程来发起 HTTP 请求，那么服务器响应的数据是无法进行返回的，所有的耗时逻辑都是在子线程里进行的，sendHttpRequest()方法会在服务器还没来得及响应的时候就执行结束了，当然也就无法返回响应的数据了。

那么遇到这种情况应该怎么办呢？其实解决方法并不难，只需要使用 Java 的回调机制就可以了，下面就让我们来学习一下回调机制到底是如何使用的。

首先需要定义一个接口，比如将它命名成 HttpCallbackListener，代码如下所示：

```
public interface HttpCallbackListener {

    void onFinish(String response);

    void onError(Exception e);

}
```

可以看到，我们在接口中定义了两个方法，onFinish()方法表示当服务器成功响应我们请求的时候调用，onError()表示当进行网络操作出现错误的时候调用。这两个方法都带有参数，onFinish()方法中的参数代表着服务器返回的数据，而 onError()方法中的参数记录着错误的详细信息。

接着修改 HttpUtil 中的代码，如下所示：

```
public class HttpUtil {

    public static void sendHttpRequest(final String address, final
HttpCallbackListener listener) {
        new Thread(new Runnable() {
            @Override
            public void run() {
                HttpURLConnection connection = null;
                try {
                    URL url = new URL(address);
                    connection = (HttpURLConnection) url.openConnection();
                    connection.setRequestMethod("GET");
                    connection.setConnectTimeout(8000);
                    connection.setReadTimeout(8000);
                    connection.setDoInput(true);
                    connection.setDoOutput(true);
                    InputStream in = connection.getInputStream();
                    BufferedReader reader = new BufferedReader(new
InputStreamReader(in));
                    StringBuilder response = new StringBuilder();
```

```
                    String line;
                    while ((line = reader.readLine()) != null) {
                        response.append(line);
                    }
                    if (listener != null) {
                        // 回调onFinish()方法
                        listener.onFinish(response.toString());
                    }
                } catch (Exception e) {
                    if (listener != null) {
                        // 回调onError()方法
                        listener.onError(e);
                    }
                } finally {
                    if (connection != null) {
                        connection.disconnect();
                    }
                }
            }
        }).start();
    }

}
```

我们首先给 sendHttpRequest()方法添加了一个 HttpCallbackListener 参数，并在方法的内部开启了一个子线程，然后在子线程里去执行具体的网络操作。注意子线程中是无法通过 return 语句来返回数据的，因此这里我们将服务器响应的数据传入了 HttpCallbackListener 的 onFinish()方法中，如果出现了异常就将异常原因传入到 onError()方法中。

现在 sendHttpRequest()方法接收两个参数了，因此我们在调用它的时候还需要将 HttpCallbackListener 的实例传入，如下所示：

```
HttpUtil.sendHttpRequest(address, new HttpCallbackListener() {
    @Override
    public void onFinish(String response) {
        // 在这里根据返回内容执行具体的逻辑
    }

    @Override
    public void onError(Exception e) {
        // 在这里对异常情况进行处理
```

```
        }
    });
```

这样的话，当服务器成功响应的时候我们就可以在 onFinish()方法里对响应数据进行处理了，类似地，如果出现了异常，就可以在 onError()方法里对异常情况进行处理。如此一来，我们就巧妙地利用回调机制将响应数据成功返回给调用方了。

另外需要注意的是，onFinish()方法和 onError()方法最终还是在子线程中运行的，因此我们不可以在这里执行任何的 UI 操作，如果需要根据返回的结果来更新 UI，则仍然要使用上一章中我们学习的异步消息处理机制。

10.6 小结与点评

本章中我们主要学习了在 Android 中使用 HTTP 协议来进行网络交互的知识，虽然 Android 中支持的网络通信协议有很多种，但 HTTP 协议无疑是最常用的一种。通常我们有两种方式来发送 HTTP 请求，分别是 HttpURLConnection 和 HttpClient，相信这两种方式你都已经很好地掌握了吧？

接着我们又学习了 XML 和 JSON 格式数据的解析方式，因为服务器响应给我们的数据一般都是属于这两种格式的。无论是 XML 还是 JSON，它们各自又拥有多种的解析方式，这里我们只是学习了最常用的几种，如果以后你的工作中还需要用到其他的解析方式，可以自行去学习。

本章的最后同样是最佳实践环节，在这次的最佳实践中，我们主要学习了如何利用 Java 的回调机制来将服务器响应的数据进行返回。其实除此之外，还有很多地方都可以使用到 Java 的回调机制，希望你能举一反三，以后在其他地方需要用到回调机制时都能够灵活地使用。

好了，关于 Android 网络编程部分的内容就学习这么多，下一章中我们该去学习一下 Android 特色开发的相关内容了。

经验值：+22000　　　目前经验值：202905

级别：头领鸟

赢得宝物：战胜魔界使者 JSON。拾取 JSON 掉落的宝物，JSON 智能解析器一套。与魔界左使 XML 相比，作为魔界右使的 JSON 功力显然更高杆一些。不过在如今的我面前，也已很难走上 5 个回合。

第 11 章　Android 特色开发，基于位置的服务

现在你已经学会了非常多的 Android 技能，并且通过这些技能你完全可以编写出相当不错的应用程序了。不过从本章开始，我们将要学习一些全新的 Android 技术，这些技术有别于传统的 PC 或 Web 领域的应用技术，是只有在移动设备上才能实现的。

说到只有在移动设备上才能实现的技术，很容易就让人联想到基于位置的服务（Location Based Service）。由于移动设备相比于电脑可以随身携带，我们通过地理定位的技术就可以随时得知自己所在的位置，从而围绕这一点开发出很多有意思的应用。本章中我们就将针对这一点展开进行讨论，学习一下基于位置的服务究竟是如何实现的。

11.1　基于位置的服务简介

基于位置的服务简称 LBS，这个技术随着移动互联网的兴起，在最近的几年里十分火爆。其实它本身并不是什么时髦的技术，主要的工作原理就是利用无线电通讯网络或 GPS 等定位方式来确定出移动设备所在的位置，而这种定位技术早在很多年前就已经出现了。

那为什么 LBS 技术直到最近几年才开始流行呢？这主要是因为，在过去移动设备的功能极其有限，即使定位到了设备所在的位置，也就仅仅只是定位到了而已，我们并不能在位置的基础上进行一些其他的操作。而现在就大大不同了，有了 Android 系统作为载体，我们可以利用定位出的位置进行许多丰富多彩的操作。比如说天气预报程序可以根据用户所在的位置自动选择城市，发微博的时候我们可以向朋友们晒一下自己在哪里，不认识路的时候随时打开地图就可以查询路线，等等等等。

介绍了这么多，相信你早已经按捺不住了，那么就让我们马上开始本章的学习之旅吧。

11.2　找到自己的位置

归根结底，其实基于位置的服务所围绕的核心就是要确定出自己所在的位置，这在 Android 中并不困难，主要借助 LocationManager 这个类就可以实现了。下面我们首先学习一下 LocationManager 的基本用法，然后再通过一个例子来尝试获取一下自己当前的位置。

另外需要注意，本章中所写的代码建议你都在手机上运行，DDMS 虽然也提供了在模拟

器中模拟地理位置的功能，但在手机上得到真实的位置数据，你的感受会更加深刻。

11.2.1 LocationManager 的基本用法

毫无疑问，要想使用 LocationManager 就必须要先获取到它的实例，我们可以调用 Context 的 getSystemService()方法获取到。getSystemService()方法接收一个字符串参数用于确定获取系统的哪个服务，这里传入 Context.LOCATION_SERVICE 即可。因此，获取 LocationManager 的实例就可以写成：

```
LocationManager locationManager = (LocationManager)

getSystemService(Context.LOCATION_SERVICE);
```

接着我们需要选择一个位置提供器来确定设备当前的位置。Android 中一般有三种位置提供器可供选择，GPS_PROVIDER、NETWORK_PROVIDER 和 PASSIVE_PROVIDER。其中前两种使用的比较多，分别表示使用 GPS 定位和使用网络定位。这两种定位方式各有特点，GPS 定位的精准度比较高，但是非常耗电，而网络定位的精准度稍差，但耗电量比较少。我们应该根据自己的实际情况来选择使用哪一种位置提供器，当位置精度要求非常高的时候，最好使用 GPS_PROVIDER，而一般情况下，使用 NETWORK_PROVIDER 会更加得划算。

需要注意的是，定位功能必须要由用户主动去启用才行，不然任何应用程序都无法获取到手机当前的位置信息。进入手机的设置→定位服务，其中第一个选项表示允许使用网络的方式来对手机进行定位，第二个选项表示允许使用 GPS 的方式来对手机进行定位，如图 11.1 所示。

图 11.1

你并不需要担心一旦启用了这几个选项后，手机的电量就会直线下滑，这些选项只是表明你已经同意让应用程序来对你的手机进行定位了，但只有当定位操作真正开始的时候才会影响到手机的电量。下面我们就来看一看，如何才能真正地开始定位操作。

将选择好的位置提供器传入到 getLastKnownLocation()方法中，就可以得到一个 Location 对象，如下所示：

```
String provider = LocationManager.NETWORK_PROVIDER;
Location location = locationManager.getLastKnownLocation(provider);
```

这个 Location 对象中包含了经度、纬度、海拔等一系列的位置信息，然后从中取出我们所关心的那部分数据即可。

如果有些时候你想让定位的精度尽量高一些，但又不确定 GPS 定位的功能是否已经启用，这个时候就可以先判断一下有哪些位置提供器可用，如下所示：

```
List<String> providerList = locationManager.getProviders(true);
```

可以看到，getProviders()方法接收一个布尔型参数，传入 true 就表示只有启用的位置提供器才会被返回。之后再从 providerList 中判断是否包含 GPS 定位的功能就行了。

另外，调用 getLastKnownLocation()方法虽然可以获取到设备当前的位置信息，但是用户是完全有可能带着设备随时移动的，那么我们怎样才能在设备位置发生改变的时候获取到最新的位置信息呢？不用担心，LocationManager 还提供了一个 requestLocationUpdates()方法，只要传入一个 LocationListener 的实例，并简单配置几个参数就可以实现上述功能了，写法如下：

```
locationManager.requestLocationUpdates(LocationManager.GPS_PROVIDER, 5000, 10,
    new LocationListener() {
        @Override
        public void onStatusChanged(String provider, int status, Bundle
extras) {
        }

        @Override
        public void onProviderEnabled(String provider) {
        }

        @Override
        public void onProviderDisabled(String provider) {
        }

        @Override
```

```
        public void onLocationChanged(Location location) {
        }
    });
```

这里 requestLocationUpdates()方法接收四个参数，第一个参数是位置提供器的类型，第二个参数是监听位置变化的时间间隔，以毫秒为单位，第三个参数是监听位置变化的距离间隔，以米为单位，第四个参数则是 LocationListener 监听器。这样的话，LocationManager 每隔 5 秒钟会检测一下位置的变化情况，当移动距离超过 10 米的时候，就会调用 LocationListener 的 onLocationChanged()方法，并把新的位置信息作为参数传入。

好了，关于 LocationManager 的用法基本就是这么多，下面我们就通过一个例子来尝试一下吧。

11.2.2 确定自己位置的经纬度

通过上一小节的学习，你会发现 LocationManager 的用法并不复杂，那么本小节中我们来编写一个可以获取当前位置经纬度信息的程序吧。

新建一个 LocationTest 项目，修改 activity_main.xml 中的代码，如下所示：

```
<LinearLayout xmlns:android="http://schemas.android.com/apk/res/android"
    android:layout_width="match_parent"
    android:layout_height="match_parent" >

    <TextView
        android:id="@+id/position_text_view"
        android:layout_width="wrap_content"
        android:layout_height="wrap_content" />

</LinearLayout>
```

布局文件中的内容实在是太简单了，只有一个 TextView 控件，用于稍后显示设备位置的经纬度信息。

然后修改 MainActivity 中的代码，如下所示：

```
public class MainActivity extends Activity {

    private TextView positionTextView;

    private LocationManager locationManager;

    private String provider;
```

```
    @Override
    protected void onCreate(Bundle savedInstanceState) {
        super.onCreate(savedInstanceState);
        setContentView(R.layout.activity_main);
        positionTextView = (TextView) findViewById(R.id.position_text_view);
        locationManager = (LocationManager) getSystemService(Context.
LOCATION_SERVICE);
        // 获取所有可用的位置提供器
        List<String> providerList = locationManager.getProviders(true);
        if (providerList.contains(LocationManager.GPS_PROVIDER)) {
            provider = LocationManager.GPS_PROVIDER;
        } else if (providerList.contains(LocationManager.NETWORK_PROVIDER)) {
            provider = LocationManager.NETWORK_PROVIDER;
        } else {
            // 当没有可用的位置提供器时，弹出Toast提示用户
            Toast.makeText(this, "No location provider to use",
Toast.LENGTH_SHORT).show();
            return;
        }
        Location location = locationManager.getLastKnownLocation(provider);
        if (location != null) {
            // 显示当前设备的位置信息
            showLocation(location);
        }
        locationManager.requestLocationUpdates(provider, 5000, 1,
locationListener);
    }

    protected void onDestroy() {
        super.onDestroy();
        if (locationManager != null) {
            // 关闭程序时将监听器移除
            locationManager.removeUpdates(locationListener);
        }
    }

    LocationListener locationListener = new LocationListener() {

        @Override
```

```
        public void onStatusChanged(String provider, int status, Bundle
extras) {
        }

        @Override
        public void onProviderEnabled(String provider) {
        }

        @Override
        public void onProviderDisabled(String provider) {
        }

        @Override
        public void onLocationChanged(Location location) {
            // 更新当前设备的位置信息
            showLocation(location);
        }
    };

    private void showLocation(Location location) {
        String currentPosition = "latitude is " + location.getLatitude() + "\n"
+ "longitude is " + location.getLongitude();
        positionTextView.setText(currentPosition);
    }

}
```

这里并没有什么复杂的逻辑，基本全是我们在上一小节中学到的知识。在 onCreate()方法中首先是获取到了 LocationManager 的实例，然后调用 getProviders()方法去得到所有可用的位置提供器，接下来再调用 getLastKnownLocation()方法就可以获取到记录当前位置信息的 Location 对象了，这里我们将 Location 对象传入到 showLocation()方法中，经度和纬度的值就会显示到 TextView 上了。然后为了要能监测到位置信息的变化，下面又调用了 requestLocationUpdates()方法来添加一个位置监听器，设置时间间隔是 5 秒，距离间隔是 1 米，并在 onLocationChanged()方法中时时更新 TextView 上显示的经纬度信息。最后当程序关闭时，我们还需要调用 removeUpdates()方法来将位置监听器移除，以保证不会继续耗费手机的电量。

另外，获取设备当前的位置信息也是要声明权限的，因此还需要修改 AndroidManifest.xml 中的代码，如下所示：

```
<manifest xmlns:android="http://schemas.android.com/apk/res/android"
    package="com.example.locationtest"
    android:versionCode="1"
    android:versionName="1.0" >
    ……
    <uses-permission android:name="android.permission.ACCESS_FINE_LOCATION" />
    ……
</manifest>
```

现在运行一下程序，就可以看到手机当前位置的经纬度信息了，如图 11.2 所示。

图　11.2

之后如果你拿着手机随处移动，就可以看到界面上的经纬度信息是会变化的。由此证实，我们的程序确实已经在正常工作了。

11.3　反向地理编码，看得懂的位置信息

话说回来，刚才我们虽然成功获取到了设备当前位置的经纬度信息，但遗憾的是，这种经纬值一般人是根本看不懂的，相信谁也无法立刻答出南纬 25 度、东经 148 度是什么地方吧？为了能够更加直观地阅读位置信息，本节中我们就来学习一下，如何通过反向地理编码，将经纬值转换成看得懂的位置信息。

11.3.1 Geocoding API 的用法

其实 Android 本身就提供了地理编码的 API，主要是使用 GeoCoder 这个类来实现的。它可以非常简单地完成正向和反向的地理编码功能，从而轻松地将一个经纬值转换成看得懂的位置信息。

不过，非常遗憾的是，GeoCoder 长期存在着一些较为严重的 bug，在反向地理编码的时候会有一定的概率不能解析出位置的信息，这样就无法保证位置解析的稳定性，因此我们不得不去寻找 GeoCoder 的替代方案。

还算比较幸运，谷歌又提供了一套 Geocoding API，使用它的话也可以完成反向地理编码的工作，只不过它的用法稍微复杂了一些，但稳定性要比 GeoCoder 强得多。本小节中我们只是学习一下 Geocoding API 的简单用法，更详细的用法请参考官方文档：https://developers.google.com/maps/documentation/geocoding/。

Geocoding API 的工作原理并不神秘，其实就是利用了我们上一章中学习的 HTTP 协议。在手机端我们可以向谷歌的服务器发起一条 HTTP 请求，并将经纬度的值作为参数一同传递过去，然后服务器会帮我们将这个经纬值转换成看得懂的位置信息，再将这些信息返回给手机端，最后手机端去解析服务器返回的信息，并进行处理就可以了。

Geocoding API 中规定了很多接口，其中反向地理编码的接口如下：

```
http://maps.googleapis.com/maps/api/geocode/json?latlng=40.714224,-73.961
452&sensor=true_or_false
```

我们来仔细看下这个接口的定义，其中 http://maps.googleapis.com/maps/api/geocode/是固定的，表示接口的连接地址。json 表示希望服务器能够返回 JSON 格式的数据，这里也可以指定成 xml。latlng=40.714224,-73.96145 表示传递给服务器去解码的经纬值是北纬 40.714224 度，西经 73.96145 度。sensor=true_or_false 表示这条请求是否来自于某个设备的位置传感器，通常指定成 false 即可。

如果发送 http://maps.googleapis.com/maps/api/geocode/json?latlng=40.714224,-73.96145&sensor=false 这样一条请求给服务器，我们将会得到一段非常长的 JSON 格式的数据，其中会包括如下部分内容：

```
"formatted_address" : "277 Bedford Avenue, 布鲁克林纽约州 11211美国"
```

从这段内容中我们就可以看出北纬 40.714224 度，西经 73.96145 度对应的地理位置是在哪里了。如果你想查看服务器返回的完整数据，在浏览器中访问上面的网址即可。

这样的话，使用 Geocoding API 进行反向地理编码的工作原理你就已经搞清楚了，那么难点其实就在于如何从服务器返回的数据中解析出我们想要的那部分信息了。而 JSON 格式数据的解析方式我们早在上一章中就牢牢地掌握了，因此我相信这个问题一定是难不倒你的。下面我们就来完善一下 LocationTest 这个程序，给它加入反向地理编码的功能吧。

11.3.2　对经纬度进行解析

使用 Geocoding API 进行反向地理编码的流程相信你已经很清楚了，我们先要发送一个 HTTP 请求给谷歌的服务器，然后再对返回的 JSON 数据进行解析。发送 HTTP 请求的方式我们准备使用 HttpClient，解析 JSON 数据的方式使用 JSONObject。修改 MainActivity 中的代码，如下所示：

```
public class MainActivity extends Activity {

    public static final int SHOW_LOCATION = 0;
    ……
    private void showLocation(final Location location) {
        new Thread(new Runnable() {
            @Override
            public void run() {
                try {
                    // 组装反向地理编码的接口地址
                    StringBuilder url = new StringBuilder();

    url.append("http://maps.googleapis.com/maps/api/geocode/json?latlng=");
                    url.append(location.getLatitude()).append(",");
                    url.append(location.getLongitude());
                    url.append("&sensor=false");
                    HttpClient httpClient = new DefaultHttpClient();
                    HttpGet httpGet = new HttpGet(url.toString());
                    // 在请求消息头中指定语言，保证服务器会返回中文数据
                    httpGet.addHeader("Accept-Language", "zh-CN");
                    HttpResponse httpResponse = httpClient.execute(httpGet);
                    if (httpResponse.getStatusLine().getStatusCode() == 200) {
                        HttpEntity entity = httpResponse.getEntity();
                        String response = EntityUtils.toString(entity,
"utf-8");
                        JSONObject jsonObject = new JSONObject(response);
                        // 获取results节点下的位置信息
                        JSONArray resultArray = jsonObject.getJSONArray
("results");
                        if (resultArray.length() > 0) {
                            JSONObject subObject = resultArray.
getJSONObject(0);
                            // 取出格式化后的位置信息
```

```
                                String address = subObject.getString
("formatted_address");
                                Message message = new Message();
                                message.what = SHOW_LOCATION;
                                message.obj = address;
                                handler.sendMessage(message);
                            }
                        }
                    } catch (Exception e) {
                        e.printStackTrace();
                    }
                }
            }).start();
        }

        private Handler handler = new Handler() {
            public void handleMessage(Message msg) {
                switch (msg.what) {
                case SHOW_LOCATION:
                    String currentPosition = (String) msg.obj;
                    positionTextView.setText(currentPosition);
                    break;
                default:
                    break;
                }
            }
        };

    }
```

观察 showLocation()方法，由于我们要在这里发起网络请求，因此必须开启一个子线程。在子线程中首先是通过 StringBuilder 组装了一个反向地理编码接口地址的字符串，然后使用 HttpClient 去请求这个地址就好了。注意在 HttpGet 中我们还添加了一个消息头，消息头中将语言类型指定为简体中文，不然服务器会默认返回英文的位置信息。

接下来就是对服务器返回的 JSON 数据进行解析了。由于一个经纬度的值有可能包含了好几条街道，因此服务器通常会返回一组位置信息，这些信息都是存放在 results 结点下的。在得到了这些位置信息后只需要取其中的第一条就可以了，通常这也是最接近我们位置的那一条。之后就可以从 formatted_address 结点中取出格式化后的位置信息了，这种位置信息你就完全可以看得懂了。

不过别忘了，目前我们还是在子线程当中的，因此在这里无法直接将得到的位置信息显示到 TextView 上。但这个问题也一定难不倒你了，使用异步消息处理机制就可以轻松解决，相信不需要我再进行多余的解释了吧。

由于这里我们使用到了网络功能，因此还需要在 AndroidManifest.xml 中添加权限声明，如下所示：

```
<manifest xmlns:android="http://schemas.android.com/apk/res/android"
    package="com.example.locationtest"
    android:versionCode="1"
    android:versionName="1.0" >
    ......
    <uses-permission android:name="android.permission.ACCESS_FINE_LOCATION" />
    <uses-permission android:name="android.permission.INTERNET" />
    ......
</manifest>
```

好了，现在可以重新运行一下程序了，结果如图 11.3 所示。

图　11.3

可以看到，手机当前的位置信息已经成功显示出来了！如果你带着手机移动了较远的距离，界面上显示的位置也会跟着一起变化的。

当然，在这个例子中我们只是对服务器返回的 JSON 数据进行了最简单的解析，位置信息是作为整体取出的，其实你还可以进行更精确的解析，将国家名、城市名、街道名、甚至邮政编码等作为独立的信息取出，更加有趣的功能就等着你自己去进行研究了。

经验值：+30000　　　　目前经验值：232905

级别：头领鸟

获赠宝物：拜访三尺神尊者。获得三尺神尊者馈赠的尊贵宝物，全新恒星级阿尔法三界定位器（TPS）一部、全新夔龙皮 Android 战袍一套、行星级秋风之消亡战斧一把。任何神都有分身，但要说哪位神的分身最多，非三尺神尊者莫属。三尺神尊者时刻位于三界任何高级生灵的头顶上空三尺的位置，因此，他确切地知道每一个生灵在任何时刻的时空位置，你的所作所为他也全部都看在眼里。记者采访时问为什么低等生灵的头顶上就没有呢，三尺神诚恳地回答："没有办法，确实是忙不过来了"。三尺神是三界中文治武功排名前十的。几乎没有人能够战胜他，他的威震三界的随身武器是超光锥三界之消亡，这件武器在整个宇宙中是独一无二的，其至高无上令神人魔共惧的强大之处在于它不仅可以毁灭当下的存在，而且可以毁灭过去和未来的存在。换句话说，三界中的任何高等生灵犯下了罪孽，无论是位于现在、过去、还是未来，都逃不出三尺神尊者的惩罚，毁灭是注定的。你可以拜访三尺神，但你永远无法拜别三尺神，因为他始终在你头顶上空三尺。当你修行的级别不够时是无法看到三尺神的，三尺神只有被你自身所发出的光芒照到时才能被你看到。当你第一次看到三尺神时，我敢说，整个世界在你眼前都不一样了。我定了定神。继续前进。

11.4　使用百度地图

现在手机地图的应用真的可以算得上是非常广泛了，和 PC 上的地图相比，手机地图能够随时随地进行查看，并且轻松构建出行路线，使用起来明显更加地方便。但是你有没有想过，其实我们在自己的应用程序里也是可以加入地图功能的。

在手机地图领域做得最好的就当数谷歌地图和百度地图了，并且这两种地图都提供了丰富的 API，使得任何开发者都可以轻松地将地图功能引入到自己的应用程序当中。只不过谷歌地图在 2013 年 3 月的时候全面停用了第一版的 API Key，而第二版的 API Key 在中国使用的时候又有诸多限制，因此这里我们就不准备使用谷歌地图了。相比之下，百度地图的使用就没有任何限制，而且用法也非常方便，那么它自然就成为我们本节的主题了。

11.4.1　申请 API Key

要想在自己的应用程序里加入百度地图的功能，首先必须申请一个 API Key。你得拥有一个百度账号才能进行申请，我相信大多数人早就已经拥有了吧？如果你还没有的话，赶快去注册一个吧。

下面我们需要注册成为一名百度开发者。登录你的百度账号，并打开 http://developer.baidu.com/user/reg 这个网址，在这里填写一些注册信息即可，如图 11.4 所示。

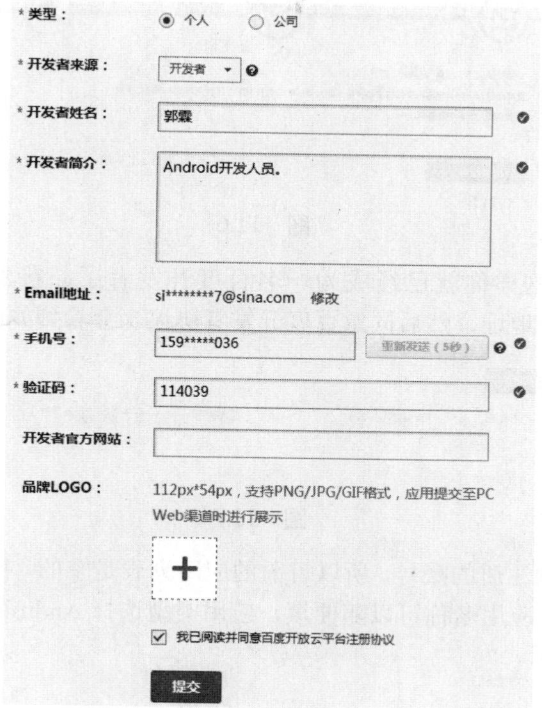

* 类型：　◉ 个人　○ 公司

* 开发者来源：　开发者

* 开发者姓名：　郭霖

* 开发者简介：　Android开发人员。

* Email地址：　si********7@sina.com　修改

* 手机号：　159*****036　重新发送（5秒）

* 验证码：　114039

开发者官方网站：

品牌LOGO：　112px*54px，支持PNG/JPG/GIF格式，应用提交至PC Web渠道时进行展示

☑ 我已阅读并同意百度开放云平台注册协议

提交

图　11.4

只需填写有“*”号的那部分内容就足够了，接下来点击提交，会显示如图 11.5 所示的界面。

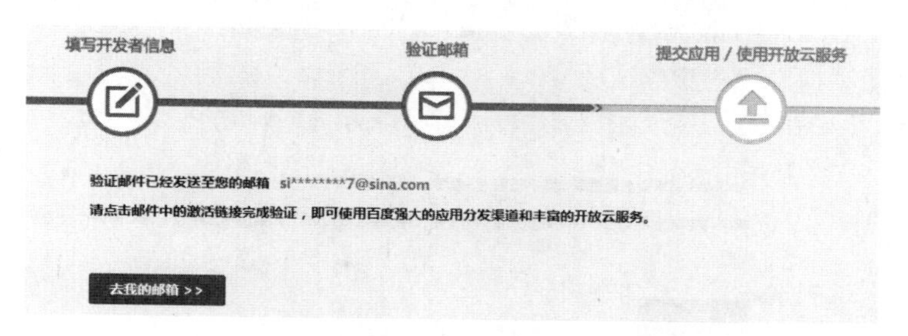

图　11.5

接着点击“去我的邮箱”，将会进入到我们刚才填写的邮箱当中，这时收件箱中应该会有一封刚刚收到的邮件，这就是百度发送给我们的验证邮件，点击邮件当中的链接就可以完

成注册了，如图 11.6 所示。

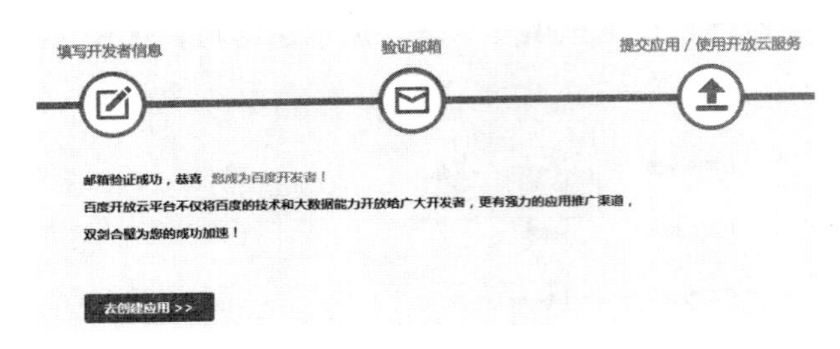

图 11.6

到此一切顺利！这样你就已经成为一名百度开发者了。接着访问http://lbsyun.baidu.com/apiconsole/key这个地址，然后同意百度开发者协议，会看到如图 11.7 所示的界面。

创建应用 回收站 每页显示30条

应用编号 应用名称 访问应用（AK） 应用类别 备注信息（双击更改） 应用配置

您当前创建了 0 个应用

图 11.7

由于这是一个刚刚注册的账号，所以目前的应用列表是空的。接下来点击创建应用就可以去申请 API Key 了，应用名称可以随便填，应用类型选择 Android SDK，启用服务保持默认即可，如图 11.8 所示。

图 11.8

那么剩下一个安全码是什么意思呢？这是我们申请 API Key 所必须填写的一个字段，它的组成方式是数字签名+;+包名。这里数字签名指的是我们打包程序时所用 keystore 的 SHA1

指纹，可以在 Eclipse 中查看到。点击 Eclipse 导航栏的 Window→Preferences→Android→Build，界面如图 11.9 所示。

Default debug keystore:	C:\Users\Tony\.android\debug.keystore
MD5 fingerprint:	DE:1F:B8:59:5D:91:7D:EB:A1:0D:CD:7E:55:59:7F:B3
SHA1 fingerprint:	4F:7D:6B:ED:7D:DF:B8:46:D6:96:E6:2F:7C:0B:C0:B7:D5:99:C1:D7
Custom debug keystore:	Browse...
MD5 fingerprint:	
SHA1 fingerprint:	

图　11.9

其中，4F:7D:6B:ED:7D:DF:B8:46:D6:96:E6:2F:7C:0B:C0:B7:D5:99:C1:D7 就是我们所需的 SHA1 指纹了，当然你的 Eclipse 中显示的指纹肯定和我的是不一样的。另外需要注意，目前我们使用的是 debug.keystore 所生成的指纹，这是 Android 自动生成的一个用于测试的 keystore。而当你的应用程序发布时还需要创建一个正式的 keystore，如果要得到它的指纹，就需要在 cmd 中输入如下命令：

```
keytool -list -v -keystore <keystore文件名>
```

然后输入正确的密码就可以了。创建 keystore 的方法我们将在第 15 章中学习。

那么数字签名的值已经得到了，接下来需要连接一个;号，然后加上应用程序的包名。目前我们的应用程序还不存在，但可以先将包名预定下来，比如就叫 com.example.baidumaptest。因此，一个完整的安全码就是：4F:7D:6B:ED:7D:DF:B8:46:D6:96:E6:2F:7C:0B:C0:B7:D5:99:C1:D7;com.example.baidumaptest。我们将这个值填入到图 11.8 的安全码输入框中，然后点击提交。这样的话就已经申请成功了，如图 11.10 所示。

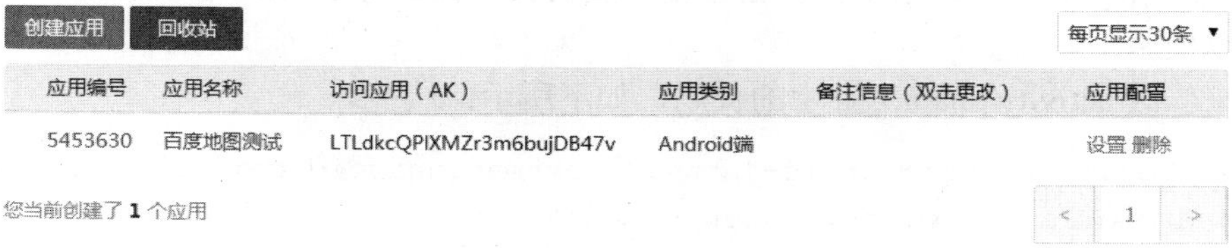

创建应用　回收站　　每页显示30条 ▼

应用编号	应用名称	访问应用（AK）	应用类别	备注信息（双击更改）	应用配置
5453630	百度地图测试	LTLdkcQPlXMZr3m6bujDB47v	Android端		设置 删除

您当前创建了 **1** 个应用　　< 1 >

图　11.10

其中，LTLdkcQPlXMZr3m6bujDB47v 就是申请到的 API Key，有了它就可以进行后续的地图开发工作了，那么我们马上开始吧。

11.4.2　让地图显示出来

现在正是趁热打铁的好时机，新建一个 BaiduMapTest 项目，并将包命名为 com.example.

baidumaptest。在开始编码之前，我们还需要先将百度地图 Android 版的 SDK 准备好，下载地址是：http://developer.baidu.com/map/sdkandev-download.htm，然后点击一键下载按钮就可以了。

下载完成后对压缩包解压，应该可以看到其中又有三个压缩包。其中，Docs 包中含有百度地图的使用文档，Sample 包中含有一个使用百度地图的工程样例，Lib 包中含有使用百度地图所必须依赖的库文件。解压 Lib 包，这里面就是我们所需要的一切了，如图 11.11 所示。

名称	类型	大小
baidumapapi_v3_1_0.jar	Executable Jar File	809 KB
libBaiduMapSDK_v3_1_0.so	SO 文件	1,122 KB
readme.txt	文本文档	6 KB

图 11.11

baidumapapi_v3_1_0.jar 和 libBaiduMapSDK_v3_1_0.so 这两个文件都是使用百度地图所必不可少的。现在将 baidumapapi_v3_1_0.jar 复制到项目的 libs 目录下，然后在 libs 目录下新建一个 armeabi 目录，并将 libBaiduMapSDK_v3_1_0.so 复制到新建的目录下，所图 11.12 所示。

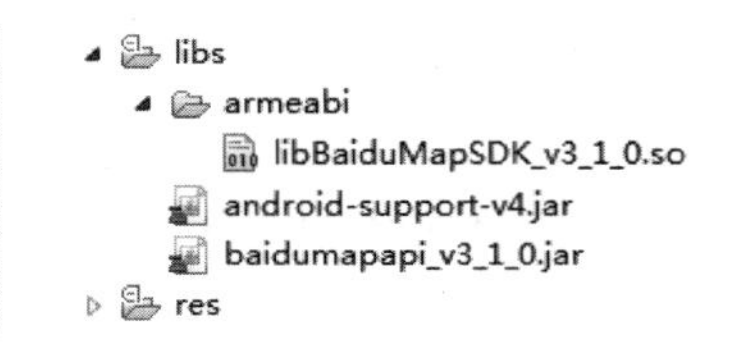

图 11.12

libs 目录你已经知道是专门用于存放第三方 Jar 包的地方，而 armeabi 目录则是专门用于存放 so 文件的地方。so 文件是用 C/C++语言进行编写，然后再用 NDK 编译出来的。libBaiduMapSDK_v3_1_0.so 这个文件已经由百度帮我们编译好了，因此直接放到 armeabi 目录下就可以使用了。

接下来修改 activity_main.xml 中的代码，如下所示：

```
<LinearLayout xmlns:android="http://schemas.android.com/apk/res/android"
    android:layout_width="match_parent"
    android:layout_height="match_parent" >

    <com.baidu.mapapi.map.MapView
        android:id="@+id/map_view"
        android:layout_width="match_parent"
        android:layout_height="match_parent"
        android:clickable="true" />

</LinearLayout>
```

在布局文件中我们只是放置了一个 MapView，并让它填充满整个屏幕。这个 MapView 是由百度提供的自定义控件，所以在使用它的时候需要将完整的包名加上。

然后修改 MainActivity 中的代码，如下所示：

```
public class MainActivity extends Activity {

    private MapView mapView;

    @Override
    protected void onCreate(Bundle savedInstanceState) {
        super.onCreate(savedInstanceState);
        SDKInitializer.initialize(getApplicationContext());
        setContentView(R.layout.activity_main);
        mapView = (MapView) findViewById(R.id.map_view);
    }

    @Override
    protected void onDestroy() {
        super.onDestroy();
        mapView.onDestroy();
    }

    @Override
    protected void onPause() {
        super.onPause();
        mapView.onPause();
    }

    @Override
    protected void onResume() {
        super.onResume();
        mapView.onResume();
    }

}
```

可以看到，这里的代码也非常简单。首先需要调用 SDKInitializer 的 initialize()方法来进行初始化操作，initialize()方法接收一个 Context 参数，这里我们调用 getApplicationContext()方法来获取一个全局的 Context 参数并传入。注意初始化操作一定要在 setContentView()方法前调用，不然的话就会出错。接下来我们调用 findViewById()方法获取到了 MapView 的实例，这个实例在后面的功能当中还会用到。

另外还需要重写 onResume()、onPause()和 onDestroy()这三个方法，在这里对百度地图的 API 进行管理，以保证资源能够及时地得到释放。

到此为止，我们的代码都十分简练，但下面的部分就十分繁杂了。相信你已经猜到，使用百度地图也需要在 AndroidManifest.xml 中声明权限的，不过不同于以往，这次我们要声明好多个权限才能保证百度地图的所有功能都可以正常使用。修改 AndroidManifest.xml 中的代码，如下所示：

```
<manifest xmlns:android="http://schemas.android.com/apk/res/android"
    package="com.example.baidumaptest"
    android:versionCode="1"
    android:versionName="1.0" >
    ……
<uses-permission android:name="android.permission.GET_ACCOUNTS" />
<uses-permission android:name="android.permission.USE_CREDENTIALS" />
<uses-permission android:name="android.permission.MANAGE_ACCOUNTS" />
<uses-permission android:name="android.permission.AUTHENTICATE_ACCOUNTS"
/>
<uses-permission android:name="android.permission.ACCESS_NETWORK_STATE" />
<uses-permission android:name="android.permission.INTERNET" />
<uses-permission
android:name="com.android.launcher.permission.READ_SETTINGS" />
<uses-permission android:name="android.permission.CHANGE_WIFI_STATE" />
<uses-permission android:name="android.permission.ACCESS_WIFI_STATE" />
<uses-permission android:name="android.permission.READ_PHONE_STATE" />
<uses-permission android:name="android.permission.WRITE_EXTERNAL_STORAGE"
/>
<uses-permission android:name="android.permission.BROADCAST_STICKY" />
<uses-permission android:name="android.permission.WRITE_SETTINGS" />
<uses-permission android:name="android.permission.READ_PHONE_STATE" />
<uses-permission android:name="android.permission.ACCESS_FINE_LOCATION" />
    ……
</manifest>
```

其中虽然有一些权限在我们当前的例子中是用不到的，但全部添加进来也不见得是一件坏事，这样就不会时不时因为权限不足的问题导致程序崩溃了。

最后，还有至关重要的一步，就是我们需要在 AndroidManifest.xml 中将上一小节申请到的百度 API Key 配置进去。继续修改 AndroidManifest.xml 文件，在<application>标签中添加如下代码：

```
<application
```

```
        android:allowBackup="true"
        android:icon="@drawable/ic_launcher"
        android:label="@string/app_name"
        android:theme="@style/AppTheme" >

        <meta-data
            android:name="com.baidu.lbsapi.API_KEY"
            android:value="LTLdkcQPlXMZr3m6bujDB47v" />

        ......
    </application>
```

其中，com.baidu.lbsapi.API_KEY 这个值是固定的，而 LTLdkcQPlXMZr3m6bujDB47v 这个值就是我们申请到的 API Key 了。

现在运行一下程序，百度地图就应该成功显示出来了，如图 11.13 所示。

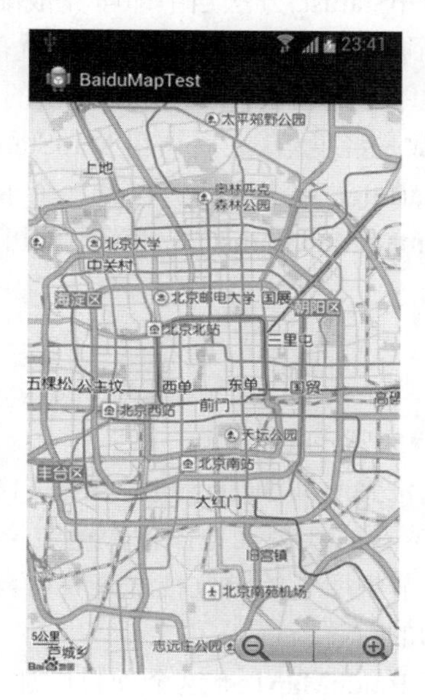

图　11.13

11.4.3　定位到我的位置

地图是成功显示出来了，但也许这并不是你想要的。因为这是一张默认的地图，显示的是北京市中心的位置，而你可能希望看到更加精细的地图信息，比如说自己所在位置的周边环境。显然，通过缩放和移动的方式来慢慢找到自己的位置是一种很愚蠢的做法。那么本小节我们就来学习一下，如何才能在地图中快速定位到自己的位置。

百度地图的 API 中提供了一个 BaiduMap 类，它是地图的总控制器，调用 MapView 的 getMap()方法就能获取到 BaiduMap 的实例，如下所示：

```
BaiduMap baiduMap = mapView.getMap();
```

有了 BaiduMap 后，我们就能对地图进行各种各样的操作了，比如设置地图的缩放级别以及将地图定位到某一个经纬度上。

百度地图将缩放级别的取值范围限定在 3 到 19 之间，其中小数点位的值也是可以取的，值越大，地图显示的信息就越精细。比如我们想要将缩放级别设置成 12.5，就可以这样写：

```
MapStatusUpdate update = MapStatusUpdateFactory.zoomTo(12.5f);
baiduMap.animateMapStatus(update);
```

其中 MapStatusUpdateFactory 的 zoomTo()方法接收一个 float 型的参数，就是用于设置缩放级别的，这里我们传入 12.5f。zoomTo()方法返回一个 MapStatusUpdate 对象，我们把这个对象传入 BaiduMap 的 animateMapStatus()方法当中即可完成缩放功能。

那么怎样才能让地图定位到某一个经纬度上呢？这就需要借助 LatLng 类了。其实 LatLng 并没有什么太多的用法，主要就是用于存放经纬度值的，它的构造方法接收两个参数，第一个参数是纬度值，第二个参数是经度值。之后调用 MapStatusUpdateFactory 的 newLatLng()方法将 LatLng 对象传入，newLatLng()方法返回的也是一个 MapStatusUpdate 对象，我们再把这个对象传入 BaiduMap 的 animateMapStatus()方法当中就可以将地图定位到指定的经纬度上了，写法如下：

```
LatLng ll = new LatLng(39.915, 116.404);
MapStatusUpdate update = MapStatusUpdateFactory.newLatLng(ll);
baiduMap.animateMapStatus(update);
```

上述代码就实现了将地图定位到北纬 39.915 度、东经 116.404 度这个位置的功能。

了解了这些知识之后，接下来再去实现在地图中快速定位自己位置的功能就变得非常简单了。首先我们可以利用在 11.2 节中所学的定位技术来获得自己当前位置的经纬度，之后再按照上述的方法来设置地图显示的位置就可以了。

那么下面我们就来继续完善 BaiduMapTest 这个项目，加入定位到我的位置这个功能。

修改 MainActivity 中的代码，如下所示：

```
public class MainActivity extends Activity {

    private MapView mapView;

    private BaiduMap baiduMap;

    private LocationManager locationManager;
```

```
private String provider;

private boolean isFirstLocate = true;

@Override
protected void onCreate(Bundle savedInstanceState) {
    super.onCreate(savedInstanceState);
    SDKInitializer.initialize(getApplicationContext());
    setContentView(R.layout.activity_main);
    mapView = (MapView) findViewById(R.id.map_view);
    baiduMap = mapView.getMap();
    locationManager = (LocationManager) getSystemService(Context.
        LOCATION_SERVICE);
    // 获取所有可用的位置提供器
    List<String> providerList = locationManager.getProviders(true);
    if (providerList.contains(LocationManager.GPS_PROVIDER)) {
        provider = LocationManager.GPS_PROVIDER;
    } else if (providerList.contains(LocationManager.NETWORK_PROVIDER)) {
        provider = LocationManager.NETWORK_PROVIDER;
    } else {
        // 当没有可用的位置提供器时，弹出Toast提示用户
        Toast.makeText(this, "No location provider to use", Toast.
           LENGTH_SHORT).show();
        return;
    }
    Location location = locationManager.getLastKnownLocation(provider);
    if (location != null) {
        navigateTo(location);
    }
    locationManager.requestLocationUpdates(provider, 5000, 1, location-
       Listener);
}

private void navigateTo(Location location) {
    if (isFirstLocate) {
        LatLng ll = new LatLng(location.getLatitude(), location.
           getLongitude());
        MapStatusUpdate update = MapStatusUpdateFactory.newLatLng(ll);
        baiduMap.animateMapStatus(update);
        update = MapStatusUpdateFactory.zoomTo(16f);
        baiduMap.animateMapStatus(update);
```

```
            isFirstLocate = false;
        }
    }

    LocationListener locationListener = new LocationListener() {

        @Override
        public void onStatusChanged(String provider, int status, Bundle
            extras) {
        }

        @Override
        public void onProviderEnabled(String provider) {
        }

        @Override
        public void onProviderDisabled(String provider) {
        }

        @Override
        public void onLocationChanged(Location location) {
            // 更新当前设备的位置信息
            if (location != null) {
                navigateTo(location);
            }
        }
    };

    @Override
    protected void onDestroy() {
        super.onDestroy();
        mapView.onDestroy();
        if (locationManager != null) {
            // 关闭程序时将监听器移除
            locationManager.removeUpdates(locationListener);
        }
    }
    ......
}
```

这里大部分的代码你应该非常熟悉了，基本上使用的都是我们在 11.2.2 节编写的定位代码，只不过在获取到了 Location 对象后，我们将它传入到了 navigateTo()方法中。那么

navigateTo()方法又做了什么呢？其实也非常简单，先是将 Location 对象中的地理位置信息取出并封装到 LatLng 对象中，然后调用 MapStatusUpdateFactory 的 newLatLng()方法并将 LatLng 对象传入，接着将返回的 MapStatusUpdate 对象作为参数传入到 BaiduMap 的 animateMapStatus()方法当中，和上面介绍的用法是一模一样的。并且这里为了让地图信息可以显示得更加丰富一些，我们将缩放级别设置成了 16。另外还有一点需要注意，上述代码当中我们使用了一个 isFirstLocate 变量，这个变量的作用是为了防止多次调用 animateMapStatus()方法，因为将地图移动到我们当前的位置只需要在程序第一次定位的时候调用一次就可以了。

现在重新运行一下程序，结果如图 11.14 所示。

图　11.14

11.4.4　让我显示在地图上

现在我们已经可以让地图显示我们周边的环境了，但是相信在你平时使用手机地图时应该会注意到，通常情况下手机地图的上面应该都会有一个小光标，用于显示设备当前所在的位置，并且如果设备正在移动的话，那么这个光标也会跟着一起移动。那么我们现在就继续对现有代码进行扩展，让“我”能够显示在地图上。

百度地图的 API 当中提供了一个 MyLocationData.Builder 类，这个类是用来封装设备当前所在位置的，我们只需将经纬度信息传入到这个类的相应方法当中就可以了，如下所示：

```
MyLocationData.Builder locationBuilder = new MyLocationData.Builder();
locationBuilder.latitude(39.915);
locationBuilder.longitude(116.404);
```

MyLocationData.Builder 类还提供了一个 build()方法，当我们把要封装的信息都设置完成之后只需要调用它的 build()方法，就会生成一个 MyLocationData 的实例，然后再将这个实例传入到 BaiduMap 的 setMyLocationData()方法当中就可以让设备当前的位置显示在地图上了，写法如下：

```
MyLocationData locationData = locationBuilder.build();
baiduMap.setMyLocationData(locationData);
```

大体思路就是这个样子，下面我们开始来实现一下，修改 MainActivity 中的代码，如下所示：

```
public class MainActivity extends Activity {
    ......
    @Override
    protected void onCreate(Bundle savedInstanceState) {
        super.onCreate(savedInstanceState);
        SDKInitializer.initialize(getApplicationContext());
        setContentView(R.layout.activity_main);
        mapView = (MapView) findViewById(R.id.map_view);
        baiduMap = mapView.getMap();
        baiduMap.setMyLocationEnabled(true);
        ......
    }

    private void navigateTo(Location location) {
        if (isFirstLocate) {
            LatLng ll = new LatLng(location.getLatitude(), location.
               getLongitude());
            MapStatusUpdate update = MapStatusUpdateFactory.newLatLng(ll);
            baiduMap.animateMapStatus(update);
            update = MapStatusUpdateFactory.zoomTo(16f);
            baiduMap.animateMapStatus(update);
            isFirstLocate = false;
        }
        MyLocationData.Builder locationBuilder = new MyLocationData.
           Builder();
        locationBuilder.latitude(location.getLatitude());
        locationBuilder.longitude(location.getLongitude());
        MyLocationData locationData = locationBuilder.build();
        baiduMap.setMyLocationData(locationData);
    }

    ......
```

```
    @Override
    protected void onDestroy() {
        super.onDestroy();
        baiduMap.setMyLocationEnabled(false);
        mapView.onDestroy();
        if (locationManager != null) {
            // 关闭程序时将监听器移除
            locationManager.removeUpdates(locationListener);
        }
    }
    ……
}
```

可以看到，在 navigateTo()方法中，我们添加了 MyLocationData 的构建逻辑，将 Location 中包含的经度和纬度分别封装到了 MyLocationData.Builder 当中，最后把 MyLocationData 设置到了 BaiduMap 的 setMyLocationData()方法当中。注意这段逻辑必须写在 isFirstLocate 这个 if 条件语句的外面，因为让地图移动到我们当前的位置只需要在第一次定位的时候执行，但是设备在地图上显示的位置却应该是随着设备的移动而实时改变的。

另外，根据百度地图的限制，如果我们想要使用这一功能，一定要事先调用 BaiduMap 的 setMyLocationEnabled()方法将此功能开启，否则的话设备的位置将无法在地图上显示。而在程序退出的时候，也要记得将此功能给关闭掉。

就是这么简单，现在重新运行一下程序，结果如图 11.15 所示。

图　11.15

这样的话，用户就可以非常清晰地看出自己当前是在哪里了。

关于百度地图的用法我就准备介绍这么多，现在你已经算是成功入门了。如果想要更加深入地研究百度地图的用法，可以到官方网站上参考开发指南：http://developer.baidu.com/map/sdk-android.htm。另外，本书中使用的是百度地图 Android 版 3.1.0 的 SDK，是目前最新的版本，但以后百度发布更新版本的 SDK 是有可能导致书上的例子无法正常运行的，因此除了照着书学习之外，根据官网的开发指南来进行学习也是非常重要的，因为官方文档永远都是最新的。

好了，本章的主体内容到这里就结束了。下面我们将再次进入本书的特殊环节，学习一下关于 Git 的高级用法。

经验值：+22000　　目前经验值：254905

级别：头领鸟

赢得宝物：战胜百度地图守护者（内层高阶守护者）。拾取百度地图守护者掉落的宝物，一本书《孙子兵法》、一本神界自驾游旅游手册，还有一辆 SUV。是的！一辆 SUV！你能想象我当时震惊的样子么？！一辆 SUV 从一个人身上“掉落”，而不是反过来。在我没有打败他之前，我完全看不出他会是那种在身上藏了一辆 SUV 的人。那么大的 SUV，他能藏哪儿呢？！我使劲地揪头发，我快疯了。停！我告诉自己，冷静。这里是神界，是神的地盘，在这里，任何事情都可能发生。此外，百度地图守护者也不是人，他是神，尽管在身材上只比普通人健硕一点。开车会错过很多东西，况且我驾驶技能也很一般，因此，我决定继续选择步行。我卖掉了 SUV。继续前进。

11.5　Git 时间，版本控制工具的高级用法

现在的你对于 Git 应该完全不会感到陌生了吧，通过了之前两节内容的学习，你已经掌握了 Git 中很多的常用命令，像提交代码这种简单的操作相信肯定是难不倒你的。

那么打开 Git Bash，并进入到 BaiduMapTest 这个项目的根目录，然后执行提交操作：

```
git init
git add .
git commit -m "First Commit."
```

这样就将准备工作完成了，下面就让我们开始学习关于 Git 的高级用法。

11.5.1　分支的用法

分支是版本控制工具中比较高级且比较重要的一个概念，它主要的作用就是在现有代码的基础上开辟一个分叉口，使得代码可以在主干线和分支线上同时进行开发，且相互之间不

会影响。分支的工作原理示意图如图 11.16 所示。

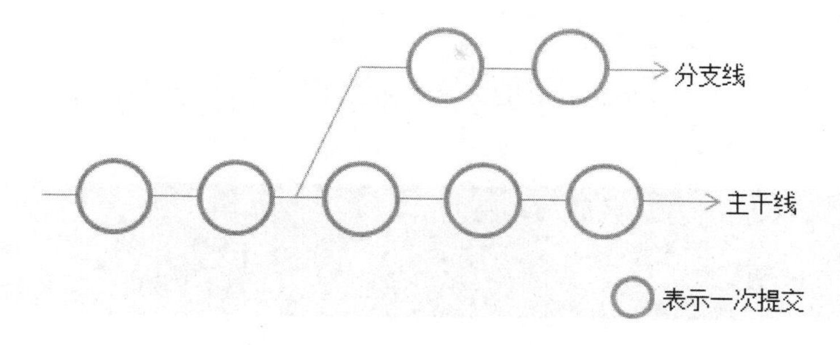

图　11.16

你也许会有疑惑，为什么需要建立分支呢，只在主干线上进行开发不是挺好的吗？没错，通常情况下，只在主干线上进行开发是完全没有问题的，不过一旦涉及到出版本的情况，如果不建立分支的话，你就会非常地头疼。举个简单的例子吧，比如说你们公司研发了一款不错的软件，最近刚刚完成，并推出了 1.0 版本。但是领导是不会让你们闲着的，马上提出了新的需求，让你们投入到了 1.1 版本的开发工作当中。过了几个星期，1.1 版本的功能已完成了一半，但是这个时候有用户反馈，之前上线的 1.0 版本发现了几个重大的 bug，严重影响软件的正常使用。领导也相当重视这个问题，要求你们立刻修复这些 bug，并重新发布 1.0 版本，但这个时候你就非常为难了，你会发现根据没法去修复这些 bug。因为现在 1.1 版本已开发一半了，如果在现有代码的基础上修复这些 bug，那么更新的 1.0 版本将会带有一半 1.1 版本的功能！

进退两难了是不是？但是如果你使用了分支的话，就完全不会存在这个让人头疼的问题。你只需要在发布 1.0 版本的时候建立一个分支，然后在主干线上继续开发 1.1 版本的功能。当 1.0 版本上发现任何 bug 的时候，就在分支线上进行修改，然后发布新的 1.0 版本，并记得将修改后的代码合并到主干线上。这样的话，不仅可以轻松解决掉 1.0 版本存在的 bug，而且保证了主干线上的代码也已经修复了这些 bug，当 1.1 版本发布时就不会有同样的 bug 存在了。

说了这么多，相信你也已经意识到分支的重要性了，那么我们马上来学习一下如何在 Git 中操作分支吧。

分支的英文名是 branch，如果想要查看当前的版本库当中有哪些分支，可以使用 git branch –a 这个命令，结果如图 11.17 所示。

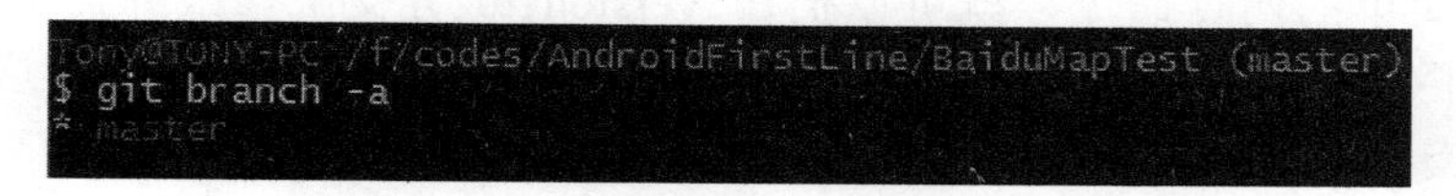

图　11.17

由于目前 BaiduMapTest 项目中还没有创建过任何分支，因此只有一个 master 分支存在，这也就是前面所说的主干线。接下来我们尝试去创建一个分支，命令如下：

```
git branch version1.0
```

这样就创建了一个名为 version1.0 的分支，我们再次输入 git branch –a 这个命令来检查一下，结果如图 11.18 所示。

```
Tony@TONY-PC /f/codes/AndroidFirstLine/BaiduMapTest (master)
$ git branch -a
* master
  version1.0
```

图 11.18

可以看到，果然有一个叫作 version1.0 的分支出现了。你会发现，master 分支的前面有一个*号，说明目前我们的代码还是在 master 分支上的，那么怎样才能切换到 version1.0 这个分支上呢？其实也很简单，只需要使用 checkout 命令即可，如下所示：

```
git checkout version1.0
```

再次输入 git branch –a 来进行检查，结果如图 11.19 所示。

```
Tony@TONY-PC /f/codes/AndroidFirstLine/BaiduMapTest (version1.0)
$ git branch -a
  master
* version1.0
```

图 11.19

可以看到，我们已经把代码成功切换到 version1.0 这个分支上了。

需要注意的是，在 version1.0 分支上修改并提交的代码将不会影响到 master 分支。同样的道理，在 master 分支上修改并提交的代码也不会影响到 version1.0 分支。因此，如果我们在 version1.0 分支上修复了一个 bug，在 master 分支上这个 bug 仍然是存在的。这时将修改的代码一行行复制到 master 分支上显然不是一种聪明的做法，最好的办法就是使用 merge 命令来完成合并操作，如下所示：

```
git checkout master
git merge version1.0
```

仅仅这样简单的两行命令，就可以把在 version1.0 分支上修改并提交的内容合并到 master 分支上了。当然，在合并分支的时候还有可能出现代码冲突的情况，这个时候你就需要静下心来慢慢地找出并解决这些冲突，Git 在这里就无法帮助你了。

最后，当我们不再需要 version1.0 这个分支的时候，可以使用如下命令将这个分支删除掉：

```
git branch -D version1.0
```

11.5.2　与远程版本库协作

可以这样说，如果你是一个人在开发，那么使用版本控制工具就远远无法发挥出它真正强大的功能。没错，所有版本控制工具最重要的一个特点就是可以使用它来进行团队合作开发。每个人的电脑上都会有一份代码，当团队的某个成员在自己的电脑上编写完成了某个功能后，就将代码提交到服务器，其他的成员只需要将服务器上的代码同步到本地，就能保证整个团队所有人的代码都相同。这样的话，每个团队成员就可以各司其职，大家共同来完成一个较为庞大的项目。

那么如何使用 Git 来进行团队合作开发呢？这就需要有一个远程的版本库，团队的每个成员都从这个版本库中获取到最原始的代码，然后各自进行开发，并且以后每次提交的代码都同步到远程版本库上就可以了。另外，团队中的每个成员最好都要养成经常从版本库中获取最新代码的习惯，不然的话，大家的代码就很有可能经常出现冲突。

比如说现在有一个远程版本库的 Git 地址是 https://github.com/exmaple/test.git，就可以使用如下的命令将代码下载到本地：

```
git clone https://github.com/example/test.git
```

之后你在这份代码的基础上进行了一些修改和提交，那么怎样才能把本地修改的内容同步到远程版本库上呢？这就需要借助 push 命令来完成了，用法如下所示：

```
git push origin master
```

其中 origin 部分指定的是远程版本库的 Git 地址，master 部分指定的是同步到哪一个分支上，上述命令就完成了将本地代码同步到 https://github.com/exmaple/test.git 这个版本库的 master 分支上的功能。

知道了将本地的修改同步到远程版本库上的方法，接下来我们看一下如何将远程版本库上的修改同步到本地。Git 提供了两种命令来完成此功能，分别是 fetch 和 pull，fetch 的语法规则和 push 是差不多的，如下所示：

```
git fetch origin master
```

执行这个命令后，就会将远程版本库上的代码同步到本地，不过同步下来的代码并不会合并到任何分支上去，而是会存放到一个 origin/master 分支上，这时我们可以通过 diff 命令来查看远程版本库上到底修改了哪些东西：

```
git diff origin/master
```

之后再调用 merge 命令将 origin/master 分支上的修改合并到主分支上即可，如下所示：

```
git merge origin/master
```

而 pull 命令则是相当于将 fetch 和 merge 这两个命令放在一起执行了，它可以从远程版本库上获取最新的代码并且合并到本地，用法如下所示：

```
git pull origin master
```

也许你现在对远程版本库的使用还会感觉比较抽象，没关系，因为暂时我们只是了解了一下命令的用法，还没进行实践，在第 14 章当中，你将会对远程版本库的用法有更深一层的认识。

11.6 小结与点评

不得不说，本章中学到的知识应该还算是蛮有趣的吧？在这次的 Android 特色开发环节中，我们主要学习了基于位置服务的工作原理和用法，借助手机内置的定位功能，我们就可以随时确定自己当前位置的经纬度，并且通过反向地理编码的方式，还能将经纬度转换成看得懂的位置信息。之后我们又学习了百度地图的用法，不仅成功地将地图信息显示了出来，还综合利用了前面所学到的定位技术实现了一个较为完整的例子。

除了基于位置的服务之外，本章 Git 时间中继续对 Git 的用法进行了更深一步的探究，使得我们对分支和远程版本库的使用都有了一定层次的了解。

既然 Android 特色开发环节这么有意思，仅仅一章显然不够过瘾，那么下一章中我们将继续学习 Android 中的特色开发技术，研究一下传感器的用法。

经验值：+10000　　目前经验值：264905
级别：头领鸟
获赠宝物：拜会 Git 领主父亲的属地。获赠不少盘缠。

第 12 章　Android 特色开发，使用传感器

要说起 Android 的特色开发技术，除了基于位置的服务之外，传感器技术也绝对称得上是一点。现在每部 Android 手机里面都会内置有许多的传感器，它们能够监测到各种发生在手机上的物理事件，而我们只要灵活运用这些事件就可以编写出很多好玩的应用程序。那么话不多说，赶快开始我们本章的学习之旅吧。

12.1　传感器简介

手机中内置的传感器是一种微型的物理设备，它能够探测、感受到外界的信号，并按一定规律转换成我们所需要的信息。Android 手机通常都会支持多种类型的传感器，如光照传感器、加速度传感器、地磁传感器、压力传感器、温度传感器等。

当然，Android 系统只是负责将这些传感器所输出的信息传递给我们，至于具体如何去利用这些信息就要充分发挥开发者的想象力了。目前市场上很多的程序都有使用到传感器的功能，比如最常见的赛车游戏，玩家可以通过旋转设备来控制赛车的前进方向，就像是在操作方向盘一样。除此之外，微信的摇一摇功能，手机指南针等软件也都是借助传感器来完成的。

不过，虽然 Android 系统支持十余种传感器的类型，但是手机里的传感器设备却是有限的，基本上不会有哪部手机能够支持全部的传感器功能。因此本章中我们只去学习最常见的几种传感器的用法，首先就从光照传感器开始吧。

12.2　光照传感器

光照传感器在 Android 中的应用还是比较常见的，比如系统就有个自动调整屏幕亮度的功能。它会检测手机周围环境的光照强度，然后对手机屏幕的亮度进行相应地调整，以此保证不管是在强光还是弱光下，手机屏幕都能够看得清。下面我们就来看下光照传感器到底是如何使用的吧。

12.2.1 光照传感器的用法

Android 中每个传感器的用法其实都比较类似，真的可以说是一通百通了。首先第一步要获取到 SensorManager 的实例，方法如下：

```
SensorManager senserManager = (SensorManager)
getSystemService(Context.SENSOR_SERVICE);
```

SensorManager 是系统所有传感器的管理器，有了它的实例之后就可以调用 getDefaultSensor()方法来得到任意的传感器类型了，如下所示：

```
Sensor sensor = senserManager.getDefaultSensor(Sensor.TYPE_LIGHT);
```

这里使用 Sensor.TYPE_LIGHT 常量来指定传感器类型，此时的 Sensor 实例就代表着一个光照传感器。Sensor 中还有很多其他传感器类型的常量，在后面几节中我们会慢慢学到。

接下来我们需要对传感器输出的信号进行监听，这就要借助 SensorEventListener 来实现了。SensorEventListener 是一个接口，其中定义了 onSensorChanged()和 onAccuracyChanged()这两个方法，如下所示：

```
SensorEventListener listener = new SensorEventListener() {

    @Override
    public void onAccuracyChanged(Sensor sensor, int accuracy) {
    }

    @Override
    public void onSensorChanged(SensorEvent event) {
    }

};
```

当传感器的精度发生变化时就会调用 onAccuracyChanged()方法，当传感器监测到的数值发生变化时就会调用 onSensorChanged()方法。可以看到 onSensorChanged()方法中传入了一个 SensorEvent 参数，这个参数里又包含了一个 values 数组，所有传感器输出的信息都是存放在这里的。

下面我们还需要调用 SensorManager 的 registerListener()方法来注册 SensorEventListener 才能使其生效，registerListener()方法接收三个参数，第一个参数就是 SensorEventListener 的实例，第二个参数是 Sensor 的实例，这两个参数我们在前面都已经成功得到了。第三个参数是用于表示传感器输出信息的更新速率，共有 SENSOR_DELAY_UI、SENSOR_DELAY_NORMAL、SENSOR_DELAY_GAME 和 SENSOR_DELAY_FASTEST 这四种值可选，它们的更新速率是依次递增的。因此，注册一个 SensorEventListener 就可以写成：

```
senserManager.registerListener(listener, senser, SensorManager.SENSOR_
DELAY_NORMAL);
```

另外始终要记得，当程序退出或传感器使用完毕时，一定要调用 unregisterListener ()方法将使用的资源释放掉，如下所示：

```
sensorManager.unregisterListener(listener);
```

好了，基本上用法就是这样，下面就让我们来动手尝试一下吧。

12.2.2　制作简易光照探测器

这里我们准备编写一个简易的光照探测器程序，使得手机可以检测到周围环境的光照强度。注意，由于模拟器中无法模拟出传感器的功能，因此仍然建议你将本章所写的代码都在手机上运行。

新建一个 LightSensorTest 项目，修改 activity_main.xml 中的代码，如下所示：

```
<RelativeLayout xmlns:android="http://schemas.android.com/apk/res/android"
    android:layout_width="match_parent"
    android:layout_height="match_parent" >

    <TextView
        android:id="@+id/light_level"
        android:layout_width="wrap_content"
        android:layout_height="wrap_content"
        android:layout_centerInParent="true"
        android:textSize="20sp" />

</RelativeLayout>
```

布局文件同样是非常简单，只有一个 TextView 用于显示当前的光照强度，并让它在 RelativeLayout 中居中显示。

接着修改 MainActivity 中的代码，如下所示：

```
public class MainActivity extends Activity {

    private SensorManager sensorManager;

    private TextView lightLevel;

    @Override
    protected void onCreate(Bundle savedInstanceState) {
        super.onCreate(savedInstanceState);
```

```
        setContentView(R.layout.activity_main);
        lightLevel = (TextView) findViewById(R.id.light_level);
        sensorManager = (SensorManager) getSystemService(Context.
SENSOR_SERVICE);
        Sensor sensor = sensorManager.getDefaultSensor(Sensor.TYPE_LIGHT);
        sensorManager.registerListener(listener, sensor, SensorManager.
SENSOR_DELAY_NORMAL);
    }

    @Override
    protected void onDestroy() {
        super.onDestroy();
        if (sensorManager != null) {
            sensorManager.unregisterListener(listener);
        }
    }

    private SensorEventListener listener = new SensorEventListener() {

        @Override
        public void onSensorChanged(SensorEvent event) {
            // values数组中第一个下标的值就是当前的光照强度
            float value = event.values[0];
            lightLevel.setText("Current light level is " + value + " lx");
        }

        @Override
        public void onAccuracyChanged(Sensor sensor, int accuracy) {
        }

    };

}
```

这部分代码相信你理解起来一定轻而易举吧，因为这完全就是我们在上一小节中学到的用法。首先我们在 onCreate()方法中获取到了 TextView 控件的实例，然后按照上一小节中的步骤来注册光照传感器的监听器，这样当光照强度发生变化的时候就会调用 SensorEventListener 的 onSensorChanged()方法，而我们所需要的数据就是存放在 SensorEvent 的 values 数组中的。在这个例子当中，values 数组中只会有一个值，就是手机当前检测到的光照强度，以勒克斯为单位，我们直接将这个值显示到 TextView 上即可。最后不要忘记，在 onDestroy()方法中还要调用 unregisterListener()方法来释放使用的资源。

现在运行一下程序，你将会在手机上看到当前环境下的光照强度，根据所处环境的不同，显示的数值有可能是几十到几百勒克斯。而如果你使用强光来照射手机的话，就有可能会达到上千勒克斯的光照强度，如图 12.1 所示。

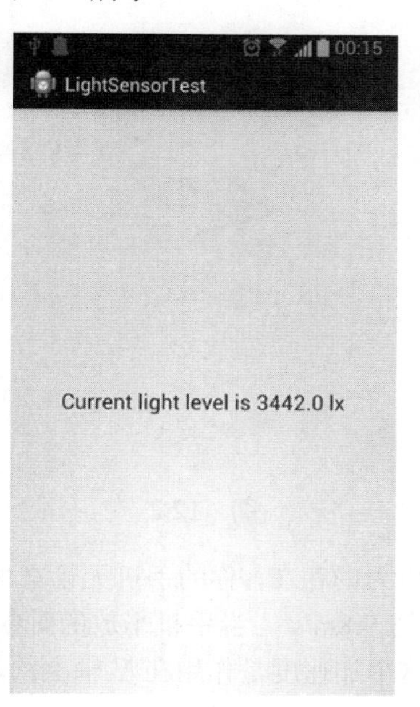

图　12.1

12.3　加速度传感器

相信你以前在上物理课的时候一定学习过加速度这个概念，它是一种用于描述物体运动速度改变快慢的物理量，以 m/s^2 为单位。而 Android 中的加速度传感器则是提供了一种机制，使得我们能够在应用程序中获取到手机当前的加速度信息，合理利用这些信息就可以开发出一些比较好玩的功能。

12.3.1　加速度传感器的用法

正如前面所说的一样，每种传感器的用法都是大同小异的，在上一节中你已经掌握了光照传感器的用法，因此，重复的部分我们就不再介绍了，这里在使用加速度传感器的时候只需要注意两点。第一，获取 Sensor 实例的时候要指定一个加速度传感器的常量，如下所示：

```
Sensor sensor = sensorManager.getDefaultSensor(Sensor.TYPE_ACCELEROMETER);
```

第二，加速度传感器输出的信息同样也是存放在 SensorEvent 的 values 数组中的，只不过此时的 values 数组中会有三个值，分别代表手机在 X 轴、Y 轴和 Z 轴方向上的加速度信息。X 轴、Y 轴、Z 轴在空间坐标系上的含义如图 12.2 所示。

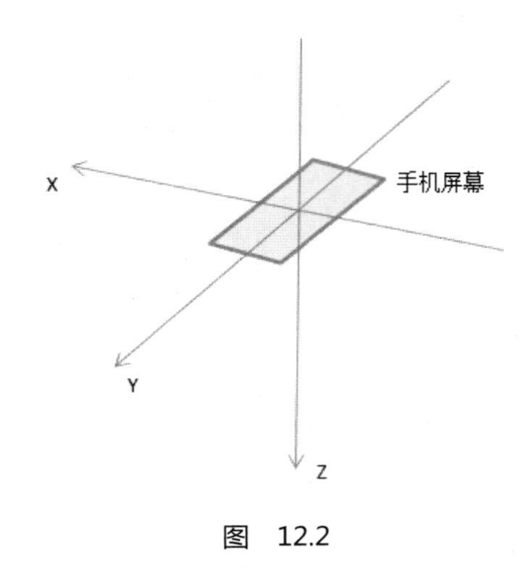

图 12.2

需要注意的是，由于地心引力的存在，你的手机无论在世界上任何角落都会有一个重力加速度，这个加速度的值大约是 $9.8m/s^2$。当手机平放的时候，这个加速度是作用在 Z 轴上的，当手机竖立起来的时候，这个加速度是作用在 Y 轴上的，当手机横立起来的时候，这个加速度是作用在 X 轴上的。

12.3.2 模仿微信摇一摇

接下来我们尝试利用加速度传感器来模仿一下微信的摇一摇功能。其实主体逻辑也非常简单，只需要检测手机在 X 轴、Y 轴和 Z 轴上的加速度，当达到了预定值的时候就可以认为用户摇动了手机，从而触发摇一摇的逻辑。那么现在问题在于，这个预定值应该设定为多少呢？由于重力加速度的存在，即使手机在静止的情况下，某一个轴上的加速度也有可能达到 $9.8m/s^2$，因此这个预定值必定是要大于 $9.8m/s^2$ 的，这里我们就设定为 $15m/s^2$ 吧。

新建一个 AccelerometerSensorTest 项目，然后修改 MainActivity 中的代码，如下所示：

```
public class MainActivity extends Activity {

    private SensorManager sensorManager;

    @Override
    protected void onCreate(Bundle savedInstanceState) {
        super.onCreate(savedInstanceState);
```

```
        setContentView(R.layout.activity_main);
        sensorManager = (SensorManager) getSystemService
(Context.SENSOR_SERVICE);
        Sensor sensor = sensorManager.getDefaultSensor(Sensor.TYPE_ACCELEROMETER);
        sensorManager.registerListener(listener, sensor, SensorManager.
SENSOR_DELAY_NORMAL);
    }

    @Override
    protected void onDestroy() {
        super.onDestroy();
        if (sensorManager != null) {
            sensorManager.unregisterListener(listener);
        }
    }

    private SensorEventListener listener = new SensorEventListener() {

        @Override
        public void onSensorChanged(SensorEvent event) {
            // 加速度可能会是负值，所以要取它们的绝对值
            float xValue = Math.abs(event.values[0]);
            float yValue = Math.abs(event.values[1]);
            float zValue = Math.abs(event.values[2]);
            if (xValue > 15 || yValue > 15 || zValue > 15) {
                // 认为用户摇动了手机，触发摇一摇逻辑
                Toast.makeText(MainActivity.this, "摇一摇",
Toast.LENGTH_SHORT).show();
            }
        }

        @Override
        public void onAccuracyChanged(Sensor sensor, int accuracy) {
        }

    };

}
```

可以看到，这个例子还是非常简单的，我们在 onSensorChanged()方法中分别获取到了 X 轴、Y 轴和 Z 轴方向上的加速度值，并且由于加速度有可能是负值，所以这里又对获取到的

数据进行了绝对值处理。接下来进行了一个简单的判断，如果手机在 X 轴或 Y 轴或 Z 轴方向上的加速度值大于 15m/s^2，就认为用户摇动了手机，从而触发摇一摇的逻辑。当然，这里简单起见，我们只是弹出了一个 Toast 而已。

现在运行一下程序，并且摇动你的手机，就会看到有 Toast 提示出来了。

当然，这个程序只是一个非常非常简单的例子，你还可以在很多方面对它进行优化，比如说控制摇一摇的触发频率，使它短时间内不能连续触发两次等。更加缜密的逻辑就要靠你自己去完善了。

12.4 方向传感器

要说 Android 中另外一个比较常用的传感器应该就是方向传感器了。方向传感器的使用场景要比其他的传感器更为广泛，它能够准确地判断出手机在各个方向的旋转角度，利用这些角度就可以编写出像指南针、地平仪等有用的工具。另外，在本章开始时介绍的通过旋转设备来控制方向的赛车游戏，也是使用方向传感器来完成的。那么我们仍然还是先来看一下方向传感器的用法吧。

12.4.1 方向传感器的用法

通过前两节的学习，对于方向传感器的用法相信你已经成竹在胸了。没错，我们需要获取到一个用于表示方向传感器的 Sensor 实例，如下所示：

```
Sensor sensor = sensorManager.getDefaultSensor(Sensor.TYPE_ORIENTATION);
```

之后在 onSensorChanged()方法中通过 SensorEvent 的 values 数组，就可以得到传感器输出的所有值了。方向传感器会记录手机在所有方向上的旋转角度，如图 12.3 所示。

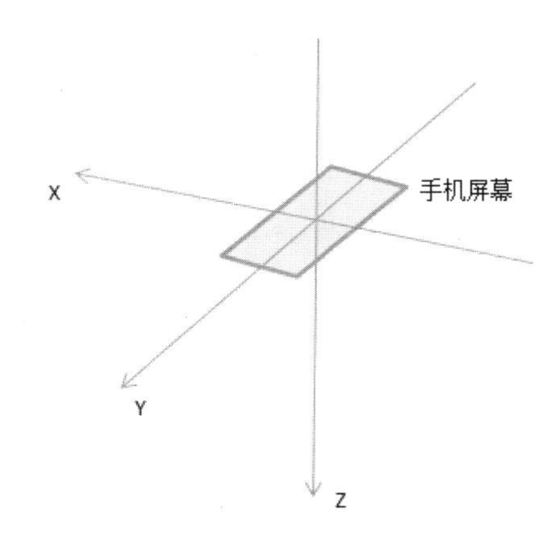

图 12.3

其中，values[0]记录着手机围绕 Z 轴的旋转角度，values[1] 记录着手机围绕 X 轴的旋转角度，values[2] 记录着手机围绕 Y 轴的旋转角度。

看起来很美好是吗？但遗憾的是，Android 早就废弃了 Sensor.TYPE_ORIENTATION 这种传感器类型，虽然代码还是有效的，但已经不再推荐这么写了。事实上，Android 获取手机旋转的方向和角度是通过加速度传感器和地磁传感器共同计算得出的，这也是 Android 目前推荐使用的方式。

首先我们需要分别获取到加速度传感器和地磁传感器的实例，并给它们注册监听器，如下所示：

```
Sensor accelerometerSensor = sensorManager.getDefaultSensor(Sensor.
TYPE_ACCELEROMETER);
Sensor magneticSensor = sensorManager.getDefaultSensor(Sensor.
TYPE_MAGNETIC_FIELD);
sensorManager.registerListener(listener, accelerometerSensor,
SensorManager.SENSOR_DELAY_GAME);
sensorManager.registerListener(listener, magneticSensor,
SensorManager.SENSOR_DELAY_GAME);
```

由于方向传感器的精确度要求通常都比较高，这里我们把传感器输出信息的更新速率提高了一些，使用的是 SENSOR_DELAY_GAME。

接下来在 onSensorChanged()方法中可以获取到 SensorEvent 的 values 数组，分别记录着加速度传感器和地磁传感器输出的值。然后将这两个值传入到 SensorManager 的 getRotationMatrix()方法中就可以得到一个包含旋转矩阵的 R 数组，如下所示：

```
SensorManager.getRotationMatrix(R, null, accelerometerValues, magneticValues);
```

其中第一个参数 R 是一个长度为 9 的 float 数组，getRotationMatrix()方法计算出的旋转数据就会赋值到这个数组当中。第二个参数是一个用于将地磁向量转换成重力坐标的旋转矩阵，通常指定为 null 即可。第三和第四个参数则分别就是加速度传感器和地磁传感器输出的 values 值。

得到了 R 数组之后，接着就可以调用 SensorManager 的 getOrientation()方法来计算手机的旋转数据了，如下所示：

```
SensorManager.getOrientation(R, values);
```

values 是一个长度为 3 的 float 数组，手机在各个方向上的旋转数据都会被存放到这个数组当中。其中 values[0]记录着手机围绕着图 12.3 中 Z 轴的旋转弧度，values[1]记录着手机围绕 X 轴的旋转弧度，values[2]记录着手机围绕 Y 轴的旋转弧度。

注意这里计算出的数据都是以弧度为单位的，因此如果你想将它们转换成角度还需要调用如下方法：

```
Math.toDegrees(values[0]);
```

好了，基本的用法就是如此，下面我们来实际操作一下吧。

12.4.2 制作简易指南针

有了上一小节的知识储备，相信完成一个简易的指南针程序对于你来说已经不是一件难事了。其实指南针的实现原理并不复杂，我们只需要检测到手机围绕 Z 轴的旋转角度，然后对这个值进行处理就可以了。

新建一个 CompassTest 项目，修改 MainActivity 中的代码，如下所示：

```
public class MainActivity extends Activity {

    private SensorManager sensorManager;

    @Override
    protected void onCreate(Bundle savedInstanceState) {
        super.onCreate(savedInstanceState);
        setContentView(R.layout.activity_main);
        sensorManager = (SensorManager) getSystemService(Context.
SENSOR_SERVICE);
        Sensor magneticSensor = sensorManager.getDefaultSensor(Sensor.
TYPE_MAGNETIC_FIELD);
        Sensor accelerometerSensor = sensorManager.getDefaultSensor(
Sensor.TYPE_ACCELEROMETER);
        sensorManager.registerListener(listener, magneticSensor,
SensorManager.SENSOR_DELAY_GAME);
        sensorManager.registerListener(listener, accelerometerSensor,

    SensorManager.SENSOR_DELAY_GAME);
    }

    @Override
    protected void onDestroy() {
        super.onDestroy();
        if (sensorManager != null) {
            sensorManager.unregisterListener(listener);
        }
    }

    private SensorEventListener listener = new SensorEventListener() {
```

```
        float[] accelerometerValues = new float[3];

        float[] magneticValues = new float[3];

        @Override
        public void onSensorChanged(SensorEvent event) {
            // 判断当前是加速度传感器还是地磁传感器
            if (event.sensor.getType() == Sensor.TYPE_ACCELEROMETER) {
                // 注意赋值时要调用clone()方法
                accelerometerValues = event.values.clone();
            } else if (event.sensor.getType() == Sensor.TYPE_MAGNETIC_FIELD) {
                // 注意赋值时要调用clone()方法
                magneticValues = event.values.clone();
            }
            float[] R = new float[9];
            float[] values = new float[3];
            SensorManager.getRotationMatrix(R, null, accelerometerValues,
magneticValues);
            SensorManager.getOrientation(R, values);
            Log.d("MainActivity", "value[0] is " + Math.toDegrees(values[0]));
        }

        @Override
        public void onAccuracyChanged(Sensor sensor, int accuracy) {
        }

    };

}
```

代码不算很长，相信你理解起来应该毫不费力。在 onCreate()方法中我们分别获取到了加速度传感器和地磁传感器的实例，并给它们注册了监听器。然后在 onSensorChanged()方法中进行判断，如果当前 SensorEvent 中包含的是加速度传感器，就将 values 数组赋值给 accelerometerValues 数组，如果当前 SensorEvent 中包含的是地磁传感器，就将 values 数组赋值给 magneticValues 数组。注意在赋值的时候一定要调用一下 values 数组的 clone()方法，不然 accelerometerValues 和 magneticValues 将会指向同一个引用。

接下来我们分别创建了一个长度为 9 的 R 数组和一个长度为 3 的 values 数组，然后调用 getRotationMatrix()方法为 R 数组赋值，再调用 getOrientation()方法为 values 数组赋值，这时

values 中就已经包含手机在所有方向上旋转的弧度了。其中 values[0]表示手机围绕 Z 轴旋转的弧度，这里我们调用 Math.toDegrees()方法将它转换成角度，并打印出来。

现在运行一下程序，并围绕 Z 轴旋转手机，旋转的角度就会源源不断地在 LogCat 中打印出来了，如图 12.4 所示。

Tag	Text
MainActivity	value[0] is 169.21651600771855
MainActivity	value[0] is 169.4880979894966
MainActivity	value[0] is 169.74341046067167
MainActivity	value[0] is 170.01637214066204
MainActivity	value[0] is 170.27384295161485
MainActivity	value[0] is 170.30571261428213

图 12.4

values[0]的取值范围是−180 度到 180 度，其中±180 度表示正南方向，0 度表示正北方向，−90 度表示正西方向，90 度表示正东方向。

虽然目前我们已经得到了这些数值，但是想要通过它们来判断手机当前的方向显然是一件伤脑筋的事情，因此我们还要想办法将当前的方向直观地显示出来。毫无疑问，最直观的方式当然是通过罗盘和指针来进行显示了，那么下面我们就来继续完善 CompassTest 这个项目。

这里我事先准备好了两张图片 compass.png 和 arrow.png，分别用于作为指南针的背景和指针，如图 12.5 所示：

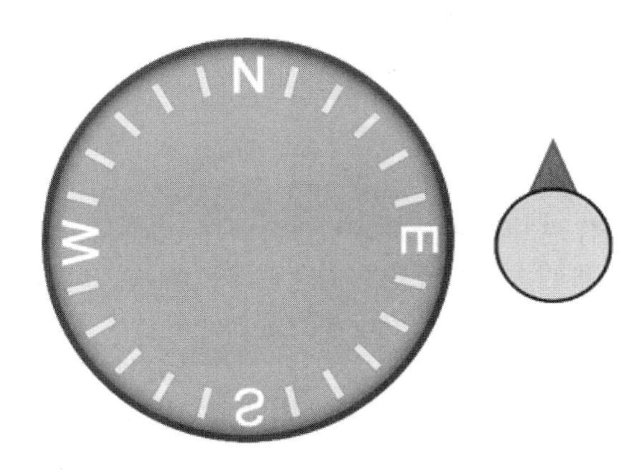

图 12.5

然后修改 activity_main.xml 中的代码，如下所示：

```
<RelativeLayout xmlns:android="http://schemas.android.com/apk/res/android"
    android:layout_width="match_parent"
    android:layout_height="match_parent" >

    <ImageView
        android:id="@+id/compass_img"
        android:layout_width="250dp"
        android:layout_height="250dp"
        android:layout_centerInParent="true"
        android:src="@drawable/compass" />

    <ImageView
        android:id="@+id/arrow_img"
        android:layout_width="60dp"
        android:layout_height="110dp"
        android:layout_centerInParent="true"
        android:src="@drawable/arrow" />

</RelativeLayout>
```

可以看到，我们在 RelativeLayout 中放入了两个 ImageView 控件，并且让这两个控件都居中显示，ImageView 中显示的图片分别就是指南针的背景和指针。

接下来修改 MainActivity 中的代码，如下所示：

```
public class MainActivity extends Activity {

    private SensorManager sensorManager;

    private ImageView compassImg;

    @Override
    protected void onCreate(Bundle savedInstanceState) {
        super.onCreate(savedInstanceState);
        setContentView(R.layout.activity_main);
        compassImg = (ImageView) findViewById(R.id.compass_img);
        ......
    }
    ......
    private SensorEventListener listener = new SensorEventListener() {
```

```
        float[] accelerometerValues = new float[3];

        float[] magneticValues = new float[3];

        private float lastRotateDegree;

        @Override
        public void onSensorChanged(SensorEvent event) {
            // 判断当前是加速度传感器还是地磁传感器
            if (event.sensor.getType() == Sensor.TYPE_ACCELEROMETER) {
                // 注意赋值时要调用clone()方法
                accelerometerValues = event.values.clone();
            } else if (event.sensor.getType() == Sensor.TYPE_MAGNETIC_FIELD) {
                // 注意赋值时要调用clone()方法
                magneticValues = event.values.clone();
            }
            float[] values = new float[3];
            float[] R = new float[9];
            SensorManager.getRotationMatrix(R, null, accelerometerValues,
magneticValues);
            SensorManager.getOrientation(R, values);
            // 将计算出的旋转角度取反，用于旋转指南针背景图
            float rotateDegree = -(float) Math.toDegrees(values[0]);
            if (Math.abs(rotateDegree - lastRotateDegree) > 1) {
                RotateAnimation animation = new RotateAnimation
(lastRotateDegree, rotateDegree, Animation.RELATIVE_TO_SELF, 0.5f, Animation.
RELATIVE_TO_SELF, 0.5f);
                animation.setFillAfter(true);
                compassImg.startAnimation(animation);
                lastRotateDegree = rotateDegree;
            }
        }
        ……
    };

}
```

这里首先我们在 onCreate()方法中获取到了 ImageView 的实例，它是用于显示指南针的背景图的。然后在 onSensorChanged()方法中使用到了旋转动画技术，我们创建了一个 RotateAnimation 的实例，并给它的构造方法传入了六个参数，第一个参数表示旋转的起始角

度，第二个参数表示旋转的终止角度，后面四个参数用于指定旋转的中心点。这里我们把从传感器中获取到的旋转角度取反，传递给 RotateAnimation，并指定旋转的中心点为指南针背景图的中心，然后调用 ImageView 的 startAnimation ()方法来执行旋转动画。

好了，代码就是这么多，现在我们重新运行一下程序，然后随意旋转手机，指南针的背景图也会跟着一起转动，如图 12.6 所示。

图　12.6

这样，一个简易的指南针程序也就完成了，下面我们来回顾一下本章所学的内容吧。

12.5　小结与点评

在本章的 Android 特色开发中，我们学会了多种传感器的使用方式，只要巧妙地利用这些传感器就可以编写出许多有趣的应用程序和游戏。而且，千万不要让你的思想受限于本章所编写的几个例子当中，你完全可以充分地发挥你的想像力，配合强大的传感器功能，制作出更加创意十足的应用程序。

当然了，Android 中支持的传感器远远不只这些，还有压力传感器、温度传感器、陀螺仪传感器等，不过由于这些传感器都不太常用，而且不少 Android 手机中都没有嵌入这些传感器，因此在本章中我们就没有进行讲解。但是正如前面所说，每种传感器的用法都比较相似，即使让你去自学其他几种传感器的用法，相信也已经是轻而易举了吧。

现在你已经足足学习了十二章的内容，对 Android 应用程序开发的理解应该是比较深刻了。目前系统性的知识几乎都已经讲完了，但是还有一些零散的高级技巧在等待着你，那么就让我们赶快进入到下一章的学习当中。

经验值：+100000　　升级！（由头领鸟升级至鹰）　　目前经验值：364905

级别：鹰

赢得宝物：战胜神界传感器地鼠。拾取传感器地鼠掉落的宝物，大量游戏币。其实我战胜传感器地鼠完全是个误会，因为我当时只是在一个小镇的游乐场里开心地玩打地鼠游戏，正当我玩得起劲时，这帮被打得嘣嘣直响的小地鼠们突然从游戏机里蹦了出来，说恭喜我我战胜了他们，并主动赠送了我好些游戏币，惊讶之余弄得我好不尴尬。他们说他们生存的意义就是被橡皮锤打脑袋，而现在网络这么发达，新鲜玩意儿太多，已经许久没有人来打他们了，他们感到已经失去了生活的目标，多亏我这个异乡人今天帮他们重新找回了自信。我说此地不留爷，自有留爷处，或许你们可以在人界闯出一片天地，那里小孩子特别多，一定会非常喜欢敲打你们的。这群小家伙茅塞顿开，激动不已，又给了我更多的游戏币。我向他们道别，将游戏币兑换成盘缠。正准备继续前进时，觉得背部有点痒，难道是与这帮地鼠走得太近，不幸招惹上了跳蚤。算了，不管它。继续前进。且慢！少侠，请留步。谁？谁在对我说话？一歪头，旁边树上正蹲着那只鬼鬼祟祟的松鼠。

“难道你没意识到自己的变化么？”，如果我没记错，这应该是这位跟踪了我一路的家伙第一次对我说话。

“除了招了跳蚤，别的没啥，咋了？”

“不是跳蚤，是别的东西。”

别的东西？难道是一路风餐露宿的感染了真菌，得了皮肤病？让这家伙一说，我不由得紧张起来。我伸手往背后瘙痒处摸索，摸到的东西吓了我一大跳，是一对翅膀！而且还不是什么正经翅膀，是那种比肯德基奥尔良烤翅大不了多少的肉肉的小翅膀！

“我怎么了？！我到底得了什么病？！难道是得了神界禽流感？？？”

“不！别担心，这意味着你进入了更高阶的层次。你现在是鹰了！现在这翅膀还太小，派不上什么用场，但随着你的修行，翅膀会发挥它应有的作用，并且……，算了，不说了。到时你自然会知道。”

“是什么作用啊，是能飞嘛？还是像鸵鸟那样只是装饰？”我刚问完，他却又打了个响指消失了。

我又摸了摸小翅膀，很小，很软和。顶着一对小鸡翅，我继续前进。顺便说一下，我现在已经可以用意念来关闭和开启我自身的光芒了。

第 13 章　继续进阶，你还应该掌握的高级技巧

本书的内容虽然已经接近尾声了，但是千万不要因此而放松，现在正是你继续进阶的时机。相信基础性的 Android 知识已经没有太多能够难倒你的了，那么本章中我们就来学习一些你还应该掌握的高级技巧吧。

13.1　全局获取 Context 的技巧

回想这么久以来我们所学的内容，你会发现有很多地方都需要用到 Context，弹出 Toast 的时候需要、启动活动的时候需要、发送广播的时候需要、操作数据库的时候需要、使用通知的时候需要等等等等。

或许目前你还没有为得不到 Context 而发愁过，因为我们很多的操作都是在活动中进行的，而活动本身就是一个 Context 对象。但是，当应用程序的架构逐渐开始复杂起来的时候，很多的逻辑代码都将脱离 Activity 类，但此时你又恰恰需要使用 Context，也许这个时候你就会感到有些伤脑筋了。

举个例子来说吧，在第 10 章的最佳实践环节，我们编写了一个 HttpUtil 类，在这里将一些通用的网络操作封装了起来，代码如下所示：

```
public class HttpUtil {

    public static void sendHttpRequest(final String address, final
HttpCallbackListener listener) {
        new Thread(new Runnable() {
            @Override
            public void run() {
                HttpURLConnection connection = null;
                try {
                    URL url = new URL(address);
                    connection = (HttpURLConnection) url.openConnection();
                    connection.setRequestMethod("GET");
                    connection.setConnectTimeout(8000);
```

```
                    connection.setReadTimeout(8000);
                    connection.setDoInput(true);
                    connection.setDoOutput(true);
                    InputStream in = connection.getInputStream();
                    BufferedReader reader = new BufferedReader(new
InputStreamReader(in));
                    StringBuilder response = new StringBuilder();
                    String line;
                    while ((line = reader.readLine()) != null) {
                        response.append(line);
                    }
                    if (listener != null) {
                        listener.onFinish(response.toString());
                    }
                } catch (Exception e) {
                    if (listener != null) {
                        listener.onError(e);
                    }
                } finally {
                    if (connection != null) {
                        connection.disconnect();
                    }
                }
            }
        }).start();
    }

}
```

这里使用 sendHttpRequest()方法来发送 HTTP 请求显然是没有问题的，并且我们还可以在回调方法中处理服务器返回的数据。但现在我们想对 sendHttpRequest()方法进行一些优化，当检测到网络不存在的时候就给用户一个 Toast 提示，并且不再执行后面的代码。看似一个挺简单的功能，可是却存在一个让人头疼的问题，弹出 Toast 提示需要一个 Context 参数，而我们在 HttpUtil 类中显然是获取不到 Context 对象的，这该怎么办呢？

其实要想快速解决这个问题也很简单，大不了在 sendHttpRequest()方法中添加一个 Context 参数就行了嘛，于是可以将 HttpUtil 中的代码进行如下修改：

```
public class HttpUtil {

    public static void sendHttpRequest(final Context context,
```

```
            final String address, final HttpCallbackListener listener) {
        if (!isNetworkAvailable()) {
            Toast.makeText(context, "network is unavailable",
Toast.LENGTH_SHORT).show();
            return;
        }
        new Thread(new Runnable() {
            @Override
            public void run() {
                ......
            }
        }).start();
    }

    private static boolean isNetworkAvailable() {
        ......
    }

}
```

可以看到，这里在方法中添加了一个 Context 参数，并且假设有一个 isNetworkAvailable()方法用于判断当前网络是否可用，如果网络不可用的话就弹出 Toast 提示，并将方法 return 掉。

虽说这也确实是一种解决方案，但是却有点推卸责任的嫌疑，因为我们将获取 Context 的任务转移给了 sendHttpRequest()方法的调用方，至于调用方能不能得到 Context 对象，那就不是我们需要考虑的问题了。

由此可以看出，在某些情况下，获取 Context 并非是那么容易的一件事，有时候还是挺伤脑筋的。不过别担心，下面我们就来学习一种技巧，让你在项目的任何地方都能够轻松获取到 Context。

Android 提供了一个 Application 类，每当应用程序启动的时候，系统就会自动将这个类进行初始化。而我们可以定制一个自己的 Application 类，以便于管理程序内一些全局的状态信息，比如说全局 Context。

定制一个自己 Application 其实并不复杂，首先我们需要创建一个 MyApplication 类继承自 Application，代码如下所示：

```
public class MyApplication extends Application {

    private static Context context;

    @Override
```

```
    public void onCreate() {
        context = getApplicationContext();
    }

    public static Context getContext() {
        return context;
    }

}
```

可以看到，MyApplication中的代码非常简单。这里我们重写了父类的onCreate()方法，并通过调用getApplicationContext()方法得到了一个应用程序级别的Context，然后又提供了一个静态的getContext()方法，在这里将刚才获取到的Context进行返回。

接下来我们需要告知系统，当程序启动的时候应该初始化MyApplication类，而不是默认的Application类。这一步也很简单，在AndroidManifest.xml文件的<application>标签下进行指定就可以了，代码如下所示：

```
<manifest xmlns:android="http://schemas.android.com/apk/res/android"
    package="com.example.networktest"
    android:versionCode="1"
    android:versionName="1.0" >
    ……
    <application
        android:name="com.example.networktest.MyApplication"
        …… >
        ……
    </application>
</manifest>
```

注意这里在指定MyApplication的时候一定要加上完整的包名，不然系统将无法找到这个类。

这样我们就已经实现了一种全局获取Context的机制，之后不管你想在项目的任何地方使用Context，只需要调用一下MyApplication.getContext()就可以了。

那么接下来我们再对sendHttpRequest()方法进行优化，代码如下所示：

```
public static void sendHttpRequest(final String address, final
HttpCallbackListener listener) {
    if (!isNetworkAvailable()) {
        Toast.makeText(MyApplication.getContext(), "network is unavailable",
                Toast.LENGTH_SHORT).show();
        return;
```

```
        }
        ......
    }
```

可以看到，sendHttpRequest()方法不需要再通过传参的方式来得到 Context 对象，而只需调用一下 MyApplication.getContext()方法就可以了。有了这个技巧，你再也不用为得不到 Context 对象而发愁了。

13.2　使用 Intent 传递对象

Intent 的用法相信你已经比较熟悉了，我们可以借助它来启动活动、发送广播、启动服务等。在进行上述操作的时候，我们还可以在 Intent 中添加一些附加数据，以达到传值的效果，比如在 FirstActivity 中添加如下代码：

```
Intent intent = new Intent(FirstActivity.this, SecondActivity.class);
intent.putExtra("string_data", "hello");
intent.putExtra("int_data", 100);
startActivity(intent);
```

这里调用了 Intent 的 putExtra()方法来添加要传递的数据，之后在 SecondActivity 中就可以得到这些值了，代码如下所示：

```
getIntent().getStringExtra("string_data");
getIntent().getIntExtra("int_data", 0);
```

但是不知道你有没有发现，putExtra()方法中所支持的数据类型是有限的，虽然常用的一些数据类型它都会支持，但是当你想去传递一些自定义对象的时候就会发现无从下手。不用担心，下面我们就学习一下使用 Intent 来传递对象的技巧。

13.2.1　Serializable 方式

使用 Intent 来传递对象通常有两种实现方式，Serializable 和 Parcelable，本小节中我们先来学习一下第一种的实现方式。

Serializable 是序列化的意思，表示将一个对象转换成可存储或可传输的状态。序列化后的对象可以在网络上进行传输，也可以存储到本地。至于序列化的方法也很简单，只需要让一个类去实现 Serializable 这个接口就可以了。

比如说有一个 Person 类，其中包含了 name 和 age 这两个字段，想要将它序列化就可以这样写：

```
public class Person implements Serializable{
```

```
    private String name;

    private int age;

    public String getName() {
        return name;
    }

    public void setName(String name) {
        this.name = name;
    }

    public int getAge() {
        return age;
    }

    public void setAge(int age) {
        this.age = age;
    }

}
```

其中 get、set 方法都是用于赋值和读取字段数据的，最重要的部分是在第一行。这里让 Person 类去实现了 Serializable 接口，这样所有的 Person 对象就都是可序列化的了。

接下来在 FirstActivity 中的写法非常简单：

```
Person person = new Person();
person.setName("Tom");
person.setAge(20);
Intent intent = new Intent(FirstActivity.this, SecondActivity.class);
intent.putExtra("person_data", person);
startActivity(intent);
```

可以看到，这里我们创建了一个 Person 的实例，然后就直接将它传入到 putExtra()方法中了。由于 Person 类实现了 Serializable 接口，所以才可以这样写。

接下来在 SecondActivity 中获取这个对象也很简单，写法如下：

```
Person person = (Person) getIntent().getSerializableExtra("person_data");
```

这里调用了 getSerializableExtra()方法来获取通过参数传递过来的序列化对象，接着再将它向下转型成 Person 对象，这样我们就成功实现了使用 Intent 来传递对象的功能了。

13.2.2 Parcelable 方式

除了 Serializable 之外，使用 Parcelable 也可以实现相同的效果，不过不同于将对象进行序列化，Parcelable 方式的实现原理是将一个完整的对象进行分解，而分解后的每一部分都是 Intent 所支持的数据类型，这样也就实现传递对象的功能了。

下面我们来看一下 Parcelable 的实现方式，修改 Person 中的代码，如下所示：

```
public class Person implements Parcelable {

    private String name;

    private int age;
    ......
    @Override
    public int describeContents() {
        return 0;
    }

    @Override
    public void writeToParcel(Parcel dest, int flags) {
        dest.writeString(name);  // 写出name
        dest.writeInt(age);  // 写出age
    }

    public static final Parcelable.Creator<Person> CREATOR = new Parcelable.
Creator<Person>() {

        @Override
        public Person createFromParcel(Parcel source) {
            Person person = new Person();
            person.name = source.readString();  // 读取name
            person.age = source.readInt();  // 读取age
            return person;
        }

        @Override
        public Person[] newArray(int size) {
            return new Person[size];
        }
    };

}
```

Parcelable 的实现方式要稍微复杂一些。可以看到，首先我们让 Person 类去实现了 Parcelable 接口，这样就必须重写 describeContents()和 writeToParcel()这两个方法。其中 describeContents()方法直接返回 0 就可以了，而 writeToParcel()方法中我们需要调用 Parcel 的 writeXxx()方法将 Person 类中的字段一一写出。注意字符串型数据就调用 writeString()方法，整型数据就调用 writeInt()方法，以此类推。

除此之外，我们还必须在 Person 类中提供一个名为 CREATOR 的常量，这里创建了 Parcelable.Creator 接口的一个实现，并将泛型指定为 Person。接着需要重写 createFromParcel()和 newArray()这两个方法，在 createFromParcel()方法中我们要去读取刚才写出的 name 和 age 字段，并创建一个 Person 对象进行返回，其中 name 和 age 都是调用 Parcel 的 readXxx()方法读取到的，注意这里读取的顺序一定要和刚才写出的顺序完全相同。而 newArray()方法中的实现就简单多了，只需要 new 出一个 Person 数组，并使用方法中传入的 size 作为数组大小就可以了。

接下来在 FirstActivity 中我们仍然可以使用相同的代码来传递 Person 对象，只不过在 SecondActivity 中获取对象的时候需要稍加改动，如下所示：

```
Person person = (Person) getIntent().getParcelableExtra("person_data");
```

注意这里不再是调用 getSerializableExtra()方法，而是调用 getParcelableExtra()方法来获取传递过来的对象了，其他的地方都完全相同。

这样我们就把使用 Intent 来传递对象的两种实现方式都学习完了，对比一下，Serializable 的方式较为简单，但由于会把整个对象进行序列化，因此效率方面会比 Parcelable 方式低一些，所以在通常情况下还是更加推荐使用 Parcelable 的方式来实现 Intent 传递对象的功能。

13.3 定制自己的日志工具

早在第 1 章的 1.4 节中我们就已经学过了 Android 日志工具的用法，并且日志工具也确实贯穿了我们整本书的学习，基本上每一章都有用到过。虽然 Android 中自带的日志工具功能非常强大，但也不能说是完全没有缺点，例如在打印日志的控制方面就做得不够好。

打个比方，你正在编写一个比较庞大的项目，期间为了方便调试，在代码的很多地方都打印了大量的日志。最近项目已经基本完成了，但是却有一个非常让人头疼的问题，之前用于调试的那些日志，在项目正式上线之后仍然会照常打印，这样不仅会降低程序的运行效率，还有可能将一些机密性的数据泄露出去。

那该怎么办呢，难道要一行一行把所有打印日志的代码都删掉？显然这不是什么好点子，不仅费时费力，而且以后你继续维护这个项目的时候可能还会需要这些日志。因此，最理想的情况是能够自由地控制日志的打印，当程序处于开发阶段就让日志打印出来，当程序上线了之后就把日志屏蔽掉。

看起来好像是挺高级的一个功能，其实并不复杂，我们只需要定制一个自己的日志工具就可以轻松完成了。比如新建一个 LogUtil 类，代码如下所示：

```
public class LogUtil {

    public static final int VERBOSE = 1;

    public static final int DEBUG = 2;

    public static final int INFO = 3;

    public static final int WARN = 4;

    public static final int ERROR = 5;

    public static final int NOTHING = 6;

    public static final int LEVEL = VERBOSE;

    public static void v(String tag, String msg) {
        if (LEVEL <= VERBOSE) {
            Log.v(tag, msg);
        }
    }

    public static void d(String tag, String msg) {
        if (LEVEL <= DEBUG) {
            Log.d(tag, msg);
        }
    }

    public static void i(String tag, String msg) {
        if (LEVEL <= INFO) {
            Log.i(tag, msg);
        }
    }

    public static void w(String tag, String msg) {
        if (LEVEL <= WARN) {
            Log.w(tag, msg);
```

```
        }
    }

    public static void e(String tag, String msg) {
        if (LEVEL <= ERROR) {
            Log.e(tag, msg);
        }
    }

}
```

可以看到，我们在 LogUtil 中先是定义了 VERBOSE、DEBUG、INFO、WARN、ERROR、NOTHING 这六个整型常量，并且它们对应的值都是递增的。然后又定义了一个 LEVEL 常量，可以将它的值指定为上面六个常量中的任意一个。

接下来我们提供了 v()、d()、i()、w()、e()这五个自定义的日志方法，在其内部分别调用了 Log.v()、Log.d()、Log.i()、Log.w()、Log.e()这五个方法来打印日志，只不过在这些自定义的方法中我们都加入了一个 if 判断，只有当 LEVEL 常量的值小于或等于对应日志级别值的时候，才会将日志打印出来。

这样就把一个自定义的日志工具创建好了，之后在项目里我们可以像使用普通的日志工具一样使用 LogUtil，比如打印一行 DEBUG 级别的日志就可以这样写：

```
LogUtil.d("TAG", "debug log");
```

打印一行 WARN 级别的日志就可以这样写：

```
LogUtil.w("TAG", "warn log");
```

然后我们只需要修改 LEVEL 常量的值，就可以自由地控制日志的打印行为了。比如让 LEVEL 等于 VERBOSE 就可以把所有的日志都打印出来，让 LEVEL 等于 WARN 就可以只打印警告以上级别的日志，让 LEVEL 等于 NOTHING 就可以把所有日志都屏蔽掉。

使用了这种方法之后，刚才所说的那个问题就不复存在了，你只需要在开发阶段将 LEVEL 指定成 VERBOSE，当项目正式上线的时候将 LEVEL 指定成 NOTHING 就可以了。

13.4 调试 Android 程序

当开发过程中遇到一些奇怪的 bug，但又迟迟定位不出来原因是什么的时候，最好的办法就是进行调试。相信使用 Eclipse 来调试 Java 程序的功能你一定早就会用了，但如何使用它来调试 Android 程序呢？这也就是本小节的重点了。

还记得在第 5 章的最佳实践环节中编写的那个强制下线程序吗？就让我们通过这个例

子来学习下 Android 程序的调试方法吧。这个程序中有一个登录功能，比如说现在登录出现了问题，我们就可以通过调试来定位问题的原因。

不用多说，调试工作的第一步肯定是添加断点，这里由于我们要调试登录部分的问题，所以断点可以加在登录按钮的点击事件里面。添加断点的方法也很简单，只需要在相应代码行的左边双击一下就可以了，如图 13.1 所示。如果想要取消这个断点，对着它再次双击就可以了。

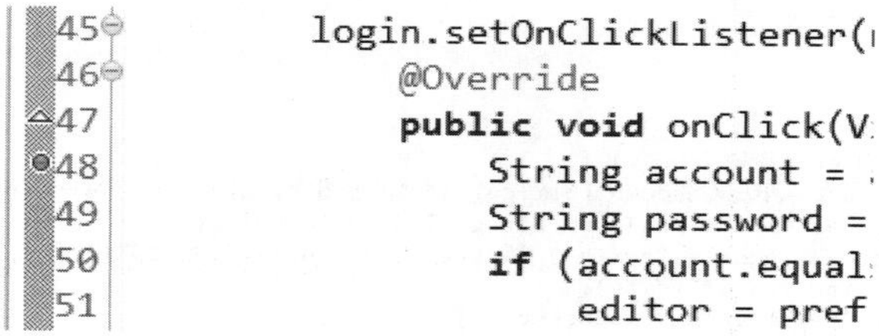

```
        login.setOnClickListener(
            @Override
            public void onClick(V
                String account = 
                String password = 
                if (account.equal
                    editor = pref
```

图　13.1

添加好了断点，接下来就可以对程序进行调试了，右击 BroadcastBestPractice 项目→Debug As→Android Application，注意这里没有选择 Run As，而是 Debug As，表示我们要以调试模式来启动程序。等到程序运行起来的时候首先会看到一个提示框，如图 13.2 所示。

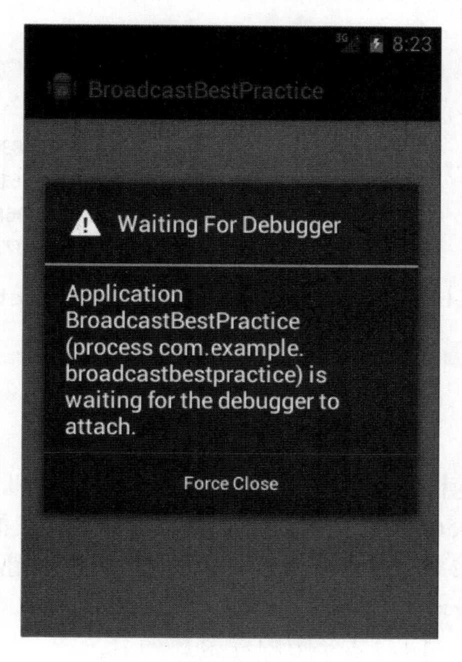

图　13.2

这个框很快就会自动消失，然后在输入框里输入账号和密码，并点击 Login 按钮，这时 Eclipse 就会自动跳转到 Debug 视图，如图 13.3 所示。

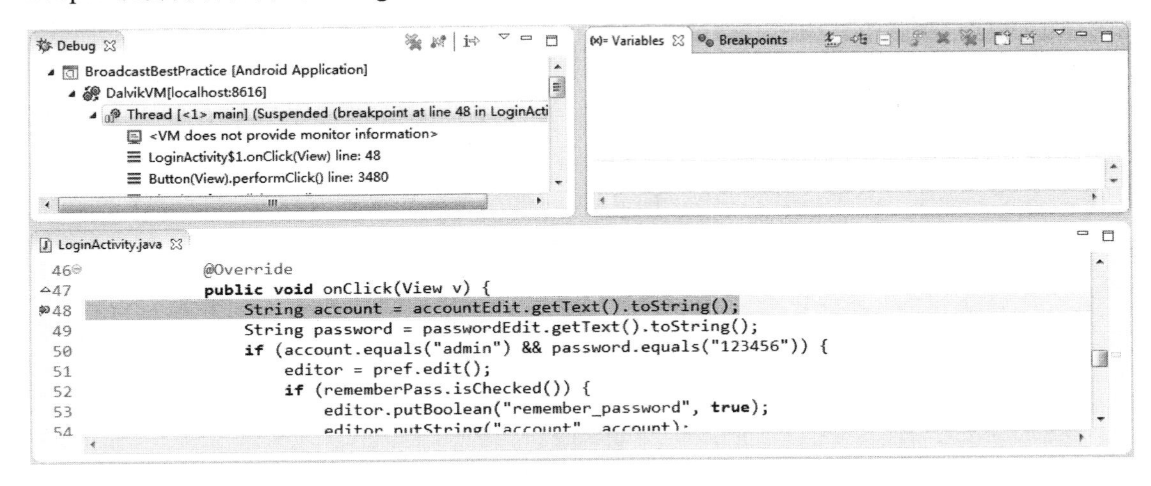

图 13.3

接下来每按一次 F6 健，代码就会向下执行一行，并且通过 Variables 视图还可以看到内存中的数据，如图 13.4 所示。

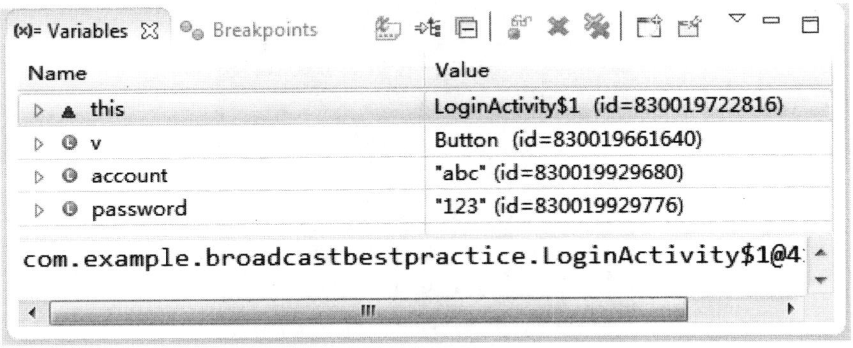

(x)= Variables　Breakpoints

Name	Value
this	LoginActivity$1 (id=830019722816)
v	Button (id=830019661640)
account	"abc" (id=830019929680)
password	"123" (id=830019929776)

com.example.broadcastbestpractice.LoginActivity$1@4

图 13.4

可以看到，我们从输入框里获取到的账号密码分别是 abc 和 123，而程序里要求正确的账号密码是 admin 和 123456，所以登录才会出现问题。这样我们就通过调试的方式轻松地把问题定位出来了，调试结束之后点击图 13.5 中的最右边的按钮来断开调试连接即可。

图 13.5

这种调试方式虽然完全可以正常工作，但在调试模式下程序的运行效率将会大大地降低，如果你的断点加在一个比较靠后的位置，需要执行很多的操作才能运行到这个断点，那么前面这些操作就都会有一些卡顿的感觉。没关系，Android 还提供了另外一种调试的方式，可以让程序随时进入到调试模式，下面我们就来尝试一下。

这次不需要选择 Debug As 来运行程序了，就使用 Run As→Android Application 来正常地启动程序，由于现在不是在调试模式下，程序的运行速度比较快，可以先把账号和密码输入好。然后进入到 DDMS 视图，在 Devices 窗口中可以看到所有正在运行的进程，其中最后一个就是我们这个程序的进程，如图 13.6 所示。

Devices

Name			
4.0 [emulator-5554]	Online		4.0 [4.
com.android.deskclock	273		8600
com.android.settings	200		8601
android.process.media	337		8602
com.android.contacts	313		8603
com.android.phone	161		8604
system_process	78		8605
com.android.systemui	133		8608
com.android.mms	356		8609
android.process.acore	223		8610
com.android.launcher	177		8613
com.android.defcontainer	510		8617
com.android.quicksearchbox	554		8620
com.example.broadcastbestpractice	636		8607 /

图　13.6

选中这个进程之后，点击最上面一行的第一个按钮，就会让这个进程进入到调试模式了。进入调试模式的进程名前会有一个虫子样式图标，如图 13.7 所示。

com.android.defcontainer	510
com.android.quicksearchbox	554
com.example.broadcastbestpractice	636

图　13.7

接下来在模拟器中点击 Login 按钮，Eclipse 同样也会跳转到 Debug 视图，之后的流程就都是相同的了。相比起来，第二种调试方式会比第一种更加灵活，也更加常用。

13.5 编写测试用例

测试是软件工程中一个非常重要的环节，而测试用例又可以显著地提高测试的效率和准确性。测试用例其实就是一段普通的程序代码，通常是带有期望的运行结果的，测试者可以根据最终的运行结果来判断程序是否能正常工作。

我相信大多数的程序员都是不喜欢编写测试用例的，因为这是一件很繁琐的事情。明明运行一下程序，观察运行结果就能知道对与错了，为什么还要通过代码来进行判断呢？确实，如果只是普通的一个小程序，编写测试用例是有些多此一举，但是当你正在维护一个非常庞大的工程时，你就会发现编写测试用例是非常有必要的。

举个例子吧，比如你确实正在维护一个很庞大的工程，里面有许许多多数也数不清的功能。某天，你的领导要求你对其中一个功能进行修改，难度也不高，你很快就解决了，并且测试通过。但是几天之后，突然有人发现其他功能出现了问题，最终定位出来的原因竟然就是你之前修改的那个功能所导致的！这下你可冤死了。不过千万别以为这是天方夜谭，在大型的项目中，这种情况还是很常见的。由于项目里的很多代码都是公用的，你为了完成一个功能而去修改某行代码，完全有可能因此而导致另一个功能无法正常工作。

所以，当项目比较庞大的时候，一般都应该去编写测试用例的。如果我们给项目的每一项功能都编写了测试用例，每当修改或新增任何功能之后，就将所有的测试用例都跑一遍，只要有任何测试用例没有通过，就说明修改或新增的这个功能影响到现有功能了，这样就可以及早地发现问题，避免事故的出现。

13.5.1 创建测试工程

介绍了这么多，也是时候该动手尝试一下了，下面我们就来创建一个测试工程。在创建之前你需要知道，测试工程通常都不是独立存在的，而是依赖于某个现有工程的，一般比较常见的做法是在现有工程下新建一个 tests 文件夹，测试工程就存放在这里。

那么我们就给 BroadcastBestPractice 这个项目创建一个测试工程吧。在 Eclipse 的导航栏中点击 File→New→Other，会打开一个对话框，展开 Android 目录，在里面选中 Android Test Project，如图 13.8 所示。

点击 Next 后会弹出创建 Android 测试工程的对话框，在这里我们可以输入测试工程的名字，并选择测试工程的路径。按照惯例，我们将路径选择为 BroadcastBestPractice 项目的 tests 文件夹下，如图 13.9 所示。

New
Select a wizard
Create an Android Test Project
Wizards:
type filter text
General
Android
Android Activity
Android Application Project
Android Icon Set
Android Object
Android Project from Existing Code
Android Sample Project
Android Test Project
Android XML File
< Back
Next >
Finish
Cancel

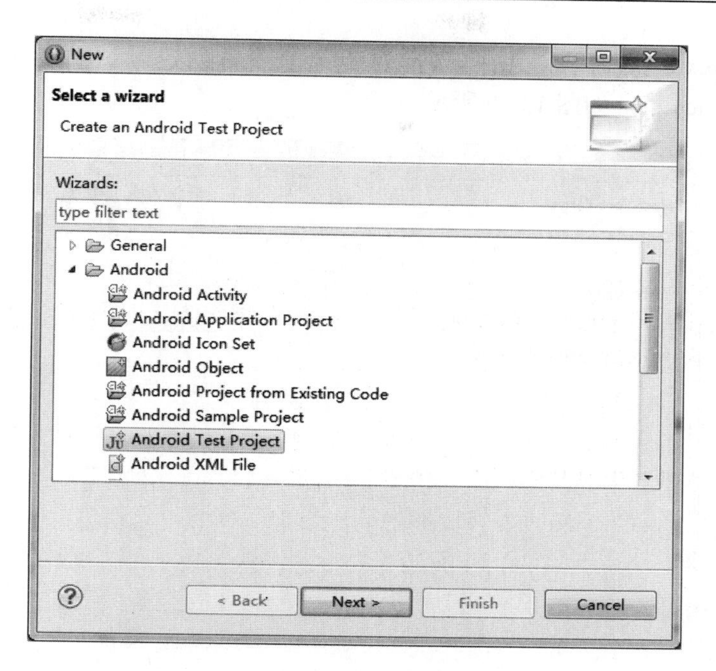

图　13.8

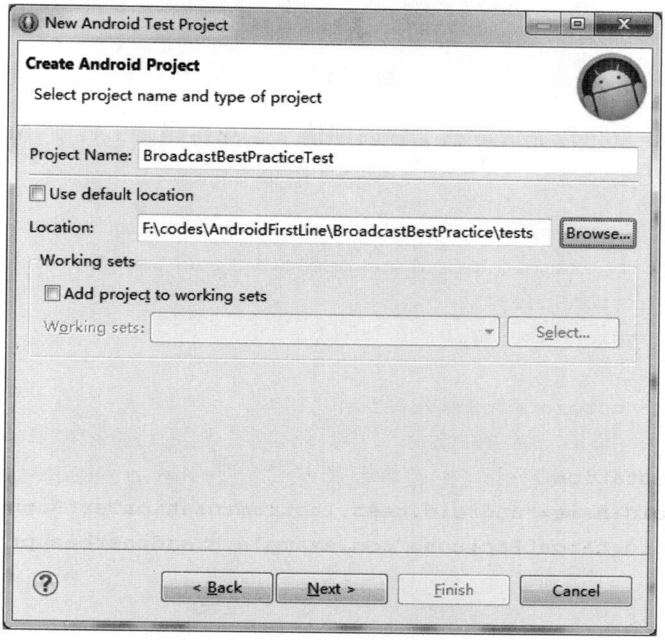

New Android Test Project
Create Android Project
Select project name and type of project
Project Name: BroadcastBestPracticeTest
Use default location
Location: F:\codes\AndroidFirstLine\BroadcastBestPractice\tests
Browse...
Working sets
Add project to working sets
Working sets:
Select...
< Back
Next >
Finish
Cancel

图　13.9

继续点击 Next，这时会让我们选择为哪一个项目创建测试功能，这里当然选择 BroadcastBestPractice 了，如图 13.10 所示。

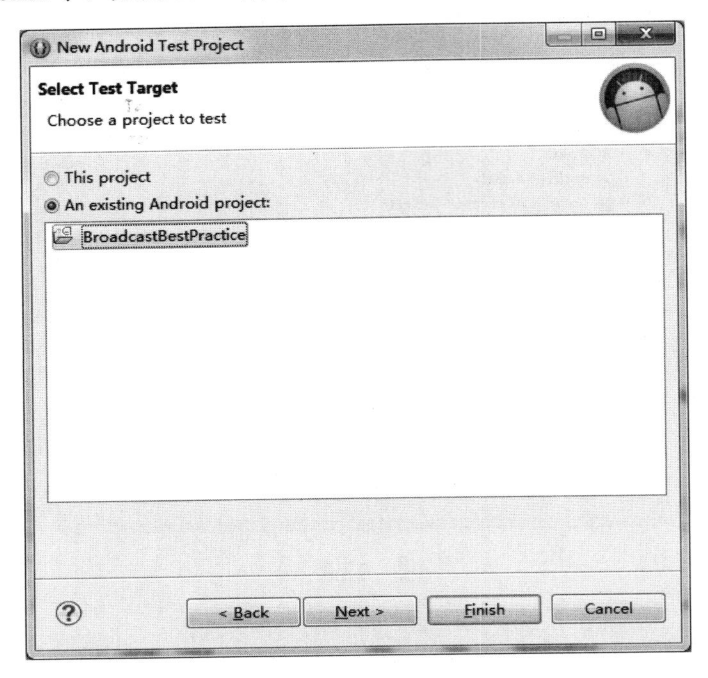

图 13.10

现在点击 Finish 就可以完成测试工程的创建了。观察测试工程中 AndroidManifest.xml 文件的代码，如下所示：

```
<manifest xmlns:android="http://schemas.android.com/apk/res/android"
    package="com.example.broadcastbestpractice.test"
    android:versionCode="1"
    android:versionName="1.0" >

    <uses-sdk android:minSdkVersion="14" />

    <instrumentation
        android:name="android.test.InstrumentationTestRunner"
        android:targetPackage="com.example.broadcastbestpractice" />

    <application
        android:icon="@drawable/ic_launcher"
        android:label="@string/app_name" >
```

```
        <uses-library android:name="android.test.runner" />
    </application>

</manifest>
```

其中<instrumentation>和<uses-library>标签是自动生成的，表示这是一个测试工程，在<instrumentation>标签中还通过 android:targetPackage 属性指定了测试目标的包名。

13.5.2　进行单元测试

创建好了测试工程，下面我们来对 BroadcastBestPractice 这个项目进行单元测试。单元测试是指对软件中最小的功能模块进行测试，如果软件中的每一个单元都能通过测试，说明代码的健壮性就已经非常好了。

BroadcastBestPractice 项目中有一个 ActivityCollector 类，主要是用于对所有的 Activity 进行管理的，那么我们就来测试这个类吧。首先在 BroadcastBestPracticeTest 项目中新建一个 ActivityCollectorTest 类，并让它继承自 AndroidTestCase，然后重写 setUp()和 tearDown()方法，如下所示。

```
public class ActivityCollectorTest extends AndroidTestCase {

    @Override
    protected void setUp() throws Exception {
        super.setUp();
    }

    @Override
    protected void tearDown() throws Exception {
        super.tearDown();
    }

}
```

其中 setUp()方法会在所有的测试用例执行之前调用，可以在这里进行一些初始化操作。tearDown()方法会在所有的测试用例执行之后调用，可以在这里进行一些资源释放的操作。

那么该如何编写测试用例呢？其实也很简单，只需要定义一个以 test 开头的方法，测试框架就会自动调用这个方法了。然后我们在方法中可以通过断言（assert）的形式来期望一个运行结果，再和实际的运行结果进行对比，这样一条测试用例就完成了。测试用例覆盖的功能越广泛，程序出现 bug 的概率就会越小。

比如说 ActivityCollector 中的 addActivity()方法是用于向集合里添加活动的，那么我们就可以给这个方法编写一些测试用例，代码如下所示：

```
public class ActivityCollectorTest extends AndroidTestCase {

    @Override
    protected void setUp() throws Exception {
        super.setUp();
    }

    public void testAddActivity() {
        assertEquals(0, ActivityCollector.activities.size());
        LoginActivity loginActivity = new LoginActivity();
        ActivityCollector.addActivity(loginActivity);
        assertEquals(1, ActivityCollector.activities.size());
    }

    @Override
    protected void tearDown() throws Exception {
        super.tearDown();
    }

}
```

可以看到，这里我们添加了一个 testAddActivity()方法，在这个方法的一开始就调用了 assertEquals()方法来进行断言，认为目前 ActivityCollector 中的活动个数是 0。接下来 new 出了一个 LoginActivity 的实例，并调用 addActivity()方法将这个活动添加到 ActivityCollector 中，然后再次调用 assertEquals()方法进行断言，认为目前 ActivityCollector 中的活动个数是 1。

现在可以右击测试工程→Run As→Android JUnit Test 来运行这个测试用例，结果如图 13.11 所示。

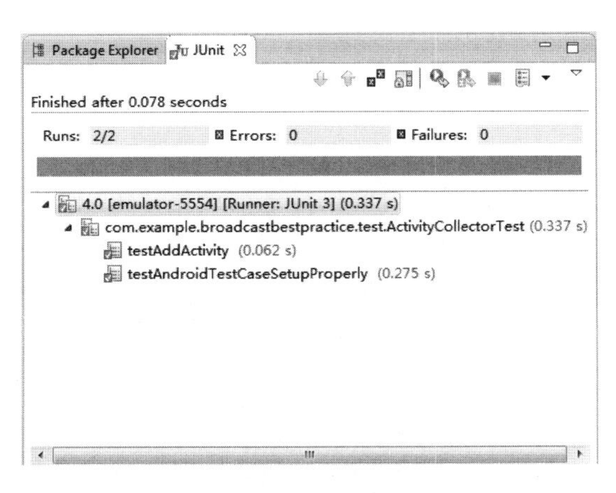

图 13.11

可以看到，我们刚刚编写的测试用例已经成功跑通了。

不过，现在这个测试用例其实只是覆盖了很少的情况而已，我们应该再编写一些特殊情况下的断言，看看程序是不是仍然能够正常工作。修改 ActivityCollectorTest 中的代码，如下所示。

```
public class ActivityCollectorTest extends AndroidTestCase {
    ......
    public void testAddActivity() {
        assertEquals(0, ActivityCollector.activities.size());
        LoginActivity loginActivity = new LoginActivity();
        ActivityCollector.addActivity(loginActivity);
        assertEquals(1, ActivityCollector.activities.size());
        ActivityCollector.addActivity(loginActivity);
        assertEquals(1, ActivityCollector.activities.size());
    }
    ......
}
```

可以看到，这里我们又调用了一次 addActivity()方法来添加活动，并且添加的仍然还是 LoginActivity。连续添加两次相同活动的实例，这应该算是一种比较特殊的情况了。这时我们觉得 ActivityCollector 有能力去过滤掉重复的数据，因此在断言的时候认为目前 ActivityCollector 中的活动个数仍然是 1。重新运行一遍测试用例，结果如图 13.12 所示。

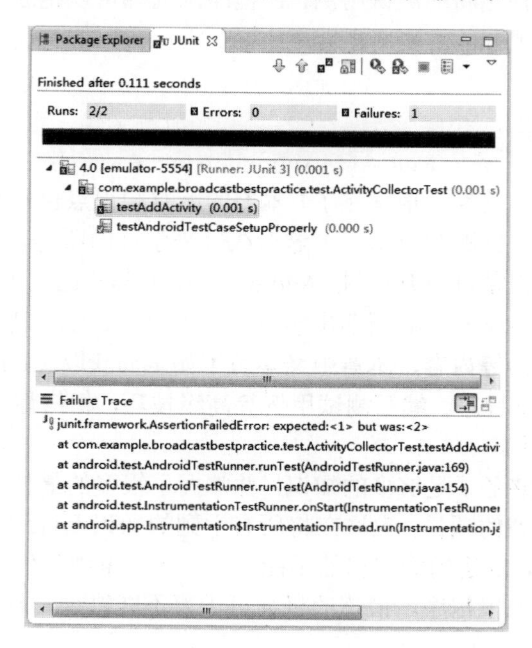

图　13.12

很遗憾，测试用例没有通过，提示我们期望结果是 1，但实际结果是 2。从这个测试用例中我们发现，addActivity()方法中的代码原来是不够健壮的，这个时候就应该对代码进行优化了。修改 ActivityCollector 中的代码，如下所示：

```
public class ActivityCollector {

    public static List<Activity> activities = new ArrayList<Activity>();

    public static void addActivity(Activity activity) {
        if (!activities.contains(activity)) {
            activities.add(activity);
        }
    }

    ……
}
```

这里我们在 addActivity()方法中加入了一个 if 判断，只有当集合中不包含传入的 Activity 实例的时候才会将它添加到集合中，这样就可以解决掉活动重复的 bug 了。现在重新运行一遍测试用例，你就会发现测试又能成功通过了。

之后你可以不断地补充新的测试用例，让程序永远都可以跑通所有的测试用例，这样的程序才会更加健壮，出现 bug 的概率也会更小。

13.6 总结

整整十三章的内容你已经全部学完了！本书的所有知识点也到此结束，是不是感觉有些激动呢？下面就让我们来回顾和总结一下这么久以来学过的所有东西吧。

十三章的内容不算很多，但却已经把 Android 中绝大部分比较重要的知识点都覆盖到了。我们从搭建开发环境开始学起，后面逐步学习了四大组件、UI、碎片、数据存储、多媒体、网络、定位服务、传感器等内容，本章中又学习了如全局获取 Context、使用 Intent 传递对象、定制日志工具、调试程序、编写测试用例等高级技巧，相信你已经从一名初学者蜕变成一位 Android 开发好手了。

不过，虽然你已经储备了足够多的知识，并掌握了很多的最佳实践技巧，但是你还从来没有真正开发过一个完整的项目，也许在将所有学到的知识混合到一起使用的时候，你会感到有些手足无措。因此，前进的脚步仍然不能停下，下一章中我们会结合前面章节所学的内容，一起开发一个天气预报程序。锻炼的机会可千万不能错过，赶快进入到下一章吧。

经验值：+500000　　　升级！（由鹰升级至巨鹰）　目前经验值：864905

级别：巨鹰

赢得宝物：战胜神殿五圣。神殿五圣是神界五位最高阶法师，他们的日常工作是维系神界的大气、土壤、山川江海的生态平衡。如果有不乖的大山和河流因顽皮和淘气而导致生灵的投诉，他们会对这些犯了错的大山和河流进行教育和引导，从而让山河们意识到自己的错误，不断修行，以趋于臻美。战胜神殿五圣，其实只是接住了他们每人发出的三招五成功力。这是 Android 开发之旅中我必经的考核，我通过了考验。作为奖赏，五圣合力对我进行了加持，一瞬间，我的小鸡翅增大百倍。我猛然感到了双翅的分量，但随即也感到我的体能在迅速增强，很快抵消了双翅的重量。加持完毕，我轻松展开双翅，翼展达 6 米，雪白并发出柔和的光芒，我稍用力扇动两下，已然腾空数米。哈哈，很好用，是我身体的一部分。大恩不言谢，我拜别五圣。拍击双翅，腾空而起，一飞冲天，向着前方飞去。

第 14 章　进入实战，开发酷欧天气

我们将要在本章中编写一个功能较为完整的天气预报程序，学习了这么久的 Android 开发，现在终于到了考核验收的时候了。那么第一步我们需要给这个软件起个好听的名字，这里就叫它酷欧天气吧，英文名就叫做 Cool Weather。确定了名字之后，下面就可以开始动手了。

14.1　功能需求及技术可行性分析

在开始编码之前，我们需要先对程序进行需求分析，想一想酷欧天气中应该具备哪些功能。将这些功能全部整理出来之后，我们才好动手去一一实现。这里我认为酷欧天气中至少应该具备以下功能。

1. 可以罗列出全国所有的省、市、县。
2. 可以查看全国任意城市的天气信息。
3. 可以自由地切换城市，去查看其他城市的天气。
4. 提供手动更新以及后台自动更新天气的功能。

虽然看上去只有四个主要的功能点，但如果想要全部实现这些功能却需要用到 UI、网络、定位、数据存储、服务等技术，因此还是非常考验你的综合应用能力的。不过好在这些技术在前面的章节中我们全部都学习过了，只要你学得用心，相信完成这些功能对你来说并不难。

分析完了需求之后，接下来就要进行技术可行性分析了。首先需要考虑的一个问题就是，我们如何才能得到全国省市县的数据信息，以及如何才能获取到每个城市的天气信息。很幸运，现在网上有不少免费的天气预报接口可以实现上述功能，如新浪天气、雅虎天气等，这里我们准备使用中国天气网提供的 API 接口来实现上述功能。

比如要想罗列出中国所有的省份，只需访问如下地址（如果你是在浏览器上直接访问的话，有可能会得到一个错误提示，不用担心，这是因为浏览器认为服务器应该返回一个 XML 格式的数据，但实际上服务器返回的数据并不是 XML 格式所导致的，右键查看网页源代码就可以看到服务器返回的真实数据了）：

```
http://www.weather.com.cn/data/list3/city.xml
```

服务器会返回我们一段文本信息，其中包含了中国所有的省份名称以及省级代号，如下所示：

01|北京,02|上海,03|天津,04|重庆,05|黑龙江,06|吉林,07|辽宁,08|内蒙古,09|河北,10|山西,11|陕西,12|山东,13|新疆,14|西藏,15|青海,16|甘肃,17|宁夏,18|河南,19|江苏,20|湖北,21|浙江,22|安徽,23|福建,24|江西,25|湖南,26|贵州,27|四川,28|广东,29|云南,30|广西,31|海南,32|香港,33|澳门,34|台湾

可以看到，北京的代号是 01，上海的代号是 02，不同省份之间以逗号分隔，省份名称和省级代号之间以单竖线分隔。那么如何才能知道某个省内有哪些城市呢？其实也很简单，比如江苏的省级代号是 19，访问如下地址即可：

```
http://www.weather.com.cn/data/list3/city19.xml
```

也就是说，只需要将省级代号添加到 city 的后面就行了，现在服务器返回的数据如下：

1901|南京,1902|无锡,1903|镇江,1904|苏州,1905|南通,1906|扬州,1907|盐城,1908|徐州,1909|淮安,1910|连云港,1911|常州,1912|泰州,1913|宿迁

这样我们就得到江苏省内所有城市的信息了，可以看到，现在返回的数据格式和刚才查看省份信息时返回的数据格式是一样的。相信此时你已经可以举一反三了，比如说苏州的市级代号是 1904，那么想要知道苏州市下又有哪些县的时候，只需访问如下地址：

```
http://www.weather.com.cn/data/list3/city1904.xml
```

这次服务器返回的数据如下：

190401|苏州,190402|常熟,190403|张家港,190404|昆山,190405|吴县东山,190406|吴县,190407|吴江,190408|太仓

通过这种方式，我们就能把全国所有的省、市、县都罗列出来了。那么解决了全国省市县数据的获取，我们又怎样才能查看到具体的天气信息呢？这就必须找到某个地区对应的天气代号。比如说昆山的县级代号是 190404，那么访问如下地址：

```
http://www.weather.com.cn/data/list3/city190404.xml
```

这时服务器返回的数据非常简短：

```
190404|101190404
```

其中，后半部分的 101190404 就是昆山所对应的天气代号了。这个时候再去访问查询天气接口，将相应的天气代号填入即可，接口地址如下：

```
http://www.weather.com.cn/data/cityinfo/101190404.html
```

这样，服务器就会把昆山当前的天气信息以 JSON 格式返回给我们了，如下所示：

```
{"weatherinfo":
    {"city":"昆山","cityid":"101190404","temp1":"21℃","temp2":"9℃",
    "weather":"多云转小雨","img1":"d1.gif","img2":"n7.gif","ptime":"11:00"}
}
```

其中 city 表示城市名，cityid 表示城市对应的天气代号，temp1 和 temp2 表示气温是几度到几度，weather 表示今日天气信息的描述，img1 和 img2 表示今日天气对应的图片，ptime 表示天气发布的时间。至于 JSON 数据的解析，对你来说应该很轻松了吧。

确定了技术完全可行之后，接下来就可以开始编码了。不过别着急，我们准备让酷欧天气成为一个开源软件，并使用 GitHub 来进行代码托管，因此先让我们进入到本书最后一次的 Git 时间。

14.2 Git 时间，将代码托管到 GitHub 上

经过前面几章的学习，相信你已经可以非常熟练地使用 Git 了。本节依然是 Git 时间，这次我们将会把酷欧天气的代码托管到 GitHub 上面。

GitHub 是全球最大的代码托管网站，主要是借助 Git 来进行版本控制的。任何开源软件都可以免费地将代码提交到 GitHub 上，以零成本的代价进行代码托管。GitHub 的官网地址如下：

```
https://github.com/
```

官网的首页如图 14.1 所示。

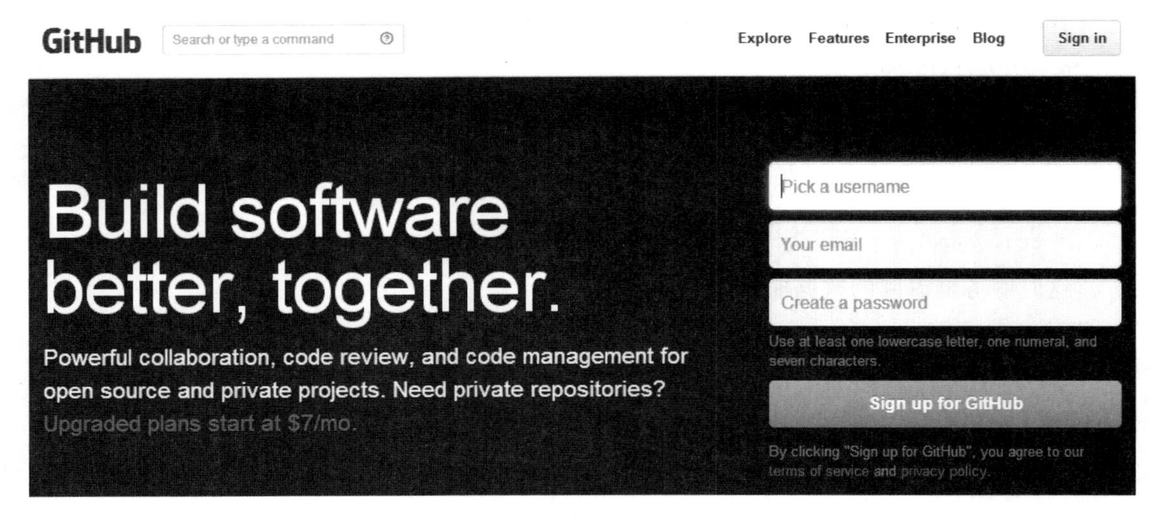

图 14.1

首先你需要有一个 GitHub 账号才能使用 GitHub 的代码托管功能，点击 Sign up for GitHub 按钮进行注册，然后填入用户名、邮箱和密码，如图 14.2 所示。

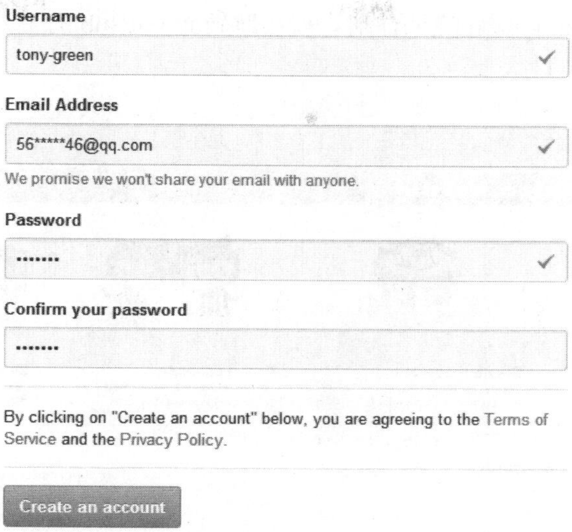

Username

tony-green

Email Address

56*****46@qq.com

We promise we won't share your email with anyone.

Password

•••••••

Confirm your password

•••••••

By clicking on "Create an account" below, you are agreeing to the Terms of Service and the Privacy Policy.

Create an account

图　14.2

点击 Create an account 按钮来创建账户，接下来会让你选择个人计划，收费计划有创建私人版本库的权限，而我们的酷欧天气是开源软件，所以这里选择免费计划就可以了，如图 14.3 所示。

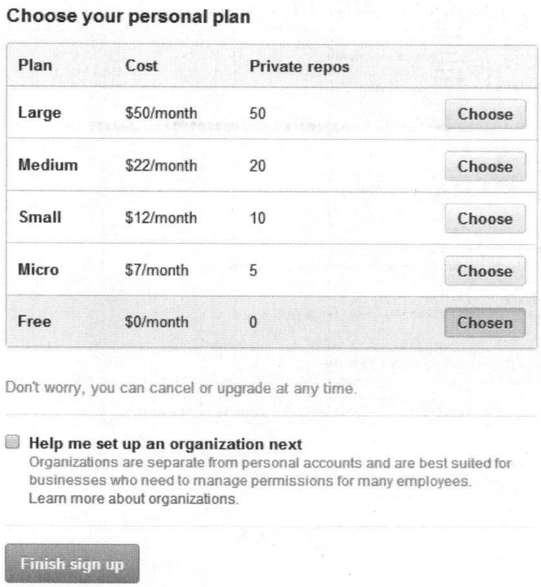

Choose your personal plan

Plan	Cost	Private repos	
Large	$50/month	50	Choose
Medium	$22/month	20	Choose
Small	$12/month	10	Choose
Micro	$7/month	5	Choose
Free	$0/month	0	Chosen

Don't worry, you can cancel or upgrade at any time.

Help me set up an organization next
Organizations are separate from personal accounts and are best suited for businesses who need to manage permissions for many employees.
Learn more about organizations.

Finish sign up

图　14.3

接着点击 Finish sign up 按钮完成注册，就会跳转到 GitHub 的个人主界面了，如图 14.4 所示。

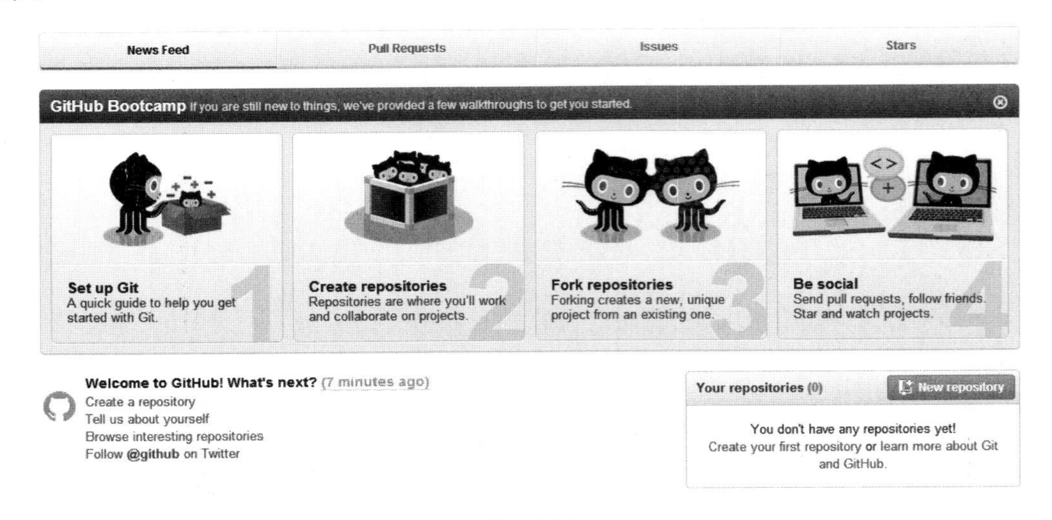

图 14.4

然后我们可以点击右下角的 New repository 按钮来创建一个版本库，这里将版本库命名为 coolweather，然后选择添加一个 Android 项目类型的.gitignore 文件，并使用 Apache v2 License 来作为酷欧天气的开源协议，如图 14.5 所示。

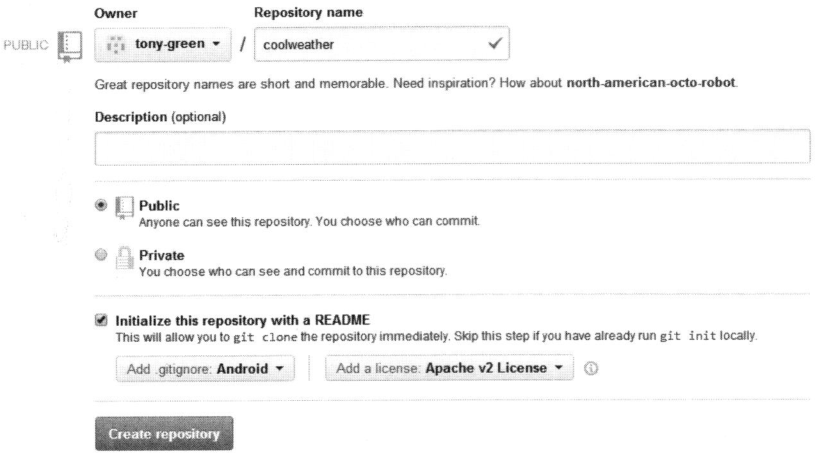

Owner　Repository name

PUBLIC　tony-green / coolweather

Great repository names are short and memorable. Need inspiration? How about **north-american-octo-robot**.

Description (optional)

Public
Anyone can see this repository. You choose who can commit.

Private
You choose who can see and commit to this repository.

Initialize this repository with a README
This will allow you to `git clone` the repository immediately. Skip this step if you have already run `git init` locally.

Add .gitignore: **Android**　Add a license: **Apache v2 License**

Create repository

图 14.5

接着点击 Create repository 按钮，coolweather 这个版本库就创建完成了，如图 14.6 所示。版本库主页地址是 https://github.com/tony-green/coolweather。

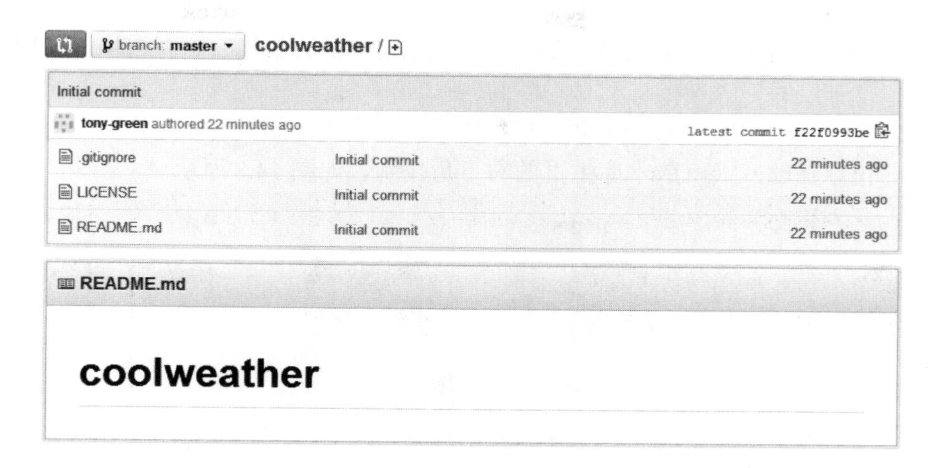

图　14.6

可以看到，GitHub 已经自动帮我们创建了.gitignore、LICENSE 和 README.md 这三个文件，其中编辑 README.md 文件中的内容可以修改酷欧天气版本库主页的描述。

创建好了版本库之后，我们就需要创建酷欧天气这个项目了。在 Eclipse 中新建一个 Android 项目，项目名叫做 CoolWeather，包名叫做 com.coolweather.app，仍然使用的是 4.0 的 API，如图 14.7 所示。

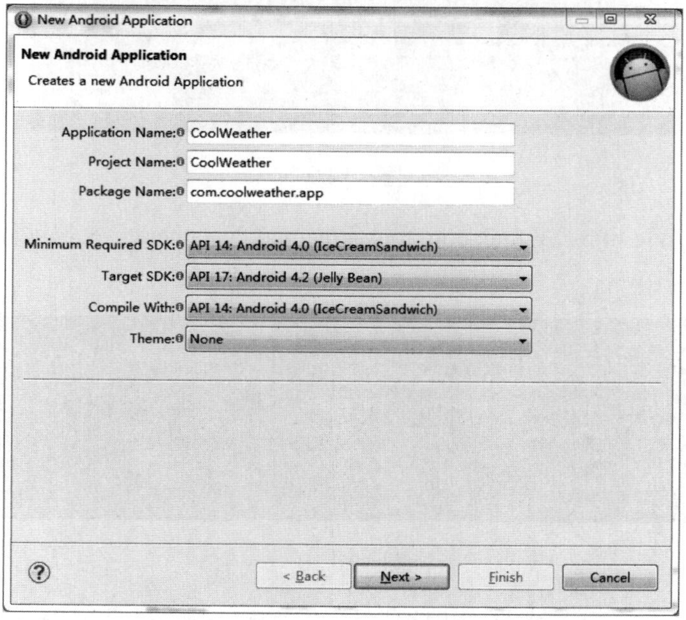

New Android Application

New Android Application
Creates a new Android Application

Application Name: CoolWeather
Project Name: CoolWeather
Package Name: com.coolweather.app

Minimum Required SDK: API 14: Android 4.0 (IceCreamSandwich)
Target SDK: API 17: Android 4.2 (Jelly Bean)
Compile With: API 14: Android 4.0 (IceCreamSandwich)
Theme: None

< Back　Next >　Finish　Cancel

图　14.7

之后的步骤不用多说，一直点击 Next 就可以完成项目的创建，所有选项都使用默认的就好。

接下来的一步非常重要，我们需要将远程版本库克隆到本地。首先必须知道远程版本库的 Git 地址，可以在酷欧天气版本库主页的右下角找到，如图 14.8 所示。

图　14.8

点击右边的复制按钮可以将版本库的 Git 地址复制到剪贴板，酷欧天气版本库的 Git 地址是 https://github.com/tony-green/coolweather.git。然后打开 Git Bash 并切换到 CoolWeather 的工程目录下，如图 14.9 所示。

```
Tony@TONY-PC /f/codes/AndroidFirstLine
$ cd f:

Tony@TONY-PC /f
$ cd codes/AndroidFirstLine/CoolWeather/

Tony@TONY-PC /f/codes/AndroidFirstLine/CoolWeather
$
```

图　14.9

接着输入 git clone https://github.com/tony-green/coolweather.git 来把远程版本库克隆到本地，如图 14.10 所示。

```
Tony@TONY-PC /f/codes/AndroidFirstLine/CoolWeather
$ git clone https://github.com/tony-green/coolweather.git
Cloning into 'coolweather'...
remote: Counting objects: 14, done.
remote: Compressing objects: 100% (13/13), done.
remote: Total 14 (delta 5), reused 0 (delta 0)
Unpacking objects: 100% (14/14), done.
Checking connectivity... done
```

图　14.10

看到图中所给的文字提示就表示克隆成功了，并且.gitignore、LICENSE 和 README.md 这三个文件也已经被复制到了本地，可以进入到 coolweather 目录，并使用 ls –al 命令查看一下，如图 14.11 所示。

```
Tony@TONY-PC /f/codes/AndroidFirstLine/CoolWeather
$ cd coolweather/

Tony@TONY-PC /f/codes/AndroidFirstLine/CoolWeather/coolweather (master)
$ ls -al
total 7
drwxr-xr-x    6 Tony     Administ         0 Feb  3 16:51 .
drwxr-xr-x   16 Tony     Administ         0 Feb  3 16:51 ..
drwxr-xr-x   12 Tony     Administ         0 Feb  3 16:51 .git
-rw-r--r--    1 Tony     Administ       361 Feb  3 16:51 .gitignore
-rw-r--r--    1 Tony     Administ     11527 Feb  3 16:51 LICENSE
-rw-r--r--    1 Tony     Administ       372 Feb  3 16:51 README.md
```

图　14.11

现在我们需要将这个目录中的所有文件全部复制到上一层目录中，这样就能将整个 CoolWeather 工程目录添加到版本控制中去了。注意.git 是一个隐藏目录，在复制的时候千万不要漏掉。复制完之后可以把 coolweather 目录删除掉，最终 CoolWeather 工程的目录结构如图 14.12 所示。

```
Tony@TONY-PC /f/codes/AndroidFirstLine/CoolWeather (master)
$ ls -al
total 35
drwxr-xr-x   19 Tony     Administ         0 Feb  3 17:01 .
drwxr-xr-x    1 Tony     Administ         0 Feb  3 16:32 ..
-rw-r--r--    1 Tony     Administ       364 Feb  3 16:32 .classpath
drwxr-xr-x   12 Tony     Administ         0 Feb  3 16:57 .git
-rw-r--r--    1 Tony     Administ       361 Feb  3 16:51 .gitignore
-rw-r--r--    1 Tony     Administ       847 Feb  3 16:32 .project
drwxr-xr-x    3 Tony     Administ         0 Feb  3 16:32 .settings
-rw-r--r--    1 Tony     Administ       879 Feb  3 16:32 AndroidManifest.xml
-rw-r--r--    1 Tony     Administ     11527 Feb  3 16:51 LICENSE
-rw-r--r--    1 Tony     Administ       372 Feb  3 16:51 README.md
drwxr-xr-x    2 Tony     Administ         0 Feb  3 16:32 assets
drwxr-xr-x    6 Tony     Administ         0 Feb  3 16:32 bin
drwxr-xr-x    3 Tony     Administ         0 Feb  3 16:32 gen
-rw-r--r--    1 Tony     Administ     51394 Feb  3 16:32 ic_launcher-web.png
drwxr-xr-x    3 Tony     Administ         0 Feb  3 16:32 libs
-rw-r--r--    1 Tony     Administ       781 Feb  3 16:32 proguard-project.txt
-rw-r--r--    1 Tony     Administ       563 Feb  3 16:32 project.properties
drwxr-xr-x   14 Tony     Administ         0 Feb  3 16:32 res
drwxr-xr-x    3 Tony     Administ         0 Feb  3 16:32 src
```

图　14.12

接下来我们应该把 CoolWeather 项目中现有的文件提交到 GitHub 上面，这就很简单了，先将所有文件添加到版本控制中，如下所示：

```
git add .
```

然后在本地执行提交操作：

```
git commit -m "First commit."
```

最后将提交的内容同步到远程版本库，也就是 GitHub 上面：

```
git push origin master
```

注意，最后一步的时候 GitHub 要求输入用户名和密码来进行身份校验，这里输入我们注册时填入的用户名和密码就可以了，如图 14.13 所示。

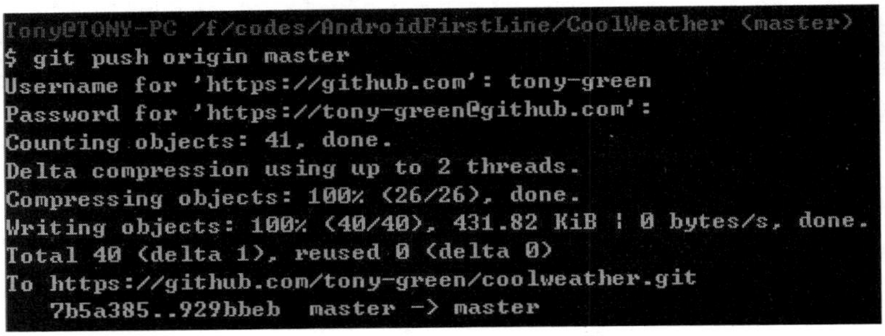

```
Tony@TONY-PC /f/codes/AndroidFirstLine/CoolWeather (master)
$ git push origin master
Username for 'https://github.com': tony-green
Password for 'https://tony-green@github.com':
Counting objects: 41, done.
Delta compression using up to 2 threads.
Compressing objects: 100% (26/26), done.
Writing objects: 100% (40/40), 431.82 KiB | 0 bytes/s, done.
Total 40 (delta 1), reused 0 (delta 0)
To https://github.com/tony-green/coolweather.git
   7b5a385..929bbeb  master -> master
```

图 14.13

这样就已经同步完成了，现在刷新一下酷欧天气版本库的主页，你会看到刚才提交的那些文件已经存在了，如图 14.14 所示。

branch: master　coolweather / +

First commit.

tinnuharo1971 authored 14 minutes ago　latest commit 929bbebbc7

.settings	First commit.	14 minutes ago
libs	First commit.	14 minutes ago
res	First commit.	14 minutes ago
src	First commit.	14 minutes ago
.gitignore	Initial commit	8 hours ago
AndroidManifest.xml	First commit.	14 minutes ago
LICENSE	Initial commit	8 hours ago
README.md	Update README.md	6 hours ago
ic_launcher-web.png	First commit.	14 minutes ago
proguard-project.txt	First commit.	14 minutes ago
project.properties	First commit.	14 minutes ago

图 14.14

14.3　创建数据库和表

从本节开始，我们就要真正地动手编码了，为了要让项目能够有更好的结构，这里需要在 com.coolweather.app 包下再新建几个包，如图 14.15 所示。

```
◢ src
    ◢ com.coolweather.app
        activity
        db
        model
        receiver
        service
        util
```

图　14.15

其中 activity 包用于存放所有活动相关的代码，db 包用于存放所有数据库相关的代码，model 包用于存放所有模型相关的代码，receiver 包用于存放所有广播接收器相关的代码，service 包用于存放所有服务相关的代码，util 包用于存放所有工具相关的代码。ADT 帮我们自动生成的 MainActivity 和 activity_main.xml 文件就不需要了，这里直接将它们删除掉。

根据 14.1 节进行的技术可行性分析，首先第一阶段我们要做的就是创建好数据库和表，这样从服务器获取到的数据才能够存储到本地。表的设计当然是仁者见仁智者见智，并不是说哪种设计就是最规范最完美的。这里我准备建立三张表，Province、City、County，分别用于存放省、市、县的各种数据信息，三张表的建表语句分别如下。

```
Province:
create table Province (
        id integer primary key autoincrement,
        province_name text,
        province_code text)
```

其中 id 是自增长主键，province_name 表示省名，province_code 表示省级代号。

```
City:
create table City (
        id integer primary key autoincrement,
        city_name text,
        city_code text,
        province_id integer)
```

其中 id 是自增长主键，city_name 表示城市名，city_code 表示市级代号，province_id 是 City 表关联 Province 表的外键。

```
County:
create table County (
        id integer primary key autoincrement,
        county_name text,
        county_code text,
        city_id integer)
```

其中 id 是自增长主键，county_name 表示县名，county_code 表示县级代号，city_id 是 County 表关联 City 表的外键。

建表语句就是这样，接下来我们将建表语句写入到代码中。在 db 包下新建一个 CoolWeatherOpenHelper 类，代码如下所示：

```
public class CoolWeatherOpenHelper extends SQLiteOpenHelper {

    /**
     *  Province表建表语句
     */
    public static final String CREATE_PROVINCE = "create table Province ("
                + "id integer primary key autoincrement, "
                + "province_name text, "
                + "province_code text)";
    /**
     *  City表建表语句
     */
    public static final String CREATE_CITY = "create table City ("
                + "id integer primary key autoincrement, "
                + "city_name text, "
                + "city_code text, "
                + "province_id integer)";
    /**
     *  County表建表语句
     */
    public static final String CREATE_COUNTY = "create table County ("
                + "id integer primary key autoincrement, "
                + "county_name text, "
                + "county_code text, "
                + "city_id integer)";
```

```
    public CoolWeatherOpenHelper(Context context, String name, CursorFactory
factory, int version) {
        super(context, name, factory, version);
    }

    @Override
    public void onCreate(SQLiteDatabase db) {
        db.execSQL(CREATE_PROVINCE);  // 创建Province表
        db.execSQL(CREATE_CITY);  // 创建City表
        db.execSQL(CREATE_COUNTY);  // 创建County表
    }

    @Override
    public void onUpgrade(SQLiteDatabase db, int oldVersion, int newVersion)
{
    }

}
```

上面的代码非常好理解，将三条建表语句定义成常量，然后在 onCreate()方法中去执行创建就可以了。

另外，每张表在代码中最好能有一个对应的实体类，这样会非常方便于我们后续的开发工作。因此，在 model 包下新建一个 Province 类，代码如下所示：

```
public class Province {
    private int id;
    private String provinceName;
    private String provinceCode;

    public int getId() {
        return id;
    }

    public void setId(int id) {
        this.id = id;
    }

    public String getProvinceName() {
        return provinceName;
    }
```

```
    public void setProvinceName(String provinceName) {
        this.provinceName = provinceName;
    }

    public String getProvinceCode() {
        return provinceCode;
    }

    public void setProvinceCode(String provinceCode) {
        this.provinceCode = provinceCode;
    }
}
```

接着在 model 包下新建一个 City 类，代码如下所示：

```
public class City {
    private int id;
    private String cityName;
    private String cityCode;
    private int provinceId;

    public int getId() {
        return id;
    }

    public void setId(int id) {
        this.id = id;
    }

    public String getCityName() {
        return cityName;
    }

    public void setCityName(String cityName) {
        this.cityName = cityName;
    }

    public String getCityCode() {
        return cityCode;
    }
```

```
    public void setCityCode(String cityCode) {
        this.cityCode = cityCode;
    }

    public int getProvinceId() {
        return provinceId;
    }

    public void setProvinceId(int provinceId) {
        this.provinceId = provinceId;
    }
}
```

然后在 model 包下新建一个 County 类，代码如下所示：

```
public class County {
    private int id;
    private String countyName;
    private String countyCode;
    private int cityId;

    public int getId() {
        return id;
    }

    public void setId(int id) {
        this.id = id;
    }

    public String getCountyName() {
        return countyName;
    }

    public void setCountyName(String countyName) {
        this.countyName = countyName;
    }

    public String getCountyCode() {
        return countyCode;
    }
```

```
    public void setCountyCode(String countyCode) {
        this.countyCode = countyCode;
    }

    public int getCityId() {
        return cityId;
    }

    public void setCityId(int cityId) {
        this.cityId = cityId;
    }
}
```

可以看到，实体类的内容都非常简单，基本就是生成数据库表对应字段的 get 和 set 方法就可以了。接着我们还需要创建一个 CoolWeatherDB 类，这个类将会把一些常用的数据库操作封装起来，以方便我们后面使用，代码如下所示：

```
public class CoolWeatherDB {

    /**
     * 数据库名
     */
    public static final String DB_NAME = "cool_weather";

    /**
     * 数据库版本
     */
    public static final int VERSION = 1;

    private static CoolWeatherDB coolWeatherDB;

    private SQLiteDatabase db;

    /**
     * 将构造方法私有化
     */
    private CoolWeatherDB(Context context) {
        CoolWeatherOpenHelper dbHelper = new CoolWeatherOpenHelper(context,
                DB_NAME, null, VERSION);
```

```
        db = dbHelper.getWritableDatabase();
    }

    /**
     * 获取CoolWeatherDB的实例。
     */
    public synchronized static CoolWeatherDB getInstance(Context context) {
        if (coolWeatherDB == null) {
            coolWeatherDB = new CoolWeatherDB(context);
        }
        return coolWeatherDB;
    }

    /**
     * 将Province实例存储到数据库。
     */
    public void saveProvince(Province province) {
        if (province != null) {
            ContentValues values = new ContentValues();
            values.put("province_name", province.getProvinceName());
            values.put("province_code", province.getProvinceCode());
            db.insert("Province", null, values);
        }
    }

    /**
     * 从数据库读取全国所有的省份信息。
     */
    public List<Province> loadProvinces() {
        List<Province> list = new ArrayList<Province>();
        Cursor cursor = db
                .query("Province", null, null, null, null, null, null);
        if (cursor.moveToFirst()) {
            do {
                Province province = new Province();
                province.setId(cursor.getInt(cursor.getColumnIndex("id")));
                province.setProvinceName(cursor.getString(cursor
                        .getColumnIndex("province_name")));
                province.setProvinceCode(cursor.getString(cursor
                        .getColumnIndex("province_code")));
                list.add(province);
```

```
            } while (cursor.moveToNext());
        }
        if (cursor != null) {
            cursor.close();
        }
        return list;
    }

    /**
     * 将City实例存储到数据库。
     */
    public void saveCity(City city) {
        if (city != null) {
            ContentValues values = new ContentValues();
            values.put("city_name", city.getCityName());
            values.put("city_code", city.getCityCode());
            values.put("province_id", city.getProvinceId());
            db.insert("City", null, values);
        }
    }

    /**
     * 从数据库读取某省下所有的城市信息。
     */
    public List<City> loadCities(int provinceId) {
        List<City> list = new ArrayList<City>();
        Cursor cursor = db.query("City", null, "province_id = ?",
                new String[] { String.valueOf(provinceId) }, null, null, null);
        if (cursor.moveToFirst()) {
            do {
                City city = new City();
                city.setId(cursor.getInt(cursor.getColumnIndex("id")));
                city.setCityName(cursor.getString(cursor
                        .getColumnIndex("city_name")));
                city.setCityCode(cursor.getString(cursor
                        .getColumnIndex("city_code")));
                city.setProvinceId(provinceId);
                list.add(city);
            } while (cursor.moveToNext());
        }
        if (cursor != null) {
            cursor.close();
        }
```

```
        return list;
    }

    /**
     * 将County实例存储到数据库。
     */
    public void saveCounty(County county) {
        if (county != null) {
            ContentValues values = new ContentValues();
            values.put("county_name", county.getCountyName());
            values.put("county_code", county.getCountyCode());
            values.put("city_id", county.getCityId());
            db.insert("County", null, values);
        }
    }

    /**
     * 从数据库读取某城市下所有的县信息。
     */
    public List<County> loadCounties(int cityId) {
        List<County> list = new ArrayList<County>();
        Cursor cursor = db.query("County", null, "city_id = ?",
                new String[] { String.valueOf(cityId) }, null, null, null);
        if (cursor.moveToFirst()) {
            do {
                County county = new County();
                county.setId(cursor.getInt(cursor.getColumnIndex("id")));
                county.setCountyName(cursor.getString(cursor
                        .getColumnIndex("county_name")));
                county.setCountyCode(cursor.getString(cursor
                        .getColumnIndex("county_code")));
                county.setCityId(cityId);
                list.add(county);
            } while (cursor.moveToNext());
        }
        if (cursor != null) {
            cursor.close();
        }
        return list;
    }

}
```

可以看到，CoolWeatherDB 是一个单例类，我们将它的构造方法私有化，并提供了一个 getInstance()方法来获取 CoolWeatherDB 的实例，这样就可以保证全局范围内只会有一个 CoolWeatherDB 的实例。接下来我们在 CoolWeatherDB 中提供了六组方法，saveProvince()、loadProvinces()、saveCity()、loadCities()、saveCounty()、loadCounties()，分别用于存储省份数据、读取所有省份数据、存储城市数据、读取某省内所有城市数据、存储县数据、读取某市内所有县的数据。有了这几个方法，我们后面很多的数据库操作都将会变得非常简单。

好了，第一阶段的代码写到这里就差不多了，我们现在提交一下。首先将所有新增的文件添加到版本控制中：

```
git add .
```

然后把 MainActivity 和 activity_main.xml 这两个文件从版本控制中删除掉：

```
git rm src/com/coolweather/app/MainActivity.java
git rm res/layout/activity_main.xml
```

接着执行提交操作：

```
git commit -m "新增数据库帮助类，以及各表对应的实体类。"
```

最后将提交同步到 GitHub 上面：

```
git push origin master
```

OK！第一阶段完工，下面让我们赶快进入到第二阶段的开发工作中吧。

14.4 遍历全国省市县数据

在第二阶段中，我们准备把遍历全国省市县的功能加入，这一阶段需要编写的代码量比较大，你一定要跟上脚步。

我们已经知道，全国所有省市县的数据都是从服务器端获取到的，因此这里和服务器的交互是必不可少的，所以我们可以在 util 包下先增加一个 HttpUtil 类，代码如下所示：

```
public class HttpUtil {

    public static void sendHttpRequest(final String address,
          final HttpCallbackListener listener) {
        new Thread(new Runnable() {
            @Override
            public void run() {
                HttpURLConnection connection = null;
                try {
                    URL url = new URL(address);
```

```
                    connection = (HttpURLConnection) url.openConnection();
                    connection.setRequestMethod("GET");
                    connection.setConnectTimeout(8000);
                    connection.setReadTimeout(8000);
                    InputStream in = connection.getInputStream();
                    BufferedReader reader = new BufferedReader(new
InputStreamReader(in));
                    StringBuilder response = new StringBuilder();
                    String line;
                    while ((line = reader.readLine()) != null) {
                        response.append(line);
                    }
                    if (listener != null) {
                        // 回调onFinish()方法
                        listener.onFinish(response.toString());
                    }
                } catch (Exception e) {
                    if (listener != null) {
                        // 回调onError()方法
                        listener.onError(e);
                    }
                } finally {
                    if (connection != null) {
                        connection.disconnect();
                    }
                }
            }
        }).start();
    }

}
```

HttpUtil 类中使用到了 HttpCallbackListener 接口来回调服务返回的结果，因此我们还需要在 util 包下添加这个接口，如下所示：

```
public interface HttpCallbackListener {
    void onFinish(String response);

    void onError(Exception e);
}
```

另外，由于服务器返回的省市县数据都是“代号|城市,代号|城市”这种格式的，所以我们最好再提供一个工具类来解析和处理这种数据。在 util 包下新建一个 Utility 类，代码如下所示：

```
public class Utility {

    /**
     * 解析和处理服务器返回的省级数据
     */
    public synchronized static boolean handleProvincesResponse(CoolWeatherDB
coolWeatherDB, String response) {
        if (!TextUtils.isEmpty(response)) {
            String[] allProvinces = response.split(",");
            if (allProvinces != null && allProvinces.length > 0) {
                for (String p : allProvinces) {
                    String[] array = p.split("\\|");
                    Province province = new Province();
                    province.setProvinceCode(array[0]);
                    province.setProvinceName(array[1]);
                    // 将解析出来的数据存储到Province表
                    coolWeatherDB.saveProvince(province);
                }
                return true;
            }
        }
        return false;
    }

    /**
     * 解析和处理服务器返回的市级数据
     */
    public static boolean handleCitiesResponse(CoolWeatherDB coolWeatherDB,
            String response, int provinceId) {
        if (!TextUtils.isEmpty(response)) {
            String[] allCities = response.split(",");
            if (allCities != null && allCities.length > 0) {
                for (String c : allCities) {
                    String[] array = c.split("\\|");
                    City city = new City();
```

```
                    city.setCityCode(array[0]);
                    city.setCityName(array[1]);
                    city.setProvinceId(provinceId);
                    // 将解析出来的数据存储到City表
                    coolWeatherDB.saveCity(city);
                }
                return true;
            }
        }
        return false;
    }

    /**
     * 解析和处理服务器返回的县级数据
     */
    public static boolean handleCountiesResponse(CoolWeatherDB coolWeatherDB,
            String response, int cityId) {
        if (!TextUtils.isEmpty(response)) {
            String[] allCounties = response.split(",");
            if (allCounties != null && allCounties.length > 0) {
                for (String c : allCounties) {
                    String[] array = c.split("\\|");
                    County county = new County();
                    county.setCountyCode(array[0]);
                    county.setCountyName(array[1]);
                    county.setCityId(cityId);
                    // 将解析出来的数据存储到County表
                    coolWeatherDB.saveCounty(county);
                }
                return true;
            }
        }
        return false;
    }

}
```

可以看到，我们提供了 handleProvincesResponse()、handleCitiesResponse()、handleCountiesResponse()这三个方法，分别用于解析和处理服务器返回的省级、市级和县级数据。解析的规则就是先按逗号分隔，再按单竖线分隔，接着将解析出来的数据设置到实体类中，最后调用 CoolWeatherDB 中的三个 save()方法将数据存储到相应的表中。

需要准备的工具类就这么多，现在我们可以开始写界面了。在 res/layout 目录中新建 choose_area.xml 布局，代码如下所示：

```
<LinearLayout xmlns:android="http://schemas.android.com/apk/res/android"
    android:layout_width="match_parent"
    android:layout_height="match_parent"
    android:orientation="vertical" >

    <RelativeLayout
        android:layout_width="match_parent"
        android:layout_height="50dp"
        android:background="#484E61" >

        <TextView
            android:id="@+id/title_text"
            android:layout_width="wrap_content"
            android:layout_height="wrap_content"
            android:layout_centerInParent="true"
            android:textColor="#fff"
            android:textSize="24sp" />
    </RelativeLayout>

    <ListView
        android:id="@+id/list_view"
        android:layout_width="match_parent"
        android:layout_height="match_parent" >
    </ListView>

</LinearLayout>
```

布局文件中的内容比较简单，我们先是定义了一个 50dp 高的头布局，并在里面放置了一个 TextView 用于显示标题内容。然后在头布局的下面定义了一个 ListView，省市县的数据就将显示在这里。

接下来也是最关键的一步，我们需要编写用于遍历省市县数据的活动了。在 activity 包下新建 ChooseAreaActivity 继承自 Activity，代码如下所示：

```
public class ChooseAreaActivity extends Activity {

    public static final int LEVEL_PROVINCE = 0;
```

```
    public static final int LEVEL_CITY = 1;
    public static final int LEVEL_COUNTY = 2;

    private ProgressDialog progressDialog;
    private TextView titleText;
    private ListView listView;
    private ArrayAdapter<String> adapter;
    private CoolWeatherDB coolWeatherDB;
    private List<String> dataList = new ArrayList<String>();
    /**
     * 省列表
     */
    private List<Province> provinceList;
    /**
     * 市列表
     */
    private List<City> cityList;
    /**
     * 县列表
     */
    private List<County> countyList;
    /**
     * 选中的省份
     */
    private Province selectedProvince;
    /**
     * 选中的城市
     */
    private City selectedCity;
    /**
     * 当前选中的级别
     */
    private int currentLevel;

    @Override
    protected void onCreate(Bundle savedInstanceState) {
        super.onCreate(savedInstanceState);
        requestWindowFeature(Window.FEATURE_NO_TITLE);
        setContentView(R.layout.choose_area);
        listView = (ListView) findViewById(R.id.list_view);
```

```
        titleText = (TextView) findViewById(R.id.title_text);
        adapter = new ArrayAdapter<String>(this, android.R.layout.simple_
list_item_1, dataList);
        listView.setAdapter(adapter);
        coolWeatherDB = CoolWeatherDB.getInstance(this);
        listView.setOnItemClickListener(new OnItemClickListener() {
            @Override
            public void onItemClick(AdapterView<?> arg0, View view, int index,
                    long arg3) {
                if (currentLevel == LEVEL_PROVINCE) {
                    selectedProvince = provinceList.get(index);
                    queryCities();
                } else if (currentLevel == LEVEL_CITY) {
                    selectedCity = cityList.get(index);
                    queryCounties();
                }
            }
        });
        queryProvinces();  // 加载省级数据
    }

    /**
     * 查询全国所有的省，优先从数据库查询，如果没有查询到再去服务器上查询。
     */
    private void queryProvinces() {
        provinceList = coolWeatherDB.loadProvinces();
        if (provinceList.size() > 0) {
            dataList.clear();
            for (Province province : provinceList) {
                dataList.add(province.getProvinceName());
            }
            adapter.notifyDataSetChanged();
            listView.setSelection(0);
            titleText.setText("中国");
            currentLevel = LEVEL_PROVINCE;
        } else {
            queryFromServer(null, "province");
        }
    }
```

```
/**
 * 查询选中省内所有的市，优先从数据库查询，如果没有查询到再去服务器上查询。
 */
private void queryCities() {
    cityList = coolWeatherDB.loadCities(selectedProvince.getId());
    if (cityList.size() > 0) {
        dataList.clear();
        for (City city : cityList) {
            dataList.add(city.getCityName());
        }
        adapter.notifyDataSetChanged();
        listView.setSelection(0);
        titleText.setText(selectedProvince.getProvinceName());
        currentLevel = LEVEL_CITY;
    } else {
        queryFromServer(selectedProvince.getProvinceCode(), "city");
    }
}

/**
 * 查询选中市内所有的县，优先从数据库查询，如果没有查询到再去服务器上查询。
 */
private void queryCounties() {
    countyList = coolWeatherDB.loadCounties(selectedCity.getId());
    if (countyList.size() > 0) {
        dataList.clear();
        for (County county : countyList) {
            dataList.add(county.getCountyName());
        }
        adapter.notifyDataSetChanged();
        listView.setSelection(0);
        titleText.setText(selectedCity.getCityName());
        currentLevel = LEVEL_COUNTY;
    } else {
        queryFromServer(selectedCity.getCityCode(), "county");
    }
}

/**
 * 根据传入的代号和类型从服务器上查询省市县数据。
```

```
     */
    private void queryFromServer(final String code, final String type) {
        String address;
        if (!TextUtils.isEmpty(code)) {
            address = "http://www.weather.com.cn/data/list3/city" + code +
".xml";
        } else {
            address = "http://www.weather.com.cn/data/list3/city.xml";
        }
        showProgressDialog();
        HttpUtil.sendHttpRequest(address, new HttpCallbackListener() {
            @Override
            public void onFinish(String response) {
                boolean result = false;
                if ("province".equals(type)) {
                    result = Utility.handleProvincesResponse(coolWeatherDB,
                            response);
                } else if ("city".equals(type)) {
                    result = Utility.handleCitiesResponse(coolWeatherDB,
                            response, selectedProvince.getId());
                } else if ("county".equals(type)) {
                    result = Utility.handleCountiesResponse(coolWeatherDB,
                            response, selectedCity.getId());
                }
                if (result) {
                    // 通过runOnUiThread()方法回到主线程处理逻辑
                    runOnUiThread(new Runnable() {
                        @Override
                        public void run() {
                            closeProgressDialog();
                            if ("province".equals(type)) {
                                queryProvinces();
                            } else if ("city".equals(type)) {
                                queryCities();
                            } else if ("county".equals(type)) {
                                queryCounties();
                            }
                        }
                    });
                }
```

```
            }

            @Override
            public void onError(Exception e) {
                // 通过runOnUiThread()方法回到主线程处理逻辑
                runOnUiThread(new Runnable() {
                    @Override
                    public void run() {
                        closeProgressDialog();
                        Toast.makeText(ChooseAreaActivity.this,
                                        "加载失败", Toast.LENGTH_SHORT).show();
                    }
                });
            }
        });
    }

    /**
     * 显示进度对话框
     */
    private void showProgressDialog() {
        if (progressDialog == null) {
            progressDialog = new ProgressDialog(this);
            progressDialog.setMessage("正在加载...");
            progressDialog.setCanceledOnTouchOutside(false);
        }
        progressDialog.show();
    }

    /**
     * 关闭进度对话框
     */
    private void closeProgressDialog() {
        if (progressDialog != null) {
            progressDialog.dismiss();
        }
    }

    /**
     * 捕获Back按键，根据当前的级别来判断，此时应该返回市列表、省列表、还是直接退出。
```

```
     */
    @Override
    public void onBackPressed() {
        if (currentLevel == LEVEL_COUNTY) {
            queryCities();
        } else if (currentLevel == LEVEL_CITY) {
            queryProvinces();
        } else {
            finish();
        }
    }

}
```

这个类里的代码虽然非常多，可是逻辑却不复杂，我们来慢慢理一下。在 onCreate()方法中先是获取到了一些控件的实例，然后去初始化了 ArrayAdapter，将它设置为 ListView 的适配器。之后又去获取到了 CoolWeatherDB 的实例，并给 ListView 设置了点击事件，到这里我们的初始化工作就算是完成了。

在 onCreate()方法的最后，调用了 queryProvinces()方法，也就是从这里开始加载省级数据的。queryProvinces()方法的内部会首先调用 CoolWeatherDB 的 loadProvinces()方法来从数据库中读取省级数据，如果读取到了就直接将数据显示到界面上，如果没有读取到就调用 queryFromServer()方法来从服务器上查询数据。

queryFromServer()方法会先根据传入的参数来拼装查询地址，这个地址就是我们在 14.1 节分析过的。确定了查询地址之后，接下来就调用 HttpUtil 的 sendHttpRequest()方法来向服务器发送请求，响应的数据会回调到 onFinish()方法中，然后我们在这里去调用 Utility 的 handleProvincesResponse()方法来解析和处理服务器返回的数据，并存储到数据库中。接下来的一步很关键，在解析和处理完数据之后，我们再次调用了 queryProvinces()方法来重新加载省级数据，由于 queryProvinces()方法牵扯到了 UI 操作，因此必须要在主线程中调用，这里借助了 runOnUiThread()方法来实现从子线程切换到主线程，它的实现原理其实也是基于异步消息处理机制的。现在数据库中已经存在了数据，因此调用 queryProvinces()就会直接将数据显示到界面上了。

当你点击了某个省的时候会进入到 ListView 的 onItemClick()方法中，这个时候会根据当前的级别来判断是去调用 queryCities()方法还是 queryCounties()方法，queryCities()方法是去查询市级数据，而 queryCounties()方法是去查询县级数据，这两个方法内部的流程和 queryProvinces()方法基本相同，这里就不重复讲解了。

另外还有一点需要注意，我们重写了 onBackPressed()方法来覆盖默认 Back 键的行为，这里会根据当前的级别来判断是返回市级列表、省级列表、还是直接退出。

这样就把所有逻辑都梳理了一遍，你是不是觉得清晰多了？现在第二阶段的开发工作也完成得差不多了，我们可以运行一下来看看效果。不过在运行之前还有一件事没有做，当然就是配置 AndroidManifest.xml 文件了。修改 AndroidManifest.xml 中的代码，如下所示：

```
<manifest xmlns:android="http://schemas.android.com/apk/res/android"
    package="com.coolweather.app"
    android:versionCode="1"
    android:versionName="1.0" >
    ......
    <uses-permission android:name="android.permission.INTERNET" />
    <application
        android:allowBackup="true"
        android:icon="@drawable/ic_launcher"
        android:label="@string/app_name"
        android:theme="@style/AppTheme" >
        <activity
            android:name="com.coolweather.app.activity.ChooseAreaActivity"
            android:label="@string/app_name" >
            <intent-filter>
                <action android:name="android.intent.action.MAIN" />
                <category android:name="android.intent.category.LAUNCHER" />
            </intent-filter>
        </activity>
    </application>
</manifest>
```

主要就修改了两点，第一是添加了访问网络的权限，第二是将 ChooseAreaActivity 配置成主活动，这样一旦打开程序就会直接进入 ChooseAreaActivity 了。

现在可以运行一下程序了，结果如图 14.16 所示。

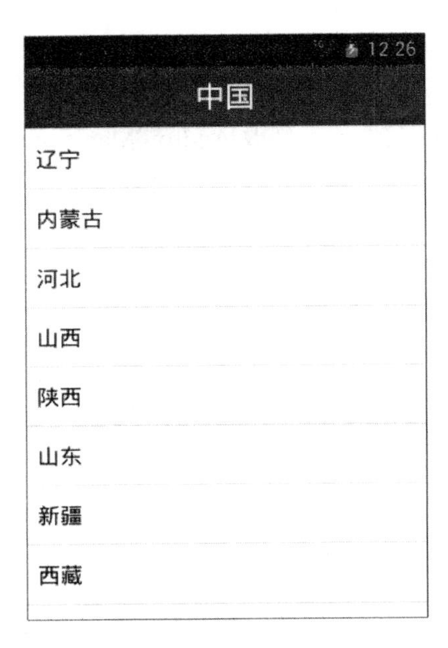

图 14.16

可以看到，全国所有省级单位都显示出来了，我们还可以继续查看市级单位，比如点击山东省，结果如图 14.17 所示。

图 14.17

然后再点击青岛市，结果如图 14.18 所示。

图　14.18

好了，这样第二阶段的开发工作也都完成了，我们仍然要把代码提交一下。

```
git add .
git commit -m "完成遍历省市县三级列表的功能。"
git push origin master
```

到目前为止进度算是相当不错啊，那么我们就趁热打铁，来进行第三阶段的开发工作。

14.5　显示天气信息

在第三阶段中，我们就要开始去查询天气，并且把天气信息显示出来了。天气信息应该在一个新的界面进行展示，因此这里需要创建一个新的活动和布局文件。

首先来创建布局文件吧，我们应该先思考布局文件中需要放置哪些控件，这就要由服务器返回的天气数据来决定了，如下所示：

```
{"weatherinfo":
    {"city":"昆山","cityid":"101190404","temp1":"21℃","temp2":"9℃",
    "weather":"多云转小雨","img1":"d1.gif","img2":"n7.gif","ptime":"11:00"}
}
```

总共就这么多，其中 cityid 是用户无需知晓的，img1 和 img2 我们不准备使用，因此这里能够显示在界面上的就只有城市名、温度范围、天气信息描述、发布时间这几项，接下来就是合理地安排这几项数据的显示位置了。在 res/layout 目录中新建 weather_layout.xml，代码如下所示：

```
<LinearLayout xmlns:android="http://schemas.android.com/apk/res/android"
    android:layout_width="match_parent"
    android:layout_height="match_parent"
    android:orientation="vertical" >

    <RelativeLayout
        android:layout_width="match_parent"
        android:layout_height="50dp"
        android:background="#484E61" >

        <TextView
            android:id="@+id/city_name"
            android:layout_width="wrap_content"
            android:layout_height="wrap_content"
            android:layout_centerInParent="true"
            android:textColor="#fff"
            android:textSize="24sp" />
    </RelativeLayout>

    <RelativeLayout
        android:layout_width="match_parent"
        android:layout_height="0dp"
        android:layout_weight="1"
        android:background="#27A5F9" >

        <TextView
            android:id="@+id/publish_text"
            android:layout_width="wrap_content"
            android:layout_height="wrap_content"
            android:layout_alignParentRight="true"
            android:layout_marginRight="10dp"
            android:layout_marginTop="10dp"
            android:textColor="#FFF"
            android:textSize="18sp" />
```

```
<LinearLayout
    android:id="@+id/weather_info_layout"
    android:layout_width="wrap_content"
    android:layout_height="wrap_content"
    android:layout_centerInParent="true"
    android:orientation="vertical" >

    <TextView
        android:id="@+id/current_date"
        android:layout_width="wrap_content"
        android:layout_height="40dp"
        android:gravity="center"
        android:textColor="#FFF"
        android:textSize="18sp" />

    <TextView
        android:id="@+id/weather_desp"
        android:layout_width="wrap_content"
        android:layout_height="60dp"
        android:layout_gravity="center_horizontal"
        android:gravity="center"
        android:textColor="#FFF"
        android:textSize="40sp" />

    <LinearLayout
        android:layout_width="wrap_content"
        android:layout_height="60dp"
        android:layout_gravity="center_horizontal"
        android:orientation="horizontal" >

        <TextView
            android:id="@+id/temp1"
            android:layout_width="wrap_content"
            android:layout_height="wrap_content"
            android:layout_gravity="center_vertical"
            android:textColor="#FFF"
            android:textSize="40sp" />

        <TextView
            android:layout_width="wrap_content"
```

```
                android:layout_height="wrap_content"
                android:layout_gravity="center_vertical"
                android:layout_marginLeft="10dp"
                android:layout_marginRight="10dp"
                android:text="~"
                android:textColor="#FFF"
                android:textSize="40sp" />

            <TextView
                android:id="@+id/temp2"
                android:layout_width="wrap_content"
                android:layout_height="wrap_content"
                android:layout_gravity="center_vertical"
                android:textColor="#FFF"
                android:textSize="40sp" />
        </LinearLayout>
    </LinearLayout>
</RelativeLayout>
</LinearLayout>
```

在这个布局文件中，我们并没有用到任何特殊的控件，基本就是使用 TextView 来显示数据信息，然后嵌套多层 LinearLayout 和 RelativeLayout 来控制 TextView 的显示位置，相信你仔细分析一下就明白了，这里不再进行解释。

然后我们还需要在 Utility 类中添加几个方法，用于解析和处理服务返回的 JSON 数据，如下所示：

```
public class Utility {
……
    /**
     * 解析服务器返回的JSON数据，并将解析出的数据存储到本地。
     */
    public static void handleWeatherResponse(Context context, String response) {
        try {
            JSONObject jsonObject = new JSONObject(response);
            JSONObject weatherInfo = jsonObject.getJSONObject("weatherinfo");
            String cityName = weatherInfo.getString("city");
            String weatherCode = weatherInfo.getString("cityid");
            String temp1 = weatherInfo.getString("temp1");
            String temp2 = weatherInfo.getString("temp2");
            String weatherDesp = weatherInfo.getString("weather");
```

```
            String publishTime = weatherInfo.getString("ptime");
            saveWeatherInfo(context, cityName, weatherCode, temp1, temp2,
weatherDesp, publishTime);
        } catch (JSONException e) {
            e.printStackTrace();
        }
    }

    /**
     * 将服务器返回的所有天气信息存储到SharedPreferences文件中。
     */
    public static void saveWeatherInfo(Context context, String cityName,
String weatherCode, String temp1, String temp2, String weatherDesp, String
publishTime) {
        SimpleDateFormat sdf = new SimpleDateFormat("yyyy年M月d日",
Locale.CHINA);
        SharedPreferences.Editor editor = PreferenceManager
.getDefaultSharedPreferences(context).edit();
        editor.putBoolean("city_selected", true);
        editor.putString("city_name", cityName);
        editor.putString("weather_code", weatherCode);
        editor.putString("temp1", temp1);
        editor.putString("temp2", temp2);
        editor.putString("weather_desp", weatherDesp);
        editor.putString("publish_time", publishTime);
        editor.putString("current_date", sdf.format(new Date()));
        editor.commit();
    }
}
```

其中 handleWeatherResponse()方法用于将 JSON 格式的天气信息全部解析出来，saveWeatherInfo()方法用于将这些数据都存储到 SharedPreferences 文件中。

接下来应该创建活动了，在 activity 包下新建 WeatherActivity 继承自 Activity，代码如下所示：

```
public class WeatherActivity extends Activity

    private LinearLayout weatherInfoLayout;
    /**
     * 用于显示城市名
```

```
     */
    private TextView cityNameText;
    /**
     * 用于显示发布时间
     */
    private TextView publishText;
    /**
     * 用于显示天气描述信息
     */
    private TextView weatherDespText;
    /**
     * 用于显示气温1
     */
    private TextView temp1Text;
    /**
     * 用于显示气温2
     */
    private TextView temp2Text;
    /**
     * 用于显示当前日期
     */
    private TextView currentDateText;

    @Override
    protected void onCreate(Bundle savedInstanceState) {
        super.onCreate(savedInstanceState);
        requestWindowFeature(Window.FEATURE_NO_TITLE);
        setContentView(R.layout.weather_layout);
        // 初始化各控件
        weatherInfoLayout = (LinearLayout) findViewById(R.id.weather_
info_layout);
        cityNameText = (TextView) findViewById(R.id.city_name);
        publishText = (TextView) findViewById(R.id.publish_text);
        weatherDespText = (TextView) findViewById(R.id.weather_desp);
        temp1Text = (TextView) findViewById(R.id.temp1);
        temp2Text = (TextView) findViewById(R.id.temp2);
        currentDateText = (TextView) findViewById(R.id.current_date);
        String countyCode = getIntent().getStringExtra("county_code");
        if (!TextUtils.isEmpty(countyCode)) {
            // 有县级代号时就去查询天气
```

```
            publishText.setText("同步中...");
            weatherInfoLayout.setVisibility(View.INVISIBLE);
            cityNameText.setVisibility(View.INVISIBLE);
            queryWeatherCode(countyCode);
        } else {
            // 没有县级代号时就直接显示本地天气
            showWeather();
        }
    }

    /**
     * 查询县级代号所对应的天气代号。
     */
    private void queryWeatherCode(String countyCode) {
        String address = "http://www.weather.com.cn/data/list3/city" +
countyCode + ".xml";
        queryFromServer(address, "countyCode");
    }

    /**
     * 查询天气代号所对应的天气。
     */
    private void queryWeatherInfo(String weatherCode) {
        String address = "http://www.weather.com.cn/data/cityinfo/" +
weatherCode + ".html";
        queryFromServer(address, "weatherCode");
    }

    /**
     * 根据传入的地址和类型去向服务器查询天气代号或者天气信息。
     */
    private void queryFromServer(final String address, final String type) {
        HttpUtil.sendHttpRequest(address, new HttpCallbackListener() {
            @Override
            public void onFinish(final String response) {
                if ("countyCode".equals(type)) {
                    if (!TextUtils.isEmpty(response)) {
                        // 从服务器返回的数据中解析出天气代号
                        String[] array = response.split("\\|");
                        if (array != null && array.length == 2) {
```

```
                        String weatherCode = array[1];
                        queryWeatherInfo(weatherCode);
                    }
                }
            } else if ("weatherCode".equals(type)) {
                // 处理服务器返回的天气信息
                Utility.handleWeatherResponse(WeatherActivity.this,
response);
                runOnUiThread(new Runnable() {
                    @Override
                    public void run() {
                        showWeather();
                    }
                });
            }
        }

        @Override
        public void onError(Exception e) {
            runOnUiThread(new Runnable() {
                @Override
                public void run() {
                    publishText.setText("同步失败");
                }
            });
        }
    });
}

    /**
     * 从SharedPreferences文件中读取存储的天气信息，并显示到界面上。
     */
    private void showWeather() {
        SharedPreferences prefs = PreferenceManager.
getDefaultSharedPreferences(this);
        cityNameText.setText( prefs.getString("city_name", ""));
        temp1Text.setText(prefs.getString("temp1", ""));
        temp2Text.setText(prefs.getString("temp2", ""));
        weatherDespText.setText(prefs.getString("weather_desp", ""));
        publishText.setText("今天" + prefs.getString("publish_time", "") + "发布");
        currentDateText.setText(prefs.getString("current_date", ""));
```

```
            weatherInfoLayout.setVisibility(View.VISIBLE);
            cityNameText.setVisibility(View.VISIBLE);
        }

    }
```

同样，这个活动中的代码也非常长，我们还是一步步梳理下。在 onCreate()方法中仍然先是去获取一些控件的实例，然后会尝试从 Intent 中取出县级代号，如果可以取到就会调用 queryWeatherCode()方法，如果不能取到则会调用 showWeather()方法，我们先来看下可以取到的情况。

queryWeatherCode()方法中并没有几行代码，仅仅是拼装了一个地址，然后调用 queryFromServer()方法来查询县级代号所对应的天气代号。服务器返回的数据仍然会回调到 onFinish()方法中，这里对返回的数据进行解析，然后将解析出来的天气代号传入到 queryWeatherInfo()方法中。

queryWeatherInfo()方法也非常简单，同样是拼装了一个地址，然后调用 queryFromServer()方法来查询天气代号所对应的天气信息。由于天气信息是以 JSON 格式返回的，因此我们在 handleWeatherResponse()方法中使用 JSONObject 将数据全部解析出来，然后调用 saveWeatherInfo()方法将所有的天气信息都存储到 SharedPreferences 文件中。注意除了天气信息之外，我们还存储了一个 city_selected 标志位，以此来辨别当前是否已经选中了一个城市。最后会去调用 showWeather()方法来将所有的天气信息显示到界面上，showWeather()方法中的逻辑很简单，就是从 SharedPreferences 文件中将数据读取出来，然后一一设置到界面上即可。

刚才分析的是在 onCreate()方法中可以取到县级代号的情况，那么不能取到的时候呢？原来就是直接调用 showWeather()方法来显示本地存储的天气信息就可以了。

那么接下来我们要做的，就是如何从 ChooseAreaActivity 跳转到 WeatherActivity 了，修改 ChooseAreaActivity 中的代码，如下所示：

```
public class ChooseAreaActivity extends Activity {
    ……
    @Override
    protected void onCreate(Bundle savedInstanceState) {
        super.onCreate(savedInstanceState);
        SharedPreferences prefs = PreferenceManager.
getDefaultSharedPreferences(this);
        if (prefs.getBoolean("city_selected", false)) {
            Intent intent = new Intent(this, WeatherActivity.class);
            startActivity(intent);
            finish();
```

```
            return;
        }
        requestWindowFeature(Window.FEATURE_NO_TITLE);
        setContentView(R.layout.choose_area);
        listView = (ListView) findViewById(R.id.list_view);
        titleText = (TextView) findViewById(R.id.title_text);
        adapter = new ArrayAdapter<String>(this, android.R.layout.simple_
list_item_1, dataList);
        listView.setAdapter(adapter);
        coolWeatherDB = CoolWeatherDB.getInstance(this);
        listView.setOnItemClickListener(new OnItemClickListener() {
            @Override
            public void onItemClick(AdapterView<?> arg0, View view, int index,
                    long arg3) {
                if (currentLevel == LEVEL_PROVINCE) {
                    selectedProvince = provinceList.get(index);
                    queryCities();
                } else if (currentLevel == LEVEL_CITY) {
                    selectedCity = cityList.get(index);
                    queryCounties();
                } else if (currentLevel == LEVEL_COUNTY) {
                    String countyCode = countyList.get(index).getCountyCode();
                    Intent intent = new Intent(ChooseAreaActivity.this,
WeatherActivity.class);
                    intent.putExtra("county_code", countyCode);
                    startActivity(intent);
                    finish();
                }
            }
        });
        queryProvinces();  // 加载省级数据
    }

    ......
}
```

可以看到，这里我们主要修改了两处。第一，在 onCreate()方法的一开始先从 SharedPreferences 文件中读取 city_selected 标志位，如果为 true 就说明当前已经选择过城市了，直接跳转到 WeatherActivity 即可。第二，在 onItemClick()方法中加入一个 if 判断，如果当前级别是 LEVEL_COUNTY，就启动 WeatherActivity，并把当前选中县的县级代号传递过去。

最后不要忘了在 AndroidManifest.xml 中注册一下新增的活动，如下所示：

```
<manifest xmlns:android="http://schemas.android.com/apk/res/android"
    package="com.coolweather.app"
    android:versionCode="1"
    android:versionName="1.0" >
    ……
    <application
        android:allowBackup="true"
        android:icon="@drawable/ic_launcher"
        android:label="@string/app_name"
        android:theme="@style/AppTheme" >
        ……
        <activity android:name="com.coolweather.app.activity.
WeatherActivity"></activity>
    </application>
</manifest>
```

好了，现在运行一下程序，然后选择江苏→苏州→昆山，结果如图 14.19 所示。

图　14.19

OK，这样第三阶段的开发工作也都完成了，我们把代码提交一下。

```
git add .
git commit -m "加入显示天气信息的功能。"
git push origin master
```

14.6 切换城市和手动更新天气

经过第三阶段的开发，现在酷欧天气的主体功能已经有了，不过你会发现目前存在着一个比较严重的 bug，就是当你选中了某一个城市之后，就没法再去查看其他城市的天气了，即使退出程序，下次进来的时候还会直接跳转到 WeatherActivity。

因此，在第四阶段中我们要加入切换城市的功能，并且为了能够实时获取到最新的天气，我们会同时加入手动更新天气的功能。

首先要在布局文件中加入切换城市和更新天气的按钮，修改 weather_layout.xml 中的代码，如下所示：

```
<LinearLayout xmlns:android="http://schemas.android.com/apk/res/android"
    android:layout_width="match_parent"
    android:layout_height="match_parent"
    android:orientation="vertical" >
    <RelativeLayout
        android:layout_width="match_parent"
        android:layout_height="50dp"
        android:background="#484E61" >
        <Button
            android:id="@+id/switch_city"
            android:layout_width="30dp"
            android:layout_height="30dp"
            android:layout_centerVertical="true"
            android:layout_marginLeft="10dp"
            android:background="@drawable/home" />
        <TextView
            android:id="@+id/city_name"
            android:layout_width="wrap_content"
            android:layout_height="wrap_content"
            android:layout_centerInParent="true"
            android:textColor="#fff"
            android:textSize="24sp" />
        <Button
```

```
            android:id="@+id/refresh_weather"
            android:layout_width="30dp"
            android:layout_height="30dp"
            android:layout_alignParentRight="true"
            android:layout_centerVertical="true"
            android:layout_marginRight="10dp"
            android:background="@drawable/refresh" />
    </RelativeLayout>
    ......
</LinearLayout>
```

可以看到，这里添加了两个按钮，一个在标题栏的左边，一个在标题栏的右边，这两个按钮所使用的背景图片我已经提前准备好了。然后修改 WeatherActivity 中的代码，如下所示：

```
public class WeatherActivity extends Activity implements OnClickListener{
    ......

    /**
     * 切换城市按钮
     */
    private Button switchCity;
    /**
     * 更新天气按钮
     */
    private Button refreshWeather;

    @Override
    protected void onCreate(Bundle savedInstanceState) {
        super.onCreate(savedInstanceState);
        requestWindowFeature(Window.FEATURE_NO_TITLE);
        setContentView(R.layout.weather_layout);
        ......
        switchCity = (Button) findViewById(R.id.switch_city);
        refreshWeather = (Button) findViewById(R.id.refresh_weather);
        switchCity.setOnClickListener(this);
        refreshWeather.setOnClickListener(this);
    }

    @Override
    public void onClick(View v) {
        switch (v.getId()) {
        case R.id.switch_city:
```

```
                Intent intent = new Intent(this, ChooseAreaActivity.class);
                intent.putExtra("from_weather_activity", true);
                startActivity(intent);
                finish();
                break;
            case R.id.refresh_weather:
                publishText.setText("同步中...");
                SharedPreferences prefs = PreferenceManager.
getDefaultSharedPreferences(this);
                String weatherCode = prefs.getString("weather_code", "");
                if (!TextUtils.isEmpty(weatherCode)) {
                    queryWeatherInfo(weatherCode);
                }
                break;
            default:
                break;
            }
        }
        ......
}
```

我们在onCreate()方法中获取到了两个按钮的实例，然后分别调用了setOnClickListener()方法来注册点击事件。当点击的是更新天气按钮时，会首先从SharedPreferences文件中读取天气代号，然后调用queryWeatherInfo()方法去更新天气就可以了。当点击的是切换城市按钮时，会跳转到ChooseAreaActivity，但是注意目前我们已经选中过了一个城市，如果直接跳转到ChooseAreaActivity，会立刻又跳转回来，因此这里在Intent中加入了一个from_weather_activity标志位。

接着在ChooseAreaActivity对这个标志位进行处理，如下所示：

```
public class ChooseAreaActivity extends Activity {
    ......
    /**
     * 是否从WeatherActivity中跳转过来。
     */
    private boolean isFromWeatherActivity;

    @Override
    protected void onCreate(Bundle savedInstanceState) {
        super.onCreate(savedInstanceState);
        isFromWeatherActivity = getIntent().getBooleanExtra("from_weather_
```

```
activity", false);
        SharedPreferences prefs = PreferenceManager.
getDefaultSharedPreferences(this);
        // 已经选择了城市且不是从WeatherActivity跳转过来，才会直接跳转到
WeatherActivity
        if (prefs.getBoolean("city_selected", false)
&& !isFromWeatherActivity) {
            Intent intent = new Intent(this, WeatherActivity.class);
            startActivity(intent);
            finish();
            return;
        }
        ......
    }
    ......
    @Override
    public void onBackPressed() {
        if (currentLevel == LEVEL_COUNTY) {
            queryCities();
        } else if (currentLevel == LEVEL_CITY) {
            queryProvinces();
        } else {
            if (isFromWeatherActivity) {
                Intent intent = new Intent(this, WeatherActivity.class);
                startActivity(intent);
            }
            finish();
        }
    }
}
```

可以看到，这里我们加入了一个 isFromWeatherActivity 变量，以此来标记是不是从 WeatherActivity 跳转过来的，只有已经选择了城市且不是从 WeatherActivity 跳转过来的时候才会直接跳转到 WeatherActivity。另外，我们在 onBackPressed()方法中也进行了处理，当按下 Back 键时，如果是从 WeatherActivity 跳转过来的，则应该重新回到 WeatherActivity。

现在重新运行一下程序，结果如图 14.20 所示。

图　14.20

点击一下标题栏左边的按钮就可以切换城市，点击一下标题栏右边的按钮就可以更新天气，这样我们第四阶段的开发任务也完成了。当然，仍然不要忘记提交代码。

```
git add .
git commit -m "新增切换城市和手动更新天气的功能。"
git push origin master
```

14.7　后台自动更新天气

为了要让酷欧天气更加智能，在第五阶段我们准备加入后台自动更新天气的功能，这样就可以尽可能地保证用户每次打开软件时看到的都是最新的天气信息。

要想实现上述功能，就需要创建一个长期在后台运行的定时任务，这个技术我们在第 9 章的最佳实践环节就已经学习过了。首先在 service 包下新建一个 AutoUpdateService 继承自 Service，代码如下所示：

```
public class AutoUpdateService extends Service {

    @Override
    public IBinder onBind(Intent intent) {
```

```
        return null;
    }

    @Override
    public int onStartCommand(Intent intent, int flags, int startId) {
        new Thread(new Runnable() {
            @Override
            public void run() {
                updateWeather();
            }
        }).start();
        AlarmManager manager = (AlarmManager) getSystemService(ALARM_SERVICE);
        int anHour = 8 * 60 * 60 * 1000; // 这是8小时的毫秒数
        long triggerAtTime = SystemClock.elapsedRealtime() + anHour;
        Intent i = new Intent(this, AutoUpdateReceiver.class);
        PendingIntent pi = PendingIntent.getBroadcast(this, 0, i, 0);
        manager.set(AlarmManager.ELAPSED_REALTIME_WAKEUP, triggerAtTime, pi);
        return super.onStartCommand(intent, flags, startId);
    }

    /**
     * 更新天气信息。
     */
    private void updateWeather() {
        SharedPreferences prefs = PreferenceManager.
getDefaultSharedPreferences(this);
        String weatherCode = prefs.getString("weather_code", "");
        String address = "http://www.weather.com.cn/data/cityinfo/" +
weatherCode + ".html";
        HttpUtil.sendHttpRequest(address, new HttpCallbackListener() {
            @Override
            public void onFinish(String response) {
                Utility.handleWeatherResponse(AutoUpdateService.this,
response);
            }

            @Override
            public void onError(Exception e) {
                e.printStackTrace();
            }
```

```
        });
    }

}
```

可以看到，在 onStartCommand()方法中先是开启了一个子线程，然后在子线程中调用 updateWeather()方法来更新天气，我们仍然会将服务器返回的天气数据交给 Utility 的 handleWeatherResponse()方法去处理，这样就可以把最新的天气信息存储到 SharedPreferences 文件中。

之后就是我们学习过的创建定时任务的技巧了，为了保证软件不会消耗过多的流量，这里将时间间隔设置为 8 小时，8 小时后就应该执行到 AutoUpdateReceiver 的 onReceive()方法中了，在 receiver 包下新建 AutoUpdateReceiver 继承自 BroadcastReceiver，代码如下所示：

```
public class AutoUpdateReceiver extends BroadcastReceiver {

    @Override
    public void onReceive(Context context, Intent intent) {
        Intent i = new Intent(context, AutoUpdateService.class);
        context.startService(i);
    }

}
```

这里只是在 onReceive()方法中再次去启动 AutoUpdateService，就可以实现后台定时更新的功能了。不过，我们还需要在代码某处去激活 AutoUpdateService 这个服务才行。修改 WeatherActivity 中的代码，如下所示：

```
public class WeatherActivity extends Activity implements OnClickListener{
    ……
    private void showWeather() {
        SharedPreferences prefs = PreferenceManager.
getDefaultSharedPreferences(this);
        cityNameText.setText( prefs.getString("city_name", ""));
        temp1Text.setText(prefs.getString("temp1", ""));
        temp2Text.setText(prefs.getString("temp2", ""));
        weatherDespText.setText(prefs.getString("weather_desp", ""));
        publishText.setText("今天" + prefs.getString("publish_time", "") +
"发布");
        currentDateText.setText(prefs.getString("current_date", ""));
        weatherInfoLayout.setVisibility(View.VISIBLE);
        cityNameText.setVisibility(View.VISIBLE);
```

```
            Intent intent = new Intent(this, AutoUpdateService.class);
            startService(intent);
        }
    }
```

可以看到，这里在 showWeather()方法的最后加入启动 AutoUpdateService 这个服务的代码，这样只要一旦选中了某个城市并成功更新天气之后，AutoUpdateService 就会一直在后台运行，并保证每 8 小时更新一次天气。

最后，别忘了在 AndroidManifest.xml 中注册新增的服务和广播接收器，如下所示：

```
<manifest xmlns:android="http://schemas.android.com/apk/res/android"
    package="com.coolweather.app"
    android:versionCode="1"
    android:versionName="1.0" >
    ……
    <application
        android:allowBackup="true"
        android:icon="@drawable/ic_launcher"
        android:label="@string/app_name"
        android:theme="@style/AppTheme" >
        ……
        <service android:name="com.coolweather.app.service.
AutoUpdateService"></service>
        <receiver android:name="com.coolweather.app.receiver.
AutoUpdateReceiver"></receiver>
    </application>
</manifest>
```

现在可以再提交一下代码：

```
git add .
git commit -m "增加后台自动更新天气的功能。"
git push origin master
```

14.8　修改图标和名称

目前的酷欧天气看起来还不太像是一个正式的软件，为什么呢？因为都还没有一个像样的图标呢。一直使用 ADT 自动生成的图标确实不太合适，是时候需要换一下了。

这里我事先准备好了一张图片来作为软件图标，由于我也不是搞美术的，因此图标设计得非常简单，如图 14.21 所示。

图 14.21

将这张图片命名成 logo.png，放入 res/ drawable-hdpi 目录，然后修改 AndroidManifest.xml 中的代码，如下所示：

```
<manifest xmlns:android="http://schemas.android.com/apk/res/android"
    package="com.coolweather.app"
    android:versionCode="1"
    android:versionName="1.0" >
    ......
    <application
        android:allowBackup="true"
        android:icon="@drawable/logo"
        android:label="@string/app_name"
        android:theme="@style/AppTheme" >
        ......
    </application>
</manifest>
```

这里将<application>标签的 android:icon 属性指定成 logo.png 就可以修改程序图标了。接下来我们还需要修改一下程序的名称，打开 res/values/string.xml 文件，其中 app_name 对应的就是程序名称，将它修改成酷欧天气即可，如下所示：

```
<resources>
    <string name="app_name">酷欧天气</string>
    <string name="action_settings">Settings</string>
    <string name="hello_world">Hello world!</string>
</resources>
```

由于更改了程序图标和名称，我们需要先将酷欧天气卸载掉，然后重新运行一遍程序，这时观察酷欧天气的桌面图标，如图 14.22 所示。

图　14.22

养成良好的习惯，仍然不要忘记提交代码。

```
git add .
git commit -m "修改程序图标和名称。"
git push origin master
```

这样我们就终于大功告成了！

14.9　你还可以做的事情

经过五个阶段的开发，酷欧天气已经是一个完善、成熟的软件了吗？嘿嘿，还差得远呢！现在的酷欧天气只能说是具备了一些最基本的功能，和那些商用的天气软件比起来还有很大的差距，因此你仍然还有非常巨大的发挥空间来对它进行完善。

比如说以下功能是你可以考虑加入到酷欧天气中的。

1. 增加设置选项，让用户选择是否允许后台自动更新天气，以及设定更新的频率。
2. 优化软件界面，提供多套与天气对应的图片，让程序可以根据不同的天气自动切换背景图。
3. 允许选择多个城市，可以同时观察多个城市的天气信息，不用来回切换。
4. 提供更加完整的天气信息，包括未来几天的天气情况、风力指数、生活建议等。

其中，第四项功能使用目前的查询天气接口是无法完成的，因为这个接口得不到如此详细的数据。不过没有关系，我们可以改用另外一个接口，如下所示：

```
http://weather.com.cn/data/zs/101190404.html
```

101190404 是昆山所对应的天气代号，如果想要查看其他城市的天气信息只需要改成相应城市的天气代码就可以了。这个接口返回的数据非常详细，你在浏览器中访问一下就知道了。

另外，由于酷欧天气的源码已经托管在了 GitHub 上面，如果你想在现有代码的基础上继续对这个项目进行完善，就可以使用 GitHub 的 Fork 功能。

首先登录你自己的 GitHub 账号，然后打开酷欧天气版本库的主页：

```
https://github.com/tony-green/coolweather
```

这时在页面头部的最右侧会有一个 Fork 按钮，如图 14.23 所示。

图 14.23

点击一下 Fork 按钮就可以将酷欧天气这个项目复制一份到你的账号下，再使用 git clone 命令将它克隆到本地，然后你就可以在现有代码的基础上随心所欲地添加任何功能并提交了。

经验值：+1000000　　升级！（由巨鹰升级至神鹰）　　目前经验值：1864905

级别：神鹰

赢得宝物：战胜烛龙。烛龙，人面蛇身，通体赤红，身长千里，他发出的强大光芒能照亮最黑暗的地方，是神界最尊贵的三位开天辟地级大神之一，也是神界五位不可战胜神之一。烛龙是不可战胜的，所谓战胜只是顶住了它二分功力持续一秒的光压。作为奖励，烛龙对我的翅膀进行了转化，将肉身的翅膀转变为光芒之翅，可随意念收展自如。当把光芒之翅收起时，我与常人无异，当我展开光芒之翅时，翼展十米的光的翅膀在我的背部打开，飞行速度已提高三倍。拜别烛龙，我拍击新的光芒之翅，腾空而起，如一道光芒，向前方飞去。

第 15 章　最后一步，将应用发布到 Google Play

应用已经开发出来了，下一步我们需要思考推广方面的工作。那么如何才能让更多的用户知道并使用我们的应用程序呢？在手机领域，最常见的做法就是将程序发布到某个应用商店中，这样用户就可以通过商店找到我们的应用程序，然后轻松地进行下载和安装。

说到应用商店，在 Android 领域真的可以称得上是百家争鸣，除了谷歌官方推出的 Google Play 之外，在中国还有 91、豌豆荚、机锋、360 等知名应用商店。当然，这些商店所提供的功能都是比较类似的，发布应用的方法也大同小异，因此这里我们就只学习如何将应用发布到 Google Play，其他应用商店的发布方法相信你完全可以自己摸索出来。

15.1　生成正式签名的 APK 文件

之前我们一直都是通过 Eclipse 来将程序安装到手机上的，而它背后实际的工作流程是，Eclipse 会将程序代码打包成一个 APK 文件，然后将这个文件传输到手机上，最后再执行安装操作。Android 系统会将所有的 APK 文件识别为应用程序的安装包，类似于 Windows 系统上的 EXE 文件。

但并不是所有的 APK 文件都能成功安装到手机上的，Android 系统要求只有签名后的 APK 文件才可以安装，因此我们还需要对生成的 APK 文件进行签名才行。那么你可能会有疑问了，直接通过 Eclipse 来运行程序的时候好像并没有进行过签名操作啊，为什么还能将程序安装到手机上呢？这是因为 Eclipse 使用了一个默认的 keystore 文件帮我们自动进行了签名，点击 Eclipse 导航栏的 Window→Preferences→Android→Build 可以查看到这个默认 keystore 文件的位置，如图 15.1 所示。

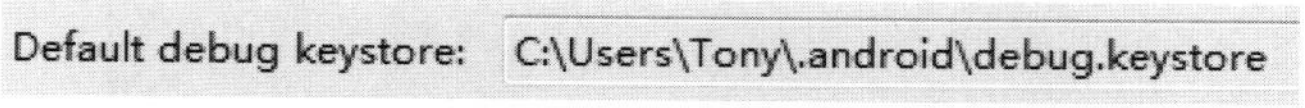

Default debug keystore: C:\Users\Tony\.android\debug.keystore

图　15.1

也就是说，我们所有通过 Eclipse 来运行的程序都是使用了这个 debug.keystore 文件来进行签名的。不过这仅仅适用于开发阶段而已，现在酷欧天气已经快要发布了，要使用一个正式的 keystore 文件来进行签名才行。下面我们就来学习一下，如何生成一个带有正式签名的 APK 文件。

首先右击 CoolWeather 项目→Android Tools→Export Signed Application Package，会弹出如图 15.2 所示的对话框。

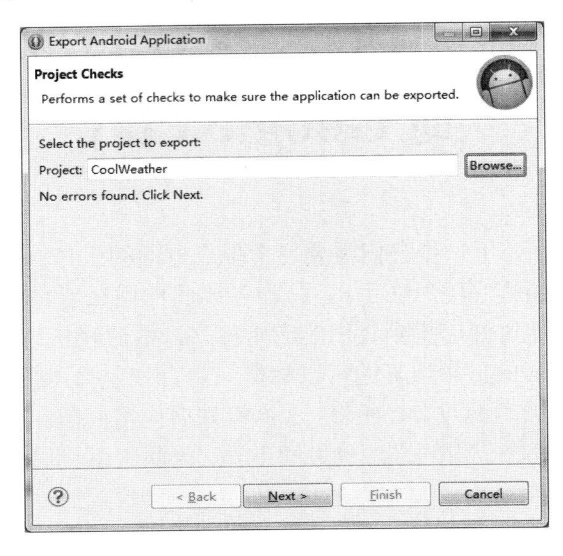

图 15.2

这里默认选中的就是 CoolWeather 项目，所以直接点击 Next 就好。然后会弹出一个选择 keystore 文件的对话框，由于目前我们还没有一个正式的 keystore 文件，所以应该选择 Create new keystore。接着指定一下 keystore 的文件名和路径，并输入密码，如图 15.3 所示。

图 15.3

继续点击 Next，这时会要求输入一系列创建 keystore 文件所必要的信息，根据自己的实际情况进行填写就行了，如图 15.4 所示。

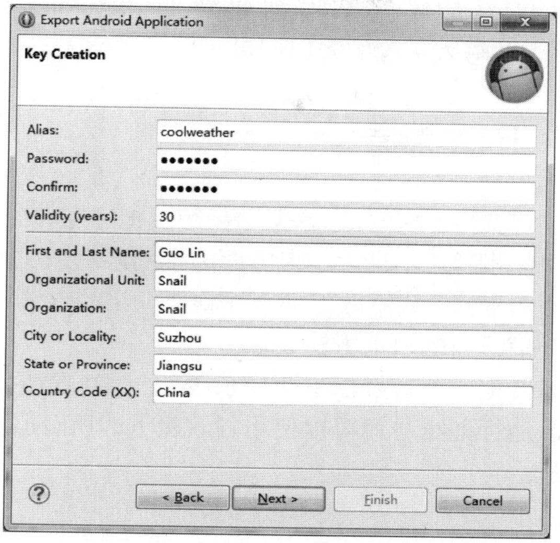

图　15.4

这里需要注意，在 Validity 那一栏填写的是 keystore 文件的有效时长，单位是年，一般建议时间可以填得长一些，比如我填了 30 年。继续点击 Next，这时就要选择 APK 文件的输出地址了，如图 15.5 所示。

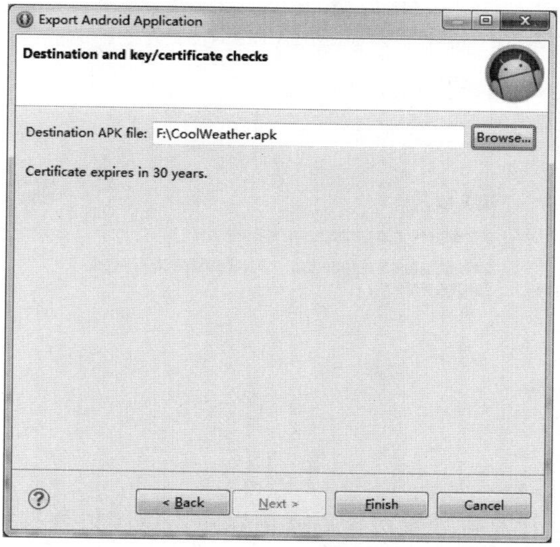

图　15.5

现在点击 Finish，然后稍等一段时间，keystore 文件和 APK 文件就都会生成好了，并且这个 APK 文件已经是签过名的了。另外，由于我们已经有了 coolweather.keystore 这个文件，以后再给酷欧天气打包的时候就不用创建新的 keystore 文件了，只需要选择 coolweather.keystore 文件，并输入正确的密码即可。

15.2 申请 Google Play 账号

酷欧天气的 APK 安装包已经生成好了，但如果想要把它发布到 Google Play 上，我们还需要去申请一个 Google Play 账号。不过由于多方面因素的限制，在中国想要申请一个 Google Play 账号算是件相当困难的事情，我不敢保证下面将要介绍的方法一定能成功，如果失败的话，你可以在网上搜索一下最新的申请方法。

在开始申请之前你需要提前准备好以下两样东西，一个谷歌通行证账号和一张支持外币支付的信用卡。拥有谷歌通行证账号就可以使用谷歌旗下的所有服务，如果你还没有的话，可以到如下网址进行注册：

```
https://accounts.google.com/
```

另外，申请 Google Play 账号需要支付 25 美元，不过只需要支付一次就可以永久使用，比起苹果的每年 99 美元还是要划算得多的。因此你还必须要有一张支持外币支付的信用卡，VISA 或万事达都可以，如果还没有的话可以去银行申请一张。

这些都准备好以后就可以开始申请 Google Play 账号了，首先登录你的谷歌通行证，然后打开如下网址：

```
https://play.google.com/apps/publish/signup/
```

这时会看到如图 15.6 所示的网页。

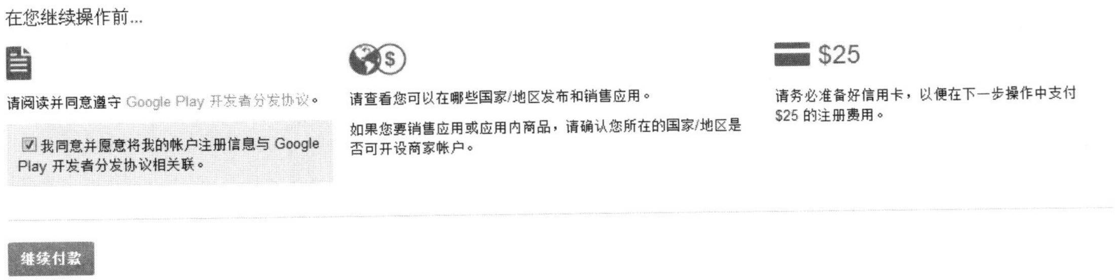

在您继续操作前...

请阅读并同意遵守 Google Play 开发者分发协议。

☑ 我同意并愿意将我的帐户注册信息与 Google Play 开发者分发协议相关联。

请查看您可以在哪些国家/地区发布和销售应用。

如果您要销售应用或应用内商品，请确认您所在的国家/地区是否可开设商家帐户。

$25

请务必准备好信用卡，以便在下一步操作中支付 $25 的注册费用。

继续付款

图 15.6

勾选上 Google Play 开发者分发协议后就可以点击继续付款按钮了，这时会弹出一个页面让你来输入信用卡的相关信息。注意由于 Google Wallet 服务还没有在中国地区开放，这里只能暂时先填写一个其他地区的地址，地址不一定非得是真实的，随便填写一个也可以，但信用卡信息必须是真实的，如图 15.7 所示。

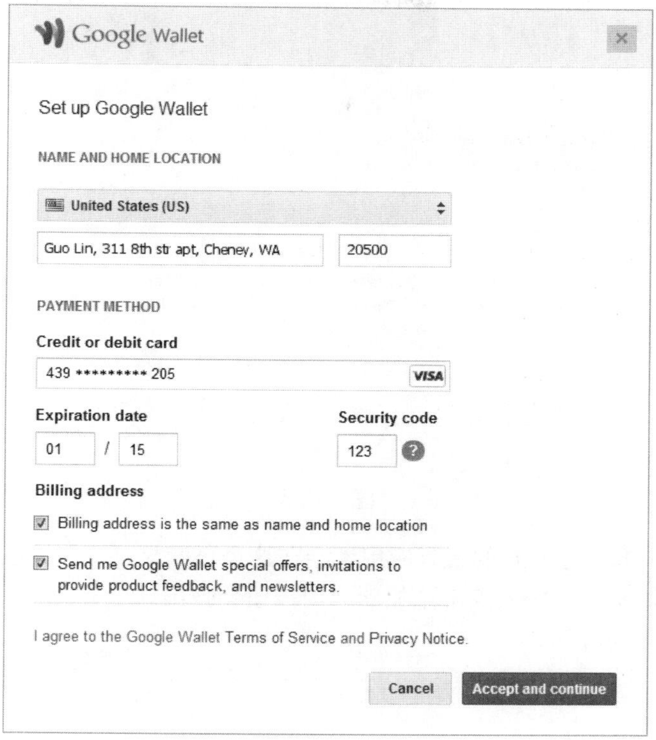

图　15.7

接着点击 Accept and continue 按钮就注册完成了，之后就进入了漫长的审核流程当中，审核的时长不固定，你可以经常去查看一下结果。如果你的运气非常好，直接审核通过了，那么我们就可以进入到下一节的学习当中。如果审核没有通过的话，你就需要根据谷歌反馈的未通过原因来寻找相应的解决办法了。

当然，如果最终你实在无法成功申请到 Google Play 账号的话，那就放弃 Google Play，将软件发布到国内的一些商店中吧。这样你可以直接跳到 15.4 节，学习一下如何在软件里嵌入广告来进行盈利。

15.3　上传和发布应用程序

恭喜你，既然看到了这里，说明你已经成功申请到 Google Play 账号了，那么我们接下来就要开始发布酷欧天气这个应用了。在浏览器中访问如下地址：

```
https://play.google.com/apps/publish/
```

这时会打开 Google Play 的应用管理页面，如图 15.8 所示。

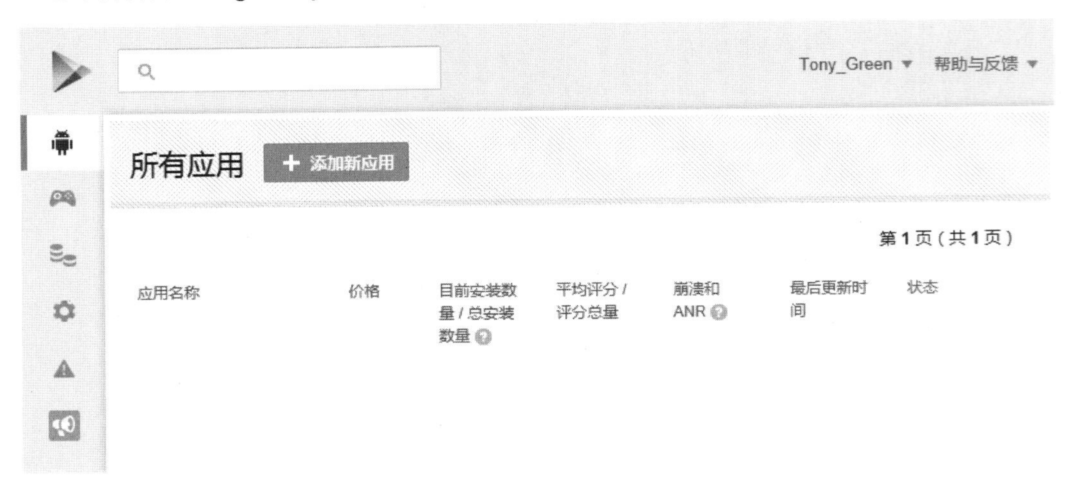

图　15.8

我们在 Google Play 上发布的所有应用都会在这个页面显示，当然了，目前还一个都没有，那么现在就来添加一个吧。点击添加新应用按钮会弹出一个界面，我们把标题填写为酷欧天气，如图 15.9 所示。

添加新应用

默认语言 *

简体中文 – zh-CN

标题 *

酷欧天气

已使用 4 个字符（可使用 30 个）

您希望先进行哪项操作？

上传 APK　填写商品详情　取消

图　15.9

现在有两步操作可以选择，先上传 APK 还是先填写商品详情，这里我们就选择先上传 APK 吧，点击按钮之后会跳转到如图 15.10 所示的界面。

图　15.10

可以看到，发布 APK 有三种版本可供选择，正式版、BETA 版和 ALPHA 版，其中 BETA 版和 ALPHA 版主要都是用于测试的，因此这里我们就直接选择正式版了。点击上传您的第一个正式版 APK 按钮，这时会打开一个用于选择文件的窗口，我们选择之前生成好的 CoolWeather.apk，然后就会自动开始上传，如图 15.11 所示。

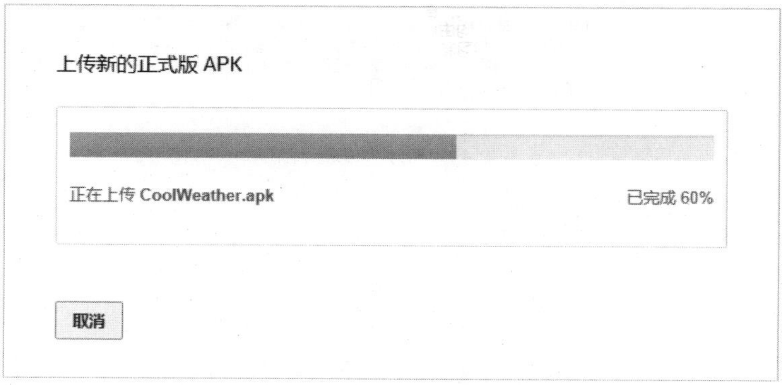

上传新的正式版 APK

正在上传 CoolWeather.apk　　已完成 60%

取消

图　15.11

上传完成之后，观察网页的左边栏，此时酷欧天气的图标已经显示出来了，如图 15.12 所示。

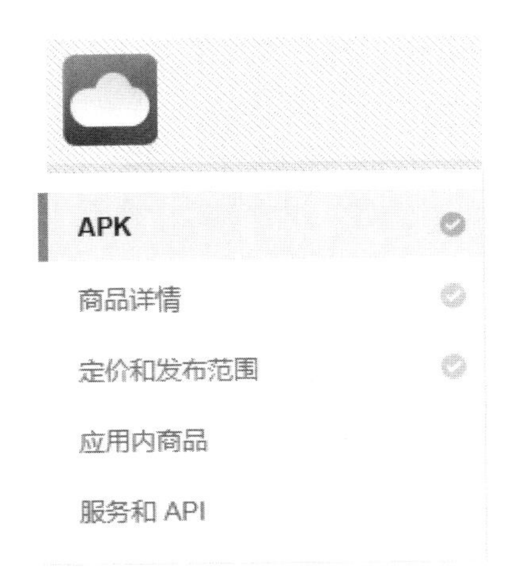

图 15.12

另外，在酷欧天气图标的下面有一列选项，其中 APK 我们已经上传完成了，现在点击商品详情来填写应用相关的内容吧。在商品详情页面可以填写的东西非常多，这里简单起见，我们只去填写一些必要的内容，首先就从应用程序说明开始吧，如图 15.13 所示。

图 15.13

填写好了应用说明，接着将网页向下滚动，我们还需要提供至少两张酷欧天气的屏幕截图，点击添加屏幕截图按钮，然后选择准备好的图片即可，如图 15.14 所示。

屏幕截图 *
默认语言 - 简体中文 – zh-CN
JPEG 或 24 位 PNG（无 alpha 透明层）。边长下限：320 像素；边长上限：3840 像素。
总的来说，至少**需要提供 2 张屏幕截图。每种类型最多可提供 8 张屏幕截图。**拖动即可重新调整屏幕截图顺序，或在各种类型之间移动。

要在 Play 商店的"为平板电脑设计"列表中展示您的应用，您必须上传应用在 7 英寸和 10 英寸平板电脑上运行时的屏幕截图（至少各一张）。如果您之前上传过一些屏幕截图，请确保在下方将这些屏幕截图移至适当的区域。
了解平板电脑的屏幕截图显示在商品详情中的情形。

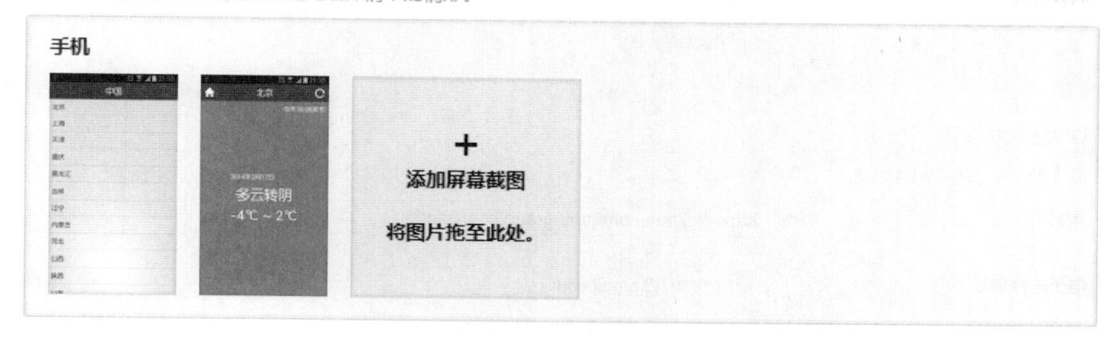

图　15.14

接着继续向下滚动，我们还需要上传一张高分辨率的应用图标，图标要求是 512*512 像素的 PNG 格式图片，如图 15.15 所示。

高分辨率图标 *
默认语言 - 简体中文 – zh-CN
512x512
32 位 PNG（含 alpha 通道）格式

图　15.15

继续向下滚动，最后我们还需要为应用程序选择分类，并且留下网站和邮箱地址，这里我就把酷欧天气在 GitHub 上的版本库主页地址填写在这里了，如图 15.16 所示。

分类

应用类型 *	应用
类别 *	天气
内容分级 *	所有人 详细了解内容分级

详细联系信息

请提供网址或电子邮件地址。

网站 *	https://github.com/tony-green/coolweather
电子邮件地址 *	si********07@gmail.com
电话	

图 15.16

最下面的一项隐私权政策，我们直接勾选暂不提交隐私权政策网址即可。现在点击一下保存按钮，这样就把商品详情信息填写完了。

下面我们还需要点击定价和发布范围来完成最后一部分内容的填写。毫无疑问，酷欧天气是一个免费应用，因此这里点击免费选项。至于发布的国家和地区，我们就选择所有国家和地区即可，如图 15.17 所示。

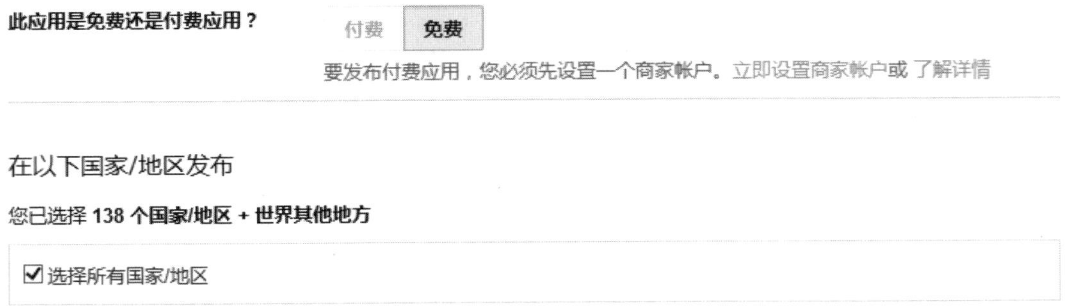

此应用是免费还是付费应用？　付费　免费

要发布付费应用，您必须先设置一个商家帐户。立即设置商家帐户或了解详情

在以下国家/地区发布

您已选择 138 个国家/地区 + 世界其他地方

☑ 选择所有国家/地区

图 15.17

然后向下滚动网页，我们还需要同意 Android 的内容准则以及美国出口法律，如图 15.18 所示。

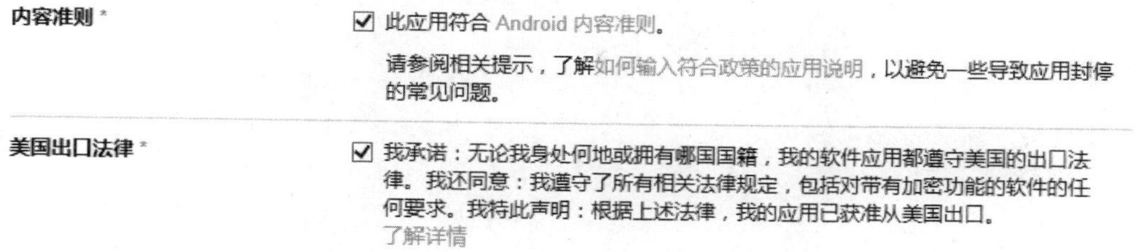

内容准则 *　☑ 此应用符合 Android 内容准则。

请参阅相关提示，了解如何输入符合政策的应用说明，以避免一些导致应用封停的常见问题。

美国出口法律 *　☑ 我承诺：无论我身处何地或拥有哪国国籍，我的软件应用都遵守美国的出口法律。我还同意：我遵守了所有相关法律规定，包括对带有加密功能的软件的任何要求。我特此声明：根据上述法律，我的应用已获准从美国出口。
了解详情

图　15.18

勾选以上两条规定之后点击保存，这样我们就把所有必要的信息全部填写完了。现在观察网页的头部，你会发现已经有一个发布按钮可以点击了，如图 15.19 所示。

图　15.19

激动人心的时刻终于到了，点击一下发布此应用按钮就可以将酷欧天气发布到 Google Play 上了，这时网页会弹出一个提示，如图 15.20 所示。

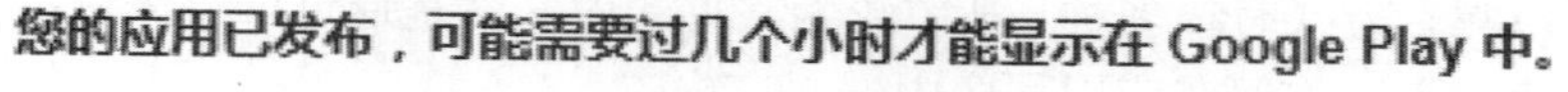

您的应用已发布，可能需要过几个小时才能显示在 Google Play 中。

图　15.20

由于谷歌会对我们的应用程序进行审核，接下来又进入了等待当中，不过还好，根据提示来看，这次也许不需要等太久。

果不其然，过了几个小时之后我们到 Google Play 上搜索酷欧天气关键字，就可以看到这个应用已经成功上线了，你也可以在浏览器中输入如下网址来查看酷欧天气这个应用：

```
https://play.google.com/store/apps/details?id=com.coolweather.app
```

网页显示的内容如图 15.21 所示。

图 15.21

到了这里，我们就将应用程序的发布工作全部完成了，之后你应该尽可能地多为你的应用进行宣传，因为用户越多，你能得到的回报就越大。那么如何才能从我们辛辛苦苦编写的程序中得到回报呢？方式有很多种，其中较为常见的做法就是通过广告来进行盈利，因此下一节我们就学习一下，如何在应用程序中嵌入广告。

15.4 嵌入广告进行盈利

谷歌充分考虑到了可以在 Android 应用程序中嵌入广告来让开发者获得收入，因此早早地就收购了 AdMob 公司。AdMob 创立于 2006 年，是全球最早致力于在移动设备上提供广告服务的公司之一，如今成为了谷歌的子公司，AdMob 的广告更加适合在 Android 系统以及 Google Play 上面进行投放。

不过对于国内开发者来说，AdMob 可能并不是那么的适合。因为 AdMob 平台上的广告大多都是英文的，中文广告数有限，并且将 AdMob 账户中的钱提取到银行账户中也比较麻烦，因此这里我们就不准备使用 AdMob 了，而是将眼光放在一些国内的移动广告平台上面。在国内的这一领域，做得比较好的移动广告平台也不少，如万普、有米、多盟等，其中我个人认为有米平台特别的专业，因此我们就选择它来为酷欧天气提供广告服务吧。

15.4.1　注册有米账号和验证身份

下面开始动手，首先第一步我们需要注册一个有米平台的账号，注册地址如下：

```
http://www.youmi.net/register
```

注册的方法非常简单，填写上邮箱和密码，然后选择应用开发者，并将验证码输入正确，如图 15.22 所示。

图　15.22

接着点击注册按钮，有米会向你填写的邮箱发送一封邮件，你只需要到邮箱中接收这封邮件并点击激活链接，账号就注册成功了。

然后使用刚刚注册的账号进行登录，这时你会进入到有米的后台，我们首先需要设置的就是当前账号的基本信息和财务信息。基本信息的设置方法如图 15.23 所示。

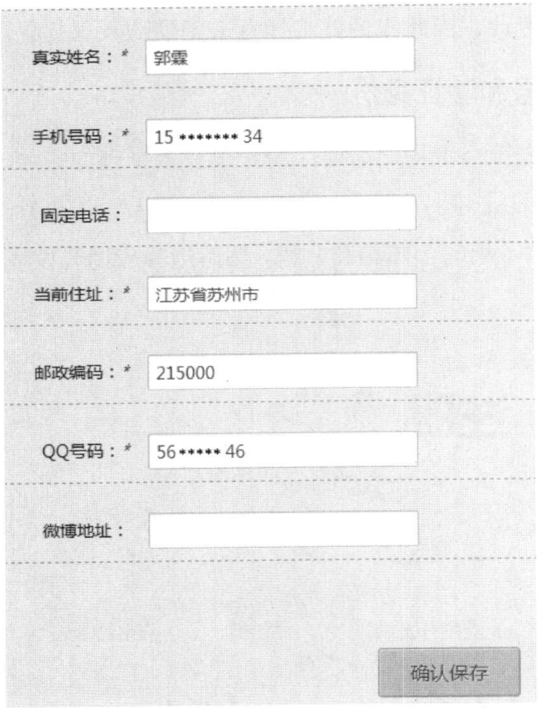

真实姓名：* 郭霖

手机号码：* 15 ******* 34

固定电话：

当前住址：* 江苏省苏州市

邮政编码：* 215000

QQ号码：* 56 ***** 46

微博地址：

确认保存

图 15.23

将所有带*的部分都填写完成，然后点击确认保存按钮就可以了。

接下来我们还需要去设置一下财务信息，将身份证号码填上，并上传身份证的正反面照片即可，如图 15.24 所示。

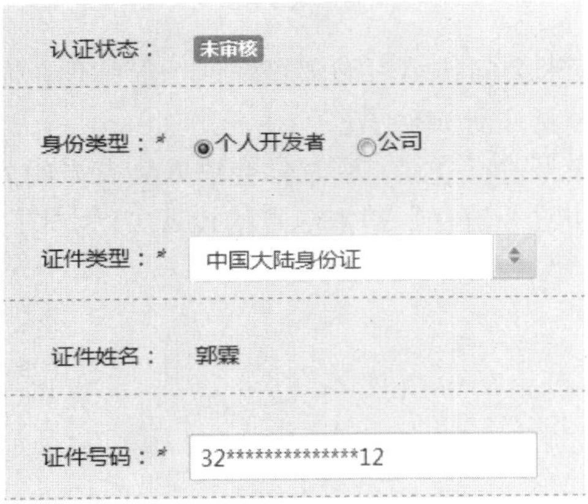

认证状态： 未审核

身份类型：* 个人开发者 公司

证件类型：* 中国大陆身份证

证件姓名： 郭霖

证件号码：* 32**************12

图 15.24

然后点击确认保存按钮，这时身份认证的状态会变成审核中，如图 15.25 所示。

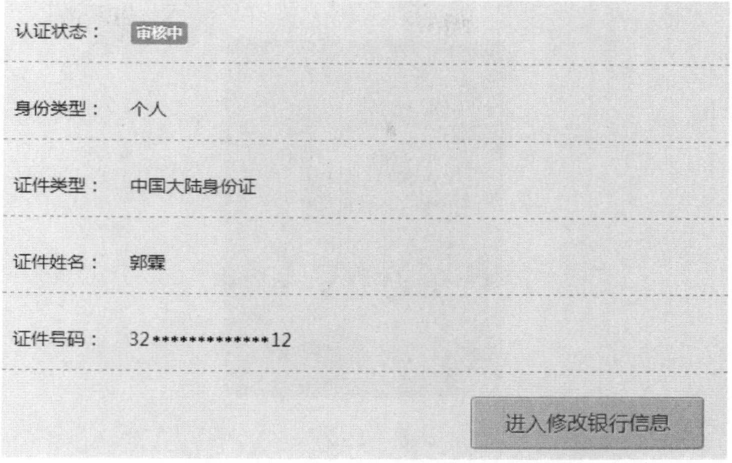

图　15.25

现在可以点击进入修改银行信息按钮，来配置一下我们的银行卡。选择好银行的所在地，并输入开户银行的名字以及卡号即可，如图 15.26 所示。

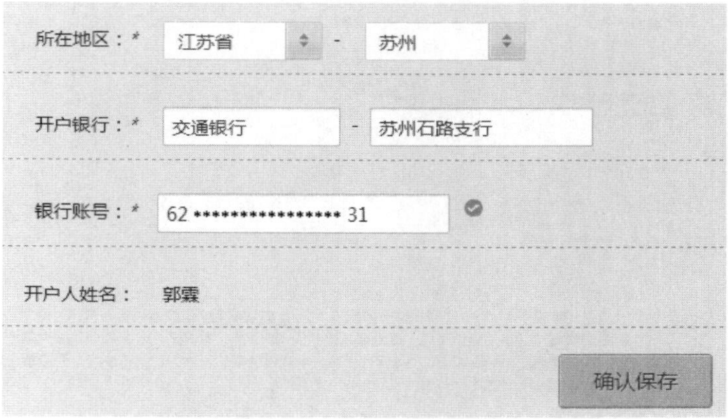

图　15.26

点击一下确认保存按钮就 OK 了。

15.4.2　下载和接入有米 SDK

现在该设置的信息都已经设置完毕了，我们只需要等待大概一个工作日的时间，身份认证就会通过，只有身份认证通过了才可以提现。不过在这期间干等着也是浪费时间，就趁现在来向酷欧天气中添加广告吧。展开网页左边栏的应用中心分类，里面会有一个添加应用选项，如图 15.27 所示。

应用中心
应用列表
详细信息
广告设置
添加应用
SDK下载

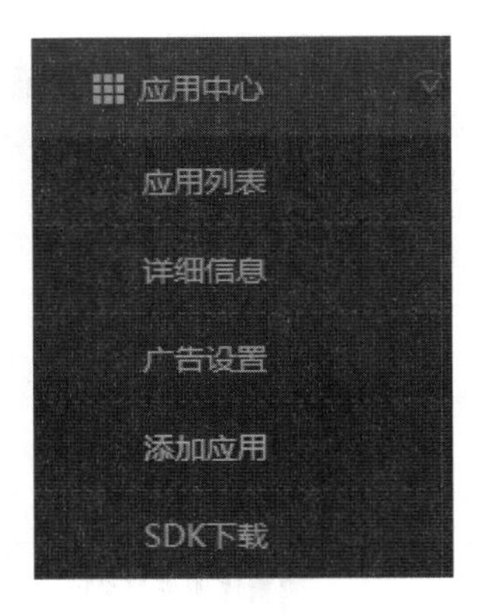

图 15.27

点击添加应用，这时网页的右侧会显示一个页面来让你填写应用的相关信息，我们根据提示一一填好即可，如图 15.28 所示。

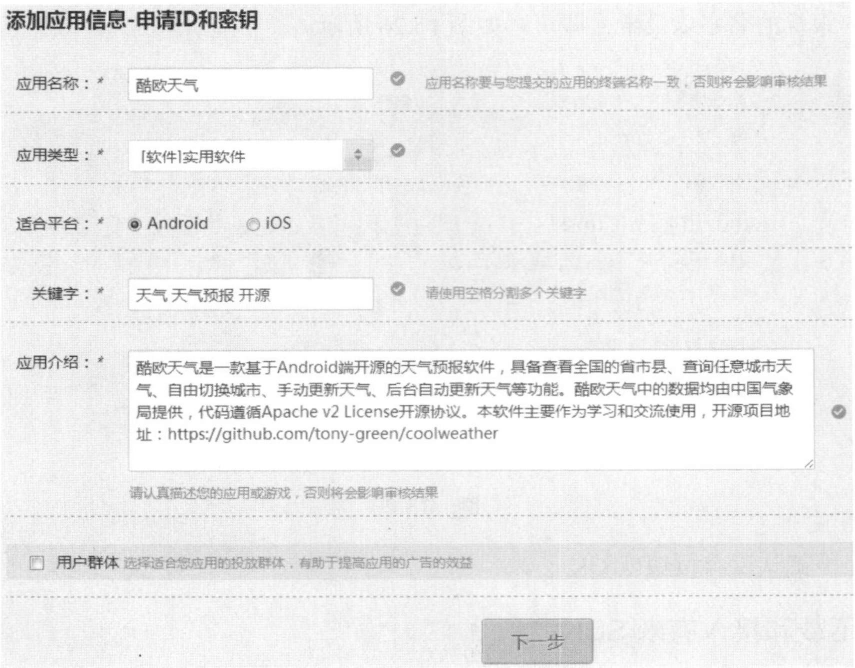

添加应用信息-申请ID和密钥
应用名称：*
酷欧天气
应用名称要与您提交的应用的终端名称一致，否则将会影响审核结果
应用类型：*
[软件]实用软件
适合平台：*
Android
iOS
关键字：*
天气 天气预报 开源
请使用空格分割多个关键字
应用介绍：*
酷欧天气是一款基于Android端开源的天气预报软件，具备查看全国的省市县、查询任意城市天气、自由切换城市、手动更新天气、后台自动更新天气等功能。酷欧天气中的数据均由中国气象局提供，代码遵循Apache v2 License开源协议。本软件主要作为学习和交流使用，开源项目地址：https://github.com/tony-green/coolweather
请认真描述您的应用或游戏，否则将会影响审核结果
用户群体 选择适合您应用的投放群体，有助于提高应用的广告的效益
下一步

图 15.28

现在点击下一步，有米会为酷欧天气这个应用分配一个发布 ID 和一个应用密钥，这两个值我们稍后会在初始化的时候用到，如图 15.29 所示。

图　15.29

接着点击下载 Android SDK v4.06 按钮来下载有米广告的 SDK，下载完成后解压这个压缩包，里面会有 demo、doc 和 libs 这三个文件夹，其中 demo 中存放的是嵌入有米广告的一个示例程序及其源码，doc 中存放的是有米广告 SDK 的使用文档，libs 中存放的是我们需要使用到的 Jar 包。

不过有米广告 SDK 中的功能还是非常多的，这里不可能面面俱到，将每一个功能都进行详细地讲解，因此我准备只讲解一种广告方式的用法，剩下的其他功能你可以通过阅读文档来进行学习。

首先第一步，我们需要将 libs 中的 Jar 包复制到 CoolWeather 项目的 libs 目录下，如图 15.30 所示。

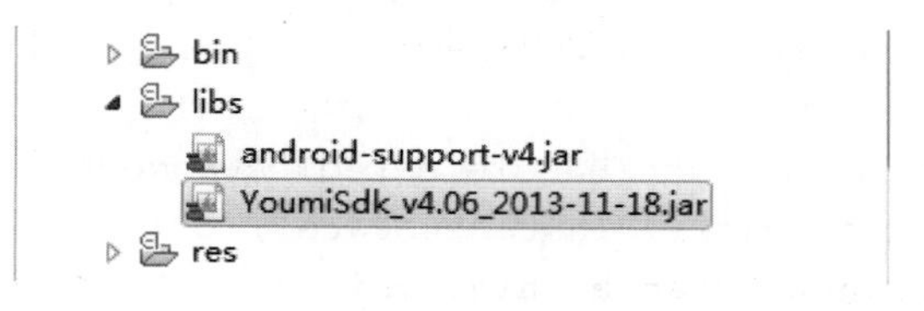

图　15.30

然后在 AndroidManifest.xml 中声明以下权限，其中网络访问权限是之前声明过的，不需要声明两遍。

```
<uses-permission android:name="android.permission.INTERNET" />
<uses-permission android:name="android.permission.READ_PHONE_STATE" />
<uses-permission android:name="android.permission.ACCESS_NETWORK_STATE" />
<uses-permission android:name="android.permission.ACCESS_WIFI_STATE" />
<uses-permission android:name="android.permission.WRITE_EXTERNAL_STORAGE" />
<uses-permission android:name="android.permission.SYSTEM_ALERT_WINDOW" />
<uses-permission android:name="android.permission.GET_TASKS" />
```

接着在<application>标签中添加如下内容：

```
<activity
    android:name="net.youmi.android.AdBrowser"
    android:configChanges="keyboard|keyboardHidden|orientation"
    android:theme="@android:style/Theme.Light.NoTitleBar" >
</activity>
<service
    android:name="net.youmi.android.AdService"
    android:exported="false" >
</service>
<receiver android:name="net.youmi.android.AdReceiver" >
    <intent-filter>
        <action android:name="android.intent.action.PACKAGE_ADDED" />
        <data android:scheme="package" />
    </intent-filter>
</receiver>
```

这部分内容是有米广告中最基本的组件，只能使用一些常用的广告方式。如果你还想使用有米广告更多高级的广告方式，如 SmartBanner 等，就需要再配置一些额外的内容，详情请参考有米广告文档。

这样就将配置工作完成了，下面我们还需要调用一下有米广告的初始化接口，必须初始化成功之后才可以正常使用广告功能。一般初始化要尽早进行，最好放在主活动的 onCreate() 方法中，因此这里我们修改 ChooseAreaActivity 中的代码，如下所示：

```
public class ChooseAreaActivity extends Activity {
    @Override
    protected void onCreate(Bundle savedInstanceState) {
        super.onCreate(savedInstanceState);
        AdManager.getInstance(this).init("cf9***********45",
"289**********edd", false);
```

```
        ......
    }
}
```

可以看到，这里是调用了 AdManager 的 init()方法来进行初始化的。init()方法接收三个参数，第一个参数传入我们刚才添加应用时生成的发布 ID，第二个参数则传入生成的应用密钥，第三个参数传入 false，表示当前不是测试模式。

初始化完成之后，我们就可以将广告加入到界面上了，这里首先需要思考一下广告放在哪里比较合适，因为一个差的广告位会严重影响到用户的体验。目前看来，WeatherActivity 的底部还比较空，那我们就把广告展示在这里吧。修改 weather_layout.xml 中的代码，如下所示：

```
<LinearLayout xmlns:android="http://schemas.android.com/apk/res/android"
    android:layout_width="match_parent"
    android:layout_height="match_parent"
    android:orientation="vertical" >
    ......
    <RelativeLayout
        android:layout_width="match_parent"
        android:layout_height="0dp"
        android:layout_weight="1"
        android:background="#27A5F9" >
        ......
        <LinearLayout
            android:id="@+id/adLayout"
            android:layout_width="match_parent"
            android:layout_height="wrap_content"
            android:orientation="horizontal"
            android:layout_alignParentBottom="true" >
        </LinearLayout>
    </RelativeLayout>
</LinearLayout>
```

可以看到，我们在 weather_layout.xml 布局文件中添加了一个 LinearLayout，这个 LinearLayout 的 id 必须是 adLayout，至于显示位置可以自由选择，这里将它设置在了屏幕的底部。

然后还需要在 WeatherActivity 中添加如下代码才能让广告显示出来：

```
public class WeatherActivity extends Activity implements OnClickListener{

    @Override
```

```
    protected void onCreate(Bundle savedInstanceState) {
        ......
        //实例化广告条
        AdView adView = new AdView(this, AdSize.FIT_SCREEN);
        //获取要嵌入广告条的布局
        LinearLayout adLayout=(LinearLayout)findViewById(R.id.adLayout);
        //将广告条加入到布局中
        adLayout.addView(adView);
    }
}
```

这三行代码都是固定的，将它们写到 onCreate()方法的最后面就可以了。接下来就让我们运行一下程序，看一看效果吧，进入到 WeatherActivity 界面，等待几秒钟后广告就会加载出来了，如图 15.31 所示。

图 15.31

看上去还不错的样子，至少广告的显示完全没有影响到软件的正常使用。怎么样，是不是非常简单？当然了，这只是其中一种广告方式的用法而已，有米广告还有更多五花八门的广告方式，你都可以通过文档进行学习，这里就不再详细讲解了。

15.4.3　重新发布应用程序

相信你已经看出来了，在图 15.31 中显示的广告明显是一个测试广告，这是为什么呢？原来有米为了防止某些开发者在垃圾软件上面投放广告，要求开发者必须提交应用程序的 APK 文件进行审核，只有审核通过的应用中才会显示真正的广告。那么不用多说，接下来我们自然要去生成一个新版本的 APK 文件了。

由于我们即将发布的会是新一版的酷欧天气，因此在生成安装包之前还需要增加应用程序的版本号信息。修改 AndroidManifest.xml 中的代码，如下所示：

```
<manifest xmlns:android="http://schemas.android.com/apk/res/android"
    package="com.coolweather.app"
    android:versionCode="2"
    android:versionName="1.0.1" >
    ……
</manifest>
```

可以看到，这里将 versionCode 改成了 2，versionName 改成了 1.0.1。需要注意的是，每个版本的 versionCode 和 versionName 都不能和其他版本相同，且新版应用的版本号必须要大于老版应用的。

接下来我们就可以使用在 15.1 节学习的技术来生成新的 APK 文件，具体的步骤就不再重复介绍了，最终会生成一个 CoolWeather.apk 文件，下面我们将它上传到有米平台上进行审核。

在有米管理后台的应用中心分类下面点击应用列表，这时会把我们之前添加过的所有应用程序显示出来，如图 15.32 所示。

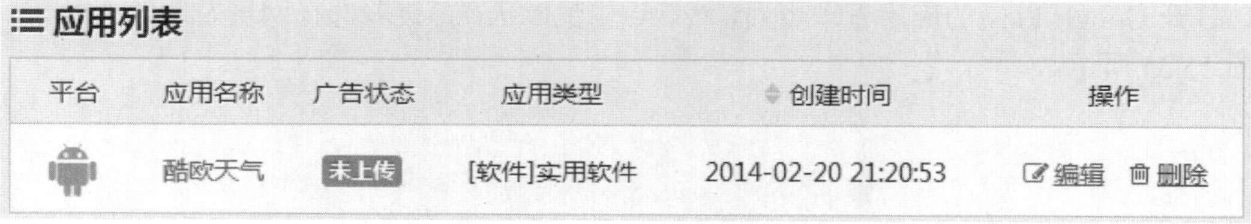

应用列表

平台	应用名称	广告状态	应用类型	创建时间	操作
	酷欧天气	未上传	[软件]实用软件	2014-02-20 21:20:53	编辑　删除

图　15.32

然后点击编辑来修改酷欧天气这个应用，可以看到当前应用处于未上传的状态，如图 15.33 所示。

图 15.33

OK，那我们就点击上传 APK 按钮来上传 CoolWeather.apk 这个文件吧，之后的步骤其实和 15.3 节的步骤有点类似，除了要上传 APK 之外，还要上传一些截图等。最后点击确认保存按钮后，应用程序的状态会变成审核中，大概等待一个工作日的时间就能审核通过了，这时应用程序的广告状态就会变成运行中，如图 15.34 所示。

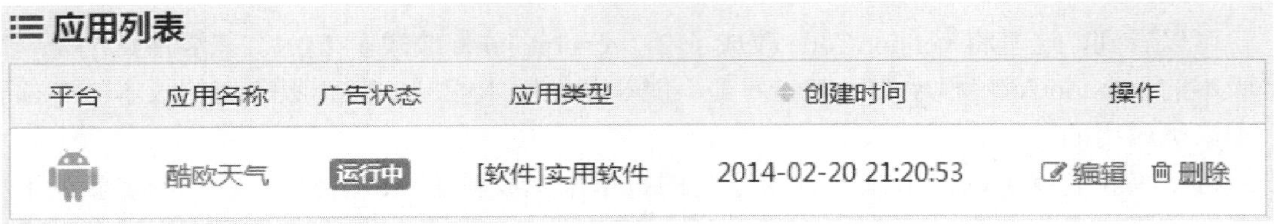

应用列表

平台	应用名称	广告状态	应用类型	创建时间	操作
	酷欧天气	运行中	[软件]实用软件	2014-02-20 21:20:53	编辑 删除

图 15.34

此时酷欧天气中就可以显示出真实的广告了，这样每当有用户点击广告时，我们就能从中获取到一定的收益。那还等什么？还不赶快将这个新版本的酷欧天气发布到 Google Play 上！

打开 Google Play 的应用管理页面，然后点击酷欧天气，接着选择网页左侧的 APK 选项，如图 15.35 所示。

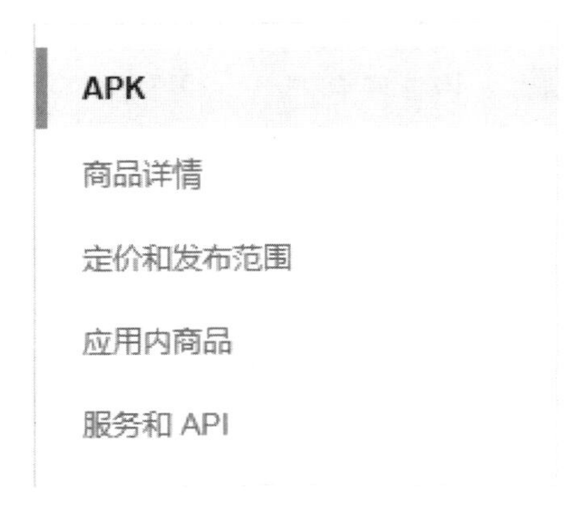

图 15.35

这时在右侧的网页中会显示一个让我们上传新 APK 的按钮，如图 15.36 所示。

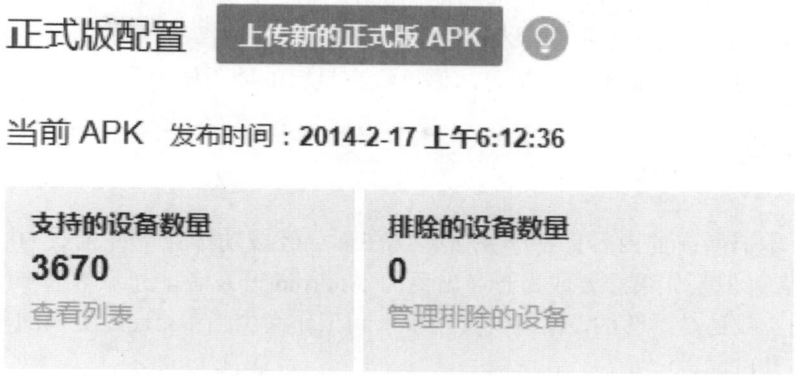

正式版配置　上传新的正式版 APK 

当前 APK　发布时间：2014-2-17 上午6:12:36

支持的设备数量	排除的设备数量
3670	0
查看列表	管理排除的设备

图　15.36

点击上传新的正式版 APK 按钮，然后选择 CoolWeather.apk 文件，等待上传完成之后会弹出一个确认网页，如图 15.37 所示。

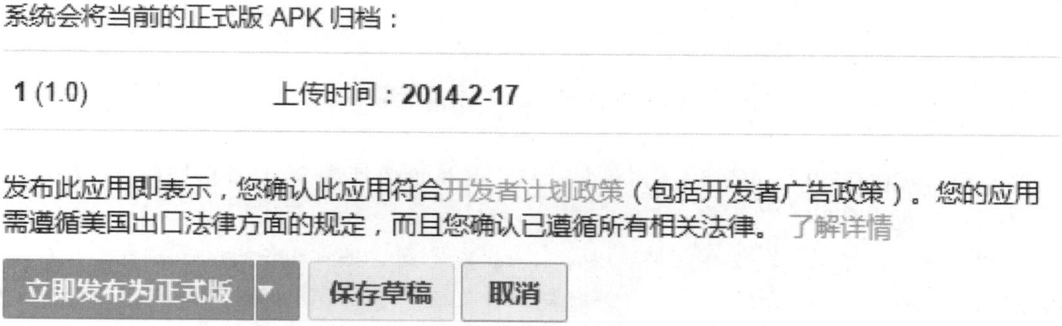

系统会将当前的正式版 APK 归档：

1 (1.0)　　上传时间：2014-2-17

发布此应用即表示，您确认此应用符合开发者计划政策（包括开发者广告政策）。您的应用需遵循美国出口法律方面的规定，而且您确认已遵循所有相关法律。了解详情

立即发布为正式版　保存草稿　取消

图　15.37

现在只需要点击立即发布为正式版按钮，新版本的酷欧天气就发布成功了。以后每当有用户点击了应用程序中的广告，我们就能真正地得到收益，并且在有米的后台管理界面可以查看到每天的收益情况，如图 15.38 所示。

今天收入	昨天收入	总收入
￥1.200	￥0.000	￥1.200

图　15.38

如果你想要将有米账户里的余额提现的话，可以点击财务中心下的申请提款选项，前提是我们在 15.4.1 节提交的身份信息已经验证通过了。不过有米要求每次提款的金额不能少于 100 元，显然我账户里的 1.2 元是根本不够的，因此赶快去编写更多更加优秀的应用程序来赚更多的钱吧，相信通过整本书的学习，你已经有足够的能力做到了！

15.5 结束语

就这样，本书所有的内容你都学完了，现在你已经成功毕业，并且成为了一名合格的 Android 开发者。但是如果想要成为一名出色的 Android 开发者，光靠本书中的这些理论知识以及少量的实践还是不够的，你需要真正步入到工作岗位当中，通过更多的项目实战来不断地历练和提升自己。

唠叨了整本书的话，但是到了最后却不知道该说点什么好，我不想说我能教你的就只有这些了，因为实际上我想教你或者和你一起探讨的内容还有很多很多，不过限于篇幅的原因，本书的内容就只能到此为止了，但我会长期在博客上面分享更多 Android 相关的技术文章，如果感兴趣的话可以到我的博客中继续学习。当然，如果是对本书中的内容有疑问，也可以到博客中给我留言，我的博客地址是：

```
http://guolin.tech
```

好了，就到这里吧，祝愿你未来的 Android 之旅都能愉快。

经验值：+5000000　　升级！（由神鹰升级至传说中的神鹰）　　目前经验值：6864905
级别：传说中的神鹰

获赠宝物：在这里，我不再需要战胜什么，我能走到这里，已经战胜了我自己。在我历经磨难完成神界 Android 开发的旅程时，我发现我又回到了我首次通过人神界面的地方，一切似乎没有变化，一切似乎又已完全不同。我来时空无一人，但现在有一位神在等我。从他周身散发出的五彩光芒我知道，他是五位不可战胜神之一。他送给了我一件珍贵的宝物，神界震撼级灵感创造器。这宝物每启动一次就可创造出一个足以震憾三界的伟大灵感，但因消耗能量过大，无法凭空创造，而是要使用宇宙中的暗物质来创造，这会造成暗物质世界中可能存在的生命体的毁灭，因此，传说中的神鹰们都没有使用过，是否使用，敬请三思。我知道这是最后一个考验，我也做出了我的选择。我收起烛龙送我的光芒之翅，将震撼级灵感创造器回赠给五彩神，然后跨出了神人界面。

图灵最新重点图书

- Android 安全第一书，专注于阐述设备 root、逆向工程、漏洞研究和软件漏洞利用等技术细节
- 顶级白帽子原著 + 一线安全专家演绎
- tombkeeper、Flanker、dm557、非虫等知名白帽子鼎力推荐

《Android 安全攻防权威指南》由世界顶尖级黑客打造，是目前最全面的一本 Android 系统安全手册。书中细致地介绍了 Android 系统中的漏洞挖掘、分析，并给出了大量利用工具，结合实例从白帽子角度分析了诸多系统问题，是一本难得的安全指南。移动设备管理者、安全研究员、Android 应用程序开发者和负责评估 Android 安全性的顾问都可以在本书中找到必要的指导和工具。

书号：978-7-115-38570-3
定价：89.00 元

书号：978-7-115-38893-3
定价：59.00 元

书号：978-7-115-38246-7
定价：39.00 元

书号：978-7-115-33538-8
定价：59.00 元

书号：978-7-115-39593-1
定价：79.00 元

书号：978-7-115-37058-7
定价：99.00 元

号：978-7-115-32848-9
定价：69.00 元

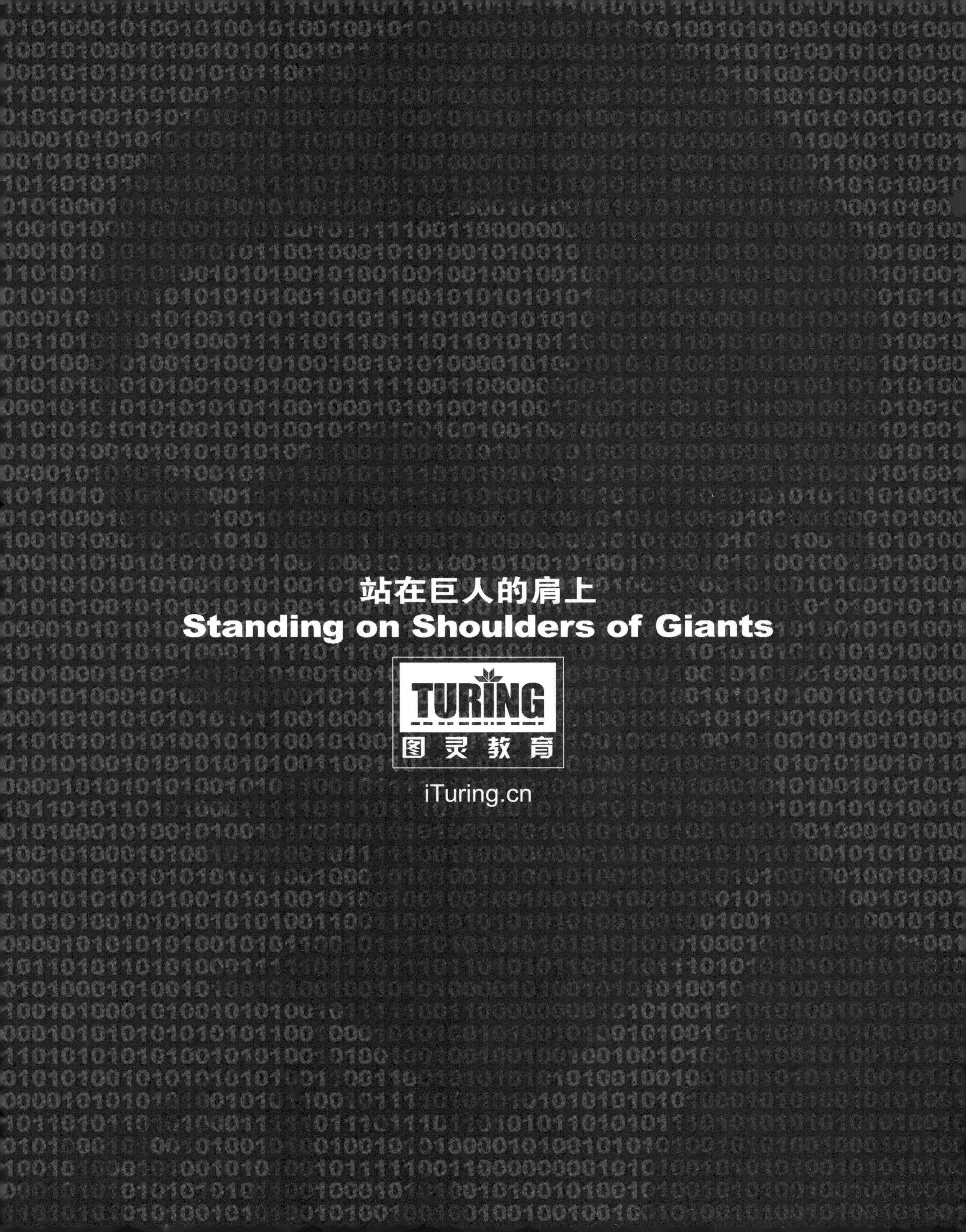
站在巨人的肩上
Standing on Shoulders of Giants
TURING
图灵教育
iTuring.cn

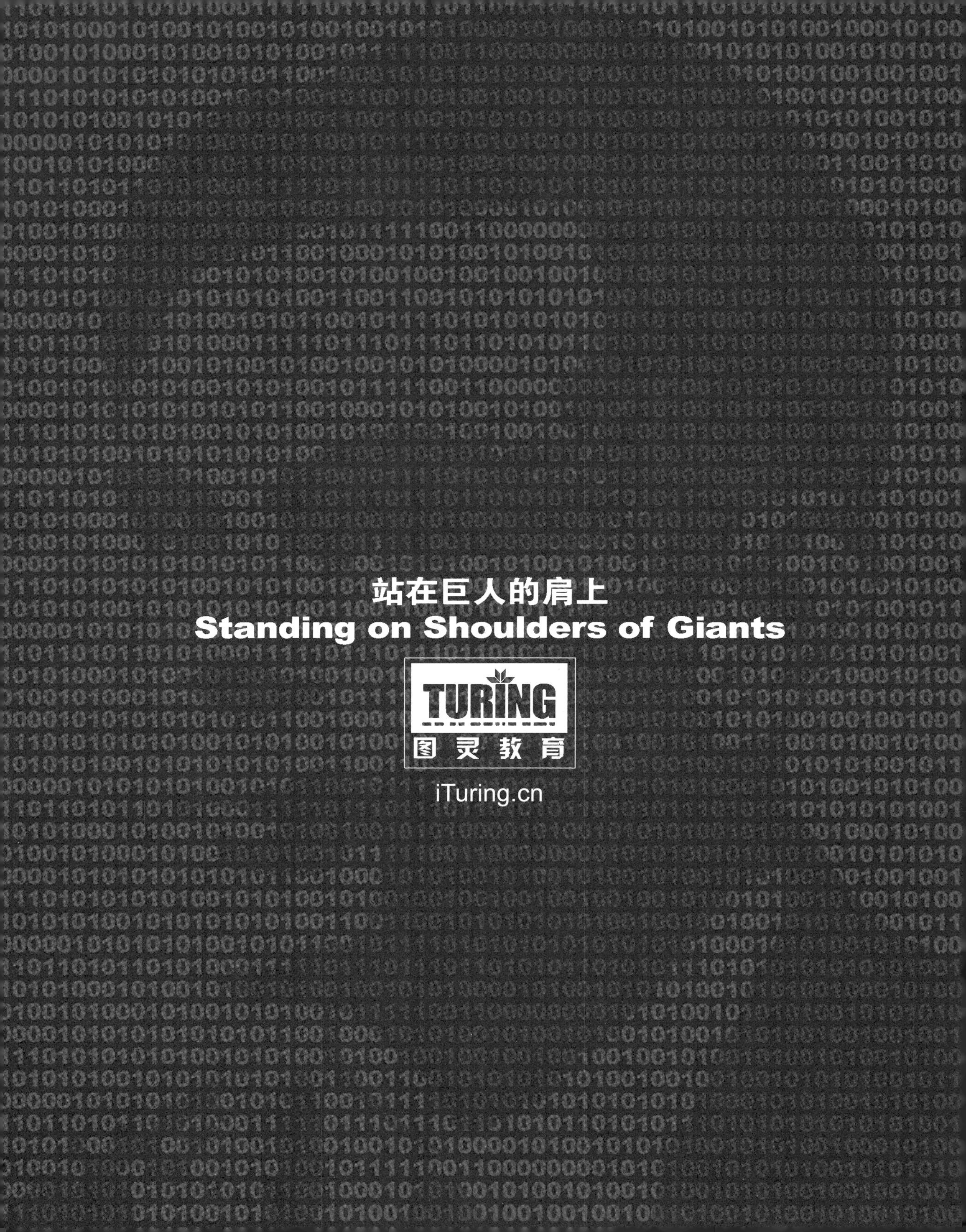
站在巨人的肩上
Standing on Shoulders of Giants
TURING
图灵教育
iTuring.cn